基层动物
防疫工作手册

严 平　乐汉桥　李东运　主编

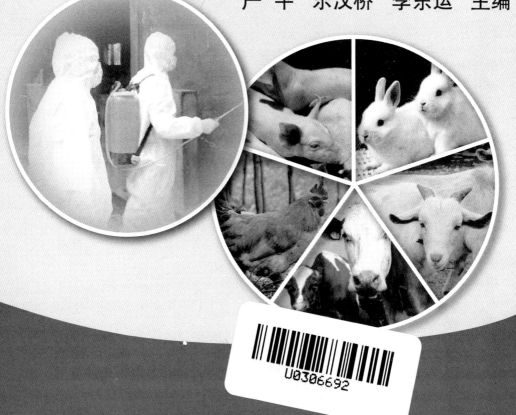

中国农业科学技术出版社

图书在版编目（CIP）数据

基层动物防疫工作手册／严平，乐汉桥，李东运主编．—北京：
中国农业科学技术出版社，2014.10
ISBN 978 - 7 - 5116 - 1828 - 3

Ⅰ.①基…　Ⅱ.①严…②乐…③李…　Ⅲ.①兽疫 - 防疫 -
手册　Ⅳ.①S851. 3 - 62

中国版本图书馆 CIP 数据核字（2014）第 229303 号

责任编辑　崔改泵
责任校对　贾晓红

出 版 者　中国农业科学技术出版社
　　　　　北京市中关村南大街 12 号　邮编：100081
电　　话　（010）82109194（编辑室）　（010）82109702（发行部）
　　　　　（010）82109709（读者服务部）
传　　真　（010）82106624
网　　址　http：//www. castp. cn
经 销 者　各地新华书店
印 刷 者　北京富泰印刷有限责任公司
开　　本　787 mm×1 092 mm　　1/16
印　　张　24.75
字　　数　458 千字
版　　次　2014 年 10 月第 1 版　2016 年 10 月第 2 次印刷
定　　价　50. 00 元

《基层动物防疫工作手册》

编　委　会

主　　编　严　平　乐汉桥　李东运

副 主 编　马艳伟　梁西平　常　珂

　　　　　史冬梅　韩东良　刘征宇

　　　　　刘兴荣　孔翠真　侯艳霞

编　　者　梁智化　陈东新　崔拥军　丁长松

　　　　　孟　健　韩　宁　吴　慧　胡丽丽

　　　　　魏　曼　付立会　赵　华　郭　磊

　　　　　周　洁　郭忠于

前　　言

　　随着我国动物疫病防控机制的不断完善，国家对动物疫病防疫工作越来越重视，动物疫病防控要求越来越严格，对兽医工作者技术水平要求越来越高，提高素质，掌握动物防疫基本知识，紧紧围绕《动物防疫法》，严格按照各项法律、条例和动物疫病防治技术规范等做好动物疫病预防控制工作，是我们每个兽医工作者长期而艰巨的任务，保障畜牧养殖业发展和社会公共卫生及动物产品安全是我们共同的目标。为适应新形势下的动物疫病防控工作需要，结合工作实际，编写了《基层动物防疫工作手册》一书。

　　遵照通俗、易懂、实用的原则，根据基层动物疫病防疫工作特点，全书共分十章，着重阐述了动物疫病防疫技术，动物疫病防控技术，动物卫生消毒，样品采集、运送与保存，主要动物疫病净化，病死动物无害化处理，动物防疫条件审查合格证办理，动物防疫法律、条例，动物疫病防治技术规范及动物防疫名词解释等相关内容。可作为兽医职能部门工作人员、动物防疫员和动物饲养人员学习的参考资料和培训教材，是兽医工作者必备的工具书和业务学习参考书籍。

　　由于作者水平有限，书中难免出现不妥和失误之处，恳请读者批评指正。

　　在编写本书过程中，参阅了大量文献资料，在此对所有参考文献资料的作者们表示衷心感谢。

编　者

目　　录

第一章　动物疫病防疫技术

第一节　动物免疫基本知识

一、动物防疫

动物防疫是指动物疫病的预防、控制、扑灭以及动物、动物产品检疫的全过程管理。

二、免疫及其功能

1. 免疫及免疫学概念

（1）免疫　古典免疫的概念是指动物（或人）机体对微生物的抵抗力和对同种微生物再感染的特异性的防疫能力。

现在免疫的概念是指动物（或人）机体对自身或非自身的识别，并清除非自身的大分子物质，从而保持机体内、外环境平衡的一种生理学反应。执行这种功能的是动物（或人）机体的免疫系统，它是动物长期进化过程中形成的与自身内（肿瘤）、外（微生物）、敌人斗争的防御系统，能对非经口途径进入体内的非自身的大分子物质产生特异性的免疫应答，从而使机体获得特异性免疫力。同时，又能对内部的肿瘤产生免疫反应而加以清除，从而维持自身平衡。

（2）免疫学　是研究抗原物质，机体的免疫系统、免疫应答的规律与调节以及免疫应答的各种产物和各种免疫现象的一门科学。

2. 免疫的基本特性

（1）识别自身与非自身　动物机体识别的物质基础是存在于免疫细胞、CT 淋巴细胞、BI 淋巴细胞膜表面抗原受体，它与一切大分子抗原物质的表位抗原结合，动物的这种识别功能是相当精细的，不仅能识别存在于异种物质之间的一切抗原物质，而且能识别同种动物不同个体之间的组织和细胞。同种动物不同个体之间的组织移植排斥反应，就是基于这种识别能力。

（2）特异性　机体的免疫应答和由此产生的免疫力具有高度的特异性，它能对抗原物质极微细的差异加以区别，即具有很强的针对性。就像"钥匙

1

与锁"的关系。

（3）免疫记忆　动物对某一抗原物质或疫苗产生免疫应答，体内产生体液免疫（抗体）和细胞免疫（致敏淋巴细胞及淋巴因子），而经过一定时间，这种抗体消失，但是免疫系统仍然保留对该抗原的免疫记忆，若用同样的抗原物质或疫苗加强免疫时，机体迅速产生比初次接触抗原更多的抗体，这就是免疫记忆现象。

3. 免疫的基本功能

（1）抵抗感染　又称免疫防御，是指动物机体抵御病原微生物的感染和侵袭能力。

（2）自身稳定　就是把衰老死亡的细胞清除体外，以维持机体的生理平衡，若此功能失调，则可导致自身免疫性疾病。

（3）免疫监视　动物机体免疫功能正常时，即可对肿瘤细胞加以识别，然后调动一切免疫因素，将肿瘤细胞清除，这种功能即为机体的免疫监视。

4. 免疫接种的种类

免疫接种分为预防接种、紧急接种和临时接种。

（1）预防接种　为控制动物传染病的发生和流行，减少传染病造成的损失，根据一个国家、地区或养殖场传染病流行的具体情况，按照一定的免疫程序有组织、有计划地对易感动物群进行疫苗接种。

（2）紧急接种　某传染病暴发后，为迅速控制扑灭该病的流行，对疫区和受威胁区尚未发病动物群进行的免疫接种。

（3）临时接种　在引进或运出动物时，为了避免在运输途中或到达目的地后发生传染病而进行的预防免疫接种。

三、抗原

1. 抗原的概念

抗原：凡是能刺激机体产生抗体和致敏淋巴细胞，并能与之结合引起特异性免疫反应的物质称抗原。抗原具有抗原性：根据抗原的性质可分为完全抗原和不完全抗原；根据抗原的来源可分为异种抗原和同种抗原。根据化学性质不同可分为蛋白质、脂肪糖、脂质多糖和核酸抗原等。

2. 重要的天然抗原和人工抗原

（1）天然抗原　天然抗原有细菌抗原、病毒抗原、毒素、其他微生物抗原、高等生物抗原5种。

（2）人工抗原　分为合成抗原与结合抗原两大类。合成抗原包括人工合成抗原，如胰岛素或合成一段肽链后再连接上载体的复合抗原；结合抗原是将天然抗原与载体物质结合后形成的抗原。

第二节　免疫的技术要求

一、人员的技术要求

免疫人员必须是兽医技术人员，其他协助人员应经过疫苗免疫技术、个人防护知识和防止疫病扩散知识的专门培训。

二、免疫动物健康状况要求

在疫苗使用前要对动物群体的健康状况进行认真检查，只有健康的动物才可以接种疫苗。畜群健康状况不佳时应暂缓用苗，这时免疫不但不能产生良好的免疫效果，而且可能会因接种应激而诱发疫病，甚至发生疫病流行。

三、疫苗使用过程中的要求

使用疫苗最好在早晨，在使用过程中，应避免阳光照射和高温、高热环境。活疫苗应现用现配，并在 2h 内用完。疫苗用后要注意观察畜禽情况，发现过敏反应或异常反应及时处理。

四、免疫废弃物的处理要求

已稀释的疫苗剩余部分应煮沸倒掉，其他免疫废弃物特别是活疫苗瓶应烧掉或深埋，切忌在栏舍内乱扔乱放，防止散毒。

五、免疫器械要求

接种疫苗用的器械都要事先消毒，注射器、针头要洗净并经高压或煮沸消毒后方可使用。根据动物大小，选择大小、长度合适的针头。为防止交叉感染，每注射接种一头家畜后更换一次针头，家禽类可在注射一架笼或 30 只左右换一次针头。针头数量不足时，可边煮沸边用。

六、对环境的要求

提前搞好动物舍消毒工作，在用苗后 3d 内，禁用一切杀菌剂、杀虫剂，禁止喷雾消毒。免疫后要保护好动物，免受野毒的侵袭。

七、免疫时尽可能避免应激

免疫前对鸡群补充一些维生素 C 等，以提高免疫效果，减少应激。特别是毛皮动物造成的负面影响，建议在注射疫苗的前后 3d，饲料中添加少量的镇静剂和抗应激的维生素 C；待分娩母猪最好注射器与针头之间接 20～30cm 的乳胶管，以减少注射损伤和应激。

第三节　免疫前的准备工作

一、免疫用器具、物品的准备

已消毒的连续注射器和足够的针头，酒精棉和碘酒棉，免疫登记表，牛、羊、猪免疫还需要猪保定器或牛鼻钳、耳标、耳标钳和耳标阅读器等。

二、隔离防护用品的准备

免疫人员必须具备乳胶手套、口罩、隔离防护服、胶靴等。一是与许多动物长时间密切接触，防止动物携带人畜共患病病原菌对防疫人员的感染；二是便于出入各养殖场舍时进行消毒，以防止因免疫人员出入引起病原菌传播。

三、疫苗的贮藏和运输

（1）疫苗的贮藏　疫苗种类不同，要求的贮藏条件不一样，目前市场使用的疫苗分为弱毒活疫苗和灭活疫苗，弱毒活疫苗有冻干疫苗和水剂苗，冻干疫苗有进口和国产之分，目前贮藏条件有三种情形：国产冻干疫苗和水剂苗应在 -20℃以下保存，进口冻干疫苗在 4～8℃保存，灭活疫苗应在 2～8℃条件下避光冷藏。

（2）疫苗的运输　实施免疫时，应事先测算需要的疫苗使用量。冻干疫苗应采用冷藏箱或保温桶加冰块；灭活疫苗要放冷藏箱或保温桶运输，冬季防冻，夏季防阳光照射。

四、正确使用疫苗

（1）疫苗使用前要仔细检查　疫苗在使用前要仔细检查疫苗瓶口和铝盖胶塞封闭是否完好。冻干疫苗要核对有效期、有无裂缝、鼓气等，过期、有裂缝、鼓气的疫苗均不得使用；油苗使用前要查看有效期，有无包装破损、破乳分层、颜色改变等现象，出现以上现象的疫苗不得使用。

使用前仔细阅读疫苗使用说明书，看清使用对象、剂量、接种方法、不良反应及注意事项等。

（2）冻干疫苗的稀释　冻干疫苗在使用前需要稀释，每种疫苗对使用的稀释剂、稀释倍数及稀释方法都有一定的要求，必须严格按规定处理，否则疫苗滴度会下降，影响免疫效果。

稀释疫苗时，应用注射器先吸入少量稀释液注入疫苗瓶中，充分振摇、溶解后，再加入其余稀释液。如果疫苗瓶太小，不能装入全部的稀释液，可把疫苗吸出放在另一个容器内，再用稀释液冲洗疫苗瓶几次，使全部疫苗所含病毒（或细菌）都被冲洗下来。

用于饮水的疫苗稀释剂，最好是用蒸馏水或去离子水，也可用洁净的深井水，但不能用自来水，因为自来水中的消毒剂会杀死疫苗病毒。如果能在饮水或气雾的稀释剂中加入 0.1% 的脱脂奶粉，将会保护疫苗的活性。

用于气雾免疫的稀释剂，应该用蒸馏水或去离子水，如果稀释水中含有盐，雾滴喷出后，由于水分蒸发，导致盐类浓度升高，会使疫苗灭活。

活疫苗在稀释过程中，由于温度的影响，疫苗活力可能会受到不同程度的负面影响（活力降低），疫苗的免疫效果将减弱。活疫苗在稀释过程可以在冰块上操作，稀释后待用的疫苗存放于冰块上，稀释后要尽量在 2h 内用完。

（3）油佐剂灭活疫苗　使用油佐剂灭活疫苗时，冬天应置于室温 2h 左右预温，夏天防止阳光照射。使用前充分摇匀，疫苗启封后，应于 24h 内用完。

第四节　免疫方法

为保证动物在接种疫苗后，产生预期的免疫效果，应在使用疫苗时，对疫苗的正确使用方法要有所了解。每一种疫苗，有其特定的免疫程序和免疫效力。选择疫苗的最佳的接种途径，弱毒苗应尽量模仿自然感染途径接种，灭活苗均应注射（皮下、肌肉）。要做到方法正确、操作规范。

一、家禽的免疫接种方法

家禽接种的途径有饮水、滴鼻、点眼、气雾、刺种、涂肛、皮下注射、肌肉注射、穴位注射等。

（1）饮水免疫法　根据禽群的饮水量计算用水量，将可供口服的疫苗 3 倍剂量溶于水中，装入饮水器或供水桶内，供禽群自由饮用，2h 内饮完。饮水免疫应注意以下问题：

①采用饮水法免疫时，疫苗剂量要加大。因为禽类饮水时，会损失一部分，一般 2~4 倍为宜。

②稀释疫苗的饮水不能用自来水，自来水含有消毒剂，会使疫苗失活，可用蒸馏水、无离子水或深井水。为了保护疫苗，可在饮水中添加 0.1% 的脱脂奶粉。

③饮水器要充足，以保证所有禽只能于短时间内饮到足够的疫苗，饮水器要干净，以免降低疫苗的效价。

④服用疫苗前应停止饮水 2~4h（时间长短视天气而定），以便使禽只能尽快而又一致地饮用疫苗，饮水时间应控制在 2h 以内。

⑤稀释疫苗的用水量要适当，根据禽群的饮水量计算用水量，然后适当加大（约为饮水量 120%）。

⑥免疫前后 2~3d 内，饮水中不能用消毒药。

优点：省时省力、应激小、简便易行。

缺点：每只禽饮入的疫苗量不一，免疫效果参差不齐。

（2）点眼、滴鼻法　使疫苗从呼吸道进入体内，对于幼雏禽可避免或减少疫苗病毒被母源抗体中和，可刺激其产生局部免疫，效果好，是最好的免疫方法之一，适用于新城疫Ⅱ系、Ⅳ系、CL30、传支 H120 等疫苗的免疫，新城疫首免一般应用此法。此法适合雏鸡的鸡新城疫Ⅱ系、Ⅳ系疫苗和传支疫苗的接种。操作：将疫苗用蒸馏水或生理盐水稀释，操作者左手握住鸡体，用拇指和食指夹住其头部，右手持滴管将疫苗滴入眼、鼻各一滴（约 0.03ml），待疫苗进入眼、鼻后，将鸡放开。操作要迅速，还要防止漏滴和甩头。稀释疫苗前应先算好该滴管多少滴为 1ml，一般在 20 滴。

（3）气雾法　气雾免疫能在家禽气管、支气管表面形成局部抗体，有效预防病原从呼吸道侵入，对鸡新城疫和传染性支气管炎等免疫有很好的效果。

操作：喷头距离鸡头 0.5~1m，人距离鸡 2m，用压缩空气通过气雾发生器将稀释的疫苗喷射出去，形成局部雾化区域。以达到免疫的目的，应用该法应注意如下事项。

①为了让鸡吸入足够的疫苗，剂量要加倍。

②以蒸馏水或去离子水稀释疫苗，并加入 0.1% 的脱脂奶粉。

③喷雾粒子大小要适中，太大在空中停留时间太短，不易被鸡吸收；太小被鸡呼出，影响效果。雏鸡要求喷雾粒子直径 50mm 以上，均匀免疫，稍微喷湿即可，成鸡喷雾粒子 5~20mm。雾粒过大停留于空气中的时间过短，且易被黏膜阻止不能进入呼吸道，易被咳出。

④喷雾免疫要求禽舍温度 20℃ 左右，湿度 70% 以上，以免雾滴迅速

蒸发。

⑤应密闭房舍减少空气流动。炎热时宜早晚进行，喷完后20min再开启门窗；注意应关灯防止惊群，同时应做好工作人员的防护。

优点：省时省力，对某些对呼吸道有亲嗜性的疫苗特别有效，如新城疫Ⅱ、Ⅳ系、Clone30弱毒疫苗、传染性支气管炎弱毒疫苗等。

缺点：应激较大，会加重慢性呼吸道病及大肠杆菌引起的气管炎，故免疫前后应使用抗应激药物，添加抗生素防止气囊炎。

（4）刺种法 适用于鸡痘疫苗。

操作：将1 000羽份的疫苗稀释于4～5ml的生理盐水中，充分摇匀。助手一手握住鸡双腿，另一手握住一翅，同时托住背部，使其仰卧，操作者左手握住另一翅尖，右手持接种针或钢笔尖蘸取疫苗，刺种于鸡翅内侧无血管处的翼膜内，小鸡一针，大鸡两针。刺种后5～10d检查有无反应灶，若无结痂应重新接种。

（5）涂肛或擦肛法 仅用于接种传染性喉气管炎的强毒型的疫苗。

操作：将1 000羽份的疫苗稀释于30ml的生理盐水中。助手将鸡倒提，用手握腹，使肛门黏膜翻出，操作者将一滴疫苗或用去尖毛笔蘸取疫苗涂擦肛门。

（6）皮下接种法 主要用于1日龄马立克氏病弱毒疫苗及小龄灭活疫苗的接种。

操作：操作者一手握住小鸡，使其头朝前腹朝下，食指与拇指提起头颈部背侧皮肤，右手持注射器由前向后从皮肤隆起处刺入皮下，注入疫苗。

（7）肌肉注射 一般种禽群和产蛋禽群开产前接种各种灭活疫苗常用此法，注射部位常取胸肌、翅膀肩关节附近的肌肉或腿部外侧的肌肉。胸肌注射时应注意，斜向前入针，以防插入肝脏、心脏或胸腔，腿肌注射时防止刺伤腿部神经。

接种时具体应用哪种接种方去，应根据疫苗的要求、鸡群的日龄、饲养情况、生产性能及防疫工作人员多少而定。

二、家畜的免疫接种方法

家畜接种的途径有滴鼻、口服、刺种、注射（皮下、肌肉）等，每种疫苗均有其最佳的接种途径。

（1）滴鼻法 连续注射器连接1～1.5cm长乳胶管，将乳胶管插入鼻孔1cm左右注射即可。该法适用于伪狂犬病冻干疫苗免疫。

（2）口服法或饮水法 连续注射器连接1～1.5cm长乳胶管，将乳胶管插入口腔内注射即可，或直接饮用。适用于牛、羊、猪布氏杆菌病的免疫。

（3）皮内注射　适合结核病检疫，羊痘的疫苗免疫。消毒后左手捏皱皮肤，顺皱折插针注入皮内。

（4）皮下注射　左手拇指与食指捏取颈侧下或肩胛骨的后方皮肤，使其产生褶皱，右手持注射器针管在褶皱底部倾斜、快速刺入，缓缓推药，注射完毕，将针拔出，立即以药棉揉擦，使药液散开。

（5）肌肉注射　选择肌肉发达的部位，如颈侧、臀部等。左手固定注射部位，右手拿注射器，针头垂直刺入肌肉内，然后用左手固定注射器，右手将针芯回抽一下，如无回血，将药慢慢注入，若发现回血，应变更位置。若动物不安或皮厚不易刺，可将针头取下，用右手拇指、食指和中指捏紧针尾，对准注射部位迅速刺入肌肉，然后接上注射器，注入药液。

第五节　建立免疫档案

一、建立免疫档案的意义

所有养殖场必须建立自己的免疫档案，免疫档案在疫病预防、诊断和控制中起着重要作用，建立免疫档案是养殖场实施程序化免疫的基本内容和保证，只有建立完整的免疫档案，才能避免漏免、迟免的现象发生，保证免疫质量。通过疫苗免疫信息和动物健康状况比较分析，可以帮助评价疫苗和免疫程序，进而选择疫苗和改进免疫程序，提高免疫效果。当发生疫病时，它还是疫病诊断的重要参考依据之一。

兽医管理部门必须建立本辖区的动物免疫档案，免疫档案是强制性免疫和计划免疫工作不可少的重要步骤，它起着工作记录、技术储备、信息传递、规划制定、决策分析、效果评价、疫病追溯、改进工作的重要作用。免疫档案资料的规范化管理是整个计划免疫工作的重要内容，也是评价工作质量和技术的重要依据之一，指导着本辖区的动物科学免疫，并为制定本辖区的动物免疫预防规划提供科学依据。

二、免疫档案类型

早先的免疫档案都是手写记录，称为纸制档案，纸制档案是其他一切档案的基础，也是最可靠的备份，但查找繁琐，统计分析困难，且费时费力。随着计算机的普及发展，人们把信息输入微机进行管理，查看、统计、分析都非常方便，称为电子档案。随着网络的普及发展，建立了各种兽医网络系统，把免疫信息上网，使得免疫信息查看、统计、分析更方便快捷，如农业部近期在全国推行的动物免疫标识与疫病追溯体系，免疫信息（免疫时间和所用疫苗种类、厂家、批号等）可以用识读器录入，并通过免疫标识与疫病追溯体系网络系统直接上传，便于汇总分析，把免疫档案内容输入微机建立电子档案，通过一定的系统不但可以实现微机自动化管理，使各级兽医管理部门可以随时随地查看免疫情况和免疫进展，方便地掌握辖区内的畜禽存栏、出栏、孕畜、幼畜数量和免疫状况，为及时确定免疫时间，消除免疫空白，督促指导工作，而且使兽医技术人员可随时随地查看免疫信息，用于疫病的诊断分析。

三、免疫档案内容

免疫档案内容包括编号、地址、畜种、数量、疫苗名称、疫苗生产厂家、生产批号、接种剂量、免疫日期、畜主、防疫员等信息，以上信息填入免疫登记表，登记造册存档。

四、如何建立免疫档案

纸制档案是其他一切档案的基础，作为地方兽医管理部门必须建立辖区的动物免疫档案，作为养殖场必须建立本场动物免疫档案，二者的目的是一样的，但目标不同，形式也有区别。档案是靠记录组成，如把一年的免疫记录汇总分析存档就成了免疫档案。

第六节　免疫程序

一、制定免疫程序需考虑的因素

没有一成不变而又广泛适用的免疫程序，因为免疫程序本身就是动态的，随着季节、气候、疫病流行状况、生产过程的变化而改变。因此，每个养殖场应根据以上情况制定适合本场的免疫程序，并确保能动态执行。在选用、制定或改进免疫程序时需要全面考虑以下因素。

（1）免疫要达到的目的　不同用途、不同代次的畜禽，其免疫要达到的目的不同。所选用的疫苗及免疫次数也会不同。如生长周期短的商品肉鸡，7～10日龄时禽流感油佐剂灭活疫苗免疫一次即可。但考虑到对鸡肉产品质量的影响时，可以选用新城疫禽流感重组疫苗免疫，但要分别在7日龄、21日龄时进行两次免疫。

（2）当地疾病流行情况　针对当地流行的疾病种类决定所免疫苗的种类、时间与次数。如鸡传染性喉气管炎表现为区域性流行，没有鸡传染性喉气管炎流行的地区不需该疫苗的免疫。

（3）母源抗体情况　当母源抗体水平高且均匀时，推迟首免时间；当母源抗体水平低时，首免时间提前；当母源抗体水平高低不均匀时，需通过加大免疫剂量使所有鸡群均获得良好的免疫应答。

（4）免疫间隔时间　根据免疫后抗体的维持时间决定。一般首免主要起到激活免疫系统的作用，产生的抗体低且维持时间短，与二免的间隔时间要短一些；二免作为加强免疫，产生的抗体高且维持时间长，与三免的间隔时间可以延长。猪流行性腹泻、猪流感等常在冬季流行，秋冬季节间隔时间就要短一些。

（5）疫苗间的相互干扰　两种及两种以上的疫苗不能在同一天接种，更不能混在一起接种，最好间隔1周。如新城疫弱毒疫苗免疫后，紧接着免疫鸡传染性支气管炎或鸡传染性法氏囊病疫苗，都会严重干扰新城疫弱毒疫苗的免疫效果。

（6）疫苗的搭配使用　活苗的优点是抗体产生快，免疫应答全面；灭活苗的优点是产生抗体高且维持时间长，不受母源抗体干扰；二者联合使用可以使动物机体产生强大的保护力。最终必须根据免疫效果检测和临床使用效果，及时调整，才能制定科学、有效的免疫程序。

二、农业部常见动物疫病免疫推荐方案

为贯彻落实《国家中长期动物疫病防治规划（2012—2020年)》，指导做好动物防疫工作，结合当前防控工作实际，根据《中华人民共和国动物防疫法》等法律法规有关规定，制定本方案。

（一）免疫病种

布鲁氏菌病、新城疫、狂犬病、绵羊痘和山羊痘、炭疽、猪伪狂犬病、棘球蚴病（包虫病）、猪繁殖与呼吸综合征（经典猪蓝耳病）、猪乙型脑炎、猪丹毒、猪圆环病毒病、鸡传染性支气管炎、鸡传染性法氏囊病、鸭瘟、低致病性（H9亚型）禽流感等动物疫病。

（二）免疫推荐方案

有条件的养殖单位应结合实际，定期进行免疫抗体水平监测，根据检测结果适时调整免疫程序。

1. 布鲁氏菌病

（1）区域划分

一类地区是指北京、天津、河北、内蒙古自治区、山西、黑龙江、吉林、辽宁、山东、河南、陕西、新疆维吾尔自治区、宁夏回族自治区、青海、甘肃等 15 个省、市、自治区和新疆生产建设兵团。以县为单位，连续 3 年对牛羊实行全面免疫。牛羊种公畜禁止免疫。奶畜原则上不免疫，个体病原阳性率超过 2% 的县，由县级兽医主管部门提出申请，报省级兽医主管部门批准后实施免疫。免疫前监测淘汰病原阳性畜。已达到或提前达到控制、稳定控制和净化标准的县，由县级兽医主管部门提出申请，报省级兽医主管部门批准后可不实施免疫。

连续免疫 3 年后，以县为单位，由省级兽医主管部门组织评估考核达到控制标准的，可停止免疫。

二类地区是指江苏、上海、浙江、江西、福建、安徽、湖南、湖北、广东、广西壮族自治区、四川、重庆、贵州、云南、西藏自治区等 15 个省、市、自治区。原则上不实施免疫。未达到控制标准的县，需要免疫的由县级兽医主管部门提出申请，经省级兽医主管部门批准后实施免疫，报农业部备案。

净化区是指海南省。禁止免疫。

（2）免疫程序

经批准对布鲁氏菌病实施免疫的区域，按疫苗使用说明书推荐程序和方法，对易感家畜先行检测，对阴性家畜方可进行免疫。

使用疫苗：布鲁氏菌活疫苗（M5 株或 M5 - 90 株）用于预防牛、羊布鲁氏菌病；布鲁氏菌活疫苗（S2 株）用于预防山羊、绵羊、猪和牛的布鲁氏菌病；布鲁氏菌活疫苗（A19 株或 S19 株）用于预防牛的布鲁氏菌病。

2. 新城疫

对鸡实行全面免疫。

商品肉鸡：7 ~ 10 日龄时，用新城疫活疫苗（低毒力）和（或）灭活疫苗进行初免，2 周后，用新城疫活疫苗加强免疫 1 次。

种鸡、商品蛋鸡：3 ~ 7 日龄，用新城疫活疫苗进行初免；10 ~ 14 日龄用新城疫活疫苗和（或）灭活疫苗进行二免；12 周龄用新城疫活疫苗和（或）灭活疫苗强化免疫，17 ~ 18 周龄或开产前再用新城疫灭活疫苗免疫一次。开产后，根据免疫抗体检测情况进行强化免疫。

使用疫苗：鸡新城疫灭活疫苗或活疫苗。

3. 狂犬病

对犬实行全面免疫，重点做好狂犬病高发地区的农村和城乡结合部犬的免疫工作。

初生幼犬 2 月龄时进行初免，3 月龄时进行二免，此后每隔 12 个月进行一次免疫。

使用疫苗：犬狂犬病活疫苗或灭活疫苗。

4. 绵羊痘和山羊痘

对疫病流行地区的羊进行免疫。

60 日龄左右进行初免，以后每隔 12 个月加强免疫 1 次。

使用疫苗：山羊痘活疫苗。

5. 炭疽

对近 3 年曾发生过疫情的乡镇易感家畜进行免疫。

每年进行一次免疫。发生疫情时，要对疫区、受威胁区所有易感家畜进行一次紧急免疫。

使用疫苗：无荚膜炭疽芽孢疫苗或 II 号炭疽芽孢疫苗。

6. 猪伪狂犬病

对疫病流行地区的猪进行免疫。

商品猪：55 日龄左右时进行一次免疫。

种母猪：55 日龄左右时进行初免；初产母猪配种前、怀孕母猪产前 4 ~ 6 周再进行一次免疫。

种公猪：55 日龄左右时进行初免，以后每隔 6 个月进行一次免疫。

使用疫苗：猪伪狂犬病活疫苗或灭活疫苗。

7. 棘球蚴病（包虫病）

对内蒙古自治区、四川、西藏自治区、甘肃、青海、宁夏回族自治区、新疆维吾尔自治区和新疆生产建设兵团流行地区的羊实行免疫。

每年对当年新生存栏羊进行疫苗接种，此后对免疫羊每年进行一次强化免疫。

使用疫苗：羊棘球蚴（包虫）病基因工程亚单位疫苗。

8. 猪繁殖与呼吸综合征（经典猪蓝耳病）

对疫病流行地区的猪进行免疫。

商品猪：使用活疫苗于断奶前后进行免疫，可根据实际情况 4 个月后加强免疫一次。

种母猪：150 日龄前免疫程序同商品猪，可根据实际情况，配种前使用灭活疫苗进行免疫。

种公猪：使用灭活疫苗进行免疫。70 日龄前免疫程序同商品猪，以后每隔 4 ~ 6 个月加强免疫一次。

使用疫苗：猪繁殖与呼吸综合征活疫苗或灭活疫苗。

9. 猪乙型脑炎

对疫病流行地区的猪进行免疫。

每年在蚊虫出现前 1~2 个月，根据具体情况确定免疫时间，对猪等易感家畜进行两次免疫，间隔 1~2 个月。

使用疫苗：猪乙型脑炎灭活疫苗或活疫苗。

10. 猪丹毒

对疫病流行地区的猪进行免疫。

28~35 日龄时进行初免，70 日龄左右时进行二免。

使用疫苗：猪丹毒灭活疫苗。

11. 猪圆环病毒病

对疫病流行地区的猪进行免疫。

可按各种猪圆环病毒疫苗的推荐程序进行免疫。

使用疫苗：猪圆环病毒灭活疫苗。

12. 鸡传染性支气管炎

对疫病流行地区的鸡进行免疫。

商品肉鸡：在 1~7 日龄、10~14 日龄和 56 日龄时使用鸡传染性支气管炎活疫苗分别进行初免、二免和三免。对 40~50 日龄出栏的肉鸡，建议只进行两次免疫。

种鸡、商品蛋鸡：56 日龄前免疫程序同商品肉鸡；110~120 日龄时用鸡传染性支气管炎灭活疫苗进行四免。开产后，根据免疫抗体检测情况进行免疫。

使用疫苗：鸡传染性支气管炎灭活疫苗或活疫苗。

13. 鸡传染性法氏囊病

对疫病流行地区的鸡进行免疫。

商品肉鸡：在 10~14 日龄、22 日龄左右时使用鸡传染性法氏囊病活疫苗分别进行初免和二免。对 40~50 日龄时出栏的肉鸡，在 24 日龄前完成免疫。

种鸡、商品蛋鸡：在 10~14 日龄、28~35 日龄时使用鸡传染性法氏囊病活疫苗分别进行初免和二免，110~120 日龄时用鸡传染性法氏囊病灭活疫苗进行三免。开产后，根据免疫抗体检测情况进行免疫。

使用疫苗：鸡传染性法氏囊病灭活疫苗或活疫苗。

14. 鸭瘟

对疫病流行地区的鸭进行免疫。

商品肉鸭：14 日龄左右时，用鸭瘟灭活疫苗或活疫苗免疫一次。

商品蛋鸭：在 14 日龄左右、60 日龄左右时使用鸭瘟灭活疫苗或活疫苗分别进行初免和二免，以后每隔半年免疫一次。

种鸭：在 14 日龄左右、60 日龄左右时使用鸭瘟灭活疫苗或活疫苗分别进行初免和二免，开产前一个月用鸭瘟活疫苗进行三免；开产后每 4～6 个月免疫一次。

使用疫苗：鸭瘟活疫苗或灭活疫苗。

15. 低致病性（H9 亚型）禽流感

对疫病流行地区的鸡进行免疫。

商品肉鸡：7～14 日龄时进行初免；28～35 日龄时进行二免。对 40～50 日龄出栏的肉鸡，建议只进行初免。

种鸡、商品蛋鸡：初免、二免免疫程序同商品肉鸡；110～120 日龄时进行三免。开产后，根据免疫抗体检测情况进行免疫。

使用疫苗：禽流感（H9 亚型）灭活疫苗。

（三）其他事项

（1）各种疫苗具体免疫接种方法及剂量按相关产品说明操作。

（2）切实做好疫苗效果监测评价工作，免疫抗体水平达不到要求时，应立即实施加强免疫。

（3）对开展相关重点疫病净化工作的种畜禽场等养殖单位，可按净化方案实施，不采取免疫措施。

（4）必须使用经国家批准生产或已注册的疫苗，并加强疫苗管理，严格按照疫苗保存条件进行贮存和运输。对布鲁氏菌病等常见动物疫病，如国家批准使用新的疫苗产品，也可纳入本方案投入使用。

（5）使用疫苗前应仔细检查疫苗外观质量，如是否在有效期内、疫苗瓶是否破损等。免疫接种时应按照疫苗产品说明书要求规范操作，并对废弃物进行无害化处理。

（6）要切实做好个人生物安全防护工作，避免通过皮肤伤口、呼吸道、消化道、可视黏膜等途径感染病原或引起不良反应。

（7）免疫过程中要做好消毒工作，猪、牛、羊、犬等家畜免疫要做到"一畜一针头"，鸡、鸭等家禽免疫做到勤换针头，防止交叉感染。

（8）要做好免疫记录工作，建立规范完整的免疫档案，确保免疫时间、使用疫苗种类等信息准确翔实、可追溯。

三、皮毛动物的免疫程序（狐狸、貉免疫程序）

（1）犬瘟热弱毒疫苗　皮下注射，每年免疫 2 次，间隔 6 个月，仔狐断乳后 2～3 周接种。无论大小狐均 3ml，貉 3ml。

（2）狐脑炎弱毒疫苗　皮下注射，每年免疫2次，间隔6个月，仔狐断乳后2~3周接种。无论大小狐均1ml。

（3）病毒性肠炎灭活疫苗　皮下注射，每年免疫2次，仔狐断乳后2~3周接种。无论大小狐均3ml，貉3ml。

（4）狐阴道加德纳氏菌灭活疫苗　肌肉注射，每年免疫2次，间隔6个月。无论大小狐均1ml，貉1ml。

（5）狐绿脓杆菌多价灭活疫苗　肌肉注射，每年免疫1次；仅供配种前15~20d母狐使用。免疫剂量为2ml。

（6）狐巴氏杆菌多价灭活疫苗　肌肉注射，每年免疫2次，仔狐断乳后2~3周接种。无论大小狐均2ml。

四、犬、猫的免疫程序

（1）50~90日龄的幼犬　连续注射3次六联疫苗（犬瘟热、犬细小病毒病、犬传染性肝炎、犬副流感、犬腺病毒Ⅱ型和钩端螺旋体病6种传染病），每次间隔3~4周。

（2）6月龄以上的犬　连续注射2次，每次间隔3~4周。之后每隔1年注射一次（一般需提前1~2个月注射）。

（3）健康犬、猫　3月龄时注射第一针狂犬病疫苗，间隔3~6个月后注射第二针狂犬病疫苗，之后每隔1年注射一次。

（4）2月龄以上的健康猫　应注射进口猫三联疫苗，以预防猫瘟热、猫杯状病毒病、猫鼻气管炎3种传染病。方法如下：2月龄后连续注射2次，每次间隔3~4周，之后每隔1年注射一次。

（5）30日龄以上健康幼犬　可接种进口犬二联苗，3周后再连续注射两针进口犬六联苗。

五、重大动物疫病强制免疫程序（依据农业部方案供参考）

（一）高致病性禽流感免疫方案

1. 要求

对所有鸡、水禽（鸭、鹅）进行高致病性禽流感强制免疫。对人工饲养的鹌鹑、鸽子等，参考鸡的相应免疫程序进行免疫。

对进口国有要求且防疫条件好的出口企业，以及提供研究和疫苗生产用途的家禽，报经省级兽医主管部门批准后，可以不实施免疫。

2. 免疫程序

规模养殖场可按下述推荐免疫程序进行免疫，对散养家禽在春秋两季各实施一次集中免疫，每月对新补栏的家禽要及时补免。

（1）种鸡、蛋鸡免疫　雏鸡7～14日龄时，用H5N1亚型禽流感灭活疫苗或禽流感—新城疫重组二联活疫苗（rLH5－6株）进行初免；3～4周后再进行一次加强免疫；开产前再用H5N1亚型禽流感灭活疫苗进行加强免疫，以后根据免疫抗体检测结果，每隔4～6个月用H5N1亚型禽流感灭活疫苗免疫一次。

（2）商品代肉鸡免疫　7～14日龄时，用H5N1亚型禽流感灭活疫苗免疫一次。或者，7～14日龄时，用禽流感—新城疫重组二联活疫苗（rLH5－6株）免疫；2周后，用禽流感－新城疫重组二联活疫苗（rLH5－6株）加强免疫一次。

饲养周期超过70日龄的，参照蛋鸡免疫程序免疫。

（3）种鸭、蛋鸭、种鹅、蛋鹅免疫　雏鸭或雏鹅14～21日龄时，用H5N1亚型禽流感灭活疫苗进行初免；间隔3～4周，再用H5N1亚型禽流感灭活疫苗进行一次加强免疫。以后根据免疫抗体检测结果，每隔4～6个月用H5N1亚型禽流感灭活疫苗免疫一次。

（4）商品肉鸭、肉鹅免疫　肉鸭7～10日龄时，用H5N1亚型禽流感灭活疫苗进行一次免疫即可。

肉鹅7～10日龄时，用H5N1亚型禽流感灭活疫苗进行初免；3～4周后，再用H5N1亚型禽流感灭活疫苗进行一次加强免疫。

（5）散养禽免疫　春秋两季用H5N1亚型禽流感灭活疫苗各进行一次集中全面免疫，每月定期补免。

（6）鹌鹑、鸽子等其他禽类免疫　根据饲养用途，参考鸡的相应免疫程序进行免疫。

3. 不同风险区域的免疫

按照农业部方案要求执行。

4. 紧急免疫

发生疫情时，要根据受威胁区家禽免疫抗体监测情况，对受威胁区域的所有家禽进行一次加强免疫；边境地区受到境外疫情威胁时，要对距边境30km范围内所有家禽进行一次加强免疫。最近1个月内已免疫的家禽可以不进行加强免疫。

5. 禽流感二价灭活疫苗免疫

禽流感二价灭活疫苗（H5N1 Re－6 + H9N2 Re－2株）的使用同H5N1亚型禽流感灭活疫苗。

6. 使用疫苗种类

重组禽流感病毒H5亚型二价灭活疫苗（Re－6株 + Re－4株），重组禽流感病毒灭活疫苗（H5N1 亚型，Re - 4 株），重组禽流感病毒灭活疫苗（H5N1 亚型，Re - 6 株），禽流感二价灭活疫苗（H5N1 Re - 6 株 + H9N2 Re - 2 株），禽流感—新城疫重组二联活疫苗（rLH5 - 6 株）。

7. 免疫方法

各种疫苗免疫接种方法及剂量按相关产品说明书规定操作。

8. 免疫效果监测

（1）检测方法 血凝抑制试验（HI）。

（2）免疫效果判定 活疫苗的免疫效果判定：商品代肉雏鸡第二次免疫 14d 后，进行免疫效果监测。鸡群免疫抗体转阳率≥50% 判定为合格。

灭活疫苗的免疫效果判定：家禽免疫后 21d 进行免疫效果监测。禽流感抗体血凝抑制试验（HI）抗体效价≥24 判定为合格。

存栏禽群免疫抗体合格率≥70% 判定为合格。

（二）口蹄疫免疫方案

对所有猪进行 O 型口蹄疫强制免疫；对所有牛、羊、骆驼、鹿进行 O 型和亚洲 I 型口蹄疫强制免疫；对所有奶牛和种公牛进行 A 型口蹄疫强制免疫；对广西壮族自治区、云南、西藏自治区、新疆维吾尔自治区和新疆生产建设兵团边境地区的牛、羊进行 A 型口蹄疫强制免疫。

规模养殖场按下述推荐免疫程序进行免疫，散养家畜在春秋两季各实施一次集中免疫，对新补栏的家畜要及时免疫。

1. 规模养殖家畜和种畜免疫

仔猪、羔羊：28 ~ 35 日龄时进行初免。

犊牛：90 日龄左右进行初免。

所有新生家畜初免后，间隔 1 个月后进行一次加强免疫，以后每隔 4 ~ 6 个月免疫一次。

2. 散养家畜免疫

春秋两季对所有易感家畜进行一次集中免疫，每月定期补免。有条件的地方可参照规模养殖家畜和种畜的免疫程序进行免疫。

3. 紧急免疫

发生疫情时，对疫区、受威胁区域的全部易感家畜进行一次加强免疫。边境地区受到境外疫情威胁时，要对距边境线 30km 以内的所有易感家畜进行一次加强免疫。最近 1 个月内已免疫的家畜可以不进行加强免疫。

4. 使用疫苗种类

牛、羊、骆驼和鹿：口蹄疫 O 型 - 亚洲 I 型二价灭活疫苗、口蹄疫 O 型 -

A 型二价灭活疫苗和口蹄疫 A 型灭活疫苗、口蹄疫 O 型－A 型－亚洲 I 型三价灭活疫苗。

猪：口蹄疫 O 型灭活类疫苗，口蹄疫 O 型合成肽疫苗（双抗原）。

空衣壳复合型疫苗在批准范围内使用。

5. 免疫方法（略）

6. 免疫效果监测

猪免疫 28d 后，其他畜 21d 后，进行免疫效果监测。

亚洲 I 型口蹄疫：液相阻断 ELISA。

O 型口蹄疫：灭活类疫苗采用正向间接血凝试验、液相阻断 ELISA，合成肽疫苗采用 VP1 结构蛋白 ELISA。

A 型口蹄疫：液相阻断 ELISA。

亚洲 I 型口蹄疫：液相阻断 ELISA 的抗体效价≥26 判定为合格。

O 型口蹄疫：灭活类疫苗抗体正向间接血凝试验的抗体效价≥25 判定为合格，液相阻断 ELISA 的抗体效价≥26 判定为合格；合成肽疫苗 VP1 结构蛋白抗体 ELISA 的抗体效价≥25 判定为合格。

A 型口蹄疫：液相阻断 ELISA 的抗体效价≥26 判定为合格。

存栏家畜免疫抗体合格率≥70% 判定为合格。

（三）高致病性猪蓝耳病免疫方案

对所有猪进行高致病性猪蓝耳病强制免疫。为便于鉴别不同制苗毒株，各地要采取有效措施，做到一个县区域内只使用一种高致病性猪蓝耳病活疫苗进行免疫。

规模养殖场按下述推荐免疫程序进行免疫，散养猪在春秋两季各实施一次集中免疫，对新补栏的猪要及时免疫。

1. 规模养猪场免疫

商品猪：使用活疫苗于断奶前后初免，4 个月后免疫 1 次；或者，使用灭活苗于断奶后初免，可根据实际情况在初免后 1 个月加强免疫 1 次。

种母猪：使用活疫苗或灭活疫苗进行免疫。150 日龄前免疫程序同商品猪；以后每次配种前加强免疫 1 次。

种公猪：使用灭活疫苗进行免疫。70 日龄前免疫程序同商品猪，以后每隔 4~6 个月加强免疫 1 次。

2. 散养猪免疫

春秋两季对所有猪进行一次集中免疫，每月定期补免。有条件的地方可参照规模养猪场的免疫程序进行免疫。

发生疫情时，对疫区、受威胁区域的所有健康猪使用活疫苗进行一次加强免疫。最近 1 个月内已免疫的猪可以不进行加强免疫。

高致病性猪蓝耳病活疫苗、高致病性猪蓝耳病灭活疫苗。

活疫苗免疫 28d 后，进行免疫效果监测。高致病性猪蓝耳病 ELISA 抗体检测阳性判为合格。存栏猪免疫抗体合格率≥70% 判定为合格。

(四) 猪瘟免疫方案

对所有猪进行猪瘟强制免疫。

商品猪：25～35 日龄初免，60～70 日龄加强免疫一次。

种公猪：25～35 日龄初免，60～70 日龄加强免疫一次，以后每 6 个月免疫一次。

种母猪：25～35 日龄初免，60～70 日龄加强免疫一次，以后每次配种前免疫一次。

每年春秋两季集中免疫，每月定期补免。

发生疫情时对疫区和受威胁地区所有健康猪进行一次加强免疫。最近 1 个月内已免疫的猪可以不进行加强免疫。

猪瘟活疫苗（政府采购专用）和传代细胞源猪瘟活疫苗。

免疫 21d 后，进行免疫效果监测。

猪瘟抗体阻断 ELISA 检测试验抗体阳性判定为合格，猪瘟抗体间接 ELISA 检测试验抗体阳性判定为合格，猪瘟抗体正向间接血凝实验抗体效价≥25 判定为合格。

存栏猪抗体合格率≥70% 判定为合格。

(五) 小反刍兽疫免疫方案

1. 要求

根据风险评估结果，对受威胁地区羊进行小反刍兽疫强制免疫。

2. 免疫程序

新生羔羊 1 月龄以后免疫一次，对本年未免疫羊和超过 3 年免疫保护期的羊进行免疫。

3. 紧急免疫

发生疫情时对疫区和受威胁地区所有健康羊进行一次加强免疫。最近 1 个月内已免疫的羊可以不进行加强免疫。

4. 使用疫苗种类

小反刍兽疫活疫苗。

5. 免疫方法

疫苗免疫接种方法及剂量按相关产品说明书规定操作。

第七节　基层动物防疫员免疫技术操作规范

一、总则

（1）为规范基层动物防疫员操作行为，提高动物免疫质量，保障畜牧业的健康发展和人体健康，根据《中华人民共和国动物防疫法》和基层防疫员预防注射操作技术要求，制定本规范。

（2）本规范适用于动物防疫员的动物免疫接种活动。本规范所称动物是指家畜家禽以及人工饲养、合法捕获的其他动物。

（3）畜牧兽医行政管理部门主管本行政区域内的动物免疫工作。

二、适用范围

（1）适用于所有基层动物防疫员和动物养殖场技术人员对各类动物的免疫操作。

（2）规定了基层动物防疫员免疫前的准备、动物的保定、免疫方法、免疫过敏反应处置、免疫档案管理及相关技术要求。

三、名词定义

1. 动物防疫员

为预防、控制和扑灭动物疫病，由市、县、乡、村或养殖场聘用，具有一定动物疫病防治基本知识和技能，主要负责当地畜禽动物养殖场（户）的动物防疫等工作的人员。

2. 免疫接种

利用人工制备的抗原或抗体通过适宜的途径对动物有计划地接种，使动物获得对某种疾病的特异性免疫力，以提高个体或群体的免疫水平，预防和控制疫病的发生和流行。

3. 预防接种

为控制动物传染病的发生和流行，减少传染病造成的损失，根据一个国家、地区或养殖场传染病流行的具体情况，按照一定的免疫程序有组织、有计划地对易感动物群进行疫苗接种。

4. 紧急接种

某传染病暴发后，为迅速控制、扑灭该病的流行，对疫区和受威胁区尚未发病动物群进行的免疫接种。

5. 临时接种

在引进或运出动物时，为了避免在运输途中或到达目的地后发生传染病而进行的预防免疫接种。

6. 疫苗

用于人工自动免疫的生物制品。包括用细菌、霉形体、螺旋体制成的疫苗，用病毒、立克氏体制成的疫苗和细菌外毒素制成的类毒素。

四、免疫接种前准备

（一）制定免疫工作计划

（1）调查统计辖区内养殖场（户）数、饲养动物种类、存栏数与实际应免数量。

（2）确定所需疫苗种类、统计所需疫苗数量（头份、羽份、只数）。

（3）确定免疫注射方法、途径和接种时间。

（二）动物及免疫标识检查

1. 免疫前免疫标识的检查

检查辖区内动物免疫标识佩戴情况，如有磨损、破损、脱落，在免疫前或免疫同时登记备案，已经使用过的动物标识不得重复使用。

2. 动物免疫前的检查

免疫注射疫苗前对应免疫动物进行健康检查，对患病的动物（如：体温升高、食欲不振、精神沉郁等）、临产的孕畜暂缓免疫。

（三）免疫器材的准备

1. 注射器

根据需要，准备金属注射器、连续注射器、皮内注射器。

2. 兽用针头

家禽用 7 号、9 号针头，针头长不能超过 13mm；1 月龄以下仔猪选用 9 号针头，长为 15mm；1 月龄以上 3 月龄以下的猪选择 12 号针头，长为 25mm；3 月龄以上的猪选用 16 号针头，长为 38mm；绵羊、山羊选用 9 号或 12 号针头，长为 25mm；牛选用 12 号或 16 号针头，长为 25mm；皮内注射器使用专用针头。一般对同一年龄畜禽，注射灭活疫苗时选用大号针头，活疫苗选用小号针头，针头灭菌时应用纱布包好，以防附着水垢。

3. 刺种器

选用专用刺种针或蘸水笔尖代替。

4. 滴鼻点眼器

选用玻璃胶头管（滴管）、塑料滴管或专用点眼瓶。

21

5. 气雾发生器

选择压力达 2kg/cm² 以上，形成雾滴直径为 1～10μm 的雾化粒子的气雾发生器。

6. 饮水免疫容器

选用洁净没有消毒或抗微生物药物残留的塑料容器，不要选用金属容器。

7. 其他用具

准备好疫苗冷藏箱、冰袋、听诊器、体温计、镊子、剪毛剪、搪瓷盆等，并对其进行检查。

8. 要求

所有器材数量、型号要根据免疫接种动物种类、类别、数量来确定，注射器、针头、刺种针和点眼滴鼻器要经湿热高温或高压灭菌后才能使用。灭菌后的免疫器械应放入灭菌盒内，灭菌超过 7d 的不得使用，应重新灭菌。

（四）消毒器材与药品的准备

便携式消毒锅、量筒、纱布、医用脱脂棉、75% 酒精、5% 碘酒、消毒药品等。

（五）防护用具的准备

一次性医用口罩、一次性医用橡胶检查手套、工作帽、工作服、棉手套、医用护目镜、一次性医用防护服和高腰靴等。

（六）保定用具及保定辅助人员配备

牛鼻钳、耳夹子、鼻捻子、猪鼻环套保定器，保定用麻绳等，并配备适当的保定辅助人员。

（七）免疫标识准备

耳标（含钉）、耳号笔、耳号钳、识读器。

（八）急救药与器材准备

0.1% 盐酸肾上腺素等，一次性注射器。

（九）疫苗的准备

1. 疫苗的来源

是合法的正规企业生产的具有国家正式生产批准文号的兽用疫苗（国家规定的几种强制免疫病种的疫苗必须是政府统一采购疫苗）。

2. 疫苗的领取

领取疫苗时必须填写疫苗领取记录，记录疫苗名称、生产厂家、生产批号、领取数量，并了解疫苗存贮条件。见附件 A：疫苗出入台账登记表。

3. 疫苗的保存与携带

（1）疫苗的保存　弱毒苗放于冰箱冷冻 −15℃ 以下保存；灭活苗宜在2～

8℃下保鲜（冷暗处）保藏，切勿冻结。

（2）疫苗的携带 应在保温箱（瓶）放入足够多冰块或冰袋冷藏携带，避免高温、强光直射和强振。

五、免疫接种

（一）防疫员的个人防护

防疫员要严格按照相关规定做好个人防护工作。穿戴好工作服、胶鞋、橡胶手套、口罩、工作帽和护目镜。

（二）动物保定

1. 猪的保定

（1）正提保定 适用于仔猪耳根部、颈部注射免疫。保定辅助人员在正面用双手分别握住仔猪的两耳，向上提起猪头部，使猪的前肢悬空。

（2）猪鼻环套保定器保定 适用于育肥猪和成年种公、母猪注射免疫。先将猪鼻套环保定器捻环调整适当大小，套取猪的上颌后立即将鼻捻环套收紧，同时顺势向后拉紧手柄杆。

2. 马的保定

（1）鼻捻子保定 操作者先将左手4个手指放入鼻捻棒的套内，只留食指在套外，以防绳套下滑至腕部，然后将左手放在马前额，边抚摸边向下滑动，当手移至鼻端时，迅速抓住马上唇，右手迅速捻动棒杆，使绳紧紧勒住马唇。

（2）耳夹子保定 保定人员用左手轻轻抚摸马的颈侧，逐渐贴近马耳部，然后突然用左手抓住马耳，右手将耳夹子夹住马耳根部，左手协助把马耳夹紧。

（3）柱栏保定 适用于颈部、臀部注射免疫。保定栏内应备有胸革、臀革（或用扁绳代替）、肩革（带）。先挂好胸革，将马从柱栏后方引进，并把缰绳系于前柱上，挂好臀革，最后压上肩带。

3. 牛的保定

（1）牛鼻钳保定法 适用于牛颈部注射免疫。将牛鼻钳嘴抵住牛两鼻孔，并迅速夹紧中隔用一手或两手握持，也可用绳系紧钳柄将其固定。保定人员应戴上棉手套。

（2）牛饲栏保定 适用于规模奶牛场的颈部注射及颈部静脉采血。可用一端有绳套的麻绳一根，将绳套套于牛角根部，另一端交扭成圈套于牛鼻梁和下颌间，立即拉紧麻绳，并将牛头拉向一侧，将麻绳系于饲栏立柱上，使牛不能左右摆动。

4. 羊的保定

适用于羊的各种注射及颈静脉采血。保定者两手握住羊的两角或两耳，骑跨于羊身以大腿内侧夹紧羊两侧胸壁即可保定。

5. 禽的保定

家禽一般采用徒手保定，用左手的大拇指和食指握住翅膀，小拇指勾住一腿，此法适用于没有保定辅助人员的胸肌免疫注射。

保定辅助人员一手握住禽双腿，另一手握住翅膀，同时托住背部，使其仰卧或置于依托物上侧躺，此法适用于翼膜刺种、胸肌注射、禽翅静脉采血和心脏采血。

保定者左手握住雏禽身体，用大拇指和食指捻住颈中线的皮肤向上提起，使其形成一个囊，此法适用于禽颈背部皮下注射。

保定者左手握住雏禽身体，用拇指和食指夹住其头部保定，此法适用于雏禽的滴鼻点眼免疫。

（三）疫苗使用前的检查与准备

（1）应检查疫苗包装盒内外标签名称与瓶签是否相符，包括疫苗名称、免疫剂量、生产批号、批准文号、保存期、失效期和生产厂家等，并仔细阅读使用说明书。疫苗超过有效期，或在有效期内存在疫苗变色、变质的不得使用。疫苗瓶签不完整而且分辨不清疫苗种类、性质的不得使用。

（2）疫苗瓶有裂纹，瓶塞密封不严、松动、油乳剂破乳（油水分层）、瓶内有异物异味，受过冷冻的液体常温疫苗及失真空的冻干疫苗不得使用。

（3）油乳剂灭活疫苗在使用前应置于室内预温至常温后使用。

（四）疫苗的稀释

（1）稀释疫苗时要按照产品说明书要求，使用专用的稀释液稀释疫苗。

（2）注射器针头刺入疫苗瓶盖前，应用75%酒精棉球对瓶塞消毒。

（3）液体疫苗和稀释后的冻干疫苗，在使用前应充分摇匀后使用。

（4）饮水免疫所用的稀释液宜用无离子水、深井水或经脱氯的自来水，可在饮水中添加0.1%~0.3%的脱脂奶粉。

（5）稀释后的疫苗应在2h内用完，油乳灭活疫苗开启后应于6h内用完。

（五）注射器排除空气

（1）注射器排气时要用灭菌棉球包裹针头，以防疫苗溢出污染环境。

（2）连续注射器排气时，应在专用容器内进行。

（六）免疫方法的选择

（1）根据疫苗和动物种类及本场具体情况决定采用免疫方法。

（2）弱（活）毒（菌）苗可以通过多种方式接种。如：冻干苗可采用滴鼻、点眼、气雾、饮水、肌肉注射、皮肉注射等方法；灭活苗采用注射途径免疫。如：皮下、肌肉注射等方法。

（七）免疫方法

1. 注射免疫

（1）注射部位消毒　按照疫苗说明书规定选择注射部位，将注射部位剪毛（禽类除外），再用5%碘酊棉球由内向外螺旋式消毒接种部位，然后用挤干的75%酒精棉球脱碘。

（2）肌肉注射

- 进针方向　马、牛、羊颈部进针时，针头与皮肤表面呈45°角进针。
- 注射部位　猪选择在左右耳根后颈部的上1/3处，颈部或臀部；马、牛选择在颈侧部或后臀部，肌肉较厚的部位；羊、兔宜在颈部；禽类宜在翅膀基部、胸部肌肉或颈背部皮下。
- 对中、小家畜注射方法　左手固定注射部位皮肤，右手持注射器，用食指护住针头尾部刺入肌肉后，改用左手夹住注射器和针头尾部，右手回抽一下针芯，如无回血，即可慢慢注入药液。
- 对在家畜注射方法　为了防止损坏注射器或断针头，可采取分解动作进行注射。即把注射器针头取下，以右手拇指食指紧持针尾，中指标定刺入深度，对准注射部位用腕力将针头垂直刺入骨肉，然后接上注射器，回抽针芯，如无回血，即可慢慢注入药液。
- 对禽类注射方法　调试好连续注射器，确保剂量准确。选择胸肌注射时，一般应将疫苗注射到胸骨外侧2~3cm处的肌肉内，进针方向应与胸肌所在平面保持15°~30°角，注意针头与胸部肌肉不能超过30°角，以免刺伤胸腔伤及内脏。2月龄以上鸡可以选择翅膀根部肌肉注射的方法，要选择在翅膀根部肌肉多的地方注射。注射过程中要经常摇晃疫苗瓶，使其混匀，每注射300~500羽禽要校正一次连续注射器剂量，确保注射剂量准确。

（3）皮下注射

- 注射部位选择　选择在皮薄、被毛少、皮肤疏松、皮下血管少的部位。牛、马、羊宜在颈侧中1/3部位，禽宜在颈背部后1/3处，皮下注射要避免将疫苗注射到体外。
- 对家畜的注射方法　左手食指和拇指将皮肤提起呈三角，右手持注射器，沿三角形基部刺入皮下约2cm；左手放开皮肤，此时针头可自由拔动，回抽针芯，如无回血，然后再将疫苗徐徐注入。
- 对禽类注射方法　针头从颈部下1/3处，针头向下与颈部呈45°角，从前向背侧方向刺入皮下0.5~1cm，推动注射器活塞，缓缓注入疫苗，注射完后迅速拔出针头。

（4）皮内注射

● 注射部位选择　选择在皮肤致密、被毛少的部位。马、牛宜在侧、尾根、肩胛中央；猪宜在耳根后，羊宜在颈侧或尾根内侧；禽宜在肉髯部。

● 注射方法　适用于绵羊、山羊痘活苗及结核菌素皮内注射。用左手将皮肤挟起一皱褶或左手绷紧固定皮肤，右手持皮内注射器，将针头在皱褶或皮肤上斜着使针头几乎与皮肤平行地轻轻刺入皮内约0.5cm，徐徐注入药液。注射完后用灭菌干棉球轻压针孔。如针头确实在皮内。则注射时会感觉有较大阻力，同时，注射处会形成一圆形小丘。

（5）注射免疫注意事项

①注射免疫应每注射一畜，更换一次针头；家禽注射一户更换一次针头，或注射一笼更换一次针头，但最多不超过100只。

②注射免疫应避开上一次注射免疫部位的一侧。

③注射免疫时要对被免动物进行保定，防止伤人、扭断针头，保证免疫剂量。

2. 刺种免疫

（1）刺种部位选择　选择翅膀内侧三角无血管处。

（2）刺种方法　常用于鸡痘疫苗，禽脑脊髓炎疫苗的免疫接种。右手持蘸取疫苗液的刺针，在翅膀内侧无血管处刺针，稍停片刻后（约3s）拔出刺针，待疫苗被充分吸收后，将禽轻轻放开。每次刺种前都要将刺针在疫苗瓶中蘸取疫苗液，一般刺种7～10d查看刺种部位，应出现轻微红肿、结痂，14～21d痂块脱落。如无明显反应，则免疫失败，应重新补刺。

3. 饮水免疫

（1）饮水免疫水量的计算　饮水免疫常用于禽类。饮水免疫的用水量为平时饮水量的35%～45%，使疫苗溶液能在2h内饮完。以1 000羽鸡为例，4周龄需用水12L，4～8周龄需水20L，8周龄以上需水40L。

（2）免疫方法　被免禽首先停水3～4h，夏天停水2h，将配制好的疫苗溶液加入饮水器内，疫苗溶液的深度能够浸润禽的鼻腔，甚至眼睛，饮水器分布要均匀，使同一群禽同时饮上疫苗水溶液。

4. 滴鼻点眼免疫

适用于禽类（雏禽）的免疫。将疫苗溶解后注入滴瓶内或将溶解的疫苗瓶装上滴头，也可用滴管吸取疫苗，滴头与眼或鼻保持1cm左右距离，轻捏滴瓶或滴管，滴1～2滴疫苗液于禽眼结膜囊或鼻孔内，稍等片刻，待疫苗完全吸收后再放开禽。滴鼻免疫时，为了便于疫苗吸收，可用手指将对侧鼻孔堵住，滴完疫苗后再松开。

5. 气雾免疫

（1）雾滴大小的选择　6周龄以内雏禽气雾粒子为 $5\mu l$ 左右，12周龄气雾粒子取 $10\sim30\mu l$ 为宜。为获得最佳免疫效果而又不会影响呼吸道应激，在大面积使用前，最好先做比对试验，筛选最适合（本场）的雾滴直径。

（2）稀释液量的确定　以1000羽1日龄雏禽为例，喷雾量为 $150\sim200ml$；平养禽的喷雾量为 $250\sim500ml$；笼养禽为 $250ml$；根据用量配制疫苗。

（3）雏禽气雾免疫方法　将雏禽装入纸箱中，保持不过分拥挤为宜，将纸箱排成一排，气雾发生器在距离雏禽40cm处向禽喷雾，边喷边走，往返 $2\sim3$ 遍，将疫苗液喷完为止。

（4）平养禽气雾免疫方法　应在清晨或晚上进行，当禽舍暗至刚刚能看清禽只时，将禽轻轻驱赶到较长的一面墙根处，喷头距离禽50cm处进行喷雾，边走边喷，往返 $2\sim3$ 遍，至疫苗溶液喷完为止。

（5）成年笼养禽气雾免疫方法　喷头在距离禽50cm处进行喷雾，边走边喷，往返 $2\sim3$ 遍，直至疫苗溶液喷完为止。

6. 气雾免疫注意事项

（1）气雾发生器要洁净，使用前应充分清洗、调试，以掌握喷雾速度、流量和雾滴。

（2）气雾免疫时禽舍应密闭，尽量减少空气流动，喷雾完毕等待30min后才能开门窗，被免动物在舍内停留时间不能少于30min。

（3）气雾免疫当天禁止消毒。

（4）气雾免疫时湿度要适当，湿度过低时舍内灰尘较大，喷雾免疫前后用适量清水进行喷雾，降低舍内尘埃，防止影响免疫效果。

（5）喷雾免疫时，操作人员应注意个人防护。穿戴上大而厚的口罩、手套、雨靴、防护服和护目镜等。

（八）注意事项

（1）户外操作应选择在非雨、雪天进行。

（2）疫苗在使用过程中，防止冻结，避免高温、日光直射、紫外线照射。

（3）要做好查漏补免工作，对幼畜、病畜禽、孕畜及时补免。

（4）对猪、牛、羊实施强制免疫后，按照相关规定佩戴免疫耳标。

（5）防疫员在免疫操作过程中禁止吸烟和饮食。

（6）防疫员的操作过程中不慎将疫苗注入自身或他人体内，或在免疫接种后出现发热、关节痛等症状应及时就医。

（7）免疫注射后防疫员应对被免动物观察 30min 以上，确认无临床应急反应后才能离开。或委托畜（禽）主和场技术人员协助观察。

六、免疫引起的过敏性反应的处置

1. 一般性反应的处置

部分动物免疫注射疫苗后出现采食量略有下降、体温轻微升高、产蛋量或产奶量短期下降等现象。一般不需要特殊治疗，经过 3～5d 后可恢复正常。

2. 严重反应的处置

个别动物注射疫苗后会出现急性过敏性反应。表现为呼吸加快，黏膜充血，水肿，肌肉震颤，嘴里出现白沫，倒地抽搐等现象，常因抢救不及时而死亡。出现应急反应时，立即注射 0.1% 盐酸肾上腺素，使用剂量以使用说明书为准，视病情缓急，20min 后相同剂量重复注射一次。

3. 应急死亡处置

如出现应急死亡，防疫员应立即上报，并做好相关记录。

七、用具清洗消毒

（1）清洁冷藏容器。

（2）使用过的其他器械按照要求进行清洗、消毒、灭菌后备用。

八、废弃物的无害化处理

（1）记录疫苗使用数量及各类废弃物数量。

（2）废弃疫苗和疫苗空瓶等废弃物，要进行高温灭菌后作深埋无害化处理。

（3）注射或其他防护性一次用废弃物根据其特点采取相应的无害化处理，能焚烧的必须焚烧，不能焚烧的按照相关规定进行高温、灭菌、深埋等无害化处理。

（4）所有废弃物不得随意丢弃，防止造成疫情扩散。

九、免疫档案的建立与管理

1. 免疫档案建立

动物防疫员在免疫注射后应做好免疫记录。认真填写畜禽养殖场（户）防疫档案，以场、户为单位，内容要完善，字迹清晰。见附件 B：养殖场免疫档案登记表和附件 C：散养户免疫档案登记表。

2. 免疫档案的保存

按照河南省相关规定，防疫档案归档、归口保存与管理，保存时间为5年。

十、免疫效果评价

1. 免疫抗体跟踪监测

免疫注射疫苗后，3~4周采集被免动物血样进行抗体监测，查看抗体滴度与群体抗体的整齐度，评价免疫接种效果，如平均合格率达70%以上视为免疫合格。

2. 免疫注射后应激反应的流行病学调查

免疫接种后应及时回访，了解疫苗免疫注射后被免疫动物应激反应情况、产生副作用、过敏性反应情况、生产性能、发病动物的临床症状及发病率、死亡率，并做好记录，待与免疫抗体监测结果进行比对，评价疫苗免疫效果与质量。

附件 A：疫苗出入台账登记表

附件 B：养殖场免疫档案登记表

附件 C：散养户免疫档案登记表

附件 A　　　　　　　　　　疫苗出入台账登记表

（规范性记录）

_____市_____县（区）_____乡镇疫苗出入台账

疫苗毒（菌）株：　　　　　　　　　　　　　单位：万 ml、万头份、万羽份

时间	领取单位	疫苗生产厂家	疫苗生产日期	批准文号	疫苗有效期	规格	入库数量	出库数量	当前库存数量	领取人签字	发放人签字	备注

附件 B　　　　　　　　　　养殖场免疫档案登记表

（规范性记录）

圈舍号	存栏数量	应防数量	实防数量	免疫时间	疫苗名称	生产厂家	生产批号	免疫次数	牲畜耳标时序号起止范围	户主签名	备注

附件 C　　　　　　　　　　　　　散养户免疫档案登记表
（规范性记录）

_____县（区）_____自然村_____组（养殖小区）

畜主	畜别	存栏数量	应防数量	实防数量	免疫日期	疫苗名称	生产商	批号	免疫次数	牲畜耳标时序号起止范围	户主签名	备注

第二章　动物疫病防控技术

为了加强对动物防疫活动的管理，预防、控制和扑灭动物疫病，促进养殖业发展，保护人体健康，维护公共卫生安全，我国分别制定出台了《中华人民共和国动物防疫法》（以下简称动物防疫法）、《重大动物疫情应急条例》《动物疫情报告管理办法》和其他有关法律、行政法规。确立了坚持"预防为主"的原则，同时，明确了政府统一领导，政府对本行政区重大动物疫病防控工作负总责，各级政府行政主要领导是动物防疫工作第一责任人的原则，依照《动物防疫法》认真贯彻执行"加强领导、密切配合、依靠科学、依法防治，群防群控、果断处置"的防治方针做好动物疫病预防控制。

按照动物疫病防控工作的主体可分为：跨境传播动物疫病的风险防范、突发病的应急处置、重大病的控制消灭作为重大动物疫病防控工作的 3 条主线。完善动物防疫条件、改善动物福利、健全兽医系统质量保证体系、提高监测预警能力从属于以上 3 条工作主线。目前，我国动物疫病防控战略与全球战略框架是基本一致的，通常从 3 个方面入手：一是严把国门，防止外来疫情传入；二是快速扑灭国内突发疫情；三是稳步控制消灭（净化）国内常发疫情。

第一节　各职能部门的法定职责和义务

在《动物防疫法》《重大动物疫情应急条例》《动物疫情报告管理办法》等相关法律条文中，在农业部制定的各种动物疫病防治技术规范、条例中详细规范了各职能部门在动物疫病防控工作中的职责和义务。

一、各级政府部门的主要职责

《动物防疫法》第六条规定，县级以上人民政府应当加强对动物防疫工作的统一领导，加强基层动物防疫队伍建设，建立健全动物防疫体系，制定并组织实施动物疫病防治规划。

乡级人民政府、城市街道办事处应当组织群众协助做好本管辖区域内的动物疫病预防与控制工作。

1. 县级以上人民政府的主要职责

（1）加强对动物防疫工作的统一领导。动物防疫工作实行政府负总责。政府主要领导是第一责任人。

（2）切实加强基层防疫队伍建设。

（3）建立健全动物防疫体系。一是健全兽医工作体系，改革和完善兽医管理体制。二是建立科学合理的经费保障机制。三是加快兽医工作的法律法规体系建设。

（4）制定和组织实施动物疫病防治规划。即为达到在一定时间内对某种动物疫病实施预防、控制和扑灭的总体目标，在一段时期内对不同疫病采取相应措施的长期规划。

2. 县级以上人民政府其他部门主要职责

按照"政府统一领导，部门分工负责"的工作机制。县以上人民政府的卫生、商务、海关、交通、公安部门和工商、质检、林业等部门应当在政府的统一领导下，依法履行各自的职责，确保动物疫病预防、控制和扑灭以及监测和应急等工作的顺利进行。

3. 乡级人民政府、城市街道办事处主要职责

组织群众协助做好本辖区内的动物疫病预防与控制工作。

二、各级兽医主管部门的主要职责

《动物防疫法》第七条 国务院兽医主管部门主管全国的动物防疫工作。

县级以上地方人民政府兽医主管部门主管本行政区域内的动物防疫工作。

县级以上人民政府其他部门在各自的职责范围内做好动物防疫工作。

军队和武装警察部队动物卫生监督职能部门分别负责军队和武装警察部队现役动物及饲养自用动物的防疫工作。

三、各动物预防控制机构的职责

（一）动物疫病预防控制机构主要职责

动物疫病预防控制机构是兽医行政管理和执法监督的重要技术保障和依托。主要负责实施动物疫病的监测、检测、预警、预报、实验室诊断、流行病学调查、疫情报告；提出重大动物疫病防控技术方案；动物疫病预防技术指导、技术培训、科普宣传；承担动物产品安全相关技术检测工作。

（二）动物卫生监督机构主要职责

动物卫生监督机构负责动物检疫工作和其他有关动物防疫的监督管理执法工作，对辖区内的动物、动物产品依法实施检疫；对辖区内单位和个人执

行本法及有关动物卫生法律法规的技术规范的情况进行监督和检查；纠正、处理违反动物卫生法律、法规和规章的行为，决定动物卫生行政处理、处罚；负责对动物诊疗和执业兽医的监督管理；负责畜禽标识和养殖档案的监督管理工作。

（三）从事动物饲养、屠宰、经营、隔离、运输以及动物产品生产、经营、加工、贮藏等活动的单位和个人的责任和义务

依据《动物防疫法》第十七条　从事动物饲养、屠宰、经营、隔离、运输以及动物产品生产、经营、加工、贮藏等活动的单位和个人，应当依照本法和国务院兽医主管部门的规定，做好免疫、消毒等动物疫病预防工作。

（1）遵守《动物防疫法》和国家有关法律规定，做好各种动物疫病预防控制工作。

（2）饲养种用、乳用动物和宠物应当符合国家规定的健康标准。

（3）承担动物疫病预防所需费用。如：预防接种、驱虫、消毒等费用，配备必要的动物疫病预防工作人员、设备和进行必要的技术培训的费用，支付动物疫情的监测费用等。

（4）发现动物疫病，必须立即向当地动物防疫监督机构报告。不得瞒报、谎报、迟报或阻碍他人报告动物疫情。

（5）遵守县级以上人民政府及其兽医主管部门依法作出的有关控制、扑灭动物疫病的规定，依法接受动物卫生监督机构的监督和查处。

（6）接受当地动物疫病预防控制机构的检测。检测不合格的，应当按照国务院兽医主管部门的规定予以处理。

（7）禁止屠宰、经营、运输、贮藏、生产下列动物和动物产品。

①封锁疫区内患病动物的同群、同类或能够发生相互感染的其他种类的动物以及这些动物的产品等。

②疫区内易感染的动物和被污染的动物产品。

③依法应当检疫而未经检疫或者检疫不合格的动物、动物产品。

④染疫或者疑似染疫、病死或者死因不明的动物及其动物产品。

⑤其他不符合国务院兽医主管部门有关动物防疫的检疫办法、检疫规程、技术标准等规范性规定的动物、动物产品。

（四）动物诊疗机构的条件及责任义务

（1）做好动物疫病的防疫。对诊疗工作人员、畜主、就诊动物、住院动物采取卫生安全防护措施；定期对诊疗场所、设施设备、器械及环境进行消毒；诊疗区、病房、手术区、化验区等应做到相对隔离，一旦发现染疫动物应立即采取隔离措施；对动物尸体、动物组织及其排泄物，使用过的针头、纱布等废弃物分别置于防渗漏、防锐器穿透的专用包装物或者密闭容器内统一无害化处理，污水消毒后再排放。

（2）发现动物疫病时应立即报告，及时提供相应的检验、诊断等资料。发生重大疫情时，应配合动物卫生监督机构做好疫病的诊断、控制和扑灭工作。

（五）畜牧兽医教学科研单位的责任义务

《动物防疫法》第十一条　因科研、教学、防疫、生物制品生产等特殊需要而保存、使用、引进、运输动物源性致病微生物或者病料的，应当及时向省畜牧兽医行政管理部门备案，并严格遵守国家规定的管理制度和操作规程。

（1）应严格执行生物安全规定，杜绝在科研教学实验中病原微生物的污染和扩散。

（2）发现疫情立即报告，及时提供相应的检验、诊断等资料。配合动物卫生监督机构做好疫病的诊断、控制和扑灭工作。

（3）承担重大动物疫病及疑难病防控的科研任务。

（六）官方兽医、执业兽医和乡村兽医人员的责任义务

1. 官方兽医

（1）官方兽医3个重要的职能　检疫执法、出示检疫证书并对其负责；负责对动物产品从生产一直到餐桌全过程的卫生监管；对社会防疫监督，并负责通报给自己的上级首席兽医官。

（2）官方兽医主要任务　官方兽医主要执行以下监督检查任务：对动物、动物产品经营单位进行监督检查；对动物在饲养和流通中的环节进行监督检查；对法定的动物产品生产、流通中的环节进行监督检查；对动物屠宰，依法实施检疫、监督；对动物饲养场、养殖小区与动物屠宰、经营、隔离场所，动物产品生产、经营、加工、贮藏场所，以及动物和动物产品无害化处理场所的动物防疫条件，进行监督检查；对动物诊疗单位的诊疗条件以及动物卫生安全防护、消毒、隔离和诊疗废弃物处置的情况监督检查；对有关单位和个人执行国家动物病种的强制免疫的落实情况进行监督检查。

2. 执业兽医

（1）执业兽医的基本权利　执业兽医经执业注册后方能取得从事动物诊疗、开具兽药处方的权利。但这些权利是受范围限制的。只能在其注册地点、注册的执业范围内从事相应的动物诊疗活动，否则均应视为违法行为。

（2）执业兽医必须履行的义务　当动物疫病暴发或发生其他紧急情况时，应及时报告，按照当地兽医主管部门的要求，参加预防、控制和扑灭动物疫病的活动。执业兽医应严格遵守《执业兽医管理办法》。

3. 乡村兽医

乡村兽医（村级防疫员）在当地兽医行政主管部门的管理下和当地动物疫病预防控制机构、当地动物卫生监督机构的指导下，在其所负责的区域内主要承担以下工作职责。

（1）协助做好动物防疫法律法规、方针政策和防疫知识宣传工作。

（2）负责本区域的动物免疫工作，并建立动物养殖和免疫档案。

（3）负责对本区域的动物饲养及发病情况进行巡查，做好疫情观察和报告工作，协助开展疫情巡查、流行病学调查和消毒等防疫活动。

（4）掌握本村动物出栏、补栏情况，熟知本村饲养环境，了解本地动物多发病、常见病，协助做好本区域的动物产地检疫及其他监管工作。

（5）参与重大动物疫情的防控和扑灭等应急工作。

（6）做好当地政府和动物防疫机构安排的其他动物防疫工作任务。

政府部门兽医队伍和执业兽医队伍是我国动物疫病防控工作的两支中坚力量，乡村兽医在一定时期内仍是农村动物疫病防控工作的主要力量。乡村兽医在乡村从事动物诊疗服务活动的，应严格执行《乡村兽医管理办法》。

第二节　动物疫病控制和扑灭

中华人民共和国《动物防疫法》第四章和《重大动物疫情应急条例》中，对动物疫病的控制和扑灭工作进行了规范。

一、职责与权限

（一）《动物防疫法》规范的职责与权限

《动物防疫法》第四章第三十一条规定，发生一类动物疫病时，应当采取下列控制和扑灭措施：一是当地县级以上人民政府兽医主管部门应当立即派人到现场，划定疫点、疫区、受威胁区，调查疫源，及时报请本级人民政府对疫区实行封锁。疫区范围涉及两个以上行政区域的，由相关行政区域共同的上一级人民政府对疫区实行封锁，或者由各相关行政区域的上一级人民政府共同对疫区实行封锁。必要时，上级人民政府可以责成下级人民政府对疫区实行封锁。二是县级以上地方人民政府应当立即组织有关部门和单位采取封锁、隔离、扑杀、销毁、消毒、无害化处理、紧急免疫接种等强制性措施，迅速扑灭疫病。三是在封锁期间，禁止染疫、疑似染疫和易感染的动物、动物产品流出疫区，禁止非疫区的易感染动物进入疫区，并根据扑灭动物疫病的需要对出入疫区的人员、运输工具及有关物品采取消毒和其他限制性措施。

《动物防疫法》第三十二条规定，发生二类动物疫病时，当地县级以上地方人民政府兽医主管部门应当划定疫点、疫区、受威胁区。县级以上地方人民政府根据需要组织有关部门和单位采取隔离、扑杀、销毁、消毒、无害化处理、紧急免疫接种、限制易感染的动物和动物产品及有关物品出入等控制、扑灭措施。

《动物防疫法》第三十四条规定，发生三类动物疫病时，当地县级、乡级人民政府应当按照国务院兽医主管部门的规定组织防治和净化。第三十五条又明确了二、三类动物疫病呈暴发性流行时，按照一类动物疫病处理。

（二）《重大动物疫情应急条例》规范

《重大动物疫情应急条例》第四条规定了重大动物疫情应急工作按照属地管理的原则，实行政府统一领导、部门分工负责，逐级建立责任制。

县级以上人民政府兽医主管部门具体负责组织重大动物疫情的监测、调查、控制、扑灭等应急工作。

县级以上人民政府林业主管部门、兽医主管部门按照职责分工，加强对陆生野生动物疫源疫病的监测。

县级以上人民政府其他有关部门在各自的职责范围内，做好重大动物疫情的应急工作。

《重大动物疫情应急条例》第五条规定了出入境检验检疫机关应当及时收集境外重大动物疫情信息，加强进出境动物及其产品的检验检疫工作，防止动物疫病传入和传出。兽医主管部门要及时向出入境检验检疫机关通报国内重大动物疫情。

二、动物疫情报告、认定和公布制度

《动物防疫法》第二十六条规定，从事动物疫情监测、检验检疫、疫病研究与诊疗以及动物饲养、屠宰、经营、隔离、运输等活动的单位和个人，发现动物染疫或者疑似染疫的，应当立即向当地兽医主管部门、动物卫生监督机构或者动物疫病预防控制机构报告，并采取隔离等控制措施，防止动物疫情扩散。其他单位和个人发现动物染疫或者疑似染疫的，应当及时报告。

（一）动物疫情报告

1. 动物疫情报告责任人的划分

（1）从事动物疫情监测的单位和个人　是指从事动物疫情监测的各级疫病预防控制机构及其工作人员，接受兽医主管部门及动物疫病预防控制机构委托而从事动物疫情监测的单位及其工作人员等。

（2）从事检验检疫的单位和个人　是指动物卫生监督机构及其检疫人员，

以及从事进出境动物检疫的单位及其工作人员。

（3）从事动物疫病研究的单位和个人　是指从事动物疫病研究的科研单位和大专院校及其工作人员等。

（4）从事动物诊疗的单位和个人　是指动物诊所，动物医院以及执业兽医和乡村兽医等。

（5）从事动物饲养的单位和个人　包括饲养场、养殖小区、农村散养户以及实验动物、观赏动物、宠物等各种动物的饲养单位和个人。

（6）从事动物屠宰的单位和个人　是指各种动物的屠宰场（厂）及工作人员以及在农村为农民自用动物提供屠宰服务的个人。

（7）从事动物经营的单位和个人　是指在集市等场所从事动物经营的单位和个人及代理人，但只提供动物买卖信息的中介人不包括在此列。

（8）从事动物隔离的单位和个人　是指出入境动物隔离场，跨省、自治区、直辖市引进种用动物，乳用动物隔离场，输入无规定动物疫病区的动物的隔离场，发生动物疫情时染疫、疑似染疫动物隔离场开办者及工作人员。

（9）从事动物运输的单位和个人　指经公路、水路、铁路、航空运输动物的单位和个人。

（二）动物疫情上报受理机构

一是当地兽医主管部门；二是当地动物卫生监督机构；三是当地动物疫病预防控制机构。

任何单位和个人发现或获取有关动物疫情信息的，应立即在动物疫情所发地向上述 3 个兽医机构之一报告，并移送有关材料。

（三）动物疫情报告内容

疫情发生的时间、地点；染疫或疑似染疫动物种类和数量、同群动物数量、免疫情况、死亡数量、临床症状、病理变化、诊断情况；流行病学和疫源追踪情况；已采取的控制措施；疫情报告的单位、负责人、报告人及联系方式。

（四）动物疫情报告方式

电话报告；到兽医机构的办公地点报告；找有关人员报告；传真、电子邮件或书面报告等方式。

（五）报告时间

发现疫病立即报告，不能拖延时间，以免疫情扩散。

（六）动物疫情报告程序

1. 动物疫情一般报告程序

动物疫情责任报告人发现动物染疫或者疑似染疫时，立即向当地县（市）

级兽医主管部门、动物卫生监督机构或者动物疫病预防控制机构报告；接到报告的部门立即派技术人员赴现场调查核实疫情，并采取相应的防控措施严防扩散。并逐级上报到省、自治区、直辖市人民政府兽医主管部门至国务院兽医主管部门；若发生人畜共患传染病时，县级以上人民政府兽医主管部门须向同级卫生主管部门通报（图 2 - 1）。

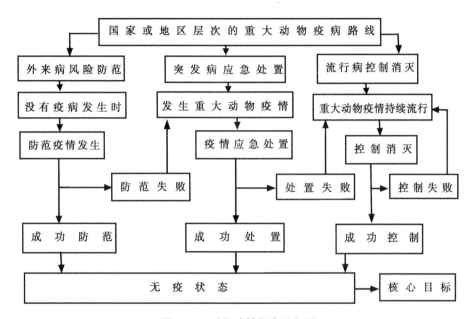

图 2 - 1　动物疫情报告流程图

2. 重大动物疫情报告程序

《重大动物疫情应急条例》第十七条规定，县（市）动物防疫监督机构接到报告后，应当立即赶赴现场调查核实。初步认为属于重大动物疫情的，应当在 2h 内将情况逐级报省、自治区、直辖市动物防疫监督机构，并同时报所在地人民政府兽医主管部门；兽医主管部门应当及时通报同级卫生主管部门。

省、自治区、直辖市动物防疫机构应当在接到报告后 1h 内，向省、自治区、直辖市人民政府兽医主管部门和国务院兽医主管部门所属的动物防疫机构报告。

省、自治区、直辖市人民政府兽医主管部门应当在接到报告后 1h 内报本级人民政府和国务院兽医主管部门。

重大动物疫情发生后，省、自治区、直辖市人民政府和国务院兽医主管部门应当在 4h 内向国务院报告（图 2 - 2）。

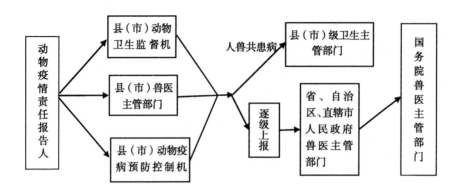

图 2-2　重大动物疫情报告流程图

（七）动物疫情的认定权限

动物疫情认定：是指政府有关部门在科学诊断和流行病学调查基础上，对动物疫情的官方确认。

动物疫情由县级以上人民政府兽医主管部门认定，但重大动物疫情由省、自治区，直辖市人民政府兽医主管部门认定，必要时要报国务院兽医主管部门认定。

（八）公布动物疫情的权限

动物疫情的公布主体是国务院兽医主管部门，同时规定国务院兽医主管部门可以根据需要，视动物疫病的种类及其危害等情况，授权省、自治区、直辖市人民政府兽医主管部门公布本行政区域内的动物疫情。

未经官方确认并公布的动物疫情，任何单位和个人都不得发布动物疫情信息。擅自发布动物疫情信息造成不良后果，将受到法律制裁，承担相应的法律责任。

任何单位和个人不得瞒报、谎报、迟报、漏报动物疫情，不得授意他人瞒报、谎报、迟报动物疫情，不得阻碍他人报告动物疫情。

（九）动物疫病报告要求

动物疫病报告根据动物发生疫病后所造成的危害程度分为必须报告的动物疫病和应该报告的动物疫病两种情况。

1. 必须报告的动物疫病

系指一经发现必须立即报告的动物疫病。主要有以下几种类型：

（1）一类动物疫病　急性、烈性的动物疫病，这类疫病传播迅速，对人畜危害严重，国际上也非常关注。因此，一经发现就应立即报告，以便采取措施，就地尽快扑灭。

（2）二类、三类动物疫病呈暴发流行　当二类、三类动物疫病呈暴发流行时，应视同一类动物疫病，必须立即报告。

（3）当地新发现的动物疫病　该类疫病是当地原来没有的，一旦流行开来，清除、消灭十分困难。因此，在当地新发现动物疫病时，应立即报告，并采取强有力措施，就地扑灭。

（4）纳入国家扑灭计划的动物疫病　这是指国家规定在一定时期内要消灭的动物疫病，如：马传染性贫血、马鼻疽等。一旦发现，也应立即报告，以便有关部门采取扑灭措施，在限期内消灭。

2. 应该报告的动物疫病

指一经发现应该报告的动物疫病。这类动物疫病在发现后按规定的期限报告，一般分为月报、年报等。主要指二类、三类动物疫病。

三、动物疫病控制、扑灭流程

（一）一类动物疫病控制、扑灭

《动物防疫法》第三十一条规定，发生一类动物疫病时，应当采取下列控制和扑灭措施：

当地县级以上地方人民政府兽医主管部门应当立即派人到现场，划定疫点、疫区、受威胁区，调查疫源，及时报请本级人民政府对疫区实行封锁。疫区范围涉及两个以上行政区域的，由有关行政区域共同的上一级人民政府对疫区实行封锁，或者由各有关行政区域的上一级人民政府共同对疫区实行封锁。必要时，上级人民政府可以责成下级人民政府对疫区实行封锁。

县级以上地方人民政府应当立即组织有关部门和单位采取封锁、隔离、扑杀、销毁、消毒、无害化处理、紧急免疫接种等强制性措施，迅速扑灭疫病。

在封锁期间，禁止染疫、疑似染疫和易感染的动物、动物产品流出疫区，禁止非疫区的易感染动物进入疫区，并根据扑灭动物疫病的需要对出入疫区的人员、运输工具及有关物品采取消毒和其他限制性措施。

根据《动物防疫法》第三十一条规定要求，一经确诊为一类动物疫病后，疫情发生地要立即启动相应级别的应急预案（图2-3），并采取如下措施。

1. 迅速划定疫点、疫区、受威胁区

当地县级以上人民政府兽医主管部门应立即派人到现场，划定疫点、疫区、受威胁区的范围，按照不同动物疫病病种及其流行特点、危害程度、实现对动物疫病有效控制、扑杀。

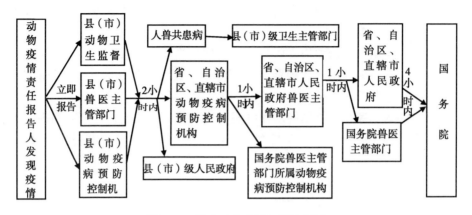

图2-3　重大动物疫情诊断流程图

2. 调查疫源

当地县级以上地方人民政府兽医主管部门应立即派人到疫点进行实地调查，调查清楚所发生疫病的传染源、传播方式及传播途径。对不能查明引起发病原因的应作出科学的推断。按有关规定采取病料，争取早期确诊。

3. 发布封锁令

（1）由县级以上地方政府兽医主管部门拟出封锁报告，报告内容为发生动物疫病的病名，封锁范围，封锁期间出入封锁疫区的要求，扑杀、销毁的范围以及封锁期间采取的其他措施等。

（2）报告形成后立即报请本级人民政府决定对疫区实行封锁。

（3）本级人民政府在接到封锁报告后，应及时发布封锁令。

4. 控制、扑杀

控制、扑杀具体强制性措施有：封锁、隔离、扑杀、销毁、消毒、无害化处理、紧急免疫接种及其他限制性措施。

（1）封锁疫区　目的是为了防止传染病由疫区向安全地区传播，把疫病控制在最小范围内。封锁时，既要有预防观念，又要有生产观和群众观念。在有关场所张贴封锁令，在疫区周围设置警示标志；在出入疫区的所有路口设置动物检疫消毒站，对出入疫区的人员、运输工具及相关物品进行消毒；同时，禁止疫区内的所有动物及其动物产品流出疫区；动物卫生监督机构应当派专人现场执行监督检查任务，必要时，经省、自治区、直辖市人民政府批准，可以设立临时性的动物卫生监督检查站，执行监督检查任务。

（2）隔离　对疫区内未被扑杀的易感动物，在该疫病一个潜伏期观察期满前，禁止移动。隔离期间严禁无关人员、动物出入隔离场所，隔离场所的废弃物应当进行无害化处理，同时，密切注意观察和检测，加强保护措施。

（3）扑杀　通常情况下，疫点内染疫动物、疑似染疫动物及易感的所有动物都要扑杀；对疫区内染疫动物、疑似染疫动物及同群（即同一栋、舍、场）动物都要一并扑杀；对受威胁区动物进行紧急免疫接种，加强疫情监测和免疫效果监测。

（4）销毁　对病死的动物、扑杀的动物及其动物产品、垫料等予以深埋或者焚烧，消灭或杀灭其中的病原体。在销毁环节过程中，动物卫生监督机构要加强监督。

（5）消毒　在封锁期间，对出入疫区的人员、运输工具及有关物品采取消毒和其他限制性措施。选择对杀灭病原微生物较敏感的消毒剂，对疫点、疫区进行消毒。做到消毒到位，不留死角；对疫区内的粪便和污物、污水彻底清理消毒；由于蚊、虻、螯蝇、蜱和鼠类等都是某些传染病的传播者，杀虫、灭鼠对防控传染病具有重要意义。

（6）无害化处理　对有或疑似带有病原体的动物尸体、动物产品或其他物品，采取掩埋、焚烧、化制和发酵等不同方法进行无害化处理，达到消灭传染源、切断传播途径、阻止病原扩散的目的。

（7）紧急免疫接种　对疫区内未被扑杀的易感动物和受威胁区内的易感动物进行紧急免疫接种。

（8）其他强制性措施　在疫区封锁期间，关闭疫区内及一定范围的所有动物及其产品交易场所等。

5. 解除封锁

解除封锁令由原签发封锁机关发布。确定解除封锁的时间：是最后一头病畜（禽）痊愈、死亡或处理后，经过一个相当于这种传染病的最长潜伏期，按照国务院兽医主管部门规定的标准经程序评估，不再出现新病例，经彻底消毒后方可解除封锁。

疫区解除封锁后，要继续对该区域进行疫情监测，6个月后如未发现新病例，即可宣布疫情被扑灭。

（二）发生二类动物疫病应采取的措施

《动物防疫法》第三十二条　发生二类动物疫病时，应当采取下列控制和扑灭措施：当地县级以上地方人民政府兽医主管部门应当划定疫点、疫区、受威胁区。县级以上地方人民政府根据需要组织有关部门和单位采取隔离、扑杀、销毁、消毒、无害化处理、紧急免疫接种、限制易感染的动物和动物产品及有关物品出入等控制、扑灭措施。

发生二类动物疫病时，当地县级以上地方人民政府兽医主管部门应当立即组织动物卫生监督机构、动物疫病预防控制机构及其有关人员到现场划定疫点、疫区、受威胁区，并及时报告同级人民政府。接受报告的地方人民政府应当根据发病死亡情况、流行趋势、危害程度等情况，决定是否组织兽医主管部门、公安部门、卫生部门及有关单位和人员对疫点、疫区和受威胁区的染疫动物及同群动物、疑似染疫动物、易感动物采取隔离、扑杀、销毁、无害化处理、紧急预防接种、限制易感动物及其动物产品及有关物品出入等控制、扑灭措施。但患有农业部规定的疫病需扑杀的动物应进行扑杀，当地县级以上人民政府必须决定捕杀。一般情况下对同群动物，通常不采取扑杀措施。发生二类动物疫病时，不采取封锁疫区的措施，但二类动物疫病呈暴发性流行时除外。

发生二类动物疫病时，由于不一定采取扑杀措施，所以，隔离措施就十分重要。隔离是将未扑杀的染疫动物、疑似染疫动物及其同群动物与其他动物间隔离，在相对独立的封闭场所进行饲养，并按照农业部规定的防治技术规范进行接种和治疗，杜绝疫病继续扩散。

（三）三类动物疫病控制、净化措施

《动物防疫法》第三十四条　发生三类动物疫病时，当地县级、乡级人民政府应当按照国务院兽医主管部门的规定组织防治和净化。

三类动物疫病通常由县级动物疫病预防控制机构确诊。其防治对策一般采取防治和净化的方法加以控制。主要是针对疫点采取防控措施。首先将患病动物与健康动物隔离，禁止该疫点动物及其产品出售；然后，采取消毒、药物治疗、免疫等措施。

对三类动物疫病的治疗应遵照"六不治"原则：即对易传播、危害大、疾病后期、治疗费用大、疗程长、经济价值不大的病例，应坚决予以淘汰。

（四）二、三类动物疫病呈暴发流行时控制、扑灭措施

《动物防疫法》第三十五条　二、三类动物疫病呈暴发性流行时，按照一类动物疫病处理。

二、三类动物疫病如果呈暴发流行（较短时间内、在一定区域范围流行或者使大批动物患病死亡）、时，按照一类动物疫病处理。

（五）人畜共患病控制、扑灭措施

人畜共患病是严重危害人类健康、阻碍畜牧业发展的动物疫病。常见的主要有：狂犬病、高致病性禽流感、布鲁氏菌病、结核病、炭疽、血吸虫病、旋毛虫病、囊虫病等。

我国建立了人畜共患病联防联控机制，无论人间还是动物间发生人畜共患病时，兽医主管部门与卫生行政管理部门互相通报疫情，共同制定防治措施，会同其他部门分工协作，实行人畜联防。

发生动物间人畜共患病时，卫生行政管理部门，对与发生人畜共患病的病（死）畜禽密切接触者和人畜共患病病例的密切接触疫区的"易感染人群"进行监测，并采取相应的预防、控制措施。兽医主管部门应根据相应的技术规范采取针对性的防控措施。按照"四不准，一处理"原则：即对染疫动物做到不准宰杀、不准食用、不准出售、不准转运。对病死动物、污染物或可疑污染物进行深埋、焚烧等无害化处理。对污染的场地进行彻底清理、消毒。用不完的疫苗和用具不能随意丢弃，应做高温处理。

四、应急处理程序

确诊疫情、消灭传染源、切断扩散途径、提高易感群体保护水平，是制定应急反应程序、实施应急反应措施的基本原则。

1. 疫情调查和诊断

相关部门接到疫情报告后，应立即进行现场流行病学调查，并派遣相关专家进行诊断。诊断专家认为不是国家计划控制的烈性传染病时，无须采取进一步措施；若怀疑为烈性传染病，应立即进行实验室检测，并对发病养殖场进行调查，确诊为烈性传染病时，立即通知相关部门。

2. 流行病学调查

对疫点发生疫情前一个潜伏期内及疫情发生后进出的易感动物及其产品，以及人员、车辆等进行系统调查，分析判断潜在的传染源、传播途径、传播方式和扩散风险，据此提出可靠的应急处置方案。

3. 宣布紧急疫情

确诊疫情属于国家控制的烈性动物传染病时，欧美国家一般由农业部部长宣布紧急或超紧急状态，授权相关组织协调各相关部门，实施应急措施。在我国，《重大动物疫情应急条例》第二十条明确规定，重大动物疫情由国务院兽医主管部门按照国家规定的程序，及时准确公布；其他任何单位和个人不得公布重大动物疫情。

4. 实施隔离检疫和封锁措施

在宣布紧急或超紧急状态后，首先对感染养殖场进行隔离，对发病动物实施扑杀及清洗、消毒措施。此后，立即根据疫病性质、传播方式、地区大小、位置及地势等，围绕感染养殖场划定隔离区（高危区、缓冲区、受威胁区），这些地区应实施相关防疫安全措施，如免疫接种、清洗、消毒、控制动物流通等，该区域的界限应由有效的自然、人为或法律边界清楚划定，并要加强监督检查。

5. 组织应急反应

疫情确诊后，应立即采取如下措施。

（1）组建应急行动小组　小组人员除包括兽医人员外，还应包括法律顾问、公安或军人、评估人员和环境官员等。

（2）启动储备的应急物资　如清洗消毒设备、焚烧设备、消毒过的衣物和车辆等。

（3）评估和补偿　对需要扑杀和销毁的畜禽进行评估和补偿。该项措施对及时报告疫情，顺利启动应急反应，做好灾后生产恢复具有重要意义。各国补偿制度不尽相同，一般分为等价补偿（补偿价与市场价持平）和低价补偿（补偿价低于市场价）两类，也有的国家不予补偿。在欧美国家，赔偿数量的多少往往由独立的评估师进行专门评估，一般由兽医行政管理部门确定对该饲养场实施清群计划之日，饲养场存活的动物的数量，之前死亡的动物不包括在内，之后死亡的动物进行补偿。

（4）扑杀和清群　对感染和暴露的畜禽进行扑杀和清群，是消灭传染源的重要措施。对于重大疫情，多数国家采取扑杀和清群措施。通常有两种方式，一种是严格的扑杀政策，即宰杀感染动物及同群可疑感染动物，并在必要时宰杀直接接触或可能引起病原传播的间接接触动物，疫点内所有易感动物，不论是否实施免疫，均应宰杀，尸体应予焚烧或深埋销毁；另一种是改良扑杀政策，只对感染发病动物实施扑杀，间接接触动物一般不予扑杀。

我国要求对高致病性禽流感疫点周围3km内的易感动物实施扑杀，属于严格的扑杀政策；要求对口蹄疫发病动物和同群动物实施扑杀，疫区动物不予扑杀，属于改良扑杀政策。目前，考虑到减少直接经济损失，国际社会更倾向于使用改良扑杀政策。

（5）无害化处理　选择深埋、焚毁、化制或其他适当手段，销毁畜禽死尸和污染的饲料、粪便及其他材料。深埋是无害化处理的常用方式，具体要求包括：

①装运。动物尸体最好装入密封袋，运输车辆密闭防渗，车辆和相关运输设施离开时应进行消毒，动物尸体不得与食品、活动物同车运送。

②掩埋点。有足够封土掩盖，土壤渗透性不高，与江河、湖泊、池塘、井水等水体，以及居民区距离1 000m以上，易于动物尸体运抵，避开洪水经常冲刷之地和岩石层。特定情况下，饲养场死亡动物可考虑就地掩埋。

③坑体挖掘。坑体体积一般为动物尸体体积的2~4倍，也可按动物尸体重量估算，坑体体积（m³）一般为动物尸体重量（kg）的0.1%。坑体宽度一般不小于1.2m，深度不低于1m，但一般不超过3m，长度要能够容纳所有

死亡动物。坑底应相对平坦。如果需要多个掩埋坑，坑间距不小于1m。

④掩埋方法。大、中型动物或家禽、仔猪等小动物尸体数量不大时，将尸体置于坑中后，加土覆盖，覆盖土层厚度不得低于0.7m。小动物尸体数量较大时，可分层掩埋，每层尸体厚度一般不超过0.3m，中间覆土至少0.3m，依次分层掩埋，最后覆盖土层厚度不得低于0.7m。掩埋过程中，掩土不得压实，以免影响自然腐化。条件许可时，坑底和动物尸体上应铺撒生石灰。尸体掩埋后，应防止野生动物刨挖。特别需要指出的是，因炭疽病死的动物尸体应实施焚烧、化制等彻底杀灭芽孢的无害化处理办法，不得深埋处理！

⑤清洗、消毒。对疫点进行彻底清洗和消毒，对暴露养殖场及受威胁区进行彻底消毒，杀灭可能的病原体，是一项重要的辅助性措施。

⑥媒介控制。控制所有可能参与疾病传播的媒介，切断传播途径，对于虫媒传播病至关重要。

⑦应急免疫。对受威胁区内的所有易感动物进行加强免疫，降低疫病发生和扩散风险。发达国家，一般慎重实施免疫政策。

⑧疫情监测和报告。受威胁区要强化疫情监测和报告，但必须防止已经暴露于病原体的兽医人员开展疫情监测。

6. 注意事项

（1）人员控制 疫情发生时，农户和养殖场人员，以及参与疫情诊断和处理的人员，均应视为暴露人员，可能携带相应病原体，并成为潜在的传染源。此类人员，应加强清洗、消毒，不得再接触未经暴露的易感动物。记者、监测、检查人员应按照从无疫区向疫区、疫点逐步深入的方式开展工作，反之，则可能散播疫情。在一些疫区，暴露人员传播疫情的情况时有出现。

（2）宣传交流 疫情发生后，多数国家具有明确的宣传方针。一方面，要及时通报疫情，告知民众提高警惕，加强防疫工作。另一方面，又要把握好宣传导向，防止扩大宣传疫情危害，导致民众出现消费信心下降。

（3）人员防护 对于高致病性禽流感、尼帕病、2型猪链球菌等人畜共患病，一线处置人员要注重安全防护。作业前，要进行必要的针对性预防用药或疫苗注射。作业时，要穿戴防护服、橡胶手套、面罩（口罩）、护目镜和胶靴。作业后，要注意清洗、消毒。必要时，应接受健康监测，出现不良症状时，应尽快赴卫生部门检查。

（4）应急预案演习 扑灭一次紧急疫情犹如开展一场局部战争，任何一项措施执行不力，均可能前功尽弃，出现所谓的"木桶效应"。为了保证应急预案顺利实施，有时需要进行一定规模的演习。

五、控制和消灭动物疫病的技术措施

消灭传染源、切断传播途径、保护易感动物是控制动物疫病的三种根本途径。从理论上讲，只要达到其中一条要求，就可以有效扑灭一起疫情。但在现实工作中，由于病原体在自然界中分布广泛，野生动物普遍存在（如欧洲现阶段难以消灭猪瘟的直接原因就是野猪的广泛分布），动物及其产品贸易频繁，对于已流行的传染病，即使采取多种措施，也往往难以做到其中一条。因此，在扑灭动物疫病的行动中，通常采取综合性技术措施。

1. 扑杀清群

扑杀清群是消灭传染源的基本措施，指对发病动物、同群动物及其他接触暴露动物全部予以扑杀，是最彻底、最直接、最快捷和最有效的措施。这一措施，在突发病的应急处置过程中经常使用。在疫病扑灭计划实施过程中，由于发病和感染动物较多，实施该项措施费用太高，扑灭计划实施初期往往只对临床发病动物进行扑杀，也就是改良扑杀政策。在扑灭计划的中后期，发病和感染动物较少时，转而采用严格的扑杀清群措施，美国消灭猪瘟、我国消灭牛瘟等都是如此。需要指出的是，扑杀清群措施要和清洗消毒、无害化处理措施联合应用。

2. 检疫监管

检疫监管是切断病原传播途径的主要手段。出于贸易和消费的需要，完全限制易感动物移动是不现实的，因此，各国普遍对动物及其产品实施检疫监管制度，只有达到特定卫生条件的动物及其产品才可进入市场流通。对于活动物，产地检疫，也就是动物出场启运前的检疫至关重要。对于动物产品，宰前、宰后检疫均十分重要。

3. 免疫接种

免疫接种是提高易感动物抵抗力的关键措施。在 20 世纪各国扑灭牛瘟、牛肺疫、口蹄疫、猪瘟四大疫病的过程中，所有国家都采取了这一政策。如我国于 20 世纪 50 年代通过 8 年的免疫接种，彻底扑灭了牛瘟；欧洲于 20 世纪 60 年代通过 10 余年的免疫接种，成功扑灭了口蹄疫；美国于 20 世纪 50 年代经过近 10 年的免疫接种，成功扑灭了猪瘟等，都是很好的例证。实施疫苗免疫接种，需要综合考虑以下因素。

（1）要制定适合当地情况的免疫接种程序，并保证 80% 以上的有效（程序化）免疫密度。从理论上讲，只要免疫密度超过 80%，疫病发生风险就会大大降低，即使发生小规模疫情，完全可以通过应急扑杀清群措施扑灭疫情。

（2）要选择合适的疫苗 密切关注免疫干扰（一次接种两种以上疫苗时

的相互干扰现象）、应激反应、耦合反应发生情况，并及时开展疫苗流行病学效果评价。为了合理评价疫苗免疫效果，对于同一种疫病，在同一时间、同一区域内，最好选用同一种疫苗免疫。

（3）要适时分区域推行疫苗免疫退出计划。在疫病临床病例不再出现时，应选择适当时机逐步停止免疫接种，此后再发生疫情时，必须采取严格的扑杀政策。

4. 推进规模化养殖

小型动物养殖场防疫条件较差，疫情传入风险高，发生疫情后扩散风险大，提高畜禽规模化养殖程度，提高动物养殖场生物安全水平，是发达国家实现疫病防控目标的有效途径之一。以美国和丹麦为例，尽管两国近年来养猪场不断减少，但生猪饲养量不断增加，表明两国养猪规模化程度越来越高。

首先，对畜禽饲养场，特别是种畜禽场进行定期检测和认证注册，是推进规模化程度，做好疫病防控的重要途径。种用动物健康是商品动物健康无疫的基础，种用动物感染疾病，其后代必然具有极高的感染和发病风险。基于这种理念，美国提出的家禽改良计划及猪改良计划，均以种用动物认证注册为主。另外，畜禽饲养场注册认证要与建立动物标识及追溯体系相结合。据 OIE 统计，目前已有超过 83% 的成员建立了动物标识和追踪体系。

5. 疫情监测和报告

只有发现疫病，才能扑灭疫病。因此，疫情监测和报告是整个扑灭行动的关键措施之一。另外，疫情监测对判断疫情扑灭计划实施效果同样是很重要的，只有清楚疫情流行和易感动物带毒情况，才能科学判断何时停止疫苗接种，何时宣布无疫情、无感染等。因此，疫情监测是疫病扑灭计划的先导，也是评估防控效果和判断无疫状态的基础。

通常情况下，疫病扑灭含以下几个过程：疫病普查（监测）—感染群清群—目标群监测—获得无感染群—持续监测—保持无感染群—疫病扑灭。

从疫情扑灭行动开始到疫情扑灭，始终以疫情监测结果为依据，引导下一步的行动，从而保持行动的科学性。值得提出的是，在疫病扑灭计划中，疫情监测通常以主动监测为主，被动监测为辅，目标监测、特定区域监测、暴发监测、哨兵群监测和平行监测等多种方法共用，以防漏检或重复检测，造成错误结论或重复劳动，这一点十分重要。特别需要指出的是，由于各国经济状况、科技发展水平、畜牧业发展模式，以及各种动物疫病生物学特征不尽相同，疫病扑灭计划实施过程中的防控措施可以有所区别。发达国家经费充足，兽医体系完善，畜牧业集约化程度高，扑灭疫病时多以消灭传染源、切断传播途径为主；发展中国家没有充足的经费扑杀发病动物，但可以实施免疫接种、提高易感动物保护水平为主。另外，在疫病扑灭计划的不同阶段，各项措施的运用情况也有所侧重。

第三章　动物卫生消毒

消毒是指用物理的、化学的和生物的方法清除或杀灭畜禽体表及其生存环境和相关物品中的病原微生物的过程。

消毒的目的是切断传播途径，预防和控制传染病的传播和蔓延。各种传染病的传播因素和传播途径是多种多样的，在不同情况下，同一种传染病的传播途径也可能不同，因而消毒对各类传染病的意义也各不相同。对经消化道传播的疾病的意义最大，对经呼吸道传播的疾病的意义有限，对由节肢动物或啮齿类动物传播的疾病一般不起作用。消毒不能消除患病动物体内的病原体，因而它仅是预防、控制和消灭传染病的重要措施之一，应配合隔离、免疫接种、杀虫、灭鼠、扑杀、无害化处理等措施才能取得成效。

第一节　消毒的概念

一、物理消毒

物理消毒是指应用机械的方法或高温的方法清除、抑制或杀灭病原微生物的消毒方法。常用的物理消毒方法有机械消毒、焚烧消毒、火焰消毒和高温高压消毒等。

（一）机械消毒

机械消毒是指用清扫、洗刷、通风和过滤等手段机械清除病原体的方法，是最普通、最常用的消毒方法。它不能杀灭病原体，必须配合其他消毒方法同时使用，才能取得良好的杀毒效果。

1. 操作步骤

（1）器具与防护用品准备　扫帚、铁锹、污物筒、喷壶、水管或喷雾器等，高筒靴、工作服、口罩、橡皮手套、毛巾、肥皂等。

（2）穿戴防护用品。

（3）清扫　用清扫工具清除畜禽舍、场地、环境、道路等的粪便、垫料、剩余饲料、尘土、各种废弃物等污物即为清扫。

①清扫前喷洒清水或消毒液，避免病原微生物随尘土飞扬。

②应按顺序清扫棚顶、墙壁、地面，先畜舍内，后畜舍外。清扫要全面彻底，不留死角。

（4）洗刷　用清水或消毒溶液对地面、墙壁、饲槽、水槽、用具或动物体表等进行洗刷，或用高压水龙头冲洗，随着污物的清除，也清除了大量的病原微生物。冲洗要全面彻底。

（5）通风　一般采取开启门窗、天窗，启动排风换气扇等方法进行通风。通风可排出畜舍内污秽的气体和水汽，在短时间内使舍内空气清洁、新鲜，减少空气中病原体数量，对预防那些经空气传播的传染病有一定的意义。

（6）过滤　在动物舍的门窗、通风口处安置粉尘、微生物过滤网，阻止粉尘、病原微生物进入动物舍内，防止动物感染疫病。

2. 注意事项

（1）清扫、冲洗畜舍应先上后下（棚顶、墙壁、地面），先内后外（先畜舍内，后畜舍外）。清扫时，为避免病原微生物随尘土飞扬，可采用湿式清扫法，即在清扫前先对清扫对象喷洒清水或消毒液，再进行清扫。

（2）清扫出来的污物，应根据可能含有病原微生物的抵抗力，进行堆积发酵、掩埋、焚烧或其他方法进行无害化处理。

（3）圈舍应当纵向或正压、过滤通风，避免圈舍排出的污秽气体、尘埃危害相邻的圈舍。

（二）焚烧消毒

焚烧是以直接点燃或在焚烧炉内焚烧的方法。主要是用于传染病流行区的病死动物、尸体、垫料、污染物品等的消毒处理。

1. 操作步骤

（1）器械与防护用品准备　扫帚、铁锹、焚烧炉等；隔离衣、口罩、隔离帽、手套等。

（2）穿戴防护用品。

（3）选择焚烧地点　自然焚烧地点应当选择远离学校、公共场所、居民住宅区、动物饲养和屠宰场所、村庄、饮用水源地、河流等；或选择焚烧炉焚烧。

（4）焚烧

①用不透水的包装物包裹需焚烧的物品。

②挖掘焚烧坑，坑深应保证堆入焚烧物后，被焚烧物距离坑面有 50cm 以上距离，坑底应先覆盖一层生石灰。

③将焚烧物品直接运至焚烧地点，卸入焚烧坑内。

④加入足量助燃剂，点燃火把投入焚烧坑内，进行焚烧。

⑤观察、翻转，保证焚烧彻底。

⑥焚烧完毕后，表面撒布消毒剂。

⑦填土高于地面，场地及周围消毒，设立警示牌，看管。

2. 注意事项

（1）焚烧产生的烟气应采取有效的净化措施，防止一氧化碳、烟尘、恶臭等对周围大气环境的污染。

（2）进行自然焚烧时应注意安全，须远离易燃易爆物品，如：氧气、汽油、乙醚等。燃烧过程不得添加乙醇，以免引起火焰上窜而致灼伤或火灾。

（3）运输器具应当消毒。

（4）焚烧人员应做好个人防护。

（三）火焰消毒

火焰消毒是以火焰直接烧灼杀死病原微生物的方法，它能很快杀死所有病原微生物，是一种消毒效果非常好的消毒方法。

1. 操作步骤

（1）器械与防护用品准备　火焰喷灯、火焰消毒机等；工作服、口罩、隔离帽、手套等。

（2）穿戴防护用品。

（3）清扫（洗）消毒对象　清扫畜舍水泥地面、金属栏和笼具等上面的污物。

（4）准备消毒用具　仔细检查火焰喷灯或火焰消毒机，添加燃油。

（5）消毒　按一定顺序，用火焰喷灯或火焰消毒机再进行火焰消毒。

2. 注意事项

（1）对金属栏和笼具等金属物品进行火焰消毒时不要喷烧过久，以免将被消毒物品烧坏。

（2）在消毒时还要有一定的次序，以免发生遗漏。

（3）火焰消毒时注意防火。

二、化学消毒

化学消毒是指应用各种化学药物抑制或杀灭病原微生物的方法。日常常用此法消毒。常用化学消毒方法有洗刷、浸泡、喷洒、熏蒸、拌和、撒布、擦拭等。

（一）操作步骤

1. 器械与防护用品准备

喷雾器、天平、量筒、刷子、抹布、容器等；高筒靴、防护服、口罩、护目镜、橡皮手套、毛巾、肥皂等。消毒药品应根据污染病原微生物的抵抗力、消毒对象特点，选择高效低毒、使用简便、质量可靠、价格便宜、容易保存的消毒剂。

2. 穿戴防护用品

3. 配制消毒药液

根据消毒对象、消毒面积或空间大小，正确计算出溶质和溶剂的用量，按要求进行配制。

4. 刷洗

用刷子蘸消毒液进行刷洗，常用于饲槽、饮水槽等设备、用具等的消毒。

5. 浸泡

将需消毒的物品浸泡在一定浓度的消毒药液中，浸泡一定时间后再拿出来。如将食槽、饮水器等各种器具浸泡在0.5%～1%新洁尔灭中消毒。

6. 喷洒

喷洒消毒是指将消毒药配制成一定浓度的溶液（消毒液必须充分溶解并进行过滤，以免药液中不溶性颗粒堵塞喷头，影响喷洒消毒），用喷雾器或喷壶对需要消毒的对象（畜舍、墙面、地面、道路等）进行喷洒消毒。

（1）根据消毒对象和消毒目的，配制消毒药。

（2）清扫消毒对象。

（3）检查喷雾器或喷壶。喷雾器使用前，应先对喷雾器各部位进行仔细检查，尤其应注意橡胶垫圈是否完好、严密，喷头有无堵塞等。喷洒前，先用清水试喷一下，证明一切正常后，将清水倒干，然后再加入配制好的消毒药液。

（4）添加消毒药液，进行舍喷洒消毒。打气加压，当感觉有一定压力时，即可握住喷管，按下开关，边走边喷，还要一边打气加压，一边均匀喷雾。一般以"先里后外、先上后下"的顺序喷洒为宜，即先对动物舍的最里面、最上面（顶棚或天花板）喷洒，然后再对墙壁、设备和地面仔细喷洒，边喷边退；从里到外逐渐退至门口。

（5）喷洒消毒用药量应视消毒对象结构和性质适当掌握。水泥地面、顶棚、砖混墙壁等，每平方米用药量控制在800ml左右；土地面、土墙或砖土结构等，每平方米用药量1 000～1 200 ml；舍内设备每平方米用药量200～400ml。

（6）当喷雾结束时，倒出剩余消毒液再用清水冲洗干净，防止消毒剂对喷雾器的腐蚀，冲洗水要倒在废水池内。把喷雾器冲洗干净后内外擦干，保存于通风干燥处。

7. 熏蒸

常用福尔马林配合高锰酸钾进行熏蒸消毒。此方法的优点是消毒较全面，省工省力，但要求动物舍能够密闭，消毒后有较浓的刺激气味，动物舍不能立即使用。

（1）配制消毒药品　根据消毒空间大小和消毒目的，准确称量消毒药品。如固体甲醛按每立方米3.5g；高锰酸钾与福尔马林混合熏蒸进行畜禽空舍熏蒸消毒时，一般每立方米用福尔马林14～42ml、高锰酸钾7～21g、水7～21ml，熏蒸消毒7～24h。种蛋消毒时福尔马林28ml、高锰酸钾14克、水14ml，熏蒸消毒20min。杀灭芽孢时每立方米需福尔马林50ml；过氧乙酸熏蒸使用浓度是3%～5%，每立方米用2.5ml，在相对湿度60%～80%条件下，熏蒸1～2h。

（2）清扫消毒场所，密闭门窗、排气孔　先将需要熏蒸消毒的场所（畜禽舍、孵化器等）彻底清扫、冲洗干净，有机物的存在影响熏蒸消毒效果。关闭门窗和排气孔，防止消毒药物外泄。

（3）按照消毒面积大小，放置消毒药品进行熏蒸，将盛装消毒剂的容器均匀的摆放在要消毒的场所内，如动物舍长度超过50m，应每隔20m放一个容器。所使用的容器必须是耐燃烧的，通常用陶瓷或搪瓷制品。

（4）熏蒸完毕后，进行通风换气。

8. 拌和

在对粪便、垃圾等污染物进行消毒时，可用粉剂型消毒药品与其拌和均匀，堆放一定时间，可达到良好的消毒目的。如将漂白粉与粪便以1∶5的比例拌和均匀，进行粪便消毒。

（1）称量或估算消毒对象的重量，计算消毒药品的用量，进行称量。

（2）按《兽医卫生防疫法》的要求，选择消毒对象的堆放地址。

（3）将消毒药与消毒对象进行均匀拌和，完成后堆放一定时间即达到消毒目的。

9. 撒布

将粉剂型消毒药品均匀地撒布在消毒对象表面。如用消石灰撒布在阴湿地面、粪池周围及污水沟等处进行消毒。

10. 擦拭

是指用布块或毛刷浸蘸消毒液，在物体表面或动物、人员体表擦拭消毒。如用0.1%的新洁尔灭洗手，用布块浸蘸消毒液擦洗母畜乳房；用布块蘸消毒液擦拭门窗、设备、用具和栏、笼等；用脱脂棉球浸湿消毒药液在猪、鸡体表皮肤、黏膜、伤口等处进行涂擦；用碘酊、酒精棉球涂擦消毒术部等，也可用消毒药膏剂涂布在动物体表进行消毒。

（二）注意事项

1. 注意选择消毒药

消毒药对微生物有一定的选择性，并受环境温度、湿度、酸碱度的影响。因此，应针对所要杀灭的病原微生物特点、消毒对象的特点、环境温度、湿度、酸碱度等，选择对病原体消毒力强，对人畜毒性小，不损坏被消毒物体，易溶于水，在消毒环境中比较稳定，价廉易得，使用方便的消毒剂。如要杀灭革兰氏阳性菌应选择季铵盐类等杀灭革兰氏阳性菌效果好的消毒剂；如果杀灭细菌芽孢，应选择杀菌力强，能杀灭细菌芽孢的消毒剂；如果杀灭病毒，应选择对病毒消毒效果好的碱性消毒剂；如消毒地面、墙壁等时，可不考虑消毒剂对组织的刺激性和腐蚀性，选择杀菌力强的烧碱；如消毒用具、器械、手指时，应选择消毒效果好、毒性低、无局部刺激性的洗必泰等；消毒饲养器具时，应选择氯制剂或过氧乙酸，以免因消毒剂的气味影响饮食或饮水；消毒畜禽体表时，应选择消毒效果好而又对畜禽无害的 0.1% 新洁尔灭、0.1% 过氧乙酸等。如室温在 16℃ 以上时，可用乳酸、过氧乙酸或甲醛熏蒸消毒；如室温在 0℃ 以下时可用 2% ~4% 次氯酸钠加 2% 碳酸钠熏蒸消毒。

2. 注意选择消毒方法

根据消毒药的性质和消毒对象的特点，选择喷洒、熏蒸、浸泡、洗刷、擦拭、撒布等适宜的消毒方法。

3. 注意消毒剂的浓度与剂量

一般来说，消毒剂的浓度和消毒效果成正比，即消毒剂浓度越大，其消毒效力越强（但是 70% ~75% 酒精比其他浓度酒精消毒效力都强）。但浓度越大，对机体、器具的损伤或破坏作用也越大。因此，在消毒时，应根据消毒对象、消毒目的的需要，选择既有效而又安全的浓度，不可随意加大或减少药物的浓度。喷洒消毒时，应根据消毒对象、消毒目的等计算消毒液用量，一般是每平方米用 1L 消毒液，使地面、墙壁、物品等消毒对象表面都有一层消毒液覆盖。熏蒸消毒时，应根据消毒空间大小和消毒对象计算消毒剂用量。

4. 注意环境温度、湿度和酸碱度

环境温度、湿度和酸碱度对消毒效果都有明显的影响，必须加以注意。一般来说，温度升高，消毒剂杀菌能力增强。例如，温度每升高 10℃，石炭酸的消毒作用可增加 5 ~8 倍，金属盐类消毒剂消毒作用可增加 2 ~5 倍。湿度对许多气体消毒剂的消毒作用有明显的影响。这种影响来自两个方面：一是湿度直接影响微生物的含水量。用环氧乙烷消毒时，若细菌含水量太多，则需要延长消毒时间；细菌含水量太少时，消毒效果亦明显降低；完全脱水的细菌用环氧乙烷很难将其杀灭。二是每种气体消毒剂都有其适应的相对湿度范围，如用甲醛熏蒸消毒时，要求相对湿度大于60%为宜。用过氧乙酸消毒时，要求相对湿度不低于40%，以60%～80%为宜。直接喷洒消毒干粉剂消毒时，需要有较高的相对湿度，使药物潮解后才能充分发挥作用。酸碱度可以从两个方面影响杀菌作用，一是对消毒剂作用，可以改变其溶解度、离解程度和分子结构。如酚、次氯酸、苯甲酸在酸性环境中杀菌作用强，戊二醛、阳离子表面活性剂在碱性环境中杀菌作用强等。二是对微生物的影响，微生物生长的适宜pH值范围为6～8，pH值过高或过低对微生物生长均有影响。

5. 注意把有机物清除干净

粪便、饲料残渣、污物、排泄物、分泌物等，对病原微生物有机械保护作用和降低消毒剂消毒作用的作用。因此，在使用消毒剂消毒时必须先将消毒对象（地面、设备、用具、墙壁等）清扫、洗刷干净，再使用消毒剂，使消毒剂能充分作用于消毒对象。

6. 注意要有足够的接触时间

消毒剂与病原微生物接触时间越长，杀死病原微生物越多。因此，消毒时，要使消毒剂与消毒对象有足够的接触时间。

7. 消毒操作规范

消毒剂只有接触病原微生物，才能将其杀灭。因此，喷洒消毒剂一定要均匀，每个角落都喷洒到位，避免操作不当，影响消毒效果。

三、生物消毒

生物消毒时利用动物、植物、微生物及其代谢产物杀灭或去除外环境中的病原微生物。主要用于土壤、水和生物体表面消毒生物处理。目前，在兽医临床中常用的是生物热消毒。

生物热消毒是利用微生物发酵产热以达到消毒目的的一种消毒方法，常用的有发酵池法、堆粪法等。常用于粪便、垫料等的消毒。下面简要介绍发酵池消毒法。

（一）操作步骤

1. 器械与防护用品准备

垃圾车、扫帚、铁锹、高筒靴、口罩、橡皮手套、毛巾、肥皂等。

2. 穿戴防护用品

3. 准备发酵池

一般发酵池应远离居民区、河流、水井等的地方，距离饲养场200～

250m 以外，挖成圆形或方形，池的边缘与池底用砖砌后再抹以水泥，使其不渗漏。如果土质干固，地下水位底，也可不用砖和水泥。

4. 池底铺垫料

可用草、干粪等在池底铺一层，这样有利于发酵的进行。

5. 装入消毒物质

将预消毒物质一次、定期或不定期卸入消毒池内，直至快满为止，一般距离池口 20～30cm。

6. 封盖

装完后，在表面在铺盖一层干粪或杂草，上面再用一层泥土封好，如条件许可，可用木板盖上，以利于发酵和保持卫生。

7. 清池

经 1～3 个月，即可进行清池。清池后可继续使用。

（二）注意事项

（1）注意生物热发酵的适用对象。

（2）选址应远离学校、公共场所、居民住宅区、动物饲养和屠宰场所、村庄、饮用水源地、河流等，防止发生污染。

（3）发酵池应牢固，防止渗漏。

第二节　消毒药的配制

消毒药是指能迅速杀灭病原微生物的药物。主要用于环境、畜舍、动物排泄物、用具和器械等表面的消毒。

消毒剂种类很多，根据作用机理不同，归纳起来有以下 3 种。

（1）使菌体蛋白质变性、凝固，发挥抗菌作用。例如，酚类、醇类、醛类消毒剂。

（2）改变菌体浆膜通透性。有些药物能降低病原微生物的表面张力，增加菌体浆膜的通透性，引起重要的酶和营养物质漏失，使水向内渗入，使菌体溶解或崩解，从而发挥抗菌作用。例如表面活性剂等。

（3）干扰病原微生物体内重要酶系统，抑制酶的活性，从而发挥抗菌作用。例如重金属盐类、氧化剂和卤素类。

一、消毒药溶液浓度表示方法

1. 以"百分数"表示

溶液浓度的百分数用"%"符号表示。溶质为固体或气体时，系指

100ml 溶液中含有溶质的克数。溶质为液体时，系指 100ml 溶液中含有溶质的毫升数。

2. 以"比例"表示

溶质 1 份相当于溶液的份数，以比例表示，例如，溶液所记示 1∶10，系指固体（或气体）溶质 1g 或液体溶质 1ml 加溶媒配成 10ml 的溶液。

3. 以"饱和"表示

在一定温度下，溶质溶于溶媒中达到最大量时，则该溶液即达饱和浓度。饱和溶液的含量随着温度的变化和物质的种类而不同。配制时可根据该药物的溶解度计算称取药物的量。

4. 摩尔浓度

是用 1L（1 000ml）溶液中所含溶质的摩尔数来表示的溶液浓度。通常用"mol/L（摩尔/升）"表示。物质的量用摩尔做单位来表示，1mol 在数值上与该物质的分子量相同。

5. 高浓度溶液配制低浓度溶液的方法

高浓度溶液配制低浓度溶液一般采用稀释法。可用下列公式计算：

$$X = (V \times B) \div A$$

其中：X 为需要浓溶液的量；V 为稀溶液的量；B 为稀溶液的浓度；A 为浓溶液的浓度。

二、常用消毒药的配制

（一）操作步骤

1. 器械与防护用品准备

（1）量器的准备　量筒、天平或台秤、称量纸、药勺、盛药容器（最好是搪瓷或塑料等耐腐蚀制品）、温度计等。

（2）防护用品的准备　工作服、口罩、护目镜、橡皮手套、胶靴、毛巾、肥皂等。

（3）消毒药品的选择　依据消毒对象表面的性质和病原微生物的抵抗力，选择高效、低毒、使用方便、价格低廉的消毒药品。计算消毒药用量依据消毒对象面积（如场地、动物舍内地面、墙壁的面积和空间大小等）计算消毒药用量。

2. 配制方法

（1）70% 酒精溶液的配制　用量器称取 95% 医用酒精 789.5ml，加蒸馏水（或纯净水）稀释至 1 000ml，即为 75% 酒精，配制完成后密闭保存。

（2）5% 氢氧化钠的配制　称取 50g 氢氧化钠，装入量器内，加入适量常水中（最好用60~70℃热水），搅拌使其溶解，再加水至1 000ml，即得，配制完成后密闭保存。

（3）0.1%高锰酸钾的配制　称取1g高锰酸钾，装入量器内，加水至1 000ml，使其充分溶解即得。

（4）3%来苏尔的配制　取来苏尔3份，放入量器内，加清水97份，混合均匀即成。

（5）2%碘酊的配制　称取碘化钾15g，装入量器内，加蒸馏水20ml溶解后，再加碘片20g及乙醇500ml，搅拌使其充分溶解，再加入蒸馏水至1 000ml，搅匀，滤过，即得。

（6）碘甘油的配制　称取碘化钾10g，加入10ml蒸馏水溶解后，再加碘10g，搅拌使其充分溶解后，加入甘油至1 000ml，搅匀，即得。

（7）熟石灰（消石灰）的配制　生石灰（氧化钙）1kg，装入容器内，加水350ml，生成粉末状即为熟石灰，可撒布于阴湿地面、污水池、粪池周围等处消毒。

（8）20%石灰乳的配制　1千克生石灰加5kg水即为20%石灰乳。配制时最好用陶瓷缸或木桶等。首先称取适量生石灰，装入容器内，把少量水（350ml）缓慢加入生石灰内，稍停，使石灰变为粉状的熟石灰时，再加入余下的4 650ml水，搅匀即成20%石灰乳。

（二）注意事项

1. 天平使用注意事项

（1）托盘天平使用注意事项

①托盘天平应放在平稳的平台上，用前须检查天平是否准确和灵敏；若两边不平衡，应调节杠杆上的螺丝，使天平处于平衡状态。

②应根据被称药物重量和天平的最大载重量选用天平，勿使称重大于天平的最大载重量，否则容易损坏天平。

③在称重时，应用镊子夹取砝码。

④天平不用时，应使天平处于休止状态，即将两托盘放于一边支架上，不要让其自由摆动；砝码应放入砝码盒内。

（2）电子天平使用注意事项

①电子天平应置于稳定的工作台上，避免振动、气流及阳光照射。

②在使用前调整水平仪气泡至中间位置。

③称量易挥发和具有腐蚀性的物品时，要盛放在密闭的容器中，以免腐蚀和损坏电子天平。

④经常对电子天平进行自校或定期外校，保证其处于最佳状态。

2. 量器使用的注意事项

（1）选用适宜大小的量器，量少量液体避免用大的量器，以免造成误差。

（2）操作时应保持量器垂直，使液面与眼睛视线平行；读数时，以液面凹面为标准，不透明或暗色液体则按弯月面的表面为准。

（3）不能盛装热的溶液，以免炸裂。

3. 容器使用注意事项

配制消毒药品的容器必须刷洗干净，以防止残留物质与消毒药发生理化反应，影响消毒效果。

4. 消毒药液配制的注意事项

（1）配制好的消毒液放置时间过长，大多数效力会降低或完全失效，因此，消毒药应现配现用。

（2）某些消毒药品（如生石灰）遇水会产热，应在搪瓷桶、盆等耐热容器中配制为宜。

（3）配制有腐蚀性的消毒液（如氢氧化钠）时，应使用塑料、搪瓷等耐腐蚀容器配制、储存，禁止用金属容器配制和储存。

（4）做好个人防护，配制消毒液时应戴橡胶手套、穿工作服，严禁用手直接接触，以免灼伤。

第三节　器具消毒

一、诊疗器械的消毒

（一）操作步骤

1. 一般诊疗用品的清洗

一般患畜用过的诊疗用品在重复使用前可先清洗后消毒；若是传染病畜禽用过的，应先消毒后清洗，使用前再消毒。

2. 一般诊疗用品的消毒

（1）体温计用后应清洗，然后用70%酒精浸泡消毒，作用时间15min以上，不宜用擦拭法，且酒精应定期更换。

（2）开口器可用蒸馏水煮沸或流动蒸汽20min或压力蒸汽灭菌，也可用0.2%新洁尔灭进行浸泡消毒。

（3）听诊器、叩诊器等用质量分数为0.2%~0.5%新洁尔灭擦拭。若有传染性疾病如犬瘟热、传染性肝炎、猪瘟病毒等污染，则应用2%酸性强化戊二醛或0.5%过氧乙酸擦拭消毒。

（4）注射器、注射针头每次使用完毕后，应进行蒸煮消毒。

（二）注意事项

（1）注意消毒药品的时效性　长期使用的消毒药品，要定期更换，如消毒体温计用的酒精，使用一定时间后要及时更换，保证其消毒的有效性。

（2）注意选择消毒药品和消毒方法　根据消毒对象的不同，应选用不同的消毒药品和消毒方法。

二、饲养器具的消毒

饲养用具包括食槽、饮水器、料车、添料锹等，所用饲养用具定期进行消毒。

（一）操作步骤

1. 根据消毒对象不同，配制消毒药

2. 清扫（清洗）饲养用具

如饲槽应及时清理剩料，然后用清水进行清洗。

3. 消毒

根据饲养用具的不同，可分别采用浸泡、喷洒、熏蒸等方法进行消毒。

（二）注意事项

1. 注意选择消毒方法和消毒药

饲养器具用途不同，应选择不同的消毒药，如笼舍消毒可选用福尔马林进行熏蒸，而食槽或饮水器一般选用过氧乙酸、高锰酸钾等进行消毒；金属器具也可选用火焰消毒。

2. 保证消毒时间

由于消毒药的性质不同，因此在消毒时，应注意不同消毒药的有效消毒时间，给予保证。

三、运载工具的消毒

运载工具主要是车辆，一般根据用途不同，将车辆分为运料车、清污车、运送动物的车辆等。车辆的消毒主要是应用喷洒消毒法。

（一）操作步骤

1. 准备消毒药品

根据消毒对象和消毒目的不同，选择消毒药物，仔细称量后装入容器内进行配制。

2. 清扫（清洗）运输工具

应用物理消毒法对运输工具进行清扫和清洗，去除污染物，如粪便、尿液、洒落的饲料等。

3. 消毒

运输工具清洗后，根据消毒对象和消毒目的，选择适宜的消毒方法进行消毒，如喷雾消毒或火焰消毒。

（二）注意事项

（1）注意消毒对象，选择适宜的消毒方法。

（2）消毒前一定要清扫（洗）运输工具，保证运输工具表面黏附的有机物污染物的清除，这样才能保证消毒效果。

（3）进出疫区的运输工具要按照动物卫生防疫法要求进行消毒处理。

第四节　防治操作消毒

一、动物皮肤、黏膜的消毒

动物皮肤黏膜消毒主要用于肌肉注射、静脉注射、皮内注射、手术和穿刺及一般外科处置的消毒。

（一）动物皮肤、黏膜的消毒

1. 操作步骤

（1）准备消毒用具和消毒药　根据消毒目的和消毒部位不同，可准备按常规清洁皮肤后选用以下消毒方法。2%碘酊、0.5%碘伏、0.5%洗必泰酒精溶液、0.02%过氧乙酸或0.01%～0.02%高锰酸钾水溶液，棉签、水盆等。

（2）手术部位皮肤消毒

①用2%碘酊，用浸透碘酊的棉签由手术部位中心部向周围涂擦一遍待干，然后用70%酒精擦拭两遍。

②用0.5%碘伏，方法同碘酊。

③用0.5%洗必泰酒精溶液，方法同上。

（3）静脉注射、穿刺部位皮肤消毒　与手术部位皮肤消毒方法基本相同，消毒皮肤范围不小于5cm×5cm。

（4）口、鼻、肛黏膜消毒

①用0.1%～0.5%洗必泰涂擦或冲洗，作用5min。

②用0.02%过氧乙酸擦拭，作用5min。

（5）阴道黏膜冲洗消毒

①用0.5%～0.1%洗必泰水溶液冲洗3min。

②用 0.01% ~ 0.02% 高锰酸钾水溶液冲洗 3min。

③用 0.02% ~ 0.05% 碘伏溶液冲洗 3min。

（6）微生物污染皮肤的消毒　受细菌繁殖体污染，可用 0.5% 洗必泰乙醇溶液擦拭作用 5min。对于破损皮肤则可用 0.05% ~ 0.1% 洗必泰水溶液冲洗。

2. 注意事项

（1）注意消毒药品的选择　黏膜消毒一定要选择无刺激性或刺激性小的消毒药，如新洁尔灭等。

（2）注意消毒范围　消毒范围要足够大，如注射消毒时消毒皮肤范围不小于 5cm × 5cm。

（3）注意消毒方法　消毒时要遵循一定的消毒次序，即应由中心向周围逐渐进行消毒。

二、防治员手的消毒

手的消毒根据目的不同，可分为外科洗手消毒和卫生洗手消毒。

（一）操作步骤

1. 外科洗手消毒

（1）剪短指甲，取下饰物，用肥皂及流水刷洗双手的指尖、指间及双臂 2min。清水冲淋残余肥皂或洗涤剂。

（2）用无菌刷蘸取 0.3% ~ 0.5% 碘伏或 0.1% ~ 0.5% 洗必泰溶液刷洗上述各部位。

（3）手腕部用无菌水冲洗，然后用无菌毛巾擦干。

2. 卫生洗手消毒

（1）对于无明确病原体污染的手部可用肥皂及流水冲洗，即可达到减少手部 80% 的细菌。

（2）对于明确受某种微生物污染时可选用 0.2% ~ 0.5% 洗必泰—乙醇溶液或 0.5% 碘伏等消毒剂擦拭，作用 1 ~ 3min 后，用清水冲洗。考虑有真菌污染，可选用 500mg/L 的氧化氯或含氯消毒剂。

（二）注意事项

（1）消毒时要细致全面，指甲必须剪短，饰物必须摘掉，洗刷全面细致。

（2）手消毒后保持正确姿势，禁止接触任何未消毒的物体。

第五节 圈舍空气及排泄物消毒

一、空气消毒

空气消毒方法有物理消毒法和化学消毒法。物理消毒法，常用的有通风和紫外线照射两种方法。通风可减少室内空气中微生物的数量，但不能杀死微生物；紫外线照射可杀灭空气中的病原微生物。化学消毒法，有喷雾和熏蒸两种方法。用于空气化学消毒的化学药品需具有迅速杀灭病原微生物、易溶于水、蒸气压低等特点，如常用的甲醛、过氧乙酸等，当进行加热，便迅速挥发为气体，其气体具有杀菌作用，可杀灭空气中的病原微生物。

（一）紫外线照射消毒

紫外灯，能辐射出波长主要为253.7nm的紫外线，杀菌能力强而且较稳定。紫外线对不同的微生物灭活所需的照射量不同。革兰氏阴性无芽孢杆菌最易被紫外线杀死，而杀死葡萄球菌和链球菌等革兰氏阳性菌照射量则需加大5~10倍。病毒对紫外线的抵抗力更大一些。需氧芽孢杆菌的芽孢对紫外线的抵抗力比其繁殖体要高许多倍。

1. 操作步骤

（1）消毒前准备。紫外线灯一般于空间6~15m^{2}安装一只，灯管距地面2.5~3m为宜，紫外线灯于室内温度10~15℃，相对湿度40%~60%的环境中使用杀菌效果最佳。

（2）将电源线正确接入电源，合上开关。

（3）照射的时间应不少于30min。否则杀菌效果不佳或无效，达不到消毒的目的。

（4）操作人员进入洁净区时应提前10min关掉紫外灯。

2. 注意事项

（1）紫外线对不同的微生物有不同的致死剂量，消毒时应根据微生物的种类而选择适宜的照射时间。

（2）在固定光源情况下，被照物体越远，效果越差，因此应根据被照面积、距离等因素安装紫外线灯（一般距离被消毒物2m左右）。

（3）紫外线对眼黏膜及视神经有损伤作用，对皮肤有刺激作用，所以人员应避免在紫外灯下工作，必要时需穿防护工作衣帽，并戴有色眼镜进行工作。

（4）房间内存放着药物或原辅包装材料，而紫外灯开启后对其有影响和房间内有操作人员进行操作时，此房间不得开启紫外灯。

（5）紫外灯管的清洁，应用毛巾蘸取无水乙醇擦拭其灯管，并不得用手直接接触灯管表面。

（6）紫外灯的杀菌强度会随着使用时间逐渐衰减，故应在其杀菌强度降至70%后，及时更换紫外灯，也就是紫外灯使用1 400h后更换紫外灯。

（二）喷雾消毒

喷雾法消毒是利用气泵将空气压缩，然后通过气雾发生器，使稀释的消毒剂形成一定大小的雾化粒子，均匀地悬浮于空气中，或均匀地覆盖于被消毒物体表面，达到消毒目的。

1. 操作步骤

（1）器械与防护用品准备　喷雾器、天平、量筒、容器等，高筒靴、防护服、口罩、护目镜、橡皮手套、毛巾、肥皂等。消毒药品应根据污染病原微生物的抵抗力、消毒对象特点，选择高效低毒、使用简便、质量可靠、价格便宜、容易保存的消毒剂。

（2）配制消毒药　根据消毒药的性质，进行消毒药的配制，将配制的适量消毒药装入喷雾器中，以八成为宜。

（3）打气　感觉有一定抵抗力（反弹力）时即可喷洒。

（4）喷洒　喷洒时将喷头高举空中，喷嘴向上以画圆圈方式先内后外逐步喷洒，使药液如雾一样缓缓下落。要喷到墙壁、屋顶、地面，以均匀湿润和畜禽体表稍湿为宜，不适用带畜禽消毒的消毒药，不得直喷畜禽。喷出的雾粒直径应控制在80~120μm，不要小于50μm。

（5）消毒结束后的清理工作　消毒完成后，当喷雾器内压力很强时，先打开旁边的小螺丝放完气，再打开桶盖，倒出剩余的药液，用清水将喷管、喷头和筒体冲干净，晾干或擦干后放在通风、阴凉、干燥处保存，切忌阳光暴晒。

2. 注意事项

（1）装药时，消毒剂中的不溶性杂质和沉渣不能进入喷雾器，以免在喷洒过程中出现喷头堵塞现象。

（2）药物不能装得太满，以八成为宜，否则，不易打气或造成筒身爆裂。

（3）气雾消毒效果的好坏与雾滴粒子大小以及雾滴均匀度密切相关。喷出的雾粒直径应控制在80~120μm，过大易造成喷雾不均匀和禽舍太潮湿，且在空中下降速度太快，与空气中的病原微生物、尘埃接触不充分，起不到消毒空气的作用；雾粒太小则易被畜禽吸入肺泡，诱发呼吸道疾病。

（4）喷雾时，房舍应密闭，关闭门、窗和通风口，减少空气流动。

（5）喷雾过程中要时时注意喷雾质量，发现问题或喷雾出现故障，应立即停止操作，进行校正或维修。

（6）使用者必须熟悉喷雾器的构造和性能，并按使用说明书操作。

（7）喷雾完后，要用清水清洗喷雾器，让喷雾器充分干燥后，包装保存好，注意防止腐蚀。不要用去污剂或消毒剂清洗容器内部。定期保养。

（三）熏蒸消毒

1. 操作步骤

（1）药品、器械与防护用品准备　消毒药品可选用福尔马林、高锰酸钾粉、固体甲醛、烟熏百斯特、过氧乙酸等；准备温度计、湿度计、加热器、容器等器材，防护服、口罩、手套、护目镜等防护用品。

（2）清洗消毒场所　先将需要熏蒸消毒的场所（畜禽舍、孵化器等）彻底清扫、冲洗干净。有机物的存在影响熏蒸消毒效果。

（3）分配消毒容器　将盛装消毒剂的容器均匀地摆放在要消毒的场所内，如动物舍长度超过50m，应每隔20m放一个容器。所使用的容器必须是耐燃烧的，通常用陶瓷或搪瓷制品。

（4）关闭所有门窗、排气孔

（5）配制消毒药

（6）熏蒸　根据消毒空间大小，计算消毒药用量，进行熏蒸。

①固体甲醛熏蒸。按每立方米 3.5g 用量，置于耐烧容器内，放在热源上加热，当温度达到 20℃ 时即可挥发出甲醛气体。

②烟熏百斯特熏蒸。每套（主剂 + 副剂）可熏蒸 $120 \sim 160m^3$。主剂 + 副剂混匀，置于耐烧容器内，点燃。

③高锰酸钾与福尔马林混合熏蒸。进行畜禽空舍熏蒸消毒时，一般每立方米用福尔马林 $14 \sim 42ml$、高锰酸钾 $7 \sim 21g$、水 $7 \sim 21ml$，熏蒸消毒 $7 \sim 24h$。种蛋消毒时福尔马林 28ml、高锰酸钾 14g、水 14ml，熏蒸消毒 20min。杀灭芽孢时每立方米需福尔马林 50ml。如果反应完全，则只剩下褐色干燥粉渣；如果残渣潮湿说明高锰酸钾用量不足；如果残渣呈紫色说明高锰酸钾加得太多。

④过氧乙酸熏蒸。使用浓度是 $3\% \sim 5\%$，每立方米用 2.5ml，在相对湿度 $60\% \sim 80\%$ 条件下，熏蒸 $1 \sim 2h$。

2. 注意事项

（1）注意操作人员的防护　在消毒时，消毒人员要戴好口罩、护目镜，穿好防护服，防止消毒液损伤皮肤和黏膜，刺激眼睛。

（2）甲醛或甲醛与福尔马林消毒的注意事项

①甲醛熏蒸消毒必须有适宜的温度和相对湿度，温度 $18 \sim 25℃$ 较为适宜；

相对湿度 60% ~ 80% 较为适宜。室温不能低于 15℃，相对湿度不能低于 50%。

②如消毒结束后甲醛气味过浓，若想快速清除甲醛的刺激性，可用浓氨水（2 ~ 5ml/m³）加热蒸发以中和甲醛。

③用甲醛熏蒸消毒时，使用的容器容积应比甲醛溶液大 10 倍，必须先放高锰酸钾，后加甲醛溶液，加入后人员要迅速离开。

（3）过氧乙酸消毒的注意事项　过氧乙酸性质不稳定，容易自然分解，因此，过氧乙酸应置于避光、阴凉处。

二、粪便污物消毒

粪便污物消毒方法有生物热消毒法、掩埋消毒法、焚烧消毒法和化学药品消毒法。

（一）生物热消毒法

生物热消毒法是一种最常用的粪便污物消毒法，这种方法能杀灭除细菌芽孢外的所有病原微生物，并且不丧失肥料的应用价值。粪便污物生物热消毒的基本原理是，将收集的粪便堆积起来后，粪便中便形成了缺氧环境，粪中的嗜热厌氧微生物在缺氧环境中大量生长并产生热量，能使粪中温度达 60 ~ 75℃，这样就可以杀死粪便中病毒、细菌（不能杀死芽孢）、寄生虫卵等病原体。此种方法通常有发酵池法和堆粪法两种。

1. 操作步骤

（1）发酵池法

适用于动物养殖场，多用于稀粪便的发酵。

①选址。在距离饲养场 200 ~ 250m 以外，远离居民、河流、水井等的地方挖两个或两个以上的发酵池（根据粪便的多少而定）。

②修建消毒池。可以筑为圆形或方形。池的边缘与池底用砖砌后再抹以水泥，使其不渗漏。如果土质干固，地下水位低，也可不用砖和水泥。

③先将池底放一层干粪，然后将每天清除出的粪便、垫草、污物等倒入池内。

④快满的时候在粪的表面铺层干粪或杂草，上面再用一层泥土封好，如条件许可，可用木板盖上，以利于发酵和保持卫生。

⑤经 1 ~ 3 个月，即可出粪清池。在此期间每天清除粪便可倒入另一个发酵池。如此轮换使用。

（2）堆粪法

适用于干固粪便的发酵消毒处理。

①选址。在距畜禽饲养场 200 ~ 250m 以外，远离居民区、河流、水井等的平地上设一个堆粪场，挖一个宽 1.5 ~ 2.5m、深约 20cm，长度视粪便量的多少而定的浅坑。

②先在坑底放一层 25cm 厚的无传染病污染的粪便或干草，然后在其上再堆放准备要消毒的粪便、垫草、污物等。

③堆到 1 ~ 1.5m 高度时，在欲消毒粪便的外面再铺上 10cm 厚的非传染性干粪或谷草（稻草等），最后再覆盖 10cm 厚的泥土。

④密封发酵，夏季 2 个月，冬季 3 个月以上，即可出粪清坑。如粪便较稀时，应加些杂草，太干时倒入稀粪或加水，使其干湿适当，以促使其迅速发热。

2. 注意事项

（1）发酵池和堆粪场应选择远离学校、公共场所、居民住宅区、动物饲养和屠宰场所、村庄、饮用水源地、河流等。

（2）修建发酵池时要求坚固，防止渗漏。

（3）注意生物热消毒法的适用范围。

（二）掩埋法

此种方法简单易行，但缺点是粪便和污物中的病原微生物可渗入地下水，污染水源，并且损失肥料。适合于粪量较少，且不含细菌芽孢。

1. 操作步骤

（1）消毒前准备：漂白粉或新鲜的生石灰，高筒靴、防护服、口罩、橡皮手套，铁锹等。

（2）将粪便与漂白粉或新鲜的生石灰混合均匀。

（3）混合后深埋在地下 2m 左右之处。

2. 注意事项

（1）掩埋地点应选择远离学校、公共场所、居民住宅区、村庄、饮用水源地、河流等。

（2）应选择地势高燥，地下水位较低的地方。

（3）注意掩埋消毒法的适用范围。

（三）焚烧法

焚烧法是消灭一切病原微生物最有效的方法，故用于消毒最危险的传染病畜禽粪便（如炭疽、牛瘟等）。可用焚烧炉，如无焚烧炉，可以挖掘焚烧坑，进行焚烧消毒。

1. 操作步骤

（1）消毒前准备：燃料，高筒靴、防护服、口罩、橡皮手套，铁锹，铁梁等。

（2）挖坑，坑宽 75 ~ 100cm，深 75cm，长度以粪便多少而定。

（3）在距坑底 40 ~ 50cm 处加一层铁梁（铁梁密度以不使粪便漏下为度），铁梁下放燃料，梁上放欲消毒粪便。如粪便太湿，可混一些干草，以便烧毁。

2. 注意事项

（1）焚烧产生的烟气应采取有效的净化措施，防止一氧化碳、烟尘、恶臭等对周围大气环境的污染。

（2）焚烧时应注意安全，防止火灾。

（四）化学药品消毒法

用化学消毒药品，如含 2% ~ 5% 有效氯的漂白粉溶液、20% 石灰乳等消毒粪便。这种方法既麻烦，又难达到消毒的目的，故实践中不常用。

三、污水消毒

污水中可能含有有害物质和病原微生物，如不经处理，任意排放，将污染江、河、湖、海和地下水，直接影响工业用水和城市居民生活用水的质量，甚至造成疫病传播，危害人、畜健康。污水的处理分为物理处理法（机械处理法）、化学处理法和生物处理法三种。

1. 物理处理法

物理处理法也称机械处理法，是污水的预处理（初级处理或一级处理），物理处理主要是去除可沉淀或上浮的固体物，从而减轻二级处理的负荷。最常用的处理手段是筛滤、隔油、沉淀等机械处理方法。筛滤是用金属筛板、平行金属栅条筛板或金属丝编织的筛网，来阻留悬浮固体碎屑等较大的物体。经过筛滤处理的污水，再经过沉淀池进行沉淀，然后进入生物处理或化学处理阶段。

2. 生物处理法

生物处理法是利用自然界的大量微生物（主要是细菌）氧化分解有机物的能力，除去废水中呈胶体状态的有机污染物质，使其转化为稳定、无害的低分子水溶性物质、低分子气体和无机盐。根据微生物作用的不同，生物处理法又分为好氧生物处理法和厌氧生物处理法。好氧生物处理法是在有氧的条件下，借助于好氧菌和兼性厌氧菌的作用来净化废水的方法。大部分污水的生物处理都属于好氧处理，如活性污泥法、生物过滤法、生物转盘法。厌氧生物处理法是在无氧条件下，借助于厌氧菌的作用来净化废水的方法，如厌氧消化法。

3. 化学处理法

经过生物处理后的污水一般还含有大量的菌类，特别是屠宰污水含有大量的病原菌，需经消毒药物处理后，方可排出。常用的方法是氯化消毒，将液态氯转变为气体，通入消毒池，可杀死99%以上的有害细菌。也可用漂白粉消毒，即每千升水中加有效氯0.5kg。

第六节　场所的消毒

一、养殖场所

养殖场消毒的目的是消灭传染源散播于外界环境中的病原微生物，切断传播途径，阻止疫病继续蔓延。养殖场应建立切实可行的消毒制度，定期对畜禽舍地面土壤、粪便、污水、皮毛等进行消毒。

(一) 操作步骤

1. 入场消毒

养殖场大门入口处设立消毒池（池宽同大门，长为机动车轮一周半），内放2%氢氧化钠液，每半月更换1次。大门入口处设消毒室，室内两侧、顶壁设紫外线灯，一切人员皆要在此用漫射紫外线照射5~10min，进入生产区的工作人员，必须更换场区工作服、工作鞋，通过消毒池进入自己的工作区域，严禁相互串舍（圈）。不准带入可能传染的畜产品或物品。

2. 畜舍消毒

畜舍除保持干燥、通风、冬暖、夏凉以外，平时还应做好消毒。一般分两个步骤进行：第一步先进行机械清扫；第二步用消毒液。畜舍及运动场应每天打扫，保持清洁卫生，料槽、水槽干净，每周消毒一次，圈舍内可用过氧乙酸做带畜消毒，0.3%~0.5%做舍内环境和物品的喷洒消毒或加热做熏蒸消毒（每立方米空间用2~5ml）。

3. 空畜舍的常规消毒程序

首先彻底清扫干净粪尿。用2%氢氧化钠喷洒和刷洗墙壁、笼架、槽具、地面，消毒1~2h后，用清水冲洗干净，待干燥后，用0.3%~0.5%过氧乙酸喷洒消毒。对于密闭畜舍，还应用甲醛熏蒸消毒，方法是每立方米空间用40%甲醛30ml，倒入适当的容器内，再加入高锰酸钾15g。注意：此时室温不应低于15℃，否则要加入热水20ml。为了减少成本，也可不加高锰酸钾，但是要用猛火加热甲醛，使甲醛迅速蒸发，然后熄灭火源，密封熏蒸12~14h。打开门窗，除去甲醛气味。

4. 畜舍外环境消毒

畜舍外环境及道路要定期进行消毒，填平低洼地，铲除杂草，灭鼠、灭蚊蝇、防鸟等。

5. 生产区专用设备消毒

生产区专用送料车每周消毒1次，可用0.3%过氧乙酸溶液喷雾消毒。进入生产区的物品、用具、器械、药品等要通过专门消毒后才能进入畜舍。可用紫外线照射消毒。

6. 尸体处理

尸体可用掩埋法、焚烧法等方法进行消毒处理。掩埋应选择离养殖场1 000m之外的无人区，找土质干燥、地势高、地下水位低的地方挖坑，坑底部撒上生石灰，再放入尸体，放一层尸体撒一层生石灰，最后填土。

（二）注意事项

（1）养殖场大门、生产区和畜舍入口处皆要设置消毒池，内放火碱液，一般10~15d更换新配的消毒液。畜舍内用具消毒前，一定要先彻底清扫干净粪尿。

（2）尽可能选用广谱的消毒剂或根据特定的病原体选用对其作用最强的消毒药。消毒药的稀释度要准确，应保证消毒药能有效杀灭病原微生物，并要防止腐蚀、中毒等问题的发生。

（3）有条件或必要的情况下，应对消毒质量进行监测，检测各种消毒药的使用方法和效果。并注意消毒药之间的相互作用，防止互作使药效降低。

（4）不准任意将两种不同的消毒药物混合使用或消毒同一种物品，因为两种消毒药合用时常因物理或化学配伍禁忌而使药物失效。

（5）消毒药物应定期替换，不要长时间使用同一种消毒药物，以免病原菌产生耐药性，影响消毒效果。

二、孵化场所

孵化场卫生状况直接影响种蛋孵化率、健雏率及雏鸡的成活率。一个合格的受精蛋孵化为健康的雏鸡，在整个孵化过程中所有与之有关的设备、用具都必须是清洁、卫生的。孵化场的卫生消毒包括人员、种蛋、设备、用具、墙壁、地面和空气的卫生消毒。

（一）操作步骤

1. 人员的消毒

孵化场的人员进出孵化室必须消毒，其他外来人员一律不准进入。要求在大门口内设二门，门口设消毒池，池内经常更换消毒液，二门内设淋浴室及更衣室，工作人员进入时需脚踏消毒池，入门后淋浴，更换工作服后方可进入。工作服应定期清洗、消毒。消毒池内可用2%的火碱水；服装可用百毒杀等洗涤后用紫外线照射消毒。码蛋、照蛋、落盘、注射、鉴别人员工作前及工作中用药液洗手。

2. 种蛋的消毒

首先要选择健康无病的种鸡群且没有受到任何污染的种蛋，种蛋从鸡舍收集后进行筛选，剔除粪蛋、脏蛋及不合格蛋后将种蛋放入干净消过毒的镂空蛋托上立即消毒。种蛋正式孵化前，一般需要消毒2次，第一次在集蛋后进行；第二次在加热孵化前。一般每天收集种蛋2~4次，每次收集后立即放入专用消毒柜或消毒厨内，用甲醛、高锰酸钾熏蒸消毒。用量为每立方米空间用福尔马林30ml，高锰酸钾15g，熏蒸15~20min。要求密闭，温热（温度25℃）、湿润（湿度为60%），有风扇效果较好。种蛋库每星期定期清扫和消毒，最好用托布打扫，用熏蒸法消毒，或用0.05%新洁尔灭消毒。种蛋库保持温度在12~16℃；湿度70%~80%为宜。种蛋入孵到孵化器，但尚未加温孵化前，再消毒一次，方法同第一次。要特别注意的是种蛋"出汗"后不要立即消毒，要等种蛋干燥后再用此方法消毒。另外，入孵24~96h的种蛋不能用上述方法消毒。

3. 孵化设备及用具的消毒

孵化器的顶部和四周易积飞尘和绒毛，要由专门值班员每天擦拭一次，最好用湿布，避免飞尘等飞扬。每批种蛋由孵化器出雏器转出后，将蛋盘、蛋车、周转箱全部取出冲洗，孵化器里外打扫干净，断电后用清水冲洗干净，包括孵化器顶部、四壁、地面、加湿器等，然后将干净的蛋车、蛋盘，放入孵化器消毒。可以喷洒0.05%的新洁尔灭或0.05%的百毒杀，也可以用福尔马林42ml，高锰酸钾21g/m³的剂量熏蒸消毒。雏鸡注射用针、针头、镊子等需用高温蒸煮消毒。在每批鸡使用前及用后蒸煮10min。

4. 空气、墙壁与地面的卫生消毒

由于种蛋和进入人员易将病原菌带入孵化场，出雏时绒毛和飞尘也易散播病菌，而孵化室内气温较高、湿度较大宜于细菌繁殖，所以孵化室内空气的卫生消毒十分重要。首先，要将孵化器与出雏器分开设置，中间设隔墙及门。1~19d胚龄的胚胎在孵化器中，19~21.5d胚龄转入出雏器中出雏，21.5d后初雏转入专门雏鸡存放室。其次，孵化室要设置足够大功率的排风扇，排出污浊的空气。每台孵化器及出雏器要设置通风管道与风门相接，将其中的废气直接排出室外。出雏室在出雏时及出完后都要开排风扇，有条件的孵化场还可以设置绒毛收集器以净化空气。每出完一批鸡都要对整个出雏室彻底打扫消毒一次，包括屋顶、墙壁及整个出雏室。程序为清扫—高压冲洗—消毒。消毒用0.05%的新洁尔灭或0.05%的百毒杀或0.1%的碘伏喷洒。

（二）注意事项

（1）遵守消毒的原则和程序。不同的消药物有着不同的消毒对象，选择时应加以注意。

（2）注意孵化用具的定期消毒和随时消毒。

三、隔离场所

隔离场使用前后，货主用口岸动植物检疫机关指定的消毒药物，按动植物检疫机关的要求进行消毒，并接受口岸动植物检疫机关的监督。

（一）操作步骤

1. 运输工具的消毒

装载动物的车辆、器具及所有用具须经消毒后方可进出隔离场。

2. 铺垫材料的消毒

运输动物的铺垫材料须进行无害化处理，可采用焚烧方法进行消毒。

3. 工作人员的消毒

工作人员及饲养人员及经动植物检疫机关批准的其他人员进出隔离区，隔离场饲养人员须专职。所有人员均须消毒、淋浴、更衣；经消毒池、消毒道出入。

4. 畜舍和周围环境的消毒

保持动物体、畜舍（池）和所有用具的清洁卫生，定期清洗、消毒，做好灭鼠、防毒等工作。

5. 死亡和患有特定传染病动物的消毒

发现可疑患病动物或死亡的动物，应迅速报告口岸动植物检疫机关，并立即对患病动物停留过的地方和污染的用具、物品进行消毒，患病（死亡）动物按照相关规定进行消毒处理。

6. 动物排泄物及污染物的消毒

隔离动物的粪便、垫料及污物、污水须经无害化处理后方可排出隔离场。

（二）注意事项

（1）经常更换消毒液，保持有效浓度。

（2）病死动物的消毒处理应按照有关的法律法规进行。

（3）工作人员进出隔离场必须遵守严格的卫生消毒制度。

四、诊疗室所

诊疗室是患病畜禽集中的场所，它们患有感染性疾病或非感染性疾病，往往处于抵抗力低下的状态；同时，诊疗室也是各种病原微生物聚集的地方，加上各种医疗活动，患病畜禽间、诊疗人员与畜禽间的特殊接触，常常造成诊疗室感染。导致诊疗室感染的因素除患病畜禽自身抵抗力低下、微生物侵袭外，还有诊疗人员手及器械消毒不规范，以及滥用抗生素和消毒剂促使抗性菌株产生。因此，合理使用消毒剂和抗生素是防止诊疗室感染的重要组成部分。在防止交叉感染中，诊疗室的消毒与灭菌工作显得尤为重要。

（一）操作步骤

1. 消毒药物的选择

诊疗室消毒灭菌剂选择的条件一般应满足以下要求：要求可杀灭结核杆菌和速效杀灭细菌繁殖体，可灭活常见病毒，即中效消毒剂以上；杀菌剂的杀菌作用受有机物的影响较小；消毒剂使用浓度对人畜无毒，不污染环境；使用方便，价格便宜。

2. 诊疗室常用消毒灭菌方法

（1）干热消毒

①焚烧。以电、煤气等作能源的专用焚烧炉用于焚烧医院具有传染性的废弃物（如截除的残肢、切除的脏器、病理标本、敷料、引流条、一次性使用注射器、输液（血）器等），操作过程中应注意燃烧彻底，防止污染环境。

②烧灼。利用酒精灯或煤气灯火焰消毒微生物实验室的白金耳、接种棒、试管、剪刀、镊子等。使用时应注意将污染器材由操作者逐渐靠近火焰，防止污染物突然进入火焰而发生爆炸，造成周围污染。

③干烤。以电热、电磁辐射线等热源加热物体，主要用于耐高热物品的消毒或灭菌。常用的方法有电热干烤、红外线消毒和微波消毒。

（2）煮沸消毒　一般被污染的小件物品或耐热诊疗用品用蒸馏水煮沸20min，可杀灭细菌繁殖体和肝炎病毒，水中加碳酸氢钠效果更好。

（3）流动蒸汽消毒　在常压条件下，利用蒸屉或专用流动蒸汽消毒器，消毒时间以水煮沸时开始计算，20min可杀灭细菌繁殖体、肝炎病毒。在消毒设备条件不足时，可用此法消毒一般诊疗器具。

（4）压力蒸汽灭菌。

①物品摆放时，包间应留有空隙，容器应侧放。

②排气软管插入侧壁套管中，加热水沸后排气 15～20min。

③柜室压力升至 103kPa，温度达到 121℃，时间维持 30min。

④慢放气，尤其是灭菌物品中有液体时，防止减压过快液体溢出。需烘干物品可取出放入烘箱烘干保存。

（5）紫外线消毒　诊疗室应根据消毒的环境、目的选择紫外灯的灯型、照射强度，一般说来，紫外线杀灭细菌繁殖体的剂量为 10 000μW·s/cm²。小病毒、真菌为 50 000～60 000μW·s/cm²，细菌芽孢为 100 000μW·s/cm²。真菌孢子对紫外线有更大抗力，如黑曲霉菌孢子的杀灭剂量为 350 000μW·s/cm²。

①空气消毒。一般在无人活动的室内可采用悬挂 30W 功率的紫外线灯（按室内面积每平方米 1.5W 计算），20m² 室内，在中央 2～2.5m 高处挂一支带有反射罩的紫外线灯，每次消毒时间不少于 30min。

②物体表面（桌面、化验单及其他污染物体表面）消毒。一般桌面可将 30W 带罩紫外线灯挂于桌面上方 1m 高处，照射 15min。污染票据、化验单可采用低臭氧高强度紫外线消毒器，短距离照射（照射剂量可达到 7 500～12 000μW·s/cm²），可在 30s 内对所照射的部位达到消毒要求。

（6）消毒剂消毒

①含氯消毒剂。无机氯如漂白粉、次氯酸钠、次氯酸钙等，有机氯如二氯异氰尿酸钠、三氯异氰尿酸、氯胺等。有机氯比无机氯性质稳定，粉末状含氯消毒剂在阴凉处保存比较稳定，溶于水产生次氯酸，不稳定。含氯消毒剂可杀灭各种微生物，有效氯质量浓度 2 000mg/L 可杀灭细菌芽孢，有效氯 500～1 000mg/L 可杀灭结核杆菌、真菌，灭活肝炎病毒，有效氯 100～250mg/L 可杀灭细菌繁殖体。在医院中此类消毒剂一般用于环境表面、污染的实验器材、废弃物等的消毒。

②醇类消毒剂。乙醇和异丙醇体积分数 70% 可杀灭细菌繁殖体；80% 乙醇或异丙醇可降低肝炎病毒的传染性，常用于皮肤消毒，用作溶媒时，可增强某些非挥发性消毒剂的杀微生物作用。

③酚类消毒剂。包括六氯酚、2,4,4,-三氯-2-羟基二苯醚、4-氯-3,5-二甲基苯酚（PCMX）等酚的衍生物。六氯酚溶液常用于抗菌剂，主要用于外科擦洗、医用肥皂的活性成分。2,4,4-三氯-2-羟基二苯醚，易溶于稀碱液和有机溶剂中，微溶于水，质量浓度 0.1～0.03mg/L 可抑制葡萄球菌，3 倍于此浓度可抑制大肠杆菌，100～1 000mg/L 才可抑制绿脓杆菌。1～30mg/L 可抑制几种霉菌生长，常用于防腐剂。

④过氧化物类。有过氧化氢、过氧乙酸、二氧化氯、臭氧等，其理化性质不稳定，但消毒后不留残毒是它们的优点。常以 0.5%～1.0% 过氧乙酸用于血液透析机、透析器、肝炎污染物的消毒；2% 过氧乙酸作冷库喷雾及空气

消毒；0.1%～0.2%过氧乙酸可用于手消毒；0.02%过氧乙酸用于黏膜消毒。

⑤双胍类化合物。如洗必泰，其理化性状稳定，0.05%～0.1%可用作口腔、伤口防腐剂；0.5%洗必泰乙醇溶液可增强其杀菌效果，是良好的皮肤消毒剂，用于手术前皮肤消毒；0.1%～4%洗必泰溶液可用于洗手消毒，但必须注意革兰阴性细菌易对洗必泰产生抗性，使用中应及时更换消毒液。阿立西定（Alexidine）也是双缩胍，具有不同于氯己定的氯苯酚末端基团的乙基己基末端基团，比氯己定更具活性，主要用于口腔防腐。

⑥季铵盐类。如苯扎氯铵、苯扎溴铵，其理化性状稳定，0.2%～0.5%可杀灭细菌繁殖体，革兰阳性细菌对此类消毒剂比革兰阴性细菌更为敏感，后者易产生抗性菌株，久用此类消毒剂常可发现绿脓杆菌污染，必须引起注意。因此，此类消毒剂限用于医院一般用具清洁消毒。

⑦含碘消毒剂。比如2%的碘酊、0.2%～0.5%的碘伏常用于皮肤消毒，如注射、手术皮肤、外科洗手；0.05%～0.1%的碘伏作伤口、口腔消毒；0.02%～0.05%的碘伏用于阴道冲洗消毒。

⑧高锰酸钾。为强氧化剂，0.01%～0.02%溶液可用于冲洗伤口；福尔马林加高锰酸钾用作甲醛熏蒸物体表面消毒。

（二）注意事项

1. 注意消毒方法的选择

不同消毒对象所用的消毒方法不同，如注射针头一般采用蒸煮消毒，而废弃物一般选择焚烧消毒。

2. 注意选择消毒药品

不同的消毒药品有着不同的性质、消毒对象，因此应注意消毒药品的选择。

五、疫点疫区消毒

疫点（区）指发生疫病的自然单位，一般指患病动物所在的场、饲养小区、户或其他有关的畜禽屠宰、加工、经营单位；如为农村散养，应将患病动物所在自然村划为疫点（区）。疫点（区）消毒是指发生传染病后到解除封锁期间，为及时消灭由传染源排出的病原体而进行的反复多次消毒。疫点（区）消毒的对象包括患病动物及病原携带者的排泄物、分泌物及其污染的圈舍、用具、场地和物品等。

（一）消毒的程序与原则

消毒应按一定的原则和程序进行。遵守一定的程序有利于保证每次消毒的效果，也可避免工作中的不必要重复和工作中的手忙脚乱，还有利于对消毒效果和消毒工作本身的执行过程进行客观评价。疫点的终末消毒常由专业消毒人员完成，应严格执行疫点终末消毒程序。

疫点的随时消毒可由疫病防治员或畜主执行，消毒人员接到消毒通知后应接受消毒指导，根据疫病种类和消毒对象保证随时消毒符合消毒原则。

1. 疫点终末消毒程序

（1）消毒人员接到疫病消毒通知后，应在规定的时间内迅速赶赴疫点，开展终末消毒工作。

（2）出发前，应检查所需消毒用具、消毒剂和防护用品，做好准备工作。

（3）消毒人员到达疫点后，首先向有关人员说明来意，做好防疫宣传工作，取得疫点居民的配合，严禁无关人员进入消毒区内，仔细核对消毒对象和消毒范围。

（4）做好个人防护。脱掉外衣，放入自己带来的包装袋内，穿好防护服、胶鞋，戴上口罩、手套，必要时，须戴防护眼镜。

（5）进入疫点时，应先消毒有关通道，再根据不同的消毒对象，进行恰当的消毒，如畜舍消毒前应先进行清扫，熏蒸消毒时应先关闭门窗等。

（6）疫点消毒工作完毕后，先对消毒人员的衣物、胶靴等喷洒消毒后再脱下。衣物脱下后，将污染面向内卷在一起，放在包装袋中，然后进行消毒；消毒用具进行表面消毒。

（7）到达规定的消毒作用时间后，检验人员对不同消毒对象进行消毒后采样。

（8）填写疫点终末消毒工作记录。

（9）离开前，向当地有关人员宣传消毒防疫知识。

2. 随时消毒的原则

（1）在接到疫病消毒通知后，消毒人员应立即到患病养殖场指导随时消毒，必要时提供所需药品，并标明药品名称及使用方法。

（2）根据疫病种类和消毒对象的具体情况，应做到健畜与患畜隔离饲养，患畜的分泌物、排泄物、垫料、食槽及舍内空气等采用适当的方法进行消毒。

（3）做好个人防护。脱掉外衣，放入自己带来的包装袋内，穿好防护服、胶鞋，戴上口罩、手套，必要时，须戴防护眼镜。

（4）进入疫点时，应先消毒有关通道，再根据不同的消毒对象，进行恰当的消毒，如畜舍消毒前应先进行清扫，熏蒸消毒时应先关闭门窗等。

（5）疫点消毒工作完毕后，先对消毒人员的衣物、胶靴等喷洒消毒后再脱下。衣物脱下后，将污染面向内卷在一起，放在包装袋中，然后进行消毒；消毒用具进行表面消毒。

（6）做好随时消毒工作记录。

3. 疫源地消毒原则

疫源地消毒应迅速、及时，范围应准确，充分涵盖疫源地，方法应可行、有效，只有严格地实施消毒并与其他措施配合才能达到控制疫病流行的目的。疫源地消毒应掌握以下原则。

（1）消毒措施应迅速及时地实施　根据《中华人民共和国动物防疫法》，为减少传播机会，接到一类疫病和二类疫病中的疫情报告后，应在规定的时间内实施消毒措施。

（2）要确定消毒范围　消毒范围的确定应以患畜排出病原体可能污染的范围为依据。消毒范围原则上就是疫源地的范围，当疫源地范围小，只是单个患畜时，消毒范围较好掌握；当疫病发生流行波及范围较大、持续时间较长时，消毒人员就应该及时与有关人员沟通，明确疫区范围和消毒重点。

（3）疫区消毒持续时间　消毒持续时间应以疫病流行情况和病原体监测结果为依据，只有在既无新发病例，又未在疫区内检出病原体的情况下才能停止。由于外环境中病原体检出率有限，应监测病原体一定时间和一定数量持续阴性后再决定是否继续消毒。

（4）选用合适的消毒方法　消毒方法的选择应以消毒剂的性能、消毒对象、病原体种类为依据。选择消毒剂时，应选用能杀灭病原体的消毒剂。当温度、有机物含量变化较大时，应注意选择合适的消毒剂。还应尽量避免破坏消毒对象的使用价值或造成环境污染。

（5）对疑似疫源地可按疑似的该类疫病疫源地进行消毒处理　必要时按不明原因的传染病疫源地进行处理，即应根据流行病学指征确定消毒范围和对象，采取最严格的消毒方法进行处理。

（6）疫区的疫源地消毒　应注意与杀虫、灭鼠、隔离、封锁等措施配合使用，疫源地的管理也是非常重要的环节。

4. 消毒人员注意事项

对消毒人员在消毒前、消毒时及消毒后的行为有以下规定。

（1）消毒人员在出发前要检查应携带的消毒工具是否齐备无故障，消毒剂是否齐全够用。

（2）消毒人员应主动取得畜主的合作。在消毒过程中，应尽量采用物理消毒法。在用消毒剂时应尽量选择对相应致病微生物杀灭作用良好、对物品损害轻微者。

（3）在消毒过程中，消毒人员不得吸烟、饮食，更不要随便走出消毒区域。同时应禁止无关人员进入消毒区内。

（4）消毒人员工作时应认真细致，有条不紊，突出重点。凡应消毒的对象，不得遗漏。严格区分已消毒和未消毒的物品，勿使已消毒的物品被再次污染。

（5）消毒完毕以后，消毒人员携回的污染工作衣物应立即分类作最终消毒。清点所消耗的药品器材，加以整修、补充。填好消毒工作记录并及时上报。

（二）操作步骤

1. 准备

（1）了解消毒方案　明确疫点的具体消毒地点和范围、消毒计划、方法和步骤。

（2）配制消毒药品　根据消毒面积大小，计算消毒药用量；配制消毒药溶液。

（3）消毒用具　扫帚、铲子、锹、冲洗用水管、喷雾器、火焰喷射枪、防护服、口罩、胶靴、手套、护目镜等。

2. 消毒

（1）环境和道路消毒

①清扫和冲洗，并将清扫出的污物，集中到指定的地点做焚烧、堆积发酵或混合消毒剂后深埋等无害化处理。

②喷洒消毒药液。

（2）动物圈舍消毒

①首先进行喷洒消毒药，作用一定时间后，彻底清扫动物舍顶棚、墙壁、地面等，彻底清除舍内的废弃物、粪便、垫料、残存的饲料等各种污物，并运送至指定地点做无害化处理。可移动的设备和用具搬出舍外，集中堆放到指定的地点用消毒剂清洗或洗刷。

②对动物舍的墙壁、顶棚、地面、笼具，特别是屋顶木梁桁架等，进行冲刷、清洗。

③用火焰喷射器对鸡舍的墙裙、地面、笼具等不怕燃烧的物品进行火焰消毒。

④对顶棚、地面和墙壁等喷洒消毒药液。

⑤关闭门窗和风机，用福尔马林密闭熏蒸消毒24h以上。

（3）病死动物处理

①病死、扑杀的动物装入不泄漏的容器中，密闭运至指定地点进行焚烧或深埋。

②病死或扑杀动物污染的场地认真进行清洗和消毒。

（4）用具、设备消毒

①金属等耐烧设备用具，在清扫、洗刷后，用火焰灼烧等方式消毒。

②对不耐烧的笼具、饲槽、饮水器、栏等在清扫、洗刷后，用消毒剂刷洗、喷洒、浸泡、擦拭。

③疫点、疫区内所有可能被污染的运载工具均应严格消毒，车辆的所有角落和缝隙都要用高压水枪进行清洗和喷洒消毒剂，不留死角。所产生的污水也要作无害化处理。

（5）饲料和粪便消毒　饲料、垫料和粪便等要深埋、发酵或焚烧。

（6）出入疫点、疫区的消毒

①出入疫点、疫区的交通要道设立临时检查消毒点，对出入人员、运输工具及有关物品进行消毒。

②车辆上所载的物品也要认真消毒。

（7）工作人员的防护与消毒

①参加疫病防治和消毒工作的人员在进入疫点前要穿戴好防护服、帽、橡胶手套、口罩、护目镜、胶靴等。

②工作完毕后，在出口处应脱掉和放下防护服、帽、手套、口罩、护目镜、胶靴、器械等，置于容器内进行消毒。消毒方法可采用浸泡、洗涤、晾晒、高压蒸汽灭菌等；一次性用品应集中销毁；工作人员的手及皮肤裸露部位应清洗、消毒。

（8）污水沟消毒　可投放生石灰或漂白粉。

（9）疫点的终末消毒　在疫病被扑灭后，在解除封锁前要对疫点最后进行一次全面彻底消毒。

（三）注意事项

（1）疫点的消毒要全面、彻底，不要遗漏任何一个地方、一个角落。

（2）根据病原微生物的抵抗力和消毒对象的性质和特点不同，选用不同消毒剂和消毒方法，如对饲槽、饮水器消毒应选择对动物无毒、刺激小的消毒剂；对地面、道路消毒可选择消毒效果好的氢氧化钠消毒，可不考虑刺激性、腐蚀性等因素；对小型用具可采取浸泡消毒；对耐烧的设备可取火焰烧灼等。

（3）要运用多种消毒方法，如清扫、冲洗、洗刷、喷洒消毒剂、熏蒸等进行消毒，确保消毒效果。

（4）喷洒消毒剂和熏蒸消毒，一定要在清扫、冲洗、洗刷的基础上进行。

（5）消毒时应注意人员防护。

（6）消毒后要进行消毒效果监测，了解消毒效果。

第七节　主要动物疫病的消毒

一、高致病性禽流感的消毒

(一) 消毒原则

出现动物禽流感疫情后，动物防疫部门应及时开展工作，指导现场消毒，进行消毒效果评价。

消毒工作应在疫情发生后及时有效地进行。对必须消毒的对象采取严格的消毒措施。消毒工作应避免盲目，如采取其他有效措施可以使污染物品无害化时，可以不进行消毒处理。

(1) 对死禽和宰杀的家禽、禽舍、排泄物进行终末消毒。

(2) 对划定的动物疫区内禽类密切接触者，在停止接触后应对其及其衣物进行消毒。

(3) 对划定的动物疫区内的饮用水应进行消毒处理，对流动水体和较大的水体等消毒较困难者可以不消毒，但应严格进行管理。

(4) 对划定的动物疫区内可能污染的物体表面在出封锁线时进行消毒。

(5) 必要时对禽舍的空气进行消毒。

(二) 消毒方法

消毒工作应该由进行过培训有现场消毒经验的人员进行，掌握消毒剂的配制方法和消毒器械的操作方法，针对不同的消毒对象采取相应的消毒方法。

(1) 对禽舍及场地内外采用喷洒消毒液的方式进行消毒，消毒后对污物、粪便、饲料等进行清理；清理完毕再用消毒液以喷洒方式进行彻底消毒，消毒完毕后再进行清洗；不易冲洗的禽舍清除废弃物和表土，进行堆积发酵处理。

禽舍的地面、墙壁、门窗用 0.1% 过氧乙酸溶液或 500mg/L 有效氯含氯消毒剂溶液喷雾。泥土墙吸液量为 $150 \sim 300ml/m^2$，水泥墙、木板墙、石灰墙为 $100ml/m^2$，地面喷药量为 $200 \sim 300ml/m^2$。以上消毒处理，作用时间应不少于 60min。舍内空气消毒应先密闭门窗，每立方米用 15% 过氧乙酸溶液 7ml（$1g/m^3$），放置瓷或玻璃器皿中加热蒸发，熏蒸 1h，即可开门窗通风。或以 0.5% 过氧乙酸溶液（$8ml/m^3$）气溶胶喷雾消毒，作用 30min。

(2) 禽的排泄物、分泌物等，稀薄者每 1 000ml 可加漂白粉 50g，搅匀放置 2h。成形粪便可用 20% 漂白粉乳剂 2 份加于 1 份粪便中，混匀后，作用 2h。对禽舍的粪便也可以集中消毒处理时，可按粪便量的 1/10 加漂白粉，搅匀加湿后作用24h。

（3）金属设施设备，可采取火焰、熏蒸等方式消毒；木质工具及塑料用具采取用消毒液浸泡消毒；工作服等采取浸泡或高温高压消毒。饲养用具可用0.1%过氧乙酸溶液或500mg/L有效氯含氯消毒剂溶液浸泡20min后，再用清水洗净。

（4）动物尸体应焚烧或喷洒消毒剂后在远离水源的地方深埋，要采取有效措施防止污染水源。

（5）在出入疫点、疫区的交通路口设立消毒站点，对所有可能被污染的运载工具应当严格消毒，从车辆上清理下来的废弃物进行无害化处理。运输工具车、船内外表面和空间可用0.1%过氧乙酸溶液或500mg/L有效氯含氯消毒剂溶液喷洒至表面湿润，作用60min。

（6）垃圾，可焚烧的尽量焚烧，也可喷洒10 000mg/L有效氯含氯消毒剂溶液，作用60min以上，消毒后深埋。

（7）对小水体的污水每10L加入10 000mg/L有效氯含氯消毒溶液10ml，或加漂白粉4g。混匀后作用1.5~2h，余氯为4~6mg/L时即可。较大的水体应加强管理，疫区解除前严禁使用。

（8）疫点每天消毒1次，连续1周，1周以后每两天消毒1次。疫区内疫点以外的区域每两天消毒1次。

二、口蹄疫的消毒

（一）消毒原则

出现口蹄疫疫情后，动物防疫部门应及时开展工作，指导现场消毒，进行消毒效果评价。

消毒工作应在疫情发生后及时有效地进行。对必须消毒的对象采取严格的消毒措施。消毒工作应避免盲目，如采取其他有效措施可以使污染物品无害化时，可以不进行消毒处理。

（1）对病死牛猪羊和宰杀的牛猪羊、畜舍、排泄物和分泌物等进行终末消毒。

（2）对划定的动物疫区内牛羊猪及其密切接触者，在停止接触后应对其及其衣物进行消毒。

（3）对划定的动物疫区内的饮用水应进行消毒处理，对流动水体和较大的水体等消毒较困难者可以不消毒，但应严格进行管理。

（4）对划定的动物疫区内可能污染的物体表面在出封锁线时进行消毒。

（5）必要时对畜舍的空气进行消毒。

（二）消毒方法

（1）疫点内饲养圈舍清理、清洗和消毒，首先对圈舍内外消毒后再行清理和清洗。对地面和各种用具等彻底冲洗，并用水洗刷圈舍、车辆等，对所产生的污水进行无害化处理。

（2）对金属设施设备，可采取火焰、熏蒸等方式消毒。

（3）饲养圈舍的饲料、垫料等作深埋、发酵或焚烧处理；粪便等污物作深埋、堆积密封或焚烧处理。

（4）交通工具可采用清洗消毒和消毒液喷洒的方式消毒。

（5）出入疫点、疫区的交通要道设立临时性消毒点，对出入人员、运输工具及有关物品进行消毒。

（6）消毒人员的所有衣服用消毒剂浸泡后清洗干净，其他物品都要用适当的方式进行消毒。

（7）疫点每天消毒1次连续1周，1周后每两天消毒1次，疫区内疫点以外的区域每两天消毒1次。

三、高致病性猪蓝耳病的消毒

（一）消毒原则

出现高致病性猪蓝耳病疫情后，动物防疫部门应及时开展工作，指导现场消毒，进行消毒效果评价。

消毒工作应在疫情发生后及时有效地进行。对必须消毒的对象采取严格的消毒措施。消毒工作应避免盲目，如采取其他有效措施可以使污染物品无害化时，可以不进行消毒处理。

（1）对病死猪和宰杀的猪、畜舍、排泄物和分泌物等进行终末消毒。

（2）对划定的动物疫区内猪及其密切接触者，在停止接触后应对其及其衣物进行消毒。

（3）对划定的动物疫区内的饮用水应进行消毒处理，对流动水体和较大的水体等消毒较困难者可以不消毒，但应严格进行管理。

（4）对划定的动物疫区内可能污染的物体表面在出封锁线时进行消毒。

（5）必要时对畜舍的空气进行消毒。

（二）消毒方法

高致病性猪蓝耳病病毒在外界环境中存活能力较差，只要消毒措施得当，一般均能获得较好的消毒效果。养猪生产实践中常用的消毒剂，如醛类、含氯消毒剂、酚类、氧化剂、碱类等均能杀灭环境中的病毒。

1. 常用消毒剂

醛类消毒剂：有甲醛、聚甲醛等，其中以甲醛的熏蒸消毒最为常用。密闭的圈舍可按每立方米 7～21g 高锰酸钾加入 14～42ml 福尔马林进行熏蒸消毒。熏蒸消毒时，室温一般不应低于 15℃，相对湿度应为 60%～80%，可先在容器中加入高锰酸钾后再加入福尔马林，密闭门窗 7h 以上便可达到消毒目的，然后敞开门窗通风换气，消除残余的气味。

含氯消毒剂：包括无机含氯消毒剂和有机含氯消毒剂，消毒效果取决于有效氯的含量，含量越高，消毒能力越强。可用 5% 漂白粉溶液喷洒动物圈舍、笼架、饲槽及车辆等进行消毒。

碱类制剂：主要有氢氧化钠和生石灰等，消毒用的氢氧化钠制剂大部分是含有 94% 氢氧化钠的粗制碱液，使用时常加热配成 1%～2% 的水溶液，用于被病毒污染的禽舍地面、墙壁、运动场和污物等的消毒，也用于屠宰场、食品厂等地面以及运输车船等的消毒。喷洒 6～12h 后用清水冲洗干净。

2. 注意事项

（1）疫点内饲养圈舍清理、清洗和消毒，首先对圈舍内外消毒后再行清理和清洗。对地面和各种用具等彻底冲洗，并用水洗刷圈舍、车辆等，对所产生的污水进行无害化处理。

（2）对金属设施设备，可采取火焰、熏蒸等方式消毒。

（3）饲养圈舍的饲料、垫料等作深埋、发酵或焚烧处理；粪便等污物作深埋、堆积密封或焚烧处理。

（4）交通工具可采取清洗消毒和消毒液喷洒的方式消毒。

（5）出入疫点、疫区的交通要道设立临时性消毒点，对出入人员、运输工具及有关物品进行消毒。

（6）消毒人员的所有衣物用消毒剂浸泡后清洗干净，其他物品都要用适当的方式进行消毒。

（7）疫点每天消毒 1 次连续 1 周，1 周后每两天消毒 1 次，疫区内疫点以外的区域每两天消毒 1 次。

四、炭疽病的消毒

炭疽的传染源是病畜（羊、牛、马、骡、猪等）和病人，人与带有炭疽杆菌的物品接触后，通过皮肤上的破损处或伤口感染可以形成皮肤炭疽；通过消化道感染可以形成肠炭疽；通过呼吸道感染可以形成肺炭疽。肺炭疽的病死率极高，传染性较强，在我国是乙类传染病中列为甲类管理的病种。

炭疽杆菌繁殖体在日光下 12h 死亡，加热到 75℃ 时 1min 死亡。此菌在缺乏营养和其他不利的生长条件下,当温度在12~42℃,有氧气与足量水分时,能形成芽孢;其芽孢抵抗力强,能耐受煮沸10min,在水中可生存几年,在泥土中可生存10年以上。因芽孢的抵抗力强,在草场、河滩易形成顽固性的疫源地,在动物间多年反复流行。此类病原体也适于制成生物制剂,危害性极大。对炭疽疫源地进行消毒时应使用高效消毒剂。

疫源地消毒要与封锁隔离,患病动物的扑杀与销毁,疑似患病动物的隔离观察,及疫源地消毒前后的细菌学检测等措施配合使用。

疫点消毒时,对患畜活动的地面、饮食用具、排泄物及分泌物、污水、运输工具和病畜尸体等均应按前述一般消毒方法进行消毒和处理。舍内的墙壁、空气消毒,可采用过氧乙酸熏蒸,药量为3g/m³。(即质量分数为20%的过氧乙酸15ml,或15%的过氧乙酸20ml),熏蒸1~2h。病畜圈舍与病畜或死畜停留处的地面、墙面,用0.5%过氧乙酸或20%漂白粉澄清液喷洒,药量为150~300ml/m²,连续喷洒3次,每次间隔1h。若畜圈地面为泥土时,应将地面10cm的表层泥土挖起,按1质量份漂白粉加5质量份泥土混合后深埋2m以下。污染的饲料、垫草和其他有机垃圾应全部焚烧。病畜的粪尿,按1质量份漂白粉和5质量份粪尿,或10kg粪尿加10%次氯酸钠溶液(有效氯质量浓度100g/L)1kg。消毒作用2h后,深埋2m以下,不得用作肥料。已确诊为炭疽的病畜应整体焚烧,严禁解剖。疫源地内要同时开展灭蝇、灭鼠工作。消毒人员要做好个人防护,必要时进行12d的医学观察。生活污水可按本书有关章、节所列方法进行消毒处理。

五、布氏杆菌病的消毒

布氏杆菌病是由布氏杆菌引起的人畜共患病。布氏杆菌可以通过皮肤黏膜、消化道、呼吸道、生殖道侵入机体引起感染。含有布氏杆菌的食品及各种污染物均可成为传播媒介,如病畜流产物、乳、肉、内脏、皮毛,以及水、土壤、尘埃等。

布氏杆菌对低温和干燥有较强的抵抗力,在适宜条件下能生存很长时间。对湿热、紫外线和各种射线以及常用的消毒剂、抗生素、化学药物均较敏感。对病畜舍的地面和墙壁,病畜的排泄物,舍内空气,护理人员及接触患病动物的工作人员所穿工作衣帽、污染的手套、靴子等可用含氯消毒剂浸泡消毒。病畜的奶和制品可煮沸3min,巴氏消毒法(60℃作用30min)消毒。公牛、阉牛及猪的胴体和内脏可不限制出售。母牛、羊的胴体和内脏宜销毁或作为工业原料,病畜的内分泌腺体和血液,禁止制作药物和食用。病畜的皮毛可集中用环氧乙烷消毒。病畜圈舍与病畜或死畜停留处的地面、墙面,用质量分数为 0.5% 过氧乙酸或 20% 漂白粉澄清液喷洒，药量为 150～300ml/m²，连续喷洒 3 次，每次间隔 1h。病畜污染的饲料、杂草和垃圾应焚烧处理。病畜的粪尿，按 1 质量份漂白粉加 5 质量份粪尿，或 10kg 粪尿加 10% 次氯酸钠溶液（有效氯质量浓度 100g/L）1kg 消毒作用 2h。养殖场污水消毒按本书有关污水的消毒方法。污染牧场须停止放牧 2 个月，污染的不流动水池应停止使用 3 个月。

六、结核病的消毒

结核病是由分枝杆菌引起的一种人畜共患的慢性传染病，世界动物卫生组织（OIE）将其列为 B 类动物疫病，我国将其列为二类动物疫病。其病理特征是在多种组织器官形成结核性肉芽肿（结核结节），继而结节中心干酪样坏死或钙化。牛、猪、人最容易感染，要经呼吸道、消化道以及交配传染，畜间、人间、人畜间都能互相传染。

本病可侵害人和多种动物。家畜中牛最易感，特别是奶牛，其次为黄牛、牦牛、水牛，猪和家禽易感性也较强。病人和患病畜禽，其痰液、粪尿、乳汁和生殖道分泌物中都可带菌，污染饲料、食物、饮水、空气和环境而散播传染。本病主要经呼吸道、消化道感染。饲养管理不当与本病的传播有密切关系，畜舍通风不良、拥挤、潮湿、阳光不足、缺乏运动，最易患病。在自然环境中生存力较强，对干燥和湿冷的抵抗力很强。但对热的抵抗力差，60℃ 30min 即可死亡。在直射阳光下经数小时死亡。常用消毒药经 4h 可将其杀死。加强消毒工作，每年进行 2～4 次预防性消毒，每当畜群出现阳性病牛后，都要进行一次大消毒。对病畜和阳性畜污染的场所、用具、物品进行严格消毒。常用消毒药为 5% 来苏尔或克辽林，10% 漂白粉，3% 福尔马林或 3% 苛性钠溶液。饲养场的金属设施、设备可采取火焰、熏蒸等方式消毒；养畜场的圈舍、场地、车辆等，可选用 2% 烧碱等有效消毒药消毒；饲养场的饲料、垫料可采取深埋发酵处理或焚烧处理；粪便采取堆积密封发酵方式，以及其他相应的有效消毒方式。

封锁的疫区内最后一头病畜及阳性畜被扑杀，经无害化处理后，对疫区内监测 45d 以上，没有发现新病例；对所污染场所、设施设备和受污染的其他物品进行彻底消毒，经当地动物防疫监督机构检验合格后，由原发布封锁令的机关解除封锁。

经常性消毒：饲养场及牛舍出入口处，应设置消毒池，内置有效消毒剂，如 3%～5% 来苏尔溶液或 20% 石灰乳等。消毒药要定期更换，以保证一定的药效。牛舍内的一切用具应定期消毒；产房每周进行一次大消毒，分娩室在临产牛生产前及分娩后各进行一次消毒。

临时消毒：奶牛群中检出并剔出结核病牛后，牛舍、用具及运动场所等按照上述规定进行紧急处理。

定期消毒：养牛场每年应进行 2~4 次大消毒，消毒方法同临时消毒。

七、链球菌病的消毒

链球菌病是主要由 β-溶血性链球菌引起的多种人畜共患病的总称。动物链球菌病中以猪、牛、羊、马、鸡较常见。人链球菌病以猩红热较多见。链球菌病的临床表现多种多样，可以引起种种化脓创和败血症，也可表现为各种局限性感染。链球菌病分布很广，可严重威胁人畜健康。

患病和病死动物是主要传染源，无症状和病愈后的带菌动物也可排出病菌成为传染源。链球菌对热和普通消毒药抵抗力不强，多数链球菌经 60℃ 加热 30min，均可杀死，煮沸可立即死亡。常用的消毒药如 2% 石炭酸、0.1% 新洁尔灭、1% 煤酚皂液，均可在 3~5min 内杀死。日光直射 2h 死亡。0~4℃ 可存活 150d，冷冻 6 个月特性不变。

预防消毒：种畜场、畜产品加工厂及经营单位建立和严格执行消毒制度；对活畜和畜产品集贸市场的场地和工具进行严格消毒。对农村畜舍进行春秋防疫，高温季节开展消毒工作或日常清粪除污卫生，定期进行预防消毒。发生链球菌病后，应及时隔离处置发病动物，对饲养圈舍、进出疫区车辆等进行清理（洗）和消毒。

（1）对圈舍内外先消毒后进行清理和清洗，清洗完毕后再消毒。

（2）首先清理污物、粪便、饲料等。对饲养圈舍内的饲料、垫料等作深埋、发酵或焚烧处理。粪便等污物作深埋、堆积密封发酵或焚烧处理。

（3）对地面和各种用具等彻底冲洗，并用水洗刷圈舍、车辆等，对所产生的污水进行无害化处理。

（4）对金属设施设备，可采取火焰、熏蒸等方式消毒。

（5）对饲养圈舍、场地、车辆等采用消毒液喷洒的方式消毒。

（6）疫区内所有可能被污染的运载工具应严格消毒，车辆内、外及所有角落和缝隙都要用消毒剂消毒后再用清水冲洗，不留死角。

（7）车辆上的物品也要做好消毒。

（8）从车辆上清理下来的垃圾和粪便要作无害化处理。

根据动物防疫法，对疫区进行终末消毒后，解除封锁。

第八节 几种新消毒药的用法介绍

一、常用新消毒药品及其使用方法

（一）醛类

1. 聚甲醛

为甲醛的聚合物。具有甲醛特殊臭味的白色疏松粉末状物质，在冷水中溶解缓慢，热水中很快溶解。溶于稀碱和稀酸溶液。聚甲醛本身无消毒作用，常温下缓慢解聚，放出甲醛呈杀菌作用。如加热至 80～100℃时很快产生大量甲醛气体，呈现强大的杀菌作用。主要用于环境熏蒸消毒，常用量为每立方米 3～5g，消毒时间不少于 10h。消毒时室内温度应在 18℃以上，湿度最好在 80%～90%。

2. 戊二醛

无色油状液体，味苦，有微弱的甲醛臭味，但挥发性较低。可与水或醇作任何比例的混溶，溶液呈弱酸性，pH 值高于 9 时，可迅速聚合。戊二醛原为病理标本固定剂，近 10 多年来发现其碱性水溶液具有较好的杀菌作用。当 pH 值为 5～8.5 时，作用最强，可杀灭细菌的繁殖体和芽孢、真菌、病毒，其作用较甲醛强 2～10 倍。有机物对其作用影响不大。对组织刺激性弱，但碱性溶液可腐蚀铝制品。目前，常用 2% 碱性溶液（加 0.3% 碳酸氢钠），用于浸泡消毒不宜加热消毒的医疗器械、塑料及橡胶制品等。浸泡 10～20min 即可达到消毒目的。

3. 固体甲醛

属新型熏蒸消毒剂，甲醛溶液的换代产品。消毒时将干粉置于热源上加热即可产生甲醛蒸气。该药使用方便、安全，一般每立方米空间用药 3.5g，保持湿热，温度 24℃以上、相对湿度 75% 以上。

（二）卤素类

1. 速效碘

为碘、强力结合剂和增效剂络合而成的新型含碘消毒液。具有高效（比常规碘消毒剂效力高出 5～7 倍）、速效（在每升含 25mg 浓度时，60s 内即可杀灭一般常见病原微生物）、广谱（对细菌、真菌、病毒等均有效），对人畜无害（无毒、无刺激、无残留）等特点，可用于环境、用具、畜禽体表、手术器械等消毒。喷洒、喷雾、浸泡、擦拭、饮水均可。

2. 复合碘溶液（雅好生）

为碘、碘化物与磷酸配制而成的水溶液，含碘 1.8%～2.2%，呈褐红色黏稠液体，无特异刺激性臭味。有较强的杀菌消毒作用。对大多数细菌、霉菌和病毒均有杀灭作用。可用于动物舍、孵化器（室）、用具、设备及饲饮器具的喷雾或浸泡消毒。使用时应注意市售商品的浓度，再按实际使用消毒的浓度计算出商品液需要量。本品带有褐色即为指示颜色，当褐色消失时，表示药液已丧失消毒作用，需另行更换；本品不宜与热水、碱性消毒剂或肥皂水共用。

3. 二氯异氰尿酸钠（优氯净）

为白色结晶粉末，有氯臭，含有效氯60%，性能稳定，室内保存半年后有效氯含量仅降低1.6%，易溶于水，溶液呈弱酸性，水溶液稳定性较差。为新型高效消毒药，对细菌繁殖体、芽孢、病毒、真菌孢子均有较强的杀灭作用。饮水消毒每升水有效氯0.5mg，用具、车辆、畜舍消毒浓度为每升水含有效氯50～100mg。

4. 三氯异氰尿酸

为白色结晶性粉末。有效氯含量为85%以上，有强烈的氯气刺激气味，在水中溶解度为1.2%，遇酸遇碱易分解，是一种极强的氯化剂和氧化剂，具有高效、广谱、安全等特点。常用于环境、饮水、饲槽等消毒。饮水消毒每升水含4～6mg，喷洒消毒每升水含200～400mg。

5. 强力消毒王

是一种新型复方含氯消毒剂。主要成分是二氯异氰尿酸钠，并加入阴离子表面活性剂等。本品有效氯含量≥20%。易溶于水，性质稳定，耐贮存。本品广谱、高效，能杀灭多种细菌繁殖体、芽孢、霉菌和寄生虫虫卵。正常使用时对人畜无害，对皮肤、黏膜无刺激、无腐蚀性，并且具有防霉、去污、除臭的效果。可用于环境、畜禽舍、饲养用具、车辆、人员手臂、衣服消毒、带畜（禽）消毒、种蛋浸泡消毒、饮水消毒等。用时现配现用，勿与有机物、还原剂混用。

（三）表面活性剂和季铵盐类

1. 洗必泰（氯苯胍亭）

有醋酸洗必泰和盐酸洗必泰两种，均为白色结晶性粉末，无臭，微溶于水（1∶400）及酒精，水溶液呈强碱性。有广谱抑菌、杀菌作用，对革兰氏阳性和阴性菌、真菌、霉菌均有杀灭作用，毒性低，无局部刺激性。可用于手术前手臂消毒，冲洗创伤，也可用于畜舍等消毒。本药品与新洁尔灭混合联用消毒效力呈相加作用。0.02%溶液用于术前泡手，浸泡3min即可达到消毒目的；0.05%用于冲洗创伤、术部皮肤消毒；0.1%溶液用于器械浸泡消毒（其中应加0.1%亚硝酸钠），一般应浸泡10min以上；0.5%溶液喷雾用于畜舍、用具等消毒。

2. 度米芬（消毒宁）

是广谱杀菌剂，对革兰氏阳性菌及阴性菌均有杀灭作用，对芽孢、抗酸杆菌、病毒效果不明显，有抗真菌作用。在碱性溶液中效力增强。可用于皮肤、黏膜消毒及黏膜感染的辅助治疗。0.02%～1%溶液可用于皮肤、黏膜消毒及局部感染湿敷，0.05%水溶液（须加0.05%的亚硝酸钠）用于器械消毒，也可用于牛奶场用具、设备的消毒。

3. 消毒净

阳离子表面活性剂，为广谱消毒剂之一，对革兰氏阴性菌、阳性菌均有较强的杀菌作用。常用于手、皮肤、黏膜、器械等的消毒。0.05%水溶液可用于冲洗黏膜，0.1%水溶液用于手指和皮肤的消毒，也可用于浸泡消毒器械（如为金属器械，应加入0.5%亚硝酸钠）。

（四）烟熏百斯特

为新型熏蒸消毒药，广谱、高效，本品在极低浓度和很短时间内可杀灭细菌、真菌、病毒等，并且安全、无毒。本品易点燃，无明火，使用安全，性能稳定。烟熏消毒无药物残留，不影响设备使用寿命，不受温度、湿度影响。

（五）过氧化物类消毒剂

过氧化物消毒剂包括过氧化氢、过氧乙酸、臭氧和二氧化氯，是一类具有强大氧化能力的消毒剂，对微生物的杀灭主要依靠强氧化作用。

主要优点：一是具有广谱、高效、快速的杀微生物作用，能够作为灭菌剂应用；二是在消毒物品之后一般分解为无毒成分，无残留毒性。

主要缺点：一是性质不稳定，易分解；二是对消毒物品有一定的腐蚀作用或有其他损害作用。

近年来，过氧乙酸、过氧化氢、二氧化氯都研制出了稳定溶液，并且通过缓蚀剂的使用，其腐蚀性问题也得到解决。因此，过氧化物类消毒剂的应用日益广泛。

1. 过氧化氢

过氧化氢除杀灭细菌和病毒外，在较高浓度（10%～30%）时还具有良好的杀芽孢作用，属高效消毒剂；其分解产物为氧气和水，对人和环境没有危害。过氧化氢作为灭菌剂具有良好的应用前景。

局部皮肤黏膜消毒可用1%～1.5%过氧化氢漱口，进行口腔消毒。3%过氧化氢溶液可冲洗伤口。2%过氧化氢、4%木卡因和乳化剂等组成的复方消毒剂，可用于人体和动物的局部消毒。也可用3%过氧化氢溶液喷雾消毒房间。

2. 过氧乙酸

过氧乙酸属高效消毒剂，可杀灭细菌、霉菌、真菌、藻类、病毒以及细菌芽孢，并能破坏细菌毒素、HBsAg 等；其杀菌作用比过氧化氢强，杀芽孢作用迅速。过氧乙酸消毒剂的最大优点为其降解的最终产物为氧气和水，无毒无害。但因其为强氧化剂，具有腐蚀性。

0.2% ~ 0.35%过氧乙酸溶液作用 5min，能有效杀灭细菌繁殖体和病毒，可用于气管镜、胃肠道内窥镜的消毒。0.35%过氧乙酸溶液作用 10min，能有效杀灭细菌芽孢，可用于内窥镜的灭菌。

凡是能够浸泡消毒的医疗器械及用品均可用过氧乙酸浸泡消毒。对细菌繁殖体污染物品的消毒用 0.1% （1 000mg/L）过氧乙酸溶液浸泡 15min；对肝炎病毒和结核杆菌污染物品用 0.5% （5 000mg/L）过氧乙酸浸泡 30min 灭菌。消毒后，诊疗器材用无菌蒸馏水冲洗干净并擦干后使用。

过氧乙酸消毒不同物品所需药物浓度及作用时间见表 3 – 1。

表 3 – 1　过氧乙酸消毒不同对象的方法与浓度

消毒对象	处理方法	药物浓度（%）	作用时间（min）
皮肤	擦拭、浸泡（手）	0.2	12
衣服	喷洒	0.1 ~ 0.5	30 ~ 60
	浸泡	0.04	120
污染表面	喷洒、擦拭	0.2 ~ 1.0	30 ~ 60
用具	洗净、浸泡	0.5 ~ 1.0	30 ~ 60

3. 二氧化氯

二氧化氯属高效消毒剂，具有广谱、高效、速效杀菌作用。自从制备出稳定的二氧化氯剂型，其在消毒方面的应用日益广泛。能够杀灭细菌繁殖体、芽孢、真菌、病毒等。

二氧化氯常温下为气体，有强刺激性。二氧化氯溶于水，可制成不稳定的液体；其液体和气体对温度、压力和光均较敏感。二氧化氯在冷水溶液中以较稳定的亚氯酸盐和氯酸盐形式存在。

（1）饮用水消毒　用二氧化氯消毒饮用水，不仅杀菌速度快，受 pH 值影响较小，不会在水中形成大量三氯甲烷，而且可破坏水中的酚类化合物、含铁化合物、藻类，且可消除臭味、怪味。用二氧化氯消毒水时，对水的初级处理，二氧化氯的质量浓度为 1.8 ~ 3.0mg/L，最多不超过 5mg/L；对水的最后处理，二氧化氯一般的质量浓度为 0.30~0.45mg/L，作用时间为 30min。消毒后的水中，残留二氧化氯应为 0.2mg/L，最少为 0.005mg/L。

（2）物体或环境表面消毒 对物体和环境表面消毒，可用浸泡、擦拭或喷洒等方法。对细菌繁殖体污染的物品消毒，用 100mg/L 二氧化氯溶液浸泡或擦拭，作用 30min；对肝炎病毒和结核杆菌污染物品的消毒，用 500mg/L 二氧化氯溶液浸泡或擦拭作用 30min；对细菌芽孢污染物品的消毒，用 1 000 mg/L 二氧化氯溶液浸泡或擦拭作用 30min。喷洒法：对一般污染的表面，用 500mg/L 二氧化氯溶液均匀喷洒，作用 30min；对肝炎病毒和结核杆菌污染的表面，用 1 000mg/L 二氧化氯溶液均匀喷洒，作用 60min。

4. 臭氧

臭氧为强氧化剂，具有广谱杀微生物作用，并且杀菌作用迅速。臭氧极不稳定，可自行分解为氧，无法贮存。臭氧消毒是通过各种臭氧发生器现场产生臭氧，立即应用。臭氧可用于水、空气以及各种物体表面的消毒。

（1）饮用水消毒 臭氧用于消毒饮用水，作用速度快，效果可靠，能脱色除臭，降低水的浑浊度，去除水中的酚、铁、锰等物质。一般加臭氧量 0.5~1.5mg/L，水中余臭氧质量浓度保持在 0.1~0.5mg/L、维持 5~10min 可达消毒目的。对于水质较差的水，加臭氧量应在 3~6mg/L。

（2）污水消毒 与含氯消毒剂相比，臭氧消毒污水不仅消毒效果好，而且可改善水质，同时臭氧易于分解，不存在残留毒性问题。用臭氧处理污水的工艺流程是：污水先进入一级沉淀池，净化后进入二级净化池，通过污水泵抽入接触塔。采用 15~20mg/L 的臭氧投入量，污水与臭氧在塔内充分接触 10~15min 后排放。处理后的污水清亮透明，无臭味，细菌总数和大肠菌群数均可符合国家污水排放标准。

（3）空气消毒 臭氧对空气中的微生物有明显杀灭作用，采用 30mg/m³ 质量浓度的臭氧作用 15min，对自然菌的杀灭率可达 90% 以上。医院儿科病房、妇科检查室、注射室、换药室、治疗室、供应区、急诊室、化验室、各类普通病房和房间，要求空气中细菌总数 ≤500cfu/m³，可采用臭氧消毒，要求达到臭氧质量浓度 ≥20mg/m³，在相对湿度 ≥70% 条件下，消毒时间 ≥30min。

（4）物品表面消毒 将待消毒物品置于装有臭氧发生器的密闭房间内，或利用内装臭氧发生器的消毒柜进行消毒。臭氧对物品表面上微生物杀灭作用缓慢，一般要求臭氧质量浓度为 60mg/m²、相对湿度 ≥70%、作用 1~2h，可用于用具、衣物、医院化验单的消毒，也可用于医疗器械的一般消毒。最近有报道应用臭氧对假牙进行消毒，效果良好。物体消毒也可用臭氧水进行浸泡、冲洗。

（六）醇类消毒剂

短链脂肪醇具有快速（30s 至 10min）杀灭微生物的作用，常用的醇类消毒剂有乙醇、异丙醇和正丙醇，其中乙醇应用最为广泛，异丙醇其次。

1. 乙醇

乙醇属于中效消毒剂，其杀菌作用较快，消毒效果可靠，对人刺激性小，无毒，对物品无损害，多用于皮肤消毒以及临床医疗器械的消毒。乙醇是良好的有机溶剂，并具有较强的渗透作用。一些消毒剂溶于乙醇中，杀菌作用可增强。因此，乙醇还常用于一些复方消毒剂的配制。

乙醇对细菌芽孢无杀灭作用，只能用于消毒，不能用于灭菌；因其无味、无刺激性，最常用于皮肤消毒，也可用于物品表面及医疗器械的消毒等。

（1）皮肤消毒，用 75% 乙醇棉球涂擦；外科洗手消毒，用 75% 乙醇浸泡 5min。

（2）对被细菌繁殖体污染的医疗器械等物品的消毒，用 75% 乙醇浸泡 10min 以上。对听诊器、B 超探头、叩诊锤等器械以及一些环境表面，如桌、椅、床头柜表面，可用 75% 乙醇擦拭。

（3）乙醇与碘、洗必泰、新洁尔灭等具有协同杀菌作用，常作为溶剂以加强碘、洗必泰等消毒剂的作用。70% 乙醇的碘和洗必泰溶液可用于手术前皮肤消毒。用 0.2% 洗必泰与 80% 乙醇配成的洗剂，可用于手的消毒。

（4）乙醇常作为溶剂和防腐剂应用于化妆品中。

（5）乙由于乙醇是很好的有机溶剂，可用于增加某些消毒剂的溶解度。

此外，乙醇还可用于某些复方消毒剂中，以降低消毒剂对金属的腐蚀性。

2. 异丙醇

异丙醇的杀菌作用强于乙醇，毒性比乙醇略高，其他性能与乙醇相似，消毒适用范围与乙醇相同。在有些国家其应用比乙醇更为广泛，但我国应用较少。与乙醇一样，异丙醇多用于皮肤和手的消毒，以及医疗器械（显微镜目镜和物镜、超声波探头、听诊器等）的消毒，还可用于假肢等的消毒。

（1）皮肤消毒　70% 异丙醇可擦拭消毒皮肤。

（2）手消毒　异丙醇溶脂力强，经常接触会使皮肤干燥脱脂，因此手消毒时，常使用加入皮肤护理剂的复方异丙醇消毒剂。70% 异丙醇和 0.5% 洗必泰加入增效剂、稳定剂、皮肤调理剂配成的复方消毒剂，用于外科手消毒，作用 1min 可达到消毒效果。70% 异丙醇和 0.1% 洗必泰配成的复方消毒剂用于卫生手消毒，作用 1min 可达到消毒效果。异丙醇也可和季铵盐类消毒剂复配，用于手消毒。

（3）医疗器械消毒　凡可用乙醇消毒的医疗器械及器材均可用异丙醇消毒，70%异丙醇浸泡或擦拭 10min 以上。

（4）表面消毒　环境物品表面及一般物品消毒用 70%异丙醇浸泡或擦拭 3min 以上。

（5）用于配制复方消毒剂　异丙醇可代替乙醇用于配制复方消毒剂，例如碘酊、戊二醛碱性消毒液（戊二醛 2%、碳酸氢钠 0.3%、异丙醇 70%）。

（七）环氧乙烷

环氧乙烷气体曾广泛应用于医疗产品的灭菌，其杀菌谱广，气体穿透力强，对物品损害轻微。环氧乙烷能溶于水、乙醇和乙醚，液态和气体环氧乙烷都能溶解天然和合成的聚合物，例如橡胶、皮革、塑料；可穿透玻璃纸、厚包装用纸、聚乙烯或聚氯乙烯薄膜。

由于环氧乙烷易燃、易爆，且对人体有毒，因此环氧乙烷灭菌必须在密闭的灭菌器内进行。目前使用的环氧乙烷灭菌器种类很多，并各具有不同的用途。灭菌条件为：质量浓度 800～1 000mg/L，温度 55～60℃，相对湿度 60%～80%，作用时间 6h。

二、注意事项

（1）使用新消毒药品时，一定要认真阅读新消毒药品的使用说明书，明确用途、用法、注意事项、使用浓度等。

（2）饮水、喷雾消毒不能采用有刺激性、毒性、腐蚀性的消毒剂，否则会造成应激，诱发疫病，腐蚀器具。

（3）醛类消毒剂不宜用于犬、猪。

（4）季铵盐类消毒剂的杀菌效果受有机物影响较大，在使用前要先机械清除消毒对象表面的有机物。酚类、醇类、醛类消毒剂只适用于环境消毒。

第九节　无害化处理

一、病死畜禽尸体的无害化处理

1. 销毁

下述操作中，运送尸体应采用密闭的容器。

（1）湿法化制　利用湿化机，将整个尸体投入化制（熬制工业用油）。

（2）焚毁　将整个尸体或割除下来的病变部分和内脏投入焚化炉中或焚烧坑内烧毁炭化。

（3）化制 利用干化机，将原料分类，分别投入化制。

2. 高温处理

（1）高压蒸煮法 把肉尸切成重不超过 2kg、厚不超过 8cm 的肉块，放在密闭的高压锅内，在 112kPa 压力下蒸煮 1.5～2h。

（2）一般煮沸法 将肉尸切成规定重不超过 2kg、厚不超过 8cm 的肉块，放在普通锅内煮沸 2～2.5h（从水沸腾时算起）。

二、病死畜禽产品的无害化处理

1. 血液

（1）漂白粉消毒法 用于传染病以及血液寄生虫病病畜禽血液的处理。将 1 份漂白粉加入 4 份血液中充分搅拌，放置 24h 后于专设掩埋废弃物的地点掩埋。

（2）高温处理 将已凝固的血液切成豆腐方块，放入沸水中烧煮，至血块深部呈黑红色并成蜂窝状时为止。

2. 蹄、骨和角

肉尸作高温处理时剔出的病畜禽骨和病畜的蹄、角放入高压锅内蒸煮至骨脱或脱脂为止。

3. 皮毛

（1）盐酸食盐溶液消毒法 用于被疫病污染的和一般病畜的皮毛消毒。

用 2.5% 盐酸溶液和 15% 食盐水溶液等量混合，将皮张浸泡在此溶液中，并使液温保持在 30℃ 左右，浸泡 40h，皮张与消毒液之比为 1∶10（m/v）。浸泡后捞出沥干，放入 2% 氢氧化钠溶液中，以中和皮张上的酸，再用水冲洗后晾干。也可按 100ml 25% 食盐水溶液中加入盐酸 1ml 配制消毒液，在室温 15℃ 条件下浸泡 18h，皮张与消毒液之比为 1∶4。浸泡后捞出沥干，再放入 1% 氢氧化钠溶液中浸泡，以中和皮张上的酸，再用水冲洗后晾干。

（2）过氧乙酸消毒法 用于任何病畜的皮毛消毒。

将皮毛放入新鲜配制的 2% 过氧乙酸溶液浸泡 30min，捞出，用水冲洗后晾干。

（3）碱盐液浸泡消毒 用于疫病污染的皮毛消毒。

将病皮浸入 5% 碱盐液（饱和盐水内加 5% 烧碱）中，室温（17～20℃）浸泡 24h，并随时加以搅拌，然后取出挂起，待碱盐液流净，放入 5% 盐酸液内浸泡，使皮上的酸碱中和，捞出，用水冲洗后晾干。

（4）石灰乳浸泡消毒 用于口蹄疫和螨病病皮的消毒。

制法：将 1 份生石灰加 1 份水制成熟石灰，再用水配成 10% 或 5% 混悬液

（石灰乳）。

口蹄疫病皮，将病皮浸入 10% 石灰乳中浸泡 2h；螨病病皮，则将皮浸入 5% 石灰乳中浸泡 12h，然后取出晾干。

（5）盐腌消毒　用于布鲁氏菌病病皮的消毒。

用皮重 15% 的食盐，均匀撒于皮的表面。一般毛皮腌制 2 个月，胎儿毛皮腌制 3 个月。

4. 病畜鬃毛的处理

用于任何病畜的鬃毛处理，将鬃毛于沸水中煮沸 2~2.5h。

三、消毒液机的使用

消毒液机是一种可杀灭多种病毒及各种细菌病毒的消毒机，消毒液机使用食盐为原料即可生产含氯消毒液。这项高新技术产品生产出含氯消毒液不但无毒、无副作用，而且易于降解，对环境不会产生二次污染。消毒液机在养殖场的用途广泛，可用于畜禽饮水、禽畜舍、环境、器具等消毒。

消毒液机生产出的消毒液主要成分为次氯酸钠、活性氧原子等因子，次氯酸是一种强氧化剂，消毒效力强，真正高效、广谱，杀菌、杀病毒、杀真菌效果好。对于像季铵盐等消毒剂消毒效果较差的芽孢菌、无囊膜病毒等（如鸡传染性法氏囊病毒），次氯酸的消毒效果都很好，而且对人、禽畜刺激性、腐蚀性都很小，无毒、无臭，不渗入肉、蛋内造成长期残留。

使用方法参考表 3-2。

表 3-2　消毒液机的使用方式

消毒对象	消毒液浓度（mg/L）	稀释倍数	使用方法	作用时间（min）	效果
空舍消毒	300	20	喷雾	30	杀灭病原微生物
带鸡消毒	200	30	喷雾	20	控制传染病
孵化厅、室	100	60	喷雾	30	净化孵化环境
孵化用具	200	30	浸泡	5	杀灭病原切断传播途径
种蛋	100	60	浸泡	5	控制垂直传播
鸡饮水	6~12	1 000	随对随饮		防止疫病经水传播，主要控制肠道病，免疫前两天停用

（续表）

消毒对象	消毒液浓度（mg/L）	稀释倍数	使用方法	作用时间（min）	效果
消毒池、槽	500	12	每天更换		切断传播途径、加5%火碱
人洗手消毒	100	60	浸泡冲刷	2	杀灭手上病原，防止接触传播
发病期（带鸡）	300	20	喷雾	30	杀灭病原、控制蔓延
环境消毒	300	20	喷雾	30	净化环境、消灭传染源
饲养用具	200	30	浸泡冲刷	30	杀灭病原、防止接触传播
工作服消毒	100	60	浸泡消毒	30	防止带菌服传播疫病
空圈栏消毒	300	20	喷雾	30	杀灭各种病原菌
带畜消毒	200	30	喷雾	30	控制疫病传播、降温降尘除臭
畜饮水消毒	6～12	1 000	随对随饮		防止疫病经水传播，改善水质，免疫前两天停用
食槽饮水消毒	200	30	浸泡冲刷	30	防止病从口入
分娩舍仔畜舍	200	30	喷雾	30	控制病原体入侵预防传染病
畜发病期	300	20	喷雾	30	杀灭病原控制蔓延
环境消毒	300	20	喷雾	30	净化环境消灭传染源
挤奶设备消毒	300	20	浸泡	30	防止通过用具接触传播
奶牛、羊乳房消毒	200	30	擦洗	10	防止乳房感染污染乳汁

注：带畜消毒的喷雾量，可根据不同季节及畜龄，50～100mg/m³

第四章 样品采集、运送与保存

目的与意义：在重大动物疫病监测中，采样方法、采样数量和样品质量直接决定监测结果的准确性和监测结论的科学性。因此，对采样人员及采样方法、技术都有特定的要求。采样人员必须是兽医技术人员，而且应熟悉采样器具的使用，掌握正确采样方法。本手册旨在为从事采样工作的技术人员如何科学采样提供技术指导。

第一节 采样的一般原则与采样方法

一、采样的一般原则

根据重大动物疫情应急条例第三章第二十一条规定：重大动物疫病应当由动物防疫监督机构采集病料，未经国务院兽医主管部门或者省、自治区、直辖市人民政府兽医主管部门批准，其他单位和个人不得擅自采集病料。

（1）凡是血液凝固不良、鼻孔流血的病、死动物，应耳尖采血涂片，首先排除炭疽，炭疽病、死的动物严禁剖检。

（2）采样时应从胸腔到腹腔。先采实质器官做到无菌，避免外源性的污染，最后采污染的组织，如胃肠组织、粪便等。

（3）采取的病料必须有代表性，采取的组织器官应病变部位明显。采取病料时应根据不同的疫病或检验目的，采其相应血样、活体组织、脏器、肠内容物、分泌物、排泄物或其他材料。病因不明时，应系统采集病料。

（4）病料应在使用治疗药物前采取，用药后会影响病料中微生物的检出。死亡动物的内脏病料采取，最迟不超过死后 6h（尤其在夏季），否则，尸体腐败，难以采到合格的病料。

（5）血液样品在采集前一般禁食 8h。采集血样时，应根据采样对象、检验目的及所需血量确定采血方法与采血部位。

（6）采样时还应考虑动物福利，并做好个人防护，预防人畜共患病感染。

（7）防止污染环境，防止疫病传播，做好环境消毒和废弃物的处理。

二、采样方法

1. 诊断采样

采集病死动物的有病变的器官组织。采集样品的大小要满足检疫检验的需要，并留有余地，以备必要的复检使用。

2. 免疫效果监测采样

动物免疫后14d，随机采集同群动物血清样品不少于30份。

3. 疫情监测或流行病学调查采样

根据区域内养殖场户数量和分布，按一定比例随机抽取养殖场户名单，然后每个养殖场户按估算的感染率，计算采样数量，随机采取。

三、采样时机

根据检疫要求及检验项目的不同，选择适当的采样时机十分重要。样品是有时间要求的，应严格按规定时间采样。

一般情况下，对于采集的常规病料，有临诊症状需要做病原分离的，样品必须在病初的发热期或症状典型时采样，病死的动物，应立即采样。

采集血液样品，如果是用于病毒检验样品，在动物发病初体温升高期间采集，对于没有症状的带毒动物，一般在进入隔离场后7d以前采样；用于免疫动物血清学诊断时，采集双份血清监测比较抗体效价变化者，第一份血清采于病的初期并作冻结保存，第二份血清采于第一份血清后3~4周，双份血清同时送实验室；用于寄生虫检验样品，因不同的血液寄生虫在血液中出现的时机及部位各不相同，因此，需要根据各种血液寄生虫的特点，取相应时机及部位的血制成血涂片，送实验室。

四、采样数量

1. 诊断采样

1~3只（头）病死动物的有病变的器官组织。

2. 免疫效果监测采样

每群应采集血清样品不少于30份。

3. 疫情监测或流行病学调查采样

采集血清、各种拭子、体液、粪尿或皮毛样品等，采样数量可根据动物年龄、季节、周边疫情情况估算其感染率，然后计算应采样品数量（表4－1）。

表4-1　使监测结果有95%的可信度时的样品采集数量

群体大小	流行百分率（%）采样数量 50	40	30	25	20	15	10	5	2	1	0.5	0.1
20	4	6	7	9	10	12	16	19	20	20	20	20
30	4	6	8	9	11	14	19	26	30	30	30	30
40	5	6	8	10	12	15	21	31	40	40	40	40
50	5	6	8	10	12	16	22	35	46	50	50	50
60	5	6	8	10	12	16	23	38	55	60	60	60
70	5	6	8	10	13	17	24	40	62	70	70	70
80	5	6	8	10	13	17	24	42	68	79	80	80
90	5	6	8	10	13	17	25	43	73	87	90	90
100	5	6	9	10	13	17	25	45	78	96	100	100
150	5	6	9	11	13	18	27	49	95	130	148	150
200	5	6	9	11	13	18	27	51	105	155	190	200
500	5	6	9	11	14	19	28	56	129	225	349	500
1 000	5	6	9	11	14	19	29	57	138	258	450	950

注：流行百分率：发病动物数与全群动物数的百分比

群的大小：全群动物数。

采样数量：抽检动物样品数量。

4. 种群疫病监测净化

要制定疫病监测净化方案，按照方案确定的采样次数和采样日期，逐头采样。

第二节　采样器械物品的准备

一、器械准备

（1）采样箱、保温箱或保温瓶、解剖刀、剪刀、镊子、酒精灯、酒精棉、碘酒棉、注射器及针头等。

（2）样品容器包括小瓶、玻片、平皿、离心管及易封口样品袋、塑料包装袋等。

（3）试管架、铝盒、瓶塞、无菌棉拭子、胶布、封口膜、封条、冰袋等。

注意：采样刀剪等器具和样品容器须无菌。

二、采样记录用品准备

不干胶标签、签字笔、记号笔、采样单、采样登记表、畜禽标识阅读器等。

三、保存液准备

阿氏液（Alsevers）、30%甘油盐水缓冲液、肉汤、PBS液、双抗。

四、人员防护用具准备

口罩、防护镜、一次性手套、乳胶手套、防护服、防护帽、胶靴等。

第三节　样品采集

一、采血部位

大的哺乳动物可选用颈静脉或尾静脉采血，也可采胫外静脉和乳房静脉血。毛皮动物少量采血可穿刺耳尖或耳廓外侧静脉，多量采血可在隐静脉采集，也可用尖刀划破趾垫0.5cm深或剪断尾尖部采血。啮齿类动物可从尾尖采血，也可由眼窝内的血管丛采血；兔可从耳背静脉、颈静脉或心脏采血。禽类通常选择翅静脉采血，也可通过心脏采血。

二、采血方法

1. 禽的采血方法

（1）雏鸡心脏采血　左手抓鸡，术者手持采血针，平行颈椎从胸腔前口插入回抽见有回血时，即把针芯向外拉使血液流入采血针。

（2）成年禽心脏采血　成年禽只采血可取侧卧或仰卧保定。

①侧卧保定采血。助手抓住禽两翅及两腿，右侧卧保定，在触及心搏动明显处，或胸骨脊前端至背部下凹处连线的1/2处消毒，垂直或稍向前方刺入2~3cm，回抽见有回血时，即把针芯向外拉使血液流入采血针。

②仰卧保定采血。胸骨朝上，用手指压离嗉囊，露出胸前口，用装有长针头的注射器，将针头沿其锁骨俯角刺入，顺着体中线方向水平穿行，直到刺入心脏。

（3）翅静脉采血　在翅下静脉处消毒，手持采血针，从无血管处向翅静脉丛刺入，见有血液回流，即把针芯向外拉使血液流入采血针。也可保定禽只，使翅膀展开，露出腋窝部，拔掉羽毛，用消毒棉消毒。拇指压近心端，待血管怒张后，用装有细针头的注射器，由翼根向翅方向平行刺入静脉，放松对近心端的按压，缓慢抽取血液。采血完毕用棉球按压止血。

2. 猪的采血方法

（1）耳缘静脉采血　站立保定，助手用力在耳根捏压静脉的近心端，手指轻弹后，用酒精棉球反复涂擦耳静脉使血管怒张。沿血管刺入，见有血液回流，缓慢抽取所需量血液或接入真空采血管。用棉球按压止血。

（2）前腔静脉采血

①站立保定，保定器保定让猪头仰起，露出右腋窝，从右侧向心脏方向刺入，回抽见有回血时，即把针芯向外拉使血液流入采血针。

②仰卧保定，把前肢向后方拉直。一般用装有 20 号针头的注射器采血，其穿刺部位在胸骨端与耳基部连线上胸骨端旁开 2cm 的凹陷处，向后内方与地面呈 60°角刺入 2～3cm，当进入约 2cm 时可一边刺入一边回抽针管内芯；刺入血管时即可见血进入针管内，采血完毕，局部消毒。

（3）股静脉采血法　麻醉并仰卧固定动物。用摸脉法在腹股沟找到股静脉，用手指按压静脉上部，使血管怒张，将针头刺入静脉内，有回血，则缓慢抽取所需量血液。

（4）桡头静脉采血　在前肢小腿前外侧剪毛，消毒，用橡皮管勒紧压迫或用手握紧前肢肘关节以上部位，可见桡骨前侧有充盈隆起的桡骨静脉。左手握紧或稍向下拉进针部位皮肤，使针穿刺皮肤不易活动。

（5）隐静脉采血　在后肢小腿外下 1/3 处，操作方法同桡头静脉采血，在隐静脉下端，针头向尾背侧方向刺入。此静脉较桡头静脉游动性大，因此，手固定要牢固。

三、牛、羊的采血方法

1. 牛、羊颈静脉采血

将动物保定，稍抬头颈，于颈静脉沟上 1/3 与中 1/3 交界部剪毛消毒，一手拇指按压采血部位下方颈静脉沟血管，促使颈静脉怒张，另一手执针头，与皮肤呈 45°角由下向上方刺入，血液顺器壁流入容器内，防止气泡产生。待血量达到要求后，拔下针头，用消毒棉球按压针眼，轻按止血。

2. 牛尾静脉采血

固定动物，使牛尾往上翘，手离尾根部约 30cm。在离尾根 10cm 左右中点凹陷处，先用酒精棉球消毒，然后将采血针针头垂直刺入（约 1cm 深）。针头触及尾骨后再退出 1mm 进行抽血。采血结束，消毒并按压止血。

3. 乳房静脉采血

奶牛、奶山羊可选乳房静脉采血，奶牛腹部可看到明显隆起的乳房静脉，消毒后在静脉隆起处，针头向后肢方向快速刺入，见有血液回流，接入真空采血管。

四、采血种类

1. 全血样品

进行血液学分析，细菌、病毒或原虫培养，通常用全血样品，样品中加抗凝剂。抗凝剂可用0.1%肝素、阿氏液、（阿氏液为红细胞保存液使用时，以1份血液加2份阿氏液），或枸橼酸钠（3.8%~4%的枸橼酸钠0.1ml可抗1ml血液）。采血时应直接将血液滴入抗凝剂中，并立即连续摇动，充分混合。也可将血液放入装有玻璃珠的灭菌瓶内，震荡脱纤维蛋白。

2. 血清样品

进行血清学试验通常用血清样品。样品的血液中不加抗凝剂，血液在室温下静置2~4h（防止暴晒），待血液凝固，有血清析出时，用无菌剥离针剥离血凝块，然后置4℃冰箱过夜，待大部分血清析出后取出血清，必要时经低速离心分离出血清。在不影响检验要求原则下可因需要加入适宜的防腐剂。做病毒中和试验的血清避免使用化学防腐剂（如硼酸、硫柳汞等）。若需长时间保存，则将血清置-20℃以下保存，但要尽量防止或减少反复冻融。样品容器上贴详细标签。

3. 血浆的采集

采血试管内先加抗凝剂（每10ml血加柠檬酸钠0.04~0.05g），血液采完后，将试管颠倒几次，使血液与抗凝剂充分混合，然后静置，待细胞下沉后，上层即为血浆。

五、组织及其他等样品采集

1. 采样方法

用常规解剖器械剥离死亡动物的皮肤，体腔用消毒的器械剥开，所需病料按无菌操作方法从新鲜尸体中采集。剖开腹腔后，注意不要损坏肠道。

作病原分离用的样品：进行细菌、病毒、原虫等病原分离所用组织块的采集，可用一套新消毒的器械切取所需器官的组织块，每个组织块均应单独放在已消毒的容器内，容器壁上注明日期、组织和动物名称。

2. 采样种类

（1）病原分离样品的采集 用于微生物学检验的病料应新鲜，尽可能地减少污染。用于细菌分离样品的采集，首先以烧红的刀片烫烙脏器表面，在烧烙部位刺一孔，用灭菌后的铂耳伸入孔内，取少量组织或液体，作涂片镜检或划线接种于适宜的培养基上。

（2）组织病理学检查样品的采集 采集包括病灶及临近正常组织的组织块，立即放入 10 倍于组织块的 10% 福尔马林溶液中固定。组织块厚度不超过 0.5cm，切成 $1 \sim 2cm^2$（检查狂犬病则需要较大的组织块）。组织块切忌挤压、刮摸和用水洗。如作冷冻切片用，则将组织块放在 $0 \sim 4℃$ 容器中，尽快送实验室检验。

3. 肠内容物或粪便

肠道只需选择病变最明显的部分，将其中的内容物弃去，用灭菌生理盐水轻轻冲洗；也可烧烙肠壁表面，用吸管扎穿肠壁，从肠腔内吸取内容物，将肠内容物放入盛有灭菌的 30% 甘油盐水缓冲保存液中送检或者将带有粪便的肠管两端结扎，从两端剪断送检。如果从体外采集粪便时，应力求新鲜或者用拭子小心地插入到直肠黏膜表面采集粪便，然后将拭子放入盛有灭菌的 30% 甘油盐水缓冲保存液中送检。

4. 胃液及瘤胃内容物

（1）胃液采集 胃液可用多孔的胃管抽取。将胃管送入胃内，其外露端接在吸引器的负压瓶上，加负压后，胃液即可自动流出。

（2）瘤胃内容物采集 反刍动物在反刍时，与食团从食道逆入口腔时，立即开口拉住舌头，另一只手深入口腔即可取出少量的瘤胃内容物。

5. 呼吸道

应用灭菌的棉拭子采集鼻腔、咽喉或气管内的分泌物，蘸取分泌物后立即将拭子浸入保存液中，密封低温保存。常用的保存液有 pH 值 $7.2 \sim 7.4$ 的灭菌肉汤或磷酸盐缓冲盐水，如准备将待检标本接种组织培养，则保存于含 0.5% 乳蛋白水解物的汉克氏（Hanks）液中。一般每支拭子需保存液 5ml。

6. 生殖道

可采集阴道或包皮冲洗液，或者采用合适的拭子，有时也可用尿道拭子采集。

7. 眼睛

眼结膜表面用拭子轻轻擦拭后，放在灭菌的 30% 甘油盐水缓冲保存液中送检。有时，也采取病变组织碎屑，置载玻片上，供显微镜检查。

8. 皮肤

病料直接采自病变部位，如病变皮肤的碎屑、未破裂水泡的水泡液、水泡皮等。

9. 胎儿

将流产后的整个胎儿，用塑料薄膜、油布或数层不透水的油纸包紧，装入木箱内，立即送往实验室。

10. 小家畜及家禽

将整个尸体包入不透水塑料薄膜、油纸或油布中，装入木箱内，送往实验室。

11. 骨

需要完整的骨标本时，应将附着的肌肉和韧带等全部除去，表面撒上食盐，然后包入浸过 5% 石炭酸溶液的纱布中，装入不漏水的容器内送往实验室。

12. 脑、脊髓

（1）全脑、脊髓的采集　如采取脑、脊髓做病毒检查，可将脑、脊髓浸入 30% 甘油盐水液中或将整个头部割下，包入浸过消毒液的纱布中，置于不漏水的容器内送往实验室。

（2）脑、脊髓液的采集

①采样前的准备。采样使用特制的专用穿刺针，或用长的封闭针头（将针头稍磨钝，并配以合适的针芯），采样前术部及用具均按常规消毒。

②采样方法。

a 颈椎穿刺法：穿刺点为环枢孔。将动物实施站立或横卧保定，使其头部向前下方屈曲，术部经剪毛消毒，穿刺针与皮肤面呈垂直缓慢刺入。将针体刺入蛛网膜下腔，立即拔出针芯，脑脊髓液自动流出或点滴状流出，盛入消毒容器内。

b 腰椎穿刺法：穿刺部位为腰荐孔。实施站立保定，术部剪毛消毒后，用专用的穿刺针刺入，当刺入蛛网膜下腔时，即有脑脊髓液滴状滴出或用消毒注射器抽取，盛入消毒容器内。

③采样数量　大型动物颈部穿刺一次采集量 35~70ml，腰椎穿刺一次采集量 15~30ml。

13. 液体病料

采集胆汁、脓、黏液或关节液等样品时，用烫烙法消毒采样部位，用灭菌吸管、毛细吸管或注射器经烫烙部位插入，吸取内部液体，然后将液体注入灭菌的试管中，塞好棉塞送检。也可用接种环经消毒的部位插入，提取病料直接接种在培养基上。供显微镜检查的脓、血液及黏液抹片的制备方法：先将材料置玻片上，再用一灭菌玻棒均匀涂抹或另用一玻片推抹。组织块、致密结节及脓汁等亦可在两张玻片中间，然后沿水平面向两端推移。用组织块作触片时，持小镊将组织块的游离面在玻片上轻轻涂抹即可。

14. 乳汁

乳房先用消毒药水洗净（取乳者的手亦应事先消毒），并把乳房附近的毛刷湿，最初所挤的 3～4 把乳汁弃去，然后再采集 10ml 左右乳汁于灭菌试管中。进行血清学检验的乳汁不应冻结、加热或强烈震动。

15. 精液

精液样品用人工方法采集，所采样品应包括"富精"部分，并避免加入防腐剂。

16. 尿液的采集

在动物排尿时，用洁净的容器直接接取。也可使用塑料袋，固定在雌畜外阴部或雄畜的阴茎下接取尿液。采取尿液，宜早晨进行。

17. 环境

为监测环境卫生或调查疾病，可从遗弃物、通风管、下水道、孵化厂或屠宰场采集有代表性样品。

第四节　送检样品的记录

送往实验室的样品应有一式三份的送检报告，一份随样品送实验室，一份随后寄去，另一份备案。样品记录至少应包括以下内容。

（1）畜主的姓名和畜禽场的地址。

（2）饲养动物品种及其数量。

（3）被感染动物种类。

（4）首发病例和继发病例的日期及造成的损失。

（5）感染动物在畜群中的分布情况。

（6）死亡动物数、出现临床症状的动物数量及其年龄。

（7）临床症状及其持续时间，包括口腔、眼睛和腿部的情况，产奶或产蛋的记录，死亡情况和时间，免疫和用药情况等。

（8）饲养类型和标准，包括饲料种类。

（9）送检样品清单和说明，包括病料的种类、保存方法等。

（10）动物治疗史。

（11）要求做何种试验。

（12）送检者的姓名、地址、邮编和联系电话。

（13）送检日期。

第五节　样品运送与保存

所采集的样品以最快最直接的途径送往实验室。如果样品能在采集后24h内送抵实验室，则可放在4℃左右的容器中运送。如果在24h内不能将样品送往实验室，在不影响检验结果的情况下，可以把样品冷冻保存，并以此状态运送。根据试验需要决定送往实验室的样品是否放在保存液中运送，避免样品泄漏。装在试管或广口瓶中的病料密封后装在冰瓶中运送，防止试管和容器倾倒。如需寄送，则用带螺口的瓶子装样品，并用胶带或石蜡封口。将装样品的并有识别标志的瓶子放到更大的具有坚实外壳的容器内，并垫上足够的缓冲材料。空运时，将其放到飞机的加压舱内。

制成的涂片、触片、玻片上注明号码，并另附说明。玻片两端用细木条分隔开，层层叠加，底层和最上一片涂面向内，用细线包扎，再用纸包好，在保证不被压碎的条件下运送。

所有样品都要贴上详细标签。

附件：主要动物疫病监测、诊断样品采集部位

为了提高实验室监测、诊断结果的准确率，在日常的样品采集中要及时掌握各种动物疫病的采样部位。详见表4-2。

表4-2　主要动物疫病监测、诊断样品的采集部位表

疫病名称	样品采集部位
禽流感 新城疫	鼻、咽、气管分泌物，肝、脾、肾、脑、肠管及肠内容物、粪便、泄殖腔拭子
禽白血病	全血、病变组织、泄殖腔拭子、脾、气管黏膜、脑
鸡白血病	全血、粪便、肝、脾
家禽支原体	鼻、咽、气管分泌物、肺、气管黏膜
鹦鹉热	全血、眼结膜分泌物、粪便、气囊、肝、脾、心包、肾、腹水、泄殖腔拭子
鸡病毒性关节炎	水肿的腱鞘、胫跗关节、脾、胫股关节的滑液
鸡传染性喉气管炎	鼻气管分泌物、气管黏膜
鸡传染性支气管炎	肺、气管黏膜
鸡传染性法氏囊病	法氏囊、肾、脾
禽伤寒	全血、粪便、肝、脾、胆囊
禽痘	水泡皮、水泡液

（续表）

疫病名称	样品采集部位
马立克氏病	全血、皮肤、皮屑、羽毛尖、脾
鸭病毒性肝炎	全血、肝
鸭瘟	全血、鼻、咽分泌物、粪便、病变组织
牛瘟	眼结膜分泌物、粪便、肠黏膜
疫病名称	样品采集部位
牛海绵状脑病	脑
牛肺疫	肺、胸、腹积液
牛传染性鼻气管炎	全血、眼、鼻、气管分泌物，气管黏膜、肺淋巴结、流产胎儿、胎盘
牛病毒性腹泻－黏膜病	全血、粪便、肠黏膜、淋巴结、耳部皮肤
牛流行热	全血、脾、肝、肺
绵羊痘和山羊痘	全血、新鲜病变组织及水泡液、淋巴结
山羊关节炎/脑炎	关节液、关节软骨、滑膜细胞
蓝舌病	全血、脾、肝
犬瘟热	实质器官、分泌物
兔病毒性出血	全血、肾、肺、唾液
古典猪瘟	急性病例首选扁桃体、慢性病例首选直肠末端、及脾脏、肾脏、淋巴结、回肠末端
伪狂犬病	病猪或未断奶死亡仔猪脑组织（中脑、脑桥或延髓）、扁桃体、隐性感染猪采集病毒丰富的三叉神经
猪繁殖与呼吸综合症	病猪或疑似病猪肺脏、脾脏、、新鲜死胎，弱仔和哺乳仔猪应采集血液、胸腔积液、扁桃体
猪圆环病毒	主要采集病猪尤其是断奶仔猪的肺脏和淋巴结等
猪细小病毒病	出产母猪流产胎儿、死胎、木乃伊胎及弱仔的脑、肾、睾丸、肺、肝等；母猪的胎盘、阴道分泌物等
猪流行性乙型脑炎	子宫内膜、流产胎儿的大脑、发病种猪的睾丸
猪流感	主要采集急性发病猪的鼻拭子、气管或支气管拭子、肝、脾等
猪传染性胸膜肺炎	主要采集病死猪的肺脏，急性死亡猪采集心血、胸水及鼻腔中的血色分泌物等
猪传染性胃肠炎	粪便、小肠及内容物

（续表）

疫病名称	样品采集部位
猪传染性脑脊髓炎	脑、脊髓、唾液、粪便
猪流行性腹泻	粪便、小肠及内容物
猪密螺旋体痢疾	粪便、病变肠及内容物
牛、犬细小病毒	牛：肠黏膜、局部淋巴结；犬：小肠及内容物、粪便
布氏杆菌病	流产胎儿、胎盘、乳汁、精液
巴氏杆菌病	全血（涂片）、肝、肾、脾、肺
副结核病	粪便、直肠黏膜、肠系膜淋巴结
结核病	乳汁、痰液、粪便、尿、病灶分泌物、病变组织
水泡性口炎	全血、水泡液、病变淋巴结

第五章　主要动物疫病净化

一、目的意义

在当前重大动物疫情形势复杂、基层防疫能力薄弱的情况下，开展规模化养殖场主要动物疫病净化示范工作意义重大。通过开展动物疫病净化示范工作，可有效减少和消除规模化养殖场的疫病隐患，缓解动物疫病防控压力；可有效改善规模化养殖场的防疫条件、生物安全和管理水平，提高综合防治能力；可有效探索主要动物疫病净化技术的集成应用，提高疫病综合防治技术成果的转化效率，提升技术综合效能，实现动物疫病防治由应急性防控状态向日常性防控状态转变；可有效保障养殖业健康发展和公共卫生安全，提高企业竞争力。即：从源头净化重大动物疫病、垂直传播疫病和人畜共患病，保护人类健康，维护公共卫生安全，促进养殖业发展。

二、指导思想和目标任务

结合《国家中长期动物疫病防治规划（2012—2020 年）》目标和要求，以实施《规模化养殖场主要动物疫病净化和无害化排放技术集成与示范项目》为契机，通过加强引导，吸引更多企业主动加入到疫病净化工作中，由点到面，推动全国动物疫病净化工作全面开展，逐步实现动物疫病的净化，乃至最终消灭特定动物疫病的目标。国家计划用 10 年时间，在全国范围内推动规模化养殖场主要动物疫病净化示范工作的开展，集成推广一批成熟的动物疫病净化技术，建设并认证一批无规定动物疫病净化养殖场，全面提升规模化养殖场动物疫病和环境污染防治技术水平。

三、基本原则

一是坚持从场入手，逐场推进。动物疫病净化示范工作从养殖场抓起，一个场一个场地开展，由点到面，逐步推进。

二是坚持由易到难分步实施，强化效果。在示范场的选择上，优先选择种畜禽场、奶畜场、特大型商品畜禽养殖，逐步向其他规模养殖场推进。在病种的选择上，优先集成示范垂直传播的疫病或有较好净化技术支撑、病源污染面较小的疫病，通过净化一种或多种疫病提升养殖场的综合管理水平。

在疫病净化技术示范的步骤上，先开展疫病净化示范工作，示范场产生一定净化效果后及时给予评估和认证，强化净化效果。

三是坚持企业自愿，择优适当扶持。参与净化的畜禽养殖企业要对动物疫病净化工作有较高的认识，采用净化技术的积极性和自觉性较高，自愿参加动物疫病净化工作；各级动物疫病预防控制机构要在技术培训、监测、增强企业影响力等方面给予养殖企业支持，为开展疫病净化的养殖企业搭建畜禽及其产品优质优价的平台，不断提升其竞争。

四是坚持分层次实施，有的放矢。在净化示范工作的组织上，中国动物疫病预防控制中心、地方各级疫控机构和示范企业分别承担不同的职责任务。在技术的集成上，要分一般性的技术操作规程和具体的净化技术实施方案两个部分。

第一节　动物疫病净化创建场评估认证标准（试行）

一、规模化种猪场主要疫病净化创建场评估认证标准

依据《规模化种猪场主要动物疫病净化创建场现场审查评分表》（详见附件1），现场综合审查必备条件全部满足，总分大于80分（含），其中防疫与管理部分不低于50分（含），为评审通过。

二、规模化种鸡场主要疫病净化创建场评估认证标准

依据《规模化种鸡场主要动物疫病净化创建场现场审查评分表》（详见附件2），现场综合审查必备条件全部满足，总分大于80分（含），其中防疫与管理部分不低于50分（含），为评审通过。

三、规模化奶牛场主要疫病净化创建场评估认证标准

依据《规模化奶牛场主要动物疫病净化创建场现场审查评分表》（详见附件3），现场综合审查必备条件全部满足，总分大于80分（含），其中防疫与管理部分不低于50分（含），为评审通过。

四、规模化种羊场主要疫病净化创建场评估认证标准

依据《规模化种羊场主要动物疫病净化创建场现场审查评分表》（详见附件4），现场综合审查必备条件全部满足，总分大于80分（含），其中防疫与管理部分不低于50分（含），为评审通过。

附件:

1. 规模化种猪场主要动物疫病净化创建场现场审查评分表
2. 规模化种禽场主要动物疫病净化创建场现场审查评分表
3. 规模化奶牛场主要动物疫病净化创建场现场审查评分表
4. 规模化种羊场主要动物疫病净化创建场现场审查评分表

附件1

规模化种猪场主要动物疫病净化创建场现场审查评分表

养殖场名称：　　　　　　　负责人：　　　　　　　传真：

地址：　　　省　　　市　　　县　　　乡　　　村　　　联系电话：　　　　　邮编：

场点类型：　　　品种：　　　总存栏量：　　　头（其中种公猪　　　头，生产母猪　　　头，后备种猪　　　头）

必备条件（任一项不符合不得申请入围）

	是	否
1. 土地使用符合相关法律法规内土地使用区域与规划，场址选择符合《中华人民共和国动物防疫法》有关规定。		
2. 具有县级以上畜牧兽医行政主管部门备案登记证明，并按照农业部《畜禽标识和养殖档案管理办法》要求，建立养殖档案。		
3. 具有县级以上畜牧兽医部门颁发的《动物防疫条件合格证》，两年内无重大疫病和产品质量安全事件发生记录。		
4. 种畜禽养殖企业具有县级以上畜牧兽医部门颁发的《种畜禽生产经营许可证》。		
5. 具有县级以上环保行政主管部门的环评验收报告或许可。		
6. 种猪场生产母猪存栏500头以上。（地方保种场除外）		
7. 有疫病监测合格的历史证明。		

类别	项目	具体内容及评分标准	满分	得分	扣分原因
一、结构布局10分	结构布局10分	场区位置独立，与主要交通干道、生活区、屠宰场、交易市场有效隔离。	2		
		生产区与生活区、污水处理区和病死猪无害化处理区相距50m以上得2分；相距不足50m但有效物理隔离，得1分；生活区与其他区未分者，不得分；其他任意两区未分开扣1分。扣完为止。	2		
		生产区内种猪区、保育区与生长区分区并能实现分区饲养得1分；能实现分点饲养得1分。	2		
		每栋猪舍都能实现猪群全进全出。	2		
		对外销售的出猪台与生产区保持有效隔离得1分，保持50m以上（含）距离得2分。	2		

（续表）

类别	项目	具体内容及评分标准	满分	得分	扣分原因
二、设施与设备 20分	（一）栏舍 4分	有独立的隔离舍含用于净化及引种过程中猪只隔离、有独立的后备种猪专用舍，得1分。	2		
		有病猪专门隔离治疗舍。	1		
		有预售种猪观察舍或设施。	1		
	（二）生产设施 8分	每100头母猪至少配备22个产床，每少2个产床扣0.5分，扣完为止。	1		
		分娩舍、保育舍采用高床式栏舍设计，各得0.5分。	1		
		小猪有漏缝地面，中、大猪舍有漏缝或半漏缝地面。	1		
		种猪舍与保育舍应配备通风换气、温度调节等设备，各得1分。	2		
		饲料、药物、疫苗等不同类型的投入品分开储藏，标识清晰。	1		
		有自动饮水系统得1分，保育舍有可控的饮水加药系统得1分。	2		
	（三）防疫设施 8分	有有效的隔离带得1分，猪场防疫标志明显得1分（有防疫警示标语、标牌）。	2		
		场区入口有消毒池，得0.5分；生产区入口有人员消毒设施，得0.5分；栋舍入口有消毒设施，得0.5分；人员进入生产区严格执行更衣、换鞋、冲洗、消毒，执行良好，得0.5分。	2		
		有预防防鼠害、鸟害设施或等设施措施，各得1分。	2		
		有独立兽医室，得1分；具备正常开展临床诊疗和采样条件，得1分。	2		
三、防疫与管理 60分	（一）制度建设 3分	建立了投入品（含饲料、兽药、生物制品）使用制度，得0.5分；制定了生猪销售检疫申报制度及生猪质量安全管理制度，得0.5分。	1		
		建立了免疫、引种、隔离、兽医诊疗与用药、疫情报告、病死猪无害化处理、消毒等防疫制度，不完整不得分。	1		
		有严格的车辆及人员出入管理制度，得0.5分；执行良好并有记录，得0.5分。	1		

（续表）

类别	项目	具体内容及评分标准	满分	得分	扣分原因
三、防疫与管理 60分	（二）人员素质 5分	全面负责疫病防治工作的技术负责人具有畜牧兽医相关专业本科以上学历或中级以上职称并从事养猪业三年以上。	2		
		从业人员有健康证明。	1		
		有1名以上本场专职兽医技术人员获得《执业兽医资格证书》。	2		
	（三）档案管理 4分	有生产记录档案，包括配种、怀孕、产仔、哺育、保育与生长等记录，得1分；种猪场有育种记录，得0.5分。	2		
		有员工培训计划和培训考核记录，得0.5分；就生产管理制度，每位员工至少参加过1次培训，得0.5分。	1		
		有饲料、兽药使用记录，得0.5分，记录保存3年以上，得0.5分。	1		
		引种来源于有《种畜禽生产经营许可证》的种猪场，国外引进种猪，精液符合相关规定，否则不得分。	3		
	（四）引种管理 15分	引进种猪具有"三证"（种畜禽合格证、动物检疫合格证、种猪系谱证），精液不完整不得分。	3		
		本场精液的供体有动物疫病检测报告，得1分；报告中猪瘟抗原、口蹄疫抗原、猪繁殖与呼吸综合征抗原、伪狂犬g E抗体检测阴性，得1分。	2		
		外购精液有《动物检疫合格证明》，得1分。	1		
	（五）主要疫病监测与净化 23分	引入种猪入场前有实验室检测报告，且全部合格：猪瘟：免疫抗体合格；猪繁殖与呼吸综合征：免疫猪只免疫抗体合格，未免疫猪只抗体阴性；口蹄疫：免疫抗体合格，伪狂犬：g E抗体阴性，每项1.5分。	6		
		制定了科学合理的免疫程序，有完整的防疫档案，包括消毒、免疫和实验室检测记录，得0.5分，档案保存3年以上，得0.5分，检测记录能追溯到种猪及后备猪群的唯一性标识（如耳标号），得1分。	2		
		有猪瘟、口蹄疫、猪繁殖与呼吸综合征、伪狂犬监测计划，并切实可行，各病种每年度（或更短周期）监测1分。	4		

（续表）

类别	项目		具体内容及评分标准	满分	得分	扣分原因
三、防疫与管理 60 分	（五）主要疫病监测与净化 23 分		根据监测计划开展监测，且检测报告保存 3 年以上；检测报告缺少 1 年，扣 1 分，扣完为止。	3		
			有动物疫病发病记录或阶段性流行情况行档案。	2		
			有完整的病死猪处理档案，有相应的隔离、淘汰、解剖或无害化处理记录，记录保存 3 年以上得 3 分，缺少 1 年扣 1 分，扣完为止。	4		
			开展过主要动物疫病净化工作，有猪瘟/猪口蹄疫/猪伪狂犬病/猪繁殖与呼吸综合征净化方案及近三年实施记录。	8		
			母猪配种受胎率 80%（含）以上得 1 分，仔猪成活率 80%（含）以上得 1 分。	2		
	（六）场群健康状态 10 分		具有近一年内有资质的兽医实验室检测报告并且结果并且目结果符合以下要求：种猪群或后备猪群猪瘟免疫抗体合格率≥80%，口蹄疫免疫抗体合格率≥70%，伪狂犬 gE 抗体阴性率≤10%，高致病性猪蓝耳病无临床发病记录，每次抽检头数不少于 30；每病种 2 分。	8		
四、环保要求 10 分	（一）环保设施 4 分		有固定的猪粪储存、堆放场所和场所，并有防雨、防渗漏、防溢流措施，或及时转运。配备焚烧炉、化尸池或其他病死猪无害化处理设施。	2		
				2		
	（二）废水排放 3 分		能实现雨污分流，废水、污水排放符合相关规定。净化与污道分开，不交叉，得满分；存在交叉扣 1 分；未区分不得分。	1		
				2		
	（三）环境卫生 1 分		场区内垃圾及时处理，无杂物堆放。	1		
	（四）水质 2 分		水质符合人畜饮水卫生标准（NY 5027—2008）。	2		
		总分		100		

注：现场综合审查总分不低于 80 分，其中防疫与管理部分不低于 50 分（含），为评审通过。

附件2

规模化种鸡场主要动物疫病净化创建场现场审查评分表

养殖场名称：　　　　　　　　　　负责人：　　　　　　　　　　传真：　　　　　　　邮编：

地址：　　　省　　　市　　　县　　　乡　　　村

场点类型：　　　　　　　品种：　　　　　　　总存栏量：

必备条件（任一项不符合不得申请入围）

1. 土地使用符合相关法律法规与区域内土地使用规划，场址选择符合《中华人民共和国畜牧法》和《中华人民共和国动物防疫法》有关规定。

2. 具有县级以上畜牧兽医行政主管部门备案登记证明，并按照农业部《畜禽标识和养殖档案管理办法》要求，建立养殖档案。

3. 具有县级以上畜牧兽医行政主管部门颁发的《动物防疫条件合格证》，两年内无重大疫病质量安全事件发生记录。

4. 种畜禽养殖企业具有县级以上畜牧兽医部门颁发的《种畜禽生产经营许可证》。

5. 具有县级以上环保行政主管部门的环评验收报告或许可。

6. 祖代禽场种禽存栏 2 万套以上，父母代种禽场种禽存栏 5 万套以上。（地方保种场除外）

7. 有疫病监测合格的历史证明。

类别	项目	具体内容及评分标准	满分	得分	扣分原因
一、结构布局 10分	结构布局 10分	场区位置独立，与主要交通干道、生活区、屠宰场、交易市场有效隔离。	2		
		禽舍布局合理，育雏舍、后备舍、种禽舍、孵化室分别设在不同区域，得 1 分；禽舍相互距离不小于15m。	2		
		生产区、生活区、污水处理区与病死禽无害化处理区分开，各区相距 50m 以上得 4 分，生活区与其他区未分开扣 2 分，其他任意两区未分开扣 1 分，扣完为止。	4		
		采用按批全进全出饲养模式，得 2 分；采用按栋全进全出饲养模式，得 1 分。	2		
二、设施与设备 20分	（一）栏舍 4分	鸡舍为全封闭式，分后备鸡和产蛋鸡得 4 分，半封闭式得 3 分，开放式得 1 分。	4		

（续表）

类别	项目	具体内容及评分标准	满分	得分	扣分原因
二、设施与设备 20分	（二）生产设施 8分	蛋种鸡有专用笼具。	2		
		有风机和湿帘通风降温设备得 2 分，仅用电扇作为通风降温设备得 1 分。	2		
		有自动饮水系统。	1		
		有自动清粪系统。	1		
		有储料车或储料塔。	1		
		有自动光照控制系统。	1		
	（三）防疫设施 8分	场区四周有围墙得 1 分，防疫标志明显得 1 分（有防疫警示标语、标牌）。	2		
		场区门口有车辆和人员消毒通道，各得 1 分。	2		
		进入生产区采用淋浴、喷雾消毒或紫外线消毒，得 1 分；进入鸡舍采用消毒池或桶、盆消毒，得 1 分。	2		
		有独立兽医室，得 1 分；具备正常开展临床诊疗和采样条件，得 1 分。	2		
三、防疫与管理 60分	（一）制度建设 4分	建立了投入品（含饲料、兽药、生物制品）采购使用制度。	1		
		建立了免疫、引种、隔离、兽医诊疗与用药、疫情报告、病死禽无害化处理、消毒等制度。	1		
		制定有种禽销售的质量管理制度，得 0.5 分；销售种禽附具《种畜禽合格证》等，得 0.5 分。	1		
		有严格销售的车辆及人员出入管理制度，得 0.5 分；执行良好并有记录，得 0.5 分。	1		
	（二）人员素质 5分	全面负责疫病防治工作的技术负责人具有畜牧兽医专业本科以上学历或中级以上职称并从事本专业三年以上。	2		
		从业人员有健康证明。	1		
		有 1 名以上本场专职兽医技术人员获得《执业兽医资格证书》。	2		

（续表）

类别	项目	具体内容及评分标准	满分	得分	扣分原因
三、防疫与管理 60分	（三）档案管理 3分	生产记录完整，有生产记录得0.5分；有产蛋记录得0.5分；有日死亡淘汰记录得0.5分；有日饲料消耗记录得0.5分；有饲料添加剂、兽药使用记录，得0.5分。	2		
		有员工培训计划和培训考核记录，得0.5分；每位员工至少参加过1次培训，得0.5分。	1		
	（四）引种管理 15分	引种来源于有《种畜禽生产经营许可证》的种禽场或符合相关规定国外进口的种禽或种蛋，否则不得分。	3		
		引种禽苗/种禽蛋证件（动物检疫合格证明、种禽合格证、系谱证）齐全、不齐全不得分。	4		
		有引进种禽/种蛋抽检检测报告结果：禽流感、新城疫病原学阴性；禽白血病抗原、抗体阴性；鸡白痢抗体阴性；每病种2分。	8		
	（五）主要疫病监测与净化 23分	制定了科学合理的免疫程序，有完整的防疫档案，得1分；档案保存3年以上，得1分。	2		
		有禽流感、新城疫、禽白血病、鸡白痢，包括消毒、免疫和实验室检测记录，监测计划，并切实可行，鸡年度（或更短周期）监测计划，每病种1分。	4		
		根据监测计划开展监测，检测报告保存3年以上，检测报告缺少1年，扣1分，扣完为止。	3		
		有动物疫病发病记录或阶段性疫病流行情况档案。	2		
		有完整的病死鸡剖检、无害化处理记录，得1分；记录保存3年以上得3分，缺少1年扣1分，扣完为止。	4		
		开展过主要动物疫病净化工作，有禽流感、新城疫、禽白血病、鸡白痢净化方案及近三年实施记录。	8		
	（六）场群健康状态 10分	育雏成活率95%以上，得0.5分；育成率95%以上，得0.5分；产蛋期月死淘率1.6%以下，得1分。	2		

（续表）

类别	项目	具体内容及评分标准	满分	得分	扣分原因
三、防疫与管理60分	（六）场群健康状态10分	具有近一年内有资质的兽医实验室检测报告结果并且目结果符合以下要求：禽流感（H5亚型）免疫抗体合格率≥70%；禽白血病A-B，J群抗体合格率≤10%或禽白血病p27抗原阳性率≤10%；鸡白痢阳性率≤1%，每次抽检只数不少于30；鸡白痢抗体阳性率≤1%，每次抽检只数不少于30；每病种2分。	8		
四、环保要求10分	（一）环保设施4分	固定的鸡粪储存、堆放设施和场所，并有防雨、防渗漏、防溢流措施，或及时转运。	2		
		病死禽只和废物（感染性物质）进行无害化处理得1分。	2		
	（二）废水排放3分	能实现雨污分流，废水、污水排放符合相关规定。	1		
		净道与污道分开，不交叉，得满分；存在交叉扣1分；未分区不得分。	2		
	（三）环境卫生1分	场区内垃圾及时处理，无杂物堆放。	1		
	（四）水质2分	水质符合人畜饮水卫生标准（NY 5027—2008）。	2		
		总　分	100		

注：现场综合审查总分不低于80分，其中防疫与管理部分不低于50分（含），为评审通过。

121

附件3

规模化奶牛场主要动物疫病净化创建场现场审查评分表

养殖场名称：

地址：

场点类型：

负责人： 省 市 县（其中妊娠母牛 头、泌乳期母牛 头、干乳期母牛 头、种公牛 头）

品种： 乡 村

总存栏量： 头

联系电话： 邮编： 传真：

必备条件（任一项不符合不得申请入围）

	是	否
1. 土地使用符合相关法律法规与区域内土地使用规划，场址选择符合《中华人民共和国畜牧法》和《中华人民共和国动物防疫法》有关规定。		
2. 具有县级以上畜牧兽医行政主管部门备案登记证明，并按照农业部《畜禽标识和养殖档案管理办法》要求，建立养殖档案。		
3. 具有县级以上畜牧兽医部门颁发的《动物防疫条件合格证》，两年内无重大疫病和产品质量安全事件发生记录。		
4. 种畜禽养殖企业具有县级以上畜牧兽医主管部门颁发的《种畜禽生产经营许可证》。		
5. 具有县级以上环保行政主管部门的环评验收报告或许可。		
6. 奶牛存栏500头以上。		
7. 有疫病监测合格的历史证明。		

类别	项目	具体内容及评分标准	满分	得分	扣分原因
一、结构布局 10分	结构布局 10分	场区位置独立，与主要交通干道、生活区、屠宰场、交易市场有效隔离。	2		
		生活管理区、生产区、辅助生产区、粪污处理区明确划分，得2分；部分分开，得1分。	2		
		犊牛舍（青年）牛舍、育成、泌乳牛舍、干奶牛舍、隔离牛舍布局合理	2		
		有独立病畜隔离区；隔离区应位于生产区的下风向，与生产区保持50m以上的间距，得1分；粪污处理区和病牛隔离区与生产区在空间上隔离，独立通道，得1分。	2		
		饲草区、饲料区和青贮区设置在相邻的位置，便于TMR搅拌车工作，得1分；草料库、青贮窖和饲料加工车间有防火设施，得1分。	2		

122

（续表）

类别	项目	具体内容及评分标准	满分	得分	扣分原因
二、设施设备 20分	（一）栏舍 4分	采用自由散栏式饲养的牛舍建筑面积（成母牛）10m²/头以上，得1分；每头牛一个栏位，得1分。	2		
		运动场面积（成母牛）每头不低于25m²（自由散栏牛舍除外），得0.5分；有遮阳棚、饮水槽，得0.5分。	1		
		1月龄内犊牛采用单栏饲养，得0.5分；1月龄后不同阶段采用分群饲养管理，得0.5分。	1		
	（二）生产设施 7分	具备全混合日粮（TMR）饲喂设备，并能够在日常饲养管理中有效实施，得1分；具备TMR混合均匀度与含水量测定仪器或设施，得1分。	2		
		牛舍有固定、有效的降温（夏）设施得1分，防寒（冬）设施得1分。	2		
		饲料、药物、疫苗等不同类型投入品分类分开存放，设施设备完善得1分；储藏标识清晰得1分。	2		
		有自动饮水系统得1分。	1		
	（三）防疫设施 9分	有防疫隔离带得1分，防疫标志明显得1分（有防疫警示标语、标牌）。	2		
		场区入口有消毒池，得1分；生产区入口有人员消毒设施，得1分；人员进入生产区严格执行更衣、换鞋、冲洗、消毒，各得1分。	3		
		有预防鼠害、灭蚊蝇设施或措施，得1分。	2		
		有独立兽医室，得1分；具备正常开展临床诊疗和采样条件，得1分。	2		
三、防疫管理 60分	（一）制度建设 4分	建立了投入品（含饲料、兽药、生物制品）采购、使用和管理制度。	1		
		建立了免疫、引入、隔离、兽医诊疗与用药、疫情报告、病死牛无害化处理、消毒等管理制度。	1		
		有根据奶牛不同生长和泌乳阶段制定的饲养规范，制定了生鲜乳质量安全管理制度。	1		
		有严格的车辆及人员出入管理制度，得0.5分；执行良好并有记录，得0.5分。	1		

（续表）

类别	项目	具体内容及评分标准	满分	得分	扣分原因
三、防疫管理 60分	（二）人员素质 5分	全面负责疫病防治工作的技术负责人具有畜牧兽医专业本科以上学历或中级以上职称并从事养牛业三年以上。	2		
		有1名以上本场专职兽医技术人员获得《执业兽医资格证书》，并持证上岗。	2		
		从业人员每年进行布病、结核病检查，有健康证明。	1		
	（三）档案管理 4分	防疫档案（消毒、免疫和实验室检测记录）和生产记录档案保存完整，各得1分。	2		
		有员工培训计划和培训考核记录，得0.5分；就生产管理制度、每位员工至少参加过1次培训，得0.5分。	1		
		抗生素使用符合《奶牛场卫生规范》的要求，有奶牛使用抗生素隔离及解除制度和记录。	1		
	（四）引种管理 14分	购进精液、胚胎，来自有《种畜禽生产经营许可证》的单位，或符合进口相关规定的胚胎或精液。	3		
		精液和胚胎采集、销售、移植记录完整，其供体动物符合《跨省调运乳用、种用动物产地检疫规程》规定的标准。	3		
		引进奶牛、精液、胚胎，有《动物检疫合格证明》。	2		
		本场留用种牛或精液精子，具有其供体动物口蹄疫、布鲁氏菌病、结核病实验室检测合格报告，每病种2分。	6		
	（五）主要疫病监测与净化 23分	制定了科学合理的免疫程序，有完整的防疫档案，有完整的免疫程序、档案保存3年以上，得0.5分；免疫和实验室检测能追溯到动物的唯一性标识（如耳标号），得1分。	2		
		有布鲁氏菌病、结核病、口蹄疫年度（或更短周期）监测计划，并切实可行，每病种2分。	6		
		根据监测计划开展监测，检测报告保存3年以上，检测报告缺少1年，扣1分，扣完为止。	3		
		有动物疫病发病记录或阶段性疾病流行情况档案。	2		

（续表）

类别	项目	具体内容及评分标准	满分	得分	扣分原因
三、防疫管理 60分	（五）主要疫病监测与净化 23分	有病死牛处理档案，得1分；有相应的隔离、淘汰、解剖或无害化处理记录，记录保存3年以上得3分；缺少1年扣1分，扣完为止。	4		
		开展过主要动物疫病净化工作，有牛口蹄疫/布鲁氏菌病/奶牛结核病净化方案及近三年实施记录。	6		
		有乳房炎处理计划，包括治疗与干奶处理方案。	2		
	（六）场群健康状态 10分	具有近一年内有资质的兽医实验室检测报告结果并目结果符合以下要求：口蹄疫免疫抗体合格率均≥70%，得4分；布鲁氏菌阴性检出率低于1%，得2分；奶牛结核菌素皮内变态反应阳性率低于1%，得2分；每次抽检头数不少于30头。	8		
四、环保要求 10分	（一）环保设施 4分	有固定的牛粪储存、堆放设施和场所，并有防雨、防渗漏、防溢流措施，或及时转运，得2分。	2		
		配备焚烧炉、化尸池或其他病死无害化处理设施。	2		
	（二）废水排放 3分	废水、污水排放符合相关规定。	1		
		净道与污道分开，不交叉，得满分；存在交叉扣1分；未区分不得分。	2		
	（三）环境卫生 1分	场区内垃圾及时处理，无杂物堆放。	1		
	（四）水质 2分	水质符合人畜饮水卫生标准（NY/T 5027—2008）。	2		
总分			100		

注：现场综合审查总分不低于80分，其中防疫与管理部分不低于50分（含），为评审通过。

附件4

规模化种羊场主要动物疫病净化创建场现场审查评分表

养殖场名称：　　　　　　负责人：　　　　　　　传真：

地址：　　　　省　　市　　县　　乡　　村　　联系电话：　　　　邮编：

场点类型：　　　品种：　　　总存栏量：　　　只（其中种公羊　　　只，母羊　　　只）

必备条件（任一项不符合不得申请入围）

	是	否
1. 土地使用符合相关法律法规，场址选择符合《中华人民共和国畜牧法》和《中华人民共和国动物防疫法》有关规定。		
2. 具有县级以上畜牧兽医行政主管部门备案登记证明，并按照农业部《畜禽标识和养殖档案管理办法》要求，建立养殖档案。		
3. 具有县级以上畜牧兽医部门颁发的《动物防疫条件合格证》，两年内无重大疫病和产品质量安全事件发生记录。		
4. 种畜禽养殖企业具有县级以上畜牧兽医主管部门颁发的《种畜禽生产经营许可证》。		
5. 具有县级以上环保行政主管部门的环评验收报告或许可。		
6. 种羊场存栏500只以上。（地方保种场除外）		
7. 有疫病监测合格的历史证明。		

类别	项目	具体内容及评分标准	满分	得分	扣分原因
一、结构布局 10分	结构布局 10分	场区位置独立，与主要交通干道、生活区、屠宰场、交易市场有效隔离。	3		
		场区内生活区、生产区及粪污处理区均分开得2分，部分分开得1分，否则不得分。	2		
		生产区内母羊舍、羔羊舍、育成舍、育肥舍均分开，得2分，部分分开得1分，否则不得分。	2		
		有独立病畜隔离区，得1分；隔离区位于生产羊区的下风向，与生产区保持50m以上的间距，得1分；隔离区病羊隔离区与生产区在空间上隔离、独立通道，得1分；粪污处理区和病病羊隔离区与生产区隔离，得1分。	3		

（续表）

类别	项目	具体内容及评分标准	满分	得分	扣分原因
二、设施与设备 20分	（一）栏舍 6分	封闭式、半开放式、开放式羊舍得1分，否则不得分；封闭式羊舍有保温设施，通风设施，降温设施，得1分。	2		
		羊舍内有专用饲槽，得1分；运动场有补饲饲槽，得1分。	2		
		有与各个羊舍相应的运动场。	2		
	（二）生产设施 6分	有配套饲草料加工机具得1分，有简单饲草料加工机具的得0.5分；有饲料库得1分。	4		
		饲料、药物、疫苗等不同类型的投入品分类开储藏、设施设备完善得1分；储藏标识清晰得1分。	2		
	（三）防疫设施 8分	有防疫隔离带得1分，防疫标志明显得1分（有防疫警示标语、标牌）。	2		
		场区入口有消毒池，得1分；生产区有人员消毒设备设施，得0.5分；人员进入生产区严格执行更衣、换鞋、冲洗、消毒，执行良好，得0.5分。	2		
		羊舍（棚圈）内有消毒器材或设施，得1分；有专用药浴设备或设施，得1分。	2		
		有独立兽医室，得1分；具备正常开展临床诊疗和采样条件，得1分。	2		
三、防疫与管理 60分	（一）制度建设 4分	建立了投入品（含饲料、兽药、生物制品）采购、使用和管理制度。	1		
		建立了免疫、引种、驱虫、隔离、兽医诊疗与用药、疫情报告，病死羊无害化处理、消毒等防疫制度。	1		
		有根据不同生长阶段制定的饲养规程。	1		
		有严格病死羊及羊出入管理制度并执行。	1		
	（二）人员素质 5分	全面负责疫病防治工作的技术人员负责人具有畜牧兽医专业本科以上学历或中级以上职称。	2		
		有1名以上本场专职兽医技术人员获得《执业兽医资格证书》，并持证上岗。	2		
		从业人员每年进行布病、结核病检查，有健康证明。	1		

（续表）

类别	项目	具体内容及评分标准	满分	得分	扣分原因
三、防疫与管理 60分	（三）引种管理 14分	购进精液、胚胎，来自有《种畜禽生产经营许可证》的单位，或符合进口相关规定的胚胎或精液。	3		
		精液和胚胎采集、销售、移植记录完整，其供体动物符合《跨省调运乳用、种用动物产地检疫规程》规定的标准。	3		
		引人种羊，精液和胚胎有《动物检疫合格证明》。	2		
		本场留用种羊或精液，具有供体动物口蹄疫、布鲁氏菌病实验室检测合格报告，每病种 3 分。	6		
	（四）档案管理 4分	防疫档案（消毒、免疫和实验室检测记录）和生产记录档案保存完整，各得 1 分。	2		
		有员工培训计划和培训考核记录，得 0.5 分；就生产管理制度，每位员工至少参加过 1 次培训，得 0.5 分。	1		
		有饲料、兽药使用记录，并记录完整的得 1 分，不完整的每缺 1 项扣 0.5 分。	1		
	（五）主要疫病监测与净化 23分	制定了科学合理的免疫程序，有完整的防疫档案，得 0.5 分；档案保存 3 年以上，得 0.5 分；免疫和实验室检验记录，检测记录能追溯到唯一标识动物的唯一性标识（如耳标号），得 1 分。	2		
		有布病、口蹄疫、羊痘疫（或更短周期）监测计划，每病种 2 分。	6		
		根据监测计划开展监测，检测报告保存 3 年以上，并切实可行；缺少 1 年扣 1 分，扣完为止。	3		
		有动物疫发病记录或阶段性疫病流行情况档案。	2		
		有病死羊处理档案，得 1 分；有相应的隔离、淘汰、解剖或无害化处理记录，记录保存 3 年以上得 3 分，缺少 1 年扣 1 分，扣完为止。	4		
		开展过主要动物疫病净化工作，有口蹄疫、布鲁氏菌病/羊痘净化方案及近三年实施记录。	6		
	（六）场群健康状态 10分	有预防、治疗羊常见病规程。	2		
		具有近一年内有资质的兽医实验室检测报告结果并且结果符合以下要求：口蹄疫免疫抗体合格率均≥70%，得 4 分；布鲁氏菌阴性检出率低于 0.5%，得 2 分；羊痘无临床病例，得 2 分；每次抽检头数不少于 30。	8		

（续表）

类别	项目	具体内容及评分标准	满分	得分	扣分原因
四、环保要求 10分	（一）环保设施 4分	有固定的羊粪储存、堆放设施和场所，并有防雨、防渗漏、防溢流措施，或及时转运，得2分。 配备焚烧炉、化尸池或其他病死羊无害化处理设施。	2 2		
	（二）废水排放 3分	废水、污水排放符合相关规定。	1		
	（三）环境卫生 1分	净道与污道分开，不交叉，得满分；存在交叉扣1分；未分区不得分。	2		
		场区内垃圾及时处理，无杂物堆放。	1		
	（四）水质 2分	水质符合人畜饮水卫生标准（NY/T 5027—2008）。	2		
总　　　分			100		

注：现场综合审查总分不低于80分，其中防疫与管理部分不低于50分（含），为评审通过。

第二节　动物疫病净化示范场评估认证标准（试行）

第一部分　规模化种猪场主要疫病净化评估认证标准

一、猪伪狂犬病

（一）净化评估标准

1. 同时满足以下要求，视为达到免疫净化标准（控制标准）

（1）种公猪、生产母猪、后备种猪和待售种猪抽检，猪伪狂犬病 gE 抗体检测均阴性；

（2）生产母猪、后备种猪和待售种猪抽检，猪伪狂犬病 gB 抗体合格率大于 90%；

（3）连续 2 年以上无临床病例；

（4）现场综合审查通过。

2. 同时满足以下要求，视为达到非免疫净化标准（净化标准）

（1）种公猪、生产母猪、后备种猪和待售种猪抽检，猪伪狂犬病抗体检测均为阴性；

（2）停止免疫 2 年以上，无临床病例发生；

（3）现场综合审查通过。

（二）抽样要求

抽样过程由省级动物疫病预防控制中心指定人员进行现场监督，必要时可由现场审查技术专家监督抽样（表 5 – 1、表 5 – 2）。

表 5 – 1　免疫净化评估实验室检测方法

检测项目	检测方法	抽样种群	抽样数量	样本类型
gE 抗体	ELISA	种公猪	100% 抽样	血清
		生产母猪、后备种猪、待售种猪	按照证明无疫公式计算：置信度 95%，预ани流行率 3%（随机抽样，覆盖不同猪群）	血清
		生产母猪	按照预估期望值公式计算：置信度 95%，期望 90%，误差 10%	血清
gB 抗体	ELISA	后备种猪	按照预估期望值公式计算：置信度 95%，期望 90%，误差 10%	血清

（续表）

检测项目	检测方法	抽样种群	抽样数量	样本类型
gB 抗体	ELISA	待售种猪	按照预估期望值公式计算： 置信度95%，期望90%，误差10%	血清

表 5 – 2　净化评估实验室检测方法

检测项目	检测方法	抽样种群	抽样数量	样本类型
抗体	ELISA	种公猪	100% 抽样	血清
		生产母猪、后备种猪、待售种猪	按照证明无疫公式计算： 置信度95%，预期流行率3% （随机抽样，覆盖不同猪群）	血清

二、猪瘟

（一）净化评估标准

同时满足以下要求，视为达到免疫净化标准（控制标准）。

（1）生产母猪、后备种猪、待售种猪猪瘟抗体抽检合格率90%以上；

（2）连续 2 年以上无临床病例，猪瘟病原学检测阴性；

（3）现场综合审查通过。

（二）抽检要求

抽样过程由省级动物疫病预防控制中心指定人员进行现场监督，必要时可由现场审查技术专家监督抽样（表 5 – 3）。

表 5 – 3　免疫净化评估检测方法

检测项目	检测方法	抽样种群	抽样数量	样本类型
病原学检测	PCR	种公猪	100% 抽样	全血（血清）、扁桃体、精液
		生产母猪、后备种猪、待售种猪	按照证明无疫公式计算：置信度95%，预期流行率3%（（随机抽样，覆盖不同猪群）	
猪瘟抗体	ELISA	生产母猪	按照预估期望值公式计算：置信度95%，期望90%，误差10%	血清
		后备种猪	按照预估期望值公式计算：置信度95%，期望90%，误差10%	
		待售种猪	按照预估期望值公式计算：置信度95%，期望90%，误差10%	

三、猪繁殖与呼吸综合征

（一）净化评估标准

1. 同时满足以下要求，视为达到免疫净化标准（控制标准）

（1）生产母猪和后备种猪、待售种猪抽检，免疫抗体阳性率90%以上；

（2）连续2年以上无临床病例；种公猪、生产母猪、后备种猪、待售种猪病原学检测阴性；

（3）现场综合审查通过。

2. 同时满足以下要求，视为达到非免疫净化标准（净化标准）

（1）种公猪、生产母猪、后备种猪、待售种猪抽检，抗体全部阴性；

（2）停止免疫2年以上，无临床病例发生；

（3）现场综合审查通过。

（二）抽检要求

抽样过程由省级动物疫病预防控制中心指定人员进行现场监督，必要时可由现场审查技术专家监督抽样（表5-4、表5-5）。

表5-4　免疫净化评估实验室检测方法

检测项目	检测方法	抽样种群	抽样数量	样本类型
病原学检测	PCR	种公猪	100%抽样	血清、精液
		生产母猪、后备种猪、待售种猪	按照证明无疫公式计算：置信度95%，预期流行率3%（随机抽样，覆盖不同猪群）	
猪繁殖与呼吸综合征抗体	ELISA	生产母猪	按照预估期望值公式计算：置信度95%，期望90%，误差10%	血清
		后备种猪	按照预估期望值公式计算：置信度95%，期望90%，误差10%	血清

表5-5　净化评估实验室检测方法

检测项目	检测方法	抽样种群	抽样数量	样本类型
猪繁殖与呼吸综合征抗体	ELISA	种公猪	100%抽样	血清
		生产母猪、待售种猪、后备种猪	按照证明无疫公式计算：置信度95%，预期流行率3%（随机抽样，覆盖不同猪群）	血清

四、猪口蹄疫

（一）净化评估标准

同时满足以下要求，视为达到免疫净化标准（控制标准）。

（1）生产母猪、后备种猪和待售种猪抽检，口蹄疫免疫抗体合格率90%以上；

（2）连续2年以上无临床病例，种公猪、生产母猪、后备种猪、待售种猪抽检，口蹄疫病原学检测阴性；

（3）现场综合审查通过。

（二）抽样要求

抽样过程由省级动物疫病预防控制中心指定人员进行现场监督，必要时可由现场审查技术专家监督抽样（表5-6）。

表5-6 免疫净化评估实验室检测方法

检测项目	检测方法	抽样种群	抽样数量	样本类型
病原学检测	PCR	种公猪	100%抽样	咽喉拭子
		生产母猪、后备种猪、待售种猪	按照证明无疫公式计算：置信度95%，预期流行率3%（随机抽样，覆盖不同猪群）	
口蹄疫免疫抗体	ELISA	生产母猪	按照预估期望值公式计算：置信度95%，期望90%，误差10%	血清
		后备种猪	按照预估期望值公式计算：置信度95%，期望90%，误差10%	血清
		待售种猪	按照预估期望值公式计算：置信度95%，期望90%，误差10%	血清

五、现场综合审查

依据《规模化种猪场动物疫病净化示范场现场审查评分表》（详见附件1），现场综合审查必备条件全部满足，总分大于90分（含），且关键项（＊项）全部满分，为现场综合审查通过。

第二部分 规模化种禽场主要疫病净化评估标准

一、禽流感

（一）净化评估标准

同时满足以下要求，视为达到免疫净化标准（控制标准）。

（1）免疫抗体合格率90%以上；

（2）连续2年以上无临床病例，H5、H7、H9病原学检测阴性；

（3）现场综合审查通过。

（二）抽检要求

抽样过程由省级动物疫病预防控制机构指定人员进行现场监督，必要时可由现场审查技术专家监督抽样（表5－7）。

表5－7　免疫净化评估实验室检测方法

检测项目	检测方法	抽样种群	抽样数量	样本类型
H5、H7、H9 病原学检测	PCR	鸡群	按照证明无疫公式计算：置信度 95%，预期流行率1% （随机抽样，覆盖不同栋鸡群）	咽喉和泄殖腔拭子
禽流感 免疫抗体	HI	鸡群	按照预估期望值公式计算：置信度 95%，期望90%，误差10% （随机抽样，覆盖不同栋鸡群）	血清

二、鸡新城疫

（一）净化评估标准

同时满足以下要求，视为达到免疫净化标准（控制标准）。

（1）免疫抗体合格率90%以上；

（2）连续2年以上无临床病例，新城疫病原学检测阴性；

（3）现场综合审查通过。

（二）抽检要求

抽样过程由省级动物疫病预防控制机构指定人员进行现场监督，必要时可由现场审查技术专家监督抽样（表5－8）。

表5－8　免疫净化评估及实验室检测方法

检测项目	检测方法	抽样种群	抽样数量	样本类型
病原学检测	PCR	鸡群	按照证明无疫公式计算：置信度 95%，预期流行率1% （随机抽样，覆盖不同栋鸡群）	咽喉和泄殖腔拭子
鸡新城疫 免疫抗体	HI	鸡群	按照预估期望值公式计算：置信度 95%，期望90%，误差10% （随机抽样，覆盖不同栋鸡群）	血清

三、禽白血病

（一）净化评估标准

同时满足以下要求，视为达到非免疫净化标准（净化标准）。

（1）病原学抽检，原种场全部为阴性，祖代场、父母代场阳性率低于1%；

（2）血清学抽检，A-B、J抗体：原种场全部为阴性，祖代场、父母代场阳性率低于1%；

（3）连续 2 年以上无临床病例；

（4）现场综合审查通过。

（二）抽检要求

抽样过程由省级动物疫病预防控制机构指定人员进行现场监督，必要时可由现场审查技术专家监督抽样（表 5 - 9）。

表 5 - 9　净化评估实验室检测方法

检测项目	检测方法	抽样种群	抽样数量	样本类型
p27 抗原	ELISA	种鸡群	按照证明无疫公式计算：置信度 95%，预期流行率 1%（随机抽样，覆盖不同栋鸡群）	种蛋蛋清
禽白血病 A-B、J 抗体	ELISA	鸡群	按照证明无疫公式计算：置信度 95%，预期流行率 1%（随机抽样，覆盖不同栋鸡群）	血样（血清）27 周龄以上

四、鸡白痢

（一）净化评估标准

同时满足以下要求，视为达到净化标准。

（1）血清学抽检，祖代场阳性率低于 0.2%，父母代场阳性率低于 0.5%；

（2）连续 2 年以上无临床病例；

（3）现场综合审查通过。

（二）抽样要求

抽样过程由省级动物疫病预防控制机构指定人员进行现场监督，必要时可由现场审查技术专家监督抽样（表 5 - 10）。

表 5 - 10　净化评估实验室检测方法

检测项目	检测方法	抽样种群	抽样数量	样本类型
鸡白痢抗体	平板凝集	鸡群	按照证明无疫公式计算：置信度 95%，预期流行率 0.5%（随机抽样，覆盖不同栋鸡群）	血样（全血）

五、现场综合审查

依据《规模化种鸡场动物疫病净化示范场现场审查评分表》（详见附件 2），现场综合审查必备条件全部满足，总分大于 90 分（含），且关键项（＊项）全部满分，为现场综合审查通过。

第三部分　规模化奶牛场主要疫病净化评估标准

一、奶牛口蹄疫

（一）净化评估标准

同时满足以下要求，视为达到免疫净化标准（控制标准）。

（1）牛群抽检，口蹄疫免疫抗体合格率90%以上。

（2）连续2年以上无临床病例，牛群抽检，口蹄疫病原学检测阴性；

（3）现场综合审查通过。

（二）抽样要求

抽样过程由省级动物疫病预防控制机构指定人员进行现场监督，必要时可由现场审查技术专家监督抽样（表5－11）。

表5－11　免疫净化评估实验室检测方法

检测项目	检测方法	抽样种群	抽样数量	样本类型
病原学检测	PCR	奶牛	按照证明无疫公式计算：置信度95%，预期流行率3%	OP液
口蹄疫免疫抗体	ELISA	奶牛	按照预估期望值公式计算：置信度95%，期望90%，误差10%	血清

二、奶牛布鲁氏菌病

（一）净化评估标准

同时满足以下要求，视为达到非免疫净化标准（控制标准）。

（1）牛羊群抽检，布鲁氏菌抗体检测阴性；

（2）连续2年以上无临床病例；

（3）现场综合审查通过。

（二）抽样要求

抽样过程由省级动物疫病预防控制机构指定人员进行现场监督，必要时可由现场审查技术专家监督抽样（表5－12）。

表5－12　净化评估实验室检测方法

检测项目	检测方法	抽样种群	抽样数量	样本类型
布鲁氏菌抗体	虎红平板凝集试验初筛，试管凝集试验定性	奶牛	按照证明无疫公式计算：置信度95%，预期流行率3%	血清

三、奶牛结核病

（一）净化评估标准

同时满足以下要求，视为达到非免疫净化标准（净化标准）。

（1）奶牛抽检，牛结核菌素皮内变态反应阴性；

（2）连续2年以上无临床病例；

（3）现场综合审查通过。

（二）抽检要求

抽样过程由省级动物疫病预防控制机构指定人员进行现场监督，必要时可由现场审查技术专家监督抽样（表5-13）。

表5-13　净化评估实验室检测方法

检测方法	抽样种群	抽样数量	样本类型
牛结核菌素皮内变态反应	奶牛	按照证明无疫公式计算：置信度95%，预期流行率3%	血清

四、现场综合审查

依据《规模化奶牛场动物疫病净化示范场现场审查评分表》（详见附件3），现场综合审查必备条件全部满足，总分大于90分（含），且关键项（＊项）全部满分，为现场综合审查通过。

第四部分　规模化种羊场主要疫病净化评估标准

一、羊口蹄疫

（一）净化评估标准

同时满足以下要求，视为达到免疫净化标准（控制标准）。

（1）种羊群抽检，口蹄疫免疫抗体合格率90%以上；

（2）连续2年以上无临床病例，种羊群抽检，口蹄疫病原学检测阴性；

（3）现场综合审查通过。

（二）抽样要求

抽样过程由省级动物疫病预防控制机构指定人员进行现场监督，必要时可由现场审查技术专家监督抽样（表5-14）。

表5-14 免疫净化评估实验室检测方法

检测项目	检测方法	抽样种群	抽样数量	样本类型
病原学检测	PCR	种羊	按照证明无疫公式计算：置信度95%，预期流行率3%	OP液
口蹄疫免疫抗体	ELISA	种羊	按照预估期望值公式计算：置信度95%，期望90%，误差10%	血清

二、羊布鲁氏菌病

（一）净化评估标准

同时满足以下要求，视为达到非免疫净化标准（控制标准）。

（1）种羊群抽检，布鲁氏菌抗体检测阴性；

（2）连续2年以上无临床病例；

（3）现场综合审查通过。

（二）抽样要求

抽样过程由省级动物疫病预防控制机构指定人员进行现场监督，必要时可由现场审查技术专家监督抽样（表5-15）。

表5-15 净化评估实验室检测方法

检测项目	检测方法	抽样种群	抽样数量	样本类型
布鲁氏菌抗体	虎红平板凝集试验初筛，试管凝集试验定性	种羊	按照证明无疫公式计算：置信度95%，预期流行率3%	血清

三、羊痘

（一）净化评估标准

同时满足以下要求，视为达到免疫净化标准（控制标准）。

（1）羊群免疫抗体合格率达到90%；

（2）连续2年以上无临床病例；病原学检测阴性。

（3）现场综合审查通过。

（二）抽样要求

抽样过程由省级动物疫病预防控制机构指定人员进行现场监督，必要时可由现场审查技术专家监督抽样（表5-16）。

表 5 – 16 免疫净化评估实验室检测方法

检测项目	检测方法	抽样种群	抽样数量	样本类型
羊痘抗体	ELISA/细胞中和	种羊	按照预估期望值公式计算：置信度95%，期望90%，误差10%	血清
病原学检测	PCR	羊群	30 份/场	皮肤组织/环境样本

四、现场综合审查

依据《规模化种羊场动物疫病净化示范场现场审查评分表》（详见附件4），现场综合审查必备条件全部满足，总分大于 90 分（含），且关键项（＊项）全部满分，为现场综合审查通过。

附件：

1. 规模化种猪场主要动物疫病净化示范场现场审查评分表
2. 规模化种禽场主要动物疫病净化示范场现场审查评分表
3. 规模化奶牛场主要动物疫病净化示范场现场审查评分表
4. 规模化种羊场主要动物疫病净化示范场现场审查评分表

附件 1

规模化种猪场主要动物疫病净化示范场现场审查评分表

养殖场名称：

地址：

场点类型：

申报净化病种：

| 省 | 市 | 县 | 乡 | 村 |

负责人：　　　　　　　　联系电话：　　　　　　　　传真：

品种：　　　　总存栏量：　　　　　　　　邮编：

头（其中种公猪　　　头，生产母猪　　　头，后备种猪　　　头）

必备条件（任一项不符合不得申请入围）

1. 土地使用符合相关法律法规与区域内土地使用规划，场址选择符合《中华人民共和国畜牧法》和《中华人民共和国动物防疫法》有关规定。

2. 具有县级以上畜牧兽医行政主管部门备案登记证明，并按照农业部《畜禽标识和养殖档案管理办法》要求，建立养殖档案。

3. 具有县级以上畜牧兽医部门颁发的《动物防疫条件合格证》，两年内无重大疫病和产品质量安全事件发生记录。

4. 种畜养殖企业具有县级以上畜牧兽医部门颁发的《种畜禽生产经营许可证》。

5. 具有县级以上环行政主管部门的环评验收报告或批复。

6. 种猪场生产母猪存栏 500 头以上。（地方保种场除外）

7. 有疫病监测合格的历史证明。

类别	项目	具体内容及评分标准	关键项	满分	得分	扣分原因
一、结构布局 10分	结构布局 10分	场区位置独立，与主要交通干道、生活区、屠宰场、交易市场有效隔离。		2		
		生产区与生活区、污水处理区和病死猪无害化处理区分开且相距 50m 以上得 2 分；相距不足 50m 但有效物理隔离，得 1 分；生活区与其他区未分开者，不得分；其他任意两区未分开扣 1 分。扣完为止。		2		
		生产区内种猪区、保育区与生长区分区饲养得 1 分；能实现分点饲养得 1 分。		2		
		每栋猪舍都能实现猪群全进全出。		2		
		对外销售的出猪台与生产区保持有效隔离得 1 分，保持 50m 以上（含）距离得 2 分。		2		

（续表）

类别	项目	具体内容及评分标准	关键项	满分	得分	扣分原因
二、设施与设备 20分	（一）栏舍 4分	有独立的隔离舍用于净化及引种过程中猪只隔离1分；有独立的后备种猪专用舍得1分。		2		
		有病猪专门隔离治疗舍。		1		
		有预售种猪隔离观察舍或设施。		1		
	（二）生产设施 8分	每100头母猪至少配备22个产床，每少2个产床扣0.5分，扣完为止。		1		
		分娩舍、保育舍采用高床式栏舍设计，各得0.5分。		1		
		小猪舍有漏缝地面，中、大猪舍有漏缝或半漏缝地面。		1		
		种猪舍与保育舍应配备通风换气、温度调节等设备，各得1分。		2		
		饲料、药物、疫苗等不同类型的投入品分类分开储藏，标识清晰。		1		
		有自动饮水系统得1分；保育舍有可控的饮水加药系统得1分。		2		
	（三）防疫设施 8分	有有效防疫隔离带得1分，猪场防疫标志明显得1分（有防疫警示标语、标牌）。		2		
		场区入口有消毒池，得0.5分；生产区入口有消毒设施，得0.5分；人员进入生产区严格执行更衣、换鞋、冲洗、消毒，执行良好，得0.5分。		2		
		有预防鼠害、鸟害设施或措施，各得1分。		2		
		有独立兽医室，得1分；具备正常开展临床诊疗和采样条件，得1分。		2		
三、防疫与管理 60分	（一）制度建设 3分	建立了投入品（含饲料、兽药、生物制品）使用管理制度，得0.5分；制定了生猪销售申报制度及生猪质量安全管理制度，得0.5分。		1		
		建立了免疫、引种、隔离、兽医诊疗与用药、疫情报告、病死猪无害化处理、消毒等防疫制度，不完整酌情扣分。		1		
		有严格的车辆及人员出入管理制度，执行良好并有记录，得0.5分。		1		

141

（续表）

类别	项目	具体内容及评分标准	关键项	满分	得分	扣分原因
三、防疫与管理 60分	（二）人员素质 5分	全面负责疫病防治工作的技术负责人具有相关专业本科以上学历或中级以上职称并从事养猪业三年以上。		2		
		从业人员有健康证明。		1		
		有1名以上本场专职兽医技术人员获得《执业兽医资格证书》。		2		
	（三）档案管理 4分	有生产记录档案，包括配种、产仔、怀孕、哺育、保育与生长等记录，得1分；种猪场有育种记录，得1分。		2		
		有员工培训计划和培训考核记录，每位生产员工至少就生产管理制度、参加过1次培训，得0.5分；记录保存3年以上，得0.5分。		1		
		有饲料、有兽药使用记录，得0.5分；记录保存3年以上，得0.5分。		1		
	（四）引种管理 15分	引种来源于有《种畜禽生产经营许可证》的种猪场，国外引进种猪、精液符合相关规定，否则不得分。		3		
		引种种猪具有"三证"（种畜禽合格证、动物检疫证明、种猪系谱证），不完整不得分。		3		
		本场供体有精液动物疫病检测报告，得1分；报告中种猪蓝耳抗原、口蹄疫抗原、伪狂犬gE抗体检测阴性，得1分。		2		
		外购精液有《动物检疫合格证明》，得1分。		1		
	（五）主要疫病监测与净化 23分	引入种猪前有实验室检测报告，且全部合格：猪瘟：免疫抗体合格；猪繁殖与呼吸综合征：免疫猪只免疫抗体合格，未免疫猪只抗体阴性；口蹄疫：免疫猪只免疫抗体合格；伪狂犬：gE抗体阴性。	*	6		
		制定了科学合理的免疫程序，有完整的防疫档案，包括消毒、免疫和实验室检测记录，得0.5分；档案保存3年以上，得0.5分；后备猪群的唯一性标识（如耳标号），得1分。		2		
		有猪瘟、口蹄疫、猪繁殖与呼吸综合征、伪狂犬监测计划，并切实可行，各病种每项1分。		4		
		根据监测计划对开展监测，且检测报告保存3年以上；检测报告缺少1年，扣1分，扣完为止。		3		

（续表）

类别	项目	具体内容及评分标准	关键项	满分	得分	扣分原因
三、防疫与管理 60分	（五）主要病监测与净化 23分	有动物疫病发病记录或病性阶段情况档案。		2		
		有完整的病死猪处理档案、记录，记录保存3年以上得3分，缺少1年扣1分，扣完为止。		4		
		开展过主要动物疫病净化综合征净化方案及近三年实施记录。	*	8		
	（六）场群健康状态 10分	母猪配种受胎率80%（含）以上得1分，仔猪成活率80%（含）以上得1分。		2		
		具有近一年内有资质的兽医实验室检测报告结果并且结果符合以下要求：种猪群或后备猪群猪瘟免疫抗体合格率≥80%，口蹄疫免疫抗体合格率≥70%，伪狂犬gE抗体阳性率≤10%，高致病性猪蓝耳病无临床发病记录，每次抽检头数不少于30。	*	4		
		具有近一年内有资质的兽医实验室检测报告结果并且结果符合所申报病种净化评估标准。	*	4		
四、环保要求 10分	（一）环保设施 4分	有固定的猪粪储存、堆放设施和场所，并有防雨、防渗漏、防溢流措施，或及时转运。		2		
		配备焚烧炉、化尸池或其他病死猪无害化处理设施。		2		
	（二）废水排放 3分	能实现雨污分流、废水、污水排放符合相关规定。		1		
		净道与污道分开，不交叉，得满分；存在交叉扣1分；未区分不得分。		2		
	（三）环境卫生 1分	场区内垃圾及时处理，无杂物堆放。		1		
	（四）水质 2分	水质符合人畜饮水卫生标准（NY 5027—2008）。		2		
总分			22	100		

注：总分大于90分（含），且关键项（＊项）全部满分，为现场评审通过。

附件 2

规模化种禽场主要动物疫病净化示范场现场审查评分表

养殖场名称：

地址：

场点类型：

申报净化病种：

负责人：

省　　　　市　　　　县　　　　乡　　　　村

品种：

联系电话：

总存栏量：

传真：

邮编：

套

必备条件（任一项不符合不得申请入围）：　是　否

1. 土地使用符合相关法律法规规划与区域内土地使用规定，场址选择符合《中华人民共和国畜牧法》和《中华人民共和国动物防疫法》有关规定。
2. 具有县级以上畜牧兽医行政主管部门备案登记证明，并按照农业部《畜禽标识和养殖档案管理办法》要求，建立养殖档案。
3. 具有县级以上畜牧兽医主管部门颁发的《动物防疫条件合格证》，两年内无重大疫病和产品质量安全事件发生记录。
4. 种畜禽养殖企业具有县级以上畜牧兽医主管部门发的《种畜禽生产经营许可证》。
5. 具有县级以上环保行政主管部门的环评验收报告或许可。
6. 祖代禽场种禽存栏 2 万套以上，父母代种禽存栏 5 万套以上。（地方保种场除外）
7. 有疫病监测合格的历史证明。

类别	项目	具体内容及评分标准	关键项	满分	得分	扣分原因
一、结构布局 10分	结构布局 10分	场区位置独立，与主要交通干道、生活区、屠宰场、交易市场有效隔离。		2		
		禽舍布局合理，生产区、育雏舍、后备舍、种禽舍、孵化室分别设在不同区域，得1分；禽舍相互距离不小于15m，得1分。		2		
		生活区、生产区、污水处理区与病死禽无害化处理区分开，各区相距50m以上得4分，生活区与其他地区未分开扣2分，其他任意两区未分开扣1分，扣完为止。		4		
		采用按栋全进全出饲养模式，得2分；采用按场全进全出饲养模式，得1分。		2		

（续表）

类别	项目	具体内容及评分标准	关键项	满分	得分	扣分原因
二、设施与设备 20分	（一）栏舍 4分	鸡舍为全封闭式，分后蛋鸡舍和产蛋鸡舍得 4 分，半封闭式得 3 分，开放式得 1 分。		4		
	（二）生产设施 8分	蛋种鸡有专用笼具。		2		
		有风机和湿帘通风湿降温设备得 2 分，仅用电扇作为通风降温设备得 1 分。		2		
		有自动饮水系统。		1		
		有自动清粪系统。		1		
		有储料库或储料塔。		1		
		有自动光照控制系统。		1		
	（三）防疫设施 8分	场区四周有围墙得 1 分，防疫标志明显得 1 分（有防疫标语、标牌）。		2		
		场区门口有车辆和人员消毒通道，各得 1 分。		2		
		进入生产区采用淋浴、喷雾消毒或紫外线消毒，得 1 分；进入鸡舍采用消毒池或消毒桶、盆消毒，得 1 分。		2		
		有独立兽医室；具备正常开展临床诊疗和采样条件，得 1 分。		2		
三、防疫与管理 60分	（一）制度建设 4分	建立了投入品（含饲料、兽药、生物制品）采购使用制度。		1		
		建立了免疫、引种、隔离、疫情报告、病死禽无害化处理、消毒等防疫制度。		1		
		制定有种禽销售的质量管理制度，得 0.5 分、销售种禽记录健全，得 0.5 分。		1		
		有严格的车辆及人员出入管理制度，执行良好并有记录，得 0.5 分。		1		
	（二）人员素质 5分	全面负责疫病防治工作的技术负责人具有畜牧兽医专业本科以上学历或中级以上职称并从事养禽业三年以上。		2		
		从业人员有健康证明。		1		
		有 1 名以上本场专职兽医技术人员获得《执业兽医资格证书》。		2		

145

（续表）

类别	项目	具体内容及评分标准	关键项	满分	得分	扣分原因
三、防疫与管理 60分	（三）档案管理 3分	生产记录完整，有日产蛋记录得0.5分；有日死亡淘汰记录得0.5分；有日间料消耗记录得0.5分；有饲料添加剂、兽药使用记录，得0.5分。		2		
		有员工培训计划和培训考核记录，得0.5分；就生产管理制度，每位员工至少参加过1次培训，得0.5分。		1		
	（四）引种管理 15分	引种来源于有《种畜禽生产经营许可证》的种禽或种畜场或符合相关规定，国外进口的种禽或种蛋阴性，否则不得分。	*	3		
		引种禽苗/种蛋证件（动物检疫合格证明、种禽合格证、种畜合格证、系谱证）齐全、不齐全不得分。		4		
		有引进种禽/种蛋抽检检测报告结果：禽流感、新城疫病原学阴性；禽白血病抗原、抗体阴性；鸡白痢抗体阴性。		8		
	（五）主要疫病监测与净化 23分	制定了科学合理的免疫程序，有完整的防疫档案，档案保存3年以上，得1分；档案保存3年以上，得1分。		2		
		有禽流感、新城疫、禽白血病、鸡白痢年度（或更短周期）监测计划，免疫和实验室检验可行，每病种1分。		4		
		根据监测计划开展疫病监测，检测报告保存3年以上；检测报告缺少1年，扣1分，扣完为止。		3		
		有动物疫病发病记录或病情阶段性疫病流行情况档案。		2		
		有完整的病死鸡剖检、无害化处理记录，缺少1年扣1分，扣完为止。		4		
		开展过主要动物疫病净化工作，有禽流感/新城疫/禽白血病/鸡白痢净化方案及近三年实施记录。	*	8		

（续表）

类别	项目	具体内容及评分标准	关键项	满分	得分	扣分原因
三、防疫与管理 60分	（六）场群健康状态 10分	育雏成活率95%以上，得0.5分；育成率95%以上，得0.5分；产蛋期月死淘率1.6%以下，得1分。		2		
		具有近一年内有资质的兽医实验室检测报告结果并且结果符合以下要求：禽流感（H5亚型）免疫抗体合格率≥70%；禽白血病A-B，J群抗体合格率≥80%；新城疫免疫抗体合格率≥70%；禽白血病P27抗原阳性率≤10%；鸡白痢抗体阳性率≤1%，每次抽检只数不少于30。	*	4		
		具有近一年内有资质的兽医实验室检测报告结果并且结果符合所申报病种净化评估标准。	*	4		
四、环保要求 10分	（一）环保设施 4分	固定的鸡粪储存、堆放设施和场所，并有防雨、防渗漏、防溢流措施，或及时转运。		2		
		病死禽只和废物（感染性物质）进行无害化处理得1分，记录完整得1分。		2		
	（二）废水排放 3分	能实现雨污分流，废水、污水排放符合相关规定。		1		
		净道与污道分开，不交叉，得满分；存在交叉扣1分；未分区不得分。		2		
	（三）环境卫生 1分	场区内垃圾及时处理，无杂物堆放。		1		
	（四）水质 2分	水质符合人畜饮水卫生标准（NY 5027—2008）。		2		
		总分	24	100		

注：总分大于90分（含），且关键项（＊项）全部满分，为现场评审通过。

147

附件3

规模化奶牛场主要动物疫病净化示范场现场审查评分表

养殖场名称：

地址：

场点类型：　　　　负责人：　　　　省　　市　　县　　乡　　村　　联系电话：　　　　传真：

品种：　　　　邮编：

总存栏量：　　头（其中妊娠母牛　　头、泌乳期母牛　　头、干乳期母牛　　头、种公牛　　头）

申报净化病种：

必备条件（任一项不符合不得申请入围）　　是　　否

1. 土地使用符合相关法律法规与区域内土地使用规划，场址选择符合《中华人民共和国畜牧法》和《中华人民共和国动物防疫法》有关规定。

2. 具有县级以上畜牧兽医行政主管部门备案登记证明，并按照农业部《畜禽标识和养殖档案管理办法》要求，建立养殖档案。

3. 具有县级以上畜牧兽医部门颁发的《动物防疫条件合格证》，两年内无重大疫病和产品质量安全事件发生记录。

4. 种畜养殖企业具有县级以上畜牧兽医部门颁发的《种畜禽生产经营许可证》。

5. 具有县级以上环保行政主管部门的环评验收报告或许可。

6. 奶牛存栏500头以上。

7. 有疫病监测合格的历史证明。

类别	项目	具体内容及评分标准	关键项	满分	得分	扣分原因
一、结构布局 10分	结构布局 10分	场区位置独立，与主要交通干道、生活区、屠宰场、交易市场有效隔离。		2		
		生活管理区、生产区、辅助生产区、粪污处理区明确划分，得2分；部分分开，得1分。		2		
		犊牛舍、育成（青年）牛舍、泌乳牛舍、干奶牛舍、隔离牛舍布局合理。		2		
		有独立病畜隔离区；隔离区位于生产区的下风向，与生产区保持50m以上的间距，得1分；粪污处理区与病畜隔离区与生产区在空间上隔离、独立通道，得1分。		2		
		饲料区和青贮区设置在相邻的位置，便于TMR搅拌车工作，得1分；草料库、青贮窖和饲料加工间有防火设施，得1分。		2		

（续表）

类别	项目	具体内容及评分标准	关键项	满分	得分	扣分原因
二、设施与设备 20分	（一）栏舍 4分	采用自由散栏式饲养的牛舍建筑面积（成母牛）10m²/头以上，得1分；每头牛一个栏位，得1分。		2		
		运动场面积（成母牛）每头不低于25m²（自由散栏牛舍除外），得0.5分；有遮阳棚、饮水槽，得0.5分。		1		
		1月龄内接牛采用单栏饲养，得0.5分；1月龄后不同阶段采用分群饲养管理，得0.5分。		1		
	（二）生产设施 7分	具备全混合日粮（TMR）饲喂设备，并能够在日常饲养管理中有效实施，得1分；具备TMR混合均匀度与含水量测定仪器或日常记录，得1分。		2		
		牛舍有固定、有效的降温（夏）设施得1分，防寒（冬）设施得1分。		2		
		饲料、药物、疫苗等不同类型的投入品分类分开储藏得1分；储藏标识清晰得1分。		2		
		有自动饮水系统得1分。		1		
	（三）防疫设施 9分	有防疫隔离带得1分，防疫标志明显得1分（有防疫标语、标牌）。		2		
		场区入口有消毒池，得1分；生产区入口有人员消毒设备设施，得1分；人员进入生产区严格执行更衣、换鞋、冲洗、消毒，各得1分。		3		
		有预防鼠害、灭蚊蝇设施或消毒措施，各得1分。		2		
		有独立兽医室，得1分；具备正常开展临床诊疗和采样条件，得1分。		2		
三、防疫与管理 60分	（一）制度建设 4分	建立了投入品（含饲料、兽药、生物制品）采购、使用和管理制度。		1		
		建立了免疫、引入、隔离、兽医诊疗与用药、疫情报告、病死牛无害化处理、消毒等防疫制度。		1		
		有根据奶牛不同生长和泌乳阶段制定的饲养规范，制定了生鲜乳质量安全管理制度。		1		
		有严格的车辆及人员出入管理制度，得0.5分；执行良好并有记录，得0.5分。		1		

（续表）

类别	项目	具体内容及评分标准	关键项	满分	得分	扣分原因
三、防疫与管理 60分	(二) 人员素质 5分	全面负责疫病防治工作的技术负责人具有畜牧兽医专业本科以上学历或中级以上职称并从事养牛专业三年以上。		2		
		有 1 名以上本场专职兽医技术人员获得《执业兽医资格证书》，并持证上岗。		2		
		从业人员每年进行布病、结核病检查，有健康证明。		1		
	(三) 档案管理 4分	防疫档案（消毒、免疫和实验室检测记录）和生产记录档案保存完整，各得 1 分。		2		
		有员工培训计划和培训考核记录，得 0.5 分；就生产管理制度、每位员工至少参加过 1 次培训，得 0.5 分。		1		
		抗生素使用符合《奶牛场卫生规范》的要求，有奶牛使用抗生素隔离及解除制度和记录。		1		
	(四) 引种管理 14分	购进精液、胚胎，来自有《种畜禽生产经营许可证》的单位，或符合进口相关规定的胚胎或精液。		3		
		精液和胚胎采集、销售、移植记录完整，其供体动物符合《跨省调运乳用、种用动物产地检疫规程》规定的标准。		3		
		引入奶牛、精液、胚胎，有《动物检疫合格证明》。		2		
		本场留用种牛或精液，具有其供体动物口蹄疫、布鲁氏菌病、结核病实验室检测合格报告。	*	6		
	(五) 主要疫病监测与净化 23分	制定了科学合理的免疫程序，有完整的防疫档案，档案保存 3 年以上，得 0.5 分；检测记录、免疫和实验室检疫能追溯到动物的唯一性标识（如耳标号），得 1 分。		2		
		有布鲁氏菌病、结核病、口蹄疫年度（或更短周期）监测计划，并切实可行，监测报告保存 3 年以上，检测报告缺少 1 年，扣 1 分，扣完为止。		6		
		根据监测计划开展监测，有布病、结核病每检种 2 分。		3		
		有动物疫病发病流行情况档案		2		

（续表）

类别	项目	具体内容及评分标准	关键项	满分	得分	扣分原因
三、防疫与管理 60分	（五）主要疫病监测与净化 23分	有病死牛处理档案，得1分；有相应的隔离、淘汰、解剖或无害化处理记录，记录保存3年以上得3分，缺少1年扣1分，扣完为止。		4		
		开展过主要动物疫病净化工作，有牛口蹄疫/布鲁氏菌病/奶牛结核病净化方案及近三年实施记录。	*	6		
	（六）场群健康状态 10分	有乳房炎处理计划，包括治疗与干奶方案。		2		
		具备近一年内有兽医资质的兽医实验室检测报告结果并且结果符合以下要求：口蹄疫免疫抗体合格率均≥70%；布鲁氏菌阳性检出率低于1%；奶牛结核病阳性率低于1%；每次抽检头数不少于30。	*	4		
		具备近一年内有兽医资质的兽医实验室检测报告结果并且结果符合所申报病种净化评估标准。	*	4		
四、环保要求 10分	（一）环保设施 4分	有固定的牛粪储存、堆放设施和场所，并有防雨、防渗漏、防溢流措施，或及时转运，得2分。		2		
		配备焚烧炉、化尸池或其他病死牛无害化处理设施。		2		
	（二）废水排放 3分	废水、污水排道分开，不交叉，得满分；存在交叉扣1分；未区分不得分。		1		
		净道与污道分开，不交叉，得满分；存在交叉扣1分；未区分不得分。		2		
	（三）环境卫生 1分	场区内垃圾及时处理，无杂物堆放。		1		
	（四）水质 2分	水质符合人畜饮水卫生标准（NY/T 5027—2008）。		2		
总分			20	100		

注：总分大于90分（含），且关键项（＊项）全部满分，为现场评审通过。

151

附件 4

规模化种羊场主要动物疫病净化示范场现场审查评分表

养殖场名称：

地址：　　　　省　　　　市　　　　县　　　　乡　　　　村

场点类型：

品种：　　　　总存栏量：　　　　只（其中种公羊　　　　只、母羊　　　　只）

申报净化病种：

必备条件（任一项不符合不得申请入围）

1. 土地使用符合相关法律法规与区域内土地使用规划，场址选择符合《中华人民共和国畜牧法》和《中华人民共和国动物防疫法》有关规定。

2. 具备畜牧兽医行政主管部门备案登记证明，并按照农业部《畜禽标识和养殖档案管理办法》要求，建立养殖档案。

3. 具有县级以上畜牧兽医部门颁发的《动物防疫条件合格证》，两年内无重大疫病和产品质量安全事件发生记录。

4. 种畜禽养殖企业具有县级以上畜牧兽医部门颁发的《种畜禽生产经营许可证》。

5. 具有县级以上环保行政主管部门的环评验收报告或许可。

6. 种羊场存栏 500 只以上。（地方保种场除外）

7. 有疫病监测合格的历史证明。

负责人：　　　　联系电话：　　　　传真：　　　　邮编：

类别	项目	具体内容及评分标准	关键项	满分	得分	扣分原因
一、结构布局 10 分	结构布局 10 分	场区位置独立，与主要交通干道、生活区、屠宰场、交易市场有效隔离。		3		
		场区内生活区、生产区及粪污处理区均分开得 2 分，部分分开得 1 分，否则不得分。		2		
		生产区内母羊舍、羔羊舍、育成舍、育肥舍均分开，得 2 分；部分分开得 1 分，否则不得分。		2		
		有独立病畜隔离区，得 1 分；隔离区位于生产区的下风向，与生产区保持 50m 以上的间距，得 1 分；粪污处理区和病羊隔离区在空间上隔离，独立通道，得 1 分。		3		

（续表）

类别	项目	具体内容及评分标准	关键项	满分	得分	扣分原因
二、设施与设备 20分	（一）栏舍 6分	封闭式、半开放式、开放式羊舍，得1分；否则不得分；封闭式羊舍有保温设施、通风设施、降温设施，得1分。		2		
		羊舍内有专用饲槽，得1分；运动场有补饲槽，得1分。		2		
		有与各个羊舍相应的运动场。		2		
	（二）生产设施 6分	有配套饲草料加工机具的得0.5分；有简单饲草料加工工具的得0.5分；有饲料库得1分；有与养殖规模相适应的青贮设施及设备得1分；有干草棚得1分。		4		
		饲料、药物、疫苗等不同类型的投入品分类分开储藏，设施设备完善得1分；储藏标识清晰得1分。		2		
	（三）防疫设施 8分	有防疫隔离带得1分；防疫标志明显得1分（有防疫警示标语、标牌）。		2		
		场区入口有消毒池，得1分；生产区入口有人员消毒更衣设备设施，得0.5分；人员进入生产区严格执行更衣、换鞋、冲洗、消毒，执行良好，得0.5分。		2		
		羊舍（棚圈）内有消毒器材设施，得1分；有专用药浴设备或设施，得1分。		2		
		有独立兽医室，得1分；具备正常开展临床诊疗和采样条件，得1分。		2		
三、防疫与管理 60分	（一）制度建设 4分	建立了投入品（含饲料、兽药、生物制品）采购、使用和管理制度		1		
		建立了免疫、驱虫、引种、隔离、兽医诊疗与用药处理、消毒等防疫制度		1		
		有根据不同生长阶段制定的饲养规程。		1		
		有严格的车辆及人员出入管理制度并有记录。		1		
	（二）人员素质 5分	全面负责疫病防治工作的技术负责人具有畜牧兽医专业本科以上学历或中级以上职称并从事本业三年以上。		1		
		有1名以上本场专职兽医技术人员获得《执业兽医资格证书》，并持证上岗。		2		
		从业人员每年进行布病、结核病检查，有健康证明。		2		

（续表）

类别	项目	具体内容及评分标准	关键项	满分	得分	扣分原因
三、防疫与管理 60分	（三）档案管理 4分	防疫档案（消毒、免疫和实验室检测记录）和生产记录档案保存完整，各得1分。		2		
		有员工培训计划和培训考核记录，得0.5分；就生产管理制度，每位员工至少参加过1次培训，得0.5分。		1		
		有饲料、兽药使用记录，并记录完整的得1分，不完整的每缺1项扣0.5分。		1		
	（四）引种管理 14分	购进精液、胚胎，来自有《种畜禽生产经营许可证》的单位，或符合进口相关规定的胚胎或精液。		3		
		精液和胚胎采集、销售、移植记录完整，其供体动物符合《跨省调运乳用种用动物产地检疫规程》规定的标准。		3		
		引入种羊，精液或胚胎有《动物检疫合格证明》。		2		
		本场留用种羊或种公羊，具有供体动物口蹄疫、布鲁氏菌实验室检测合格报告。	*	6		
	（五）主要疫病监测与净化 23分	制定了科学合理的免疫程序，有完整的防疫档案，有档案保存3年以上，得0.5分；档案保存3年以上得0.5分；唯一性标识（如耳标号），得1分。		2		
		免疫和实验室检验合格，包括消毒、免疫和实验室检验能追溯到动物的检测记录能追溯到动物的				
		有布病、口蹄疫、羊痘等年度（或更短周期）监测计划，并切实可行，每病种2分。		6		
		根据监测计划开展监测，检测报告保存3年以上，检测报告缺少1年，扣1分。		3		
		有动物疫病发病记录或阶段性疫病流行情况档案。		2		
		有病死羊处理档案，得1分；有相应的隔离、淘汰，解剖或无害化处理记录，记录保存3年以上得3分，缺少1年扣1分，扣完为止。		4		
		开展过主要动物疫病净化/布鲁氏菌病/羊痘净化工作，有口蹄疫净化/布鲁氏菌病/羊痘净化方案及近三年实施记录。	*	6		

（续表）

类别	项目	具体内容及评分标准	关键项	满分	得分	扣分原因
三、防疫与管理 60分	（六）场群健康状态 10分	有预防、治疗羊常见疾病规程。		2		
		具有近一年内有资质的兽医实验室检测报告结果并且结果符合以下要求：口蹄疫免疫抗体率均≥70%；布鲁氏菌病阳性检出率低于0.5%，得2分；羊痘无临床病例；每次抽检头数不少于30。	*	4		
		具有近一年内有资质的兽医实验室检测报告结果并且结果符合所申报病种净化评估标准。	*	4		
四、环保要求 10分	（一）环保设施 4分	有固定的羊粪储存、堆放设施和场所，并有防雨、防渗漏、防溢流措施，或及时转运，得2分。		2		
		配备焚烧炉、化尸池或其他病死羊无害化处理设施。		2		
	（二）废水排放 3分	废水、污水排放符合相关规定。		1		
		净道与污道分开，不交叉，得满分；存在交叉扣1分；未区分不得分。		2		
	（三）环境卫生 1分	场区内垃圾及时处理，无杂物堆放。		1		
	（四）水质 2分	水质符合人畜饮水卫生标准（NY/T 5027—2008）。		2		
总　　　　分			20	100		

注：总分大于90分（含），且关键项（*项）全部满分，为现场评审通过。

第三节 主要动物疫病净化流程

一、目的与依据

目的：从源头切断传染源，净化重大动物疫病、人畜共患病及其他动物疫病的传播，从而促进养殖业发展，保护人类健康，维护公共卫生安全；

依据：《中华人民共和国动物防疫法》和《国家中长期动物疫病防治规划》(2012—2020 年)

二、净化目标

(1) 实施净化畜种范围 父母代以上的种鸡、种鸭、种鹅，种猪、原种猪，种牛、奶牛，种羊。

(2) 净化疫病种类 高致病性禽流感、新城疫、沙门氏菌病、禽白血病、高致病性猪蓝耳病、猪瘟、猪伪狂犬病、布鲁氏菌病和奶牛结核病。

三、净化流程

按照"检测→淘汰 (扑杀) /分群→免疫→检测→淘汰/分群 (扑杀或无害化处理) →净化"的程序，对病原检测阳性畜、禽群进行扑杀或淘汰，同时加强消毒和提高综合饲养管理水平等措施开展猪瘟净化工作。净化技术路线流程见下图。

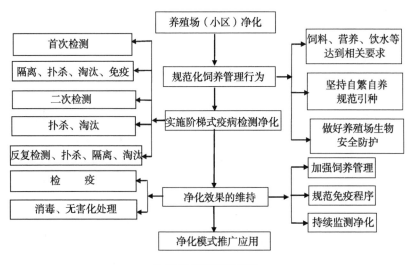

净化技术路线流程图

第六章　病死动物无害化处理

《动物防疫法》第二十一条规定：动物、动物产品的运载工具、垫料、包装物、容器等应当符合国务院兽医主管部门规定的动物防疫要求。染疫动物及其排泄物、染疫动物产品，病死或者死因不明的动物尸体，运载工具中的动物排泄物以及垫料、包装物、容器等污染物，应当按照国务院兽医主管部门的规定处理，不得随意处置。

《重大动物疫情应急条例》第二十九条第二款也规定"对病死的动物、动物排泄物、被污染饲料、垫料、污水进行无害化处理"。对于染疫动物及其排泄物、染疫动物的产品、病死或者死因不明的动物尸体，法律法规都作了禁止性规定，即不得随意处置，必须按照国务院兽医主管部门的有关规定处理。这是有效控制和消灭疫源的主要措施，对于防止动物疫病的发生和传播具有重要作用，有关单位和个人必须遵照执行。

目前，对发生传染病或不明原因死亡的动物，最好的办法也只能以土埋方式进行处理。但由于土地资源有限，特别在城区几乎没有地方可以深埋病死动物，造成病死动物不能及时处理。同时，一部分缺乏法律意识的养殖户，还会将动物尸体直接抛尸野外，甚至于公路、河流、水库等地随处可见。即使有部分深埋处理，但因不符合无害化处理规程，极易引起二次污染影响环境，并给动物疫病传播扩散留下了隐患。病害动物及其产品无法进行集中处置已经成为当前动物疫病防控中最为突出的问题，也极易引发一系列的公共卫生问题。

对病害动物及其产品的处理，已经引起各级政府和广大人民群众的广泛关注。建设病死动物无害化处理场所是推进我国动物防疫工作的必然要求，也是应对我国公共卫生突发事件的应急需要，更是贯彻落实国家有关法律法规的具体要求。目前，部分大中城市已经意识到无害化处理的重要性，正在逐步建设和完善病死动物无害化处理长效机制，国家和部分省区也对病害动物无害化处理设施建设作出规划。可以预见，今后几年病害动物无害化处理设施的建设将在全国范围内逐步铺开。一些市、县也都加快建设病害动物无害化处理场所的步伐，对动物无害化处理场所的动物防疫条件审查日显重要。

第一节 隔 离

一、动物隔离的意义

隔离患病动物和可疑染疫的动物是防治传染病的重要措施之一。隔离的目的是为了控制传染源，防止传染病传播蔓延，以便将疫情控制在最小范围内加以就地扑灭。

二、动物隔离的方法

1. 操作步骤

（1）选择隔离场所 在本场户饲养区，原则按假定健康动物、可疑感染动物和患病动物顺序，由上风头、地势较高处往下风头、地势较低处排列，选择不易散播病原微生物、容易消毒处理的场所或房舍隔离可疑感染动物和患病动物。

（2）隔离场所的消毒 隔离场所选好后，根据消毒对象可选用来苏尔、漂白粉、福尔马林、过氧乙酸、烧碱、百毒杀、环氧乙烷等无公害消毒药进行消毒。疫源地内患病动物解除封锁、痊愈或死亡后，或者在疫区解除封锁时，为了彻底消灭疫区内可能残存的病原体，须进行一次全面彻底的终末消毒。消毒的对象是传染源和可能污染的可能污染的所有动物舍、饲料、饮水、用具、场地及其他物品等。终末消毒一定要全面、彻底、认真实施。

（3）分群 在发生传染病流行时，首先应对动物群进行疫情监测，查明动物感染的程度，应逐头（只）检查临诊症状，必要时进行血清学和变态反应检查。根据疫情监测的结果，可将全部动物分为患病动物、可疑感染动物和假定健康动物等3类，以便分别处置。

（4）不同类群的处置

①患病动物 包括有典型症状或类似症状，或其他特殊检查呈阳性的动物。他们是危险性最大的传染源。隔离的病畜，须有专人看管、饲养、护理，及时进行治疗；隔离场所禁止其他人畜出入；工作人员出入应遵守消毒制度；隔离区内的用具、饲料、粪便等，未经彻底消毒处理不得运出；没有治疗价值的或烈性传染病不宜治疗的患病动物应扑杀、销毁或按国家有关规定进行处理。

②可疑感染动物 未发现任何症状，但与患病动物及其污染的环境有过接触，如同群、同圈、同槽、同牧及使用共同水源、用具等。这类动物有可

能感染处于潜伏期，并有排菌（毒）的危险，应在消毒后另选地方将其隔离、看管，限制其活动，详加观察，出现症状后则按患病动物处理。有条件时应立即进行紧急免疫接种或预防性接种治疗。隔离观察时间的长短，根据该种传染病潜伏期长短而定，经一定时间不发病者，可取消其限制。

③假定健康动物　除上述两类外，疫区内其他易感动物都属于此类，对这类动物应采取保护措施。应与上述两类动物严格分开隔离饲养，加强防疫消毒和相应的保护措施，立即进行紧急免疫接种，必要时可根据实际情况转移至其他地方饲养。

2. 注意事项

（1）合理划分群类。对假定健康动物群要严格检测，合理划分，及时免疫接种。

（2）隔离时间至少要在该传染病一个潜伏期以上。

第二节　无害化处理概述

一、无害化处理的概念

病死动物无害化处理是指：用物理、化学或生物学等方法处理带有或疑似带有病原体的动物尸体、动物产品或其他物品，达到消灭传染源，切断传播途径，阻止病原扩散的目的。此外，病害动物无害化处理还具有保障公共卫生安全，促进养殖业持续健康发展和提高我国动物产品国际市场竞争力等重要意义。

我国先后颁布了《病害动物和病害动物产品生物安全处理规程》（GB 16548—2006）、农业部印发了《病死动物无害化处理技术规范》农医发〔2013〕34 号及《畜禽养殖业污染防治技术规范》等，适用于国家规定的染疫动物及其产品，病死、毒死或者死因不明的动物尸体，经检验对人畜健康有危害的动物和病害动物产品、国家规定应该进行生物安全处理的动物和动物产品，明确了生物安全处理的概念是通过用焚烧、化制、掩埋或其他物理、化学、生物学等方法将病害动物尸体和病害动物产品或附属物进行处理，以彻底消灭其所携带的病原体，达到消除病害因素，保障人畜健康安全的目的。

无害化处理场所的动物防疫条件是指该场所的选址、工程设计、工艺流程、防疫制度和人员等。动物和动物产品无化处理场所是处理带有或疑似带有病原体的动物尸体、动物产品或其他物品的场所，对动物传染病的传播存在的风险很高，一旦从无害化处理场所传播开来，将会引起严重后果，因此，对动物和动物产品无害化处理场所的动物防疫条件要求标准更高，审查更加严格。

二、处理对象和方法

《病害动物和病害动物产品生物安全处理规程》（GB 16548—2006）规定了病害动物和病害动物产品的处理对象和方法。

（一）销毁

1. 销毁的对象

（1）确认为口蹄疫、猪水泡病、猪瘟、非洲猪瘟、非洲马瘟、牛瘟、牛传染性胸膜肺炎、牛海绵状脑病、痒病、绵羊梅迪/维斯那病、蓝舌病、小反刍兽疫、绵羊痘和山羊痘、高致病性禽流感、鸡新城疫、炭疽、鼻疽、狂犬病、羊快疫、羊肠毒血症、肉毒梭菌中毒症、羊猝狙、马传染性贫血病、猪密螺旋体痢疾、猪囊尾蚴、急性猪丹毒、钩端螺旋体病（已黄染肉尸）、布鲁氏菌病、结核病、鸭瘟、兔病毒性出血症、野兔热的染疫动物以及其他严重危害人畜健康的病害动物及其产品。

（2）病死、毒死或不明死因动物的尸体。

（3）经检验对人畜有毒有害的、需销毁的病害动物和病害动物产品。

（4）从动物体割除下来的病变部分。

（5）人工接种病原生物系或进行药物试验的病害动物和病害动物产品。

（6）国家规定的应该销毁的动物和动物产品。

2. 销毁方法

（1）焚毁　将病害动物尸体或病害动物产品投入焚化炉或用其他方式烧毁炭化。

（2）掩埋　将病害动物尸体或病害动物产品掩埋上层应距地表1.5m以下的掩埋坑内。掩埋不适用于患有炭疽等芽孢杆菌类疫病，以及牛海绵袄脑病、痒病的染疫动物及产品、组织的处理。

（二）无害化处理

1. 无害化处理的对象

无害化处理的对象主要是：患重大动物疫病、人兽共患病或染疫其他疫病的动物尸体、胴体、内脏及其动物产品。

2. 无害化处理的方法　主要有化制和消毒。

（1）化制　是利用干化、湿化机，将病害动物和病害动物产品原料分类，分别投入化制。

（2）消毒　主要有高温消毒法和化学消毒法。

高温处理法适用于染疫动物蹄、骨和角的处理，是将肉尸作高温处理时剔出的蹄、骨和角放入高压锅内蒸煮至脱胶或脱脂时止。煮沸消毒法，适用于染疫动物鬃毛的处理，即将鬃毛于沸水中煮沸 2 ~ 2.5h。

化学消毒法主要有：盐酸食盐溶液消毒法，适用于被病原微生物或可疑被污染和一般染疫动物的皮毛消毒；过氧乙酸消毒法，适用于任何染疫动物的皮毛消毒；碱盐液浸泡消毒适用于被病原微生污染的皮毛消毒。

第三节 病害动物和病害动物产品生物安全处理规程
（GB 16548—2006）

《病害动物和病害动物产品生物安全处理规程》（GB 16548—2006），2006 年 9 月 4 日由中华人民共和国质量监督检验检疫总局、中国国家标准化管理委员会发布，2006 年 12 月 1 日开始实施，替代了原国家发布的 GB 16548—1996《畜禽病害肉尸及其产品无害化处理规程》。

本标准的全部技术内容为强制性。本标准是对 GB 16548—1996 的修订。

本标准根据《中华人民共和国动物防疫法》及有关法律法规和规章的规定，参照世界动物卫生组织（OIE）《国际动物卫生法典》标准性文件的有关部分，依据相关科技成果和实践经验修订而成。

本标准与 GB 16548—1996 的主要区别在于：

将标准名称改为《病害动物和病害动物产品生物安全处理规程》；

将适用范围改为"适用于国家规定的染疫动物及其产品，病死、毒死或者死因不明的动物尸体，经检验对人畜健康有危害的动物和病害动物产品，国家规定应该进行生物安全处理的动物和动物产品"。

"术语和定义"中，明确"生物安全处理"的含义；在销毁的方法中增加"掩埋"一项，并规定具体的操作程序和方法。病害动物和病害动物产品生物安全处理规程全文如下：

1 范围

本标准规定了病害动物和病害动物产品的销毁、无害化处理的技术要求。

本标准适用于国家规定的染疫动物及其产品、病死毒死或者死因不明的动物尸体、经检验对人畜健康有危害的动物和病害动物产品、国家规定的其他应该进行生物处理的动物和动物产品。

2 术语和定义

下列术语和定义适用于本标准。

2.1 生物安全处理

通过用焚毁、化制、掩埋或其他物理、化学、生物学等方法将病害动物尸体和病害动物产品或附属物进行处理，以彻底消灭其所携带的病原体，达到消除病害因素，保障人畜健康安全的目的。

3 病害动物和病害动物产品的处理

3.1 运送

运送动物尸体和病害动物产品应采用密闭、不渗水的容器，装前卸后必须要消毒。

3.2 销毁

3.2.1 适用对象

3.2.1.1 确认为口蹄疫、猪水泡病、猪瘟、非洲猪瘟、牛瘟、牛传染性胸膜肺炎、牛海绵状脑病、痒病、绵羊梅迪/维斯那病、蓝舌病、小反刍兽疫、绵羊痘和山羊痘。山羊关节炎脑炎、高致病性禽流感、鸡新城疫、炭疽、鼻疽、狂犬病、羊快疫、羊肠毒血症、肉毒梭菌中毒症、羊猝狙、马传染性贫血病、猪螺旋体痢疾、猪囊尾蚴、急性猪丹毒、钩端螺旋体病（已黄染肉尸）、布鲁氏菌病、结核病、鸭瘟、兔病毒性出血症、野兔热的染疫动物以及其他严重危害人畜健康的病害动物及其产品。

3.2.1.2 病死、毒死或不明死因动物的尸体。

3.2.1.3 经检验对人畜有毒有害的、需销毁的病害动物和病害动物产品。

3.2.1.4 从动物体割除的病变部分。

3.2.1.5 人工接种病原微生物或进行药物实验的病害动物和病害动物产品。

3.2.1.6 国家规定的其他应该销毁的动物和动物产品。

3.2.2 操作方法

3.2.2.1 焚毁

将病害动物尸体、病害动物产品投入焚化炉或用其他方式烧毁碳化。

3.2.2.2 掩埋

本法不适用于患有炭疽等芽孢杆菌类疫病，以及牛海绵状脑病、痒病的染疫动物及产品、组织的处理。具体掩埋要求如下：

a）掩埋地应远离学校、公共场所、居民住宅区、村庄、动物饲养和屠宰场所、饮用水源地、河流等地区。

b）掩埋前应对需掩埋的病害动物尸体和病害动物产品实施焚烧处理。

c）掩埋坑底铺2cm厚生石灰。

d）掩埋后需将掩埋土夯实。病害动物尸体和病害动物产品上层应距地表1.5m以上。

e）焚烧后的病害动物尸体和病害动物产品表面，以及掩埋后的地表环境应使用有效消毒药喷洒消毒。

3.3　无害化处理

3.3.1　化制

3.3.1.1　适用对象

除3.2.1规定的动物疫病以外的其他疫病的染疫动物，以及病变严重、肌肉发生退行性变化的动物的整个尸体或胴体、内脏。

3.3.1.2　操作方法

利用干化、湿化机，将原料分类、分别投入化制。

3.3.2　消毒

3.3.2.1　适用对象

除3.2.1规定的动物疫病以外的其他疫病的染疫动物的生皮、原毛以及未经加工的蹄、骨、角、绒。

3.3.2.2　操作方法

3.3.2.2.1　高温处理法

适用于染疫动物蹄、骨和角的处理。

将肉尸作高温处理时剔出的骨、蹄、角放入高压锅内蒸煮至骨脱胶或脱脂时止。

3.3.2.2.2　盐酸食盐溶液消毒法

适用于被病原微生物污染或可疑被污染和一般染疫动物的皮毛消毒。

用2.5%盐酸溶液和15%食盐水溶液等量混合，将皮张浸泡在此溶液中，并使溶液温度保持在30℃左右，浸泡40h，1m²皮张用10L消毒液，浸泡后捞出沥干，放入2%氢氧化钠溶液中，以中和皮张上的酸，再用水冲洗后晾干。也可按100ml 25%食盐水溶液中加入盐酸1ml配制消毒液，在室温15℃条件下浸泡48h，皮张与消毒液之比为1:4。浸泡后捞出沥干，再放入1%氢氧化钠溶液中浸泡，以中和皮张上的酸，再用水冲洗后晾干。

3.3.2.2.3　过氧乙酸消毒法

适用于任何染疫动物的皮毛消毒。

将皮毛放入新鲜配制的2%过氧乙酸溶液中浸泡30min，捞出。用水冲洗后晾干。

3.3.2.2.4　碱盐液浸泡消毒法

适用于被病原微生物污染的皮张消毒。

将皮毛浸入5%碱盐液（饱和盐水内加5%氢氧化钠）中，室温（18～25℃）浸泡24h，并随时加以搅拌，然后取出挂起，待碱盐液流净，放入5%盐酸液内浸泡，使皮上的酸碱中和，捞出，用水冲洗后晾干。

3.3.2.2.5　煮沸消毒法

适用于染疫动物鬃毛的处理。

将鬃毛于沸水中煮沸2～2.5h。

第四节　病死动物无害化处理技术规范

为规范病死动物尸体及相关动物产品无害化处理操作技术，有效预防、防控重大动物疫病，维护动物产品质量安全，依据《中华人民共和国动物防疫法》及有关法律法规，农业部于2013年10月15日制定并发布了本规范。即农医发〔2013〕34号文件。

1　适用范围

本规范规定了病死动物尸体及相关动物产品无害化处理方法的技术工艺和操作注意事项，以及在处理过程中包装、暂存、运输、人员防护和无害化处理记录要求。

2　引用规范和标准

《中华人民共和国动物防疫法》（2007年主席令第71号）

《动物防疫条件审查办法》（农业部令2010年第7号）

《病死及死因不明动物处置办法（试行）》（农医发〔2005〕25号）

GB16548 病害动物和病害动物产品生物安全处理规程

GB19217 医疗废物转运车技术要求（试行）

GB18484 危险废物焚烧污染控制标准

GB18597 危险废物贮存污染控制标准

GB16297 大气污染物综合排放标准

GB14554 恶臭污染物排放标准

GB8978 污水综合排放标准

GB5085.3 危险废物鉴别标准

GB/T16569 畜禽产品消毒规范

GB19218 医疗废物焚烧炉技术要求（试行）

GB/T19923 城市污水再生利用　工业用水水质

当上述标准和文件被修订时，应使用其最新版本。

3　术语和定义

3.1　无害化处理

本规范所称无害化处理，是指用物理、化学等方法处理病死动物尸体及相关动物产品，消灭其所携带的病原体，消除动物尸体危害的过程。

3.2　焚烧法

焚烧法是指在焚烧容器内，使动物尸体及相关动物产品在富氧或无氧条件下进行氧化反应或热解反应的方法。

3.3　化制法

化制法是指在密闭的高压容器内，通过向容器夹层或容器通入高温饱和蒸汽，在干热、压力或高温、压力的作用下，处理动物尸体及相关动物产品的方法。

3.4　掩埋法

掩埋法是指按照相关规定，将动物尸体及相关动物产品投入化尸窖或掩埋坑中并覆盖、消毒，发酵或分解动物尸体及相关动物产品的方法。

3.5　发酵法

发酵法是指将动物尸体及相关动物产品与稻糠、木屑等辅料按要求摆放，利用动物尸体及相关动物产品产生的生物热或加入特定生物制剂，发酵或分解动物尸体及相关动物产品的方法。

4　无害化处理方法

4.1　焚烧法

4.1.1　直接焚烧法

4.1.1.1　技术工艺

4.1.1.1.1　可视情况对动物尸体及相关动物产品进行破碎预处理。

4.1.1.1.2　将动物尸体及相关动物产品或破碎产物，投至焚烧炉本体燃烧室，经充分氧化、热解，产生的高温烟气进入二燃室继续燃烧，产生的炉渣经出渣机排出。燃烧室温度应≥850℃。

4.1.1.1.3　二燃室出口烟气经余热利用系统、烟气净化系统处理后达标排放。

4.1.1.1.4　焚烧炉渣与除尘设备收集的焚烧飞灰应分别收集、贮存和运输。焚烧炉渣按一般固体废物处理；焚烧飞灰和其他尾气净化装置收集的固体废物如属于危险废物，则按危险废物处理。

4.1.1.2　操作注意事项

4.1.1.2.1　严格控制焚烧进料频率和重量，使物料能够充分与空气接触，保证完全燃烧。

4.1.1.2.2 燃烧室内应保持负压状态，避免焚烧过程中发生烟气泄露。

4.1.1.2.3 燃烧所产生的烟气从最后的助燃空气喷射口或燃烧器出口到换热面或烟道冷风引射口之间的停留时间应≥2s。

4.1.1.2.4 二燃室顶部设紧急排放烟囱，应急时开启。

4.1.1.2.5 应配备充分的烟气净化系统，包括喷淋塔、活性炭喷射吸附、除尘器、冷却塔、引风机和烟囱等，焚烧炉出口烟气中氧含量应为6%～10%（干气）。

4.1.2 炭化焚烧法

4.1.2.1 技术工艺

4.1.2.1.1 将动物尸体及相关动物产品投至热解炭化室，在无氧情况下经充分热解，产生的热解烟气进入燃烧（二燃）室继续燃烧，产生的固体炭化物残渣经热解炭化室排出。热解温度应≥600℃，燃烧（二燃）室温度≥1 100℃，焚烧后烟气在1 100℃以上停留时间≥2s。

4.1.2.1.2 烟气经过热解炭化室热能回收后，降至600℃左右进入排烟管道。烟气经过湿式冷却塔进行"急冷"和"脱酸"后进入活性炭吸附和除尘器，最后达标后排放。

4.1.2.2 注意事项

4.1.2.2.1 应检查热解炭化系统的炉门密封性，以保证热解炭化室的隔氧状态。

4.1.2.2.2 应定期检查和清理热解气输出管道，以免发生阻塞。

4.1.2.2.3 热解炭化室顶部需设置与大气相连的防爆口，热解炭化室内压力过大时可自动开启泄压。

4.1.2.2.4 应根据处理物种类、体积等严格控制热解的温度、升温速度及物料在热解炭化室里的停留时间。

4.2 化制法

4.2.1 干化法

4.2.1.1 技术工艺

4.2.1.1.1 可视情况对动物尸体及相关动物产品进行破碎预处理。

4.2.1.1.2 动物尸体及相关动物产品或破碎产物输送入高温高压容器。

4.2.1.1.3 处理物中心温度≥140℃，压力≥0.5MPa（绝对压力），时间≥4h（具体处理时间随需处理动物尸体及相关动物产品或破碎产物种类和体积大小而设定）。

4.2.1.1.4 加热烘干产生的热蒸汽经废气处理系统后排出。

4.2.1.1.5 加热烘干产生的动物尸体残渣传输至压榨系统处理。

4.2.1.2　操作注意事项

4.2.1.2.1　搅拌系统的工作时间应以烘干剩余物基本不含水分为宜，根据处理物量的多少，适当延长或缩短搅拌时间。

4.2.1.2.2　应使用合理的污水处理系统，有效去除有机物、氨氮，达到国家规定的排放要求。

4.2.1.2.3　应使用合理的废气处理系统，有效吸收处理过程中动物尸体腐败产生的恶臭气体，使废气排放符合国家相关标准。

4.2.1.2.4　高温高压容器操作人员应符合相关专业要求。

4.2.1.2.5　处理结束后，需对墙面、地面及其相关工具进行彻底清洗消毒。

4.2.2　湿化法

4.2.2.1　技术工艺

4.2.2.1.1　可视情况对动物尸体及相关动物产品进行破碎预处理。

4.2.2.1.2　将动物尸体及相关动物产品或破碎产物送入高温高压容器，总质量不得超过容器总承受力的4/5。

4.2.2.1.3　处理物中心温度≥135℃，压力≥0.3MPa（绝对压力），处理时间≥30min（具体处理时间随需处理动物尸体及相关动物产品或破碎产物种类和体积大小而设定）。

4.2.2.1.4　高温高压结束后，对处理物进行初次固液分离。

4.2.2.1.5　固体物经破碎处理后，送入烘干系统；液体部分送入油水分离系统处理。

4.2.2.2　操作注意事项

4.2.2.2.1　高温高压容器操作人员应符合相关专业要求。

4.2.2.2.2　处理结束后，需对墙面、地面及其相关工具进行彻底清洗消毒。

4.2.2.2.3　冷凝排放水应冷却后排放，产生的废水应经污水处理系统处理达标后排放。

4.2.2.2.4　处理车间废气应通过安装自动喷淋消毒系统、排风系统和高效微粒空气过滤器（HEPA过滤器）等进行处理，达标后排放。

4.3　掩埋法

4.3.1　直接掩埋法

4.3.1.1　选址要求

4.3.1.1.1　应选择地势高燥，处于下风向的地点。

4.3.1.1.2　应远离动物饲养厂（饲养小区）、动物屠宰加工场所、动物隔离场所、动物诊疗场所、动物和动物产品集贸市场、生活饮用水源地。

4.3.1.1.3　应远离城镇居民区、文化教育科研等人口集中区域、主要河流及公路、铁路等主要交通干线。

4.3.1.2　技术工艺

4.3.1.2.1　掩埋坑体容积以实际处理动物尸体及相关动物产品数量确定。

4.3.1.2.2　掩埋坑底应高出地下水位1.5m以上，要防渗、防漏。

4.3.1.2.3　坑底撒一层厚度为2~5cm的生石灰或漂白粉等消毒药。

4.3.1.2.4　将动物尸体及相关动物产品投入坑内，最上层距离地表1.5m以上。

4.3.1.2.5　生石灰或漂白粉等消毒药消毒。

4.3.1.2.6　覆盖距地表20~30cm，厚度不少于1~1.2m的覆土。

4.3.1.3　操作注意事项

4.3.1.3.1　掩埋覆土不要太实，以免腐败产气造成气泡冒出和液体渗漏。

4.3.1.3.2　掩埋后，在掩埋处设置警示标识。

4.3.1.3.3　掩埋后，第一周内应每日巡查1次，第二周起应每周巡查1次，连续巡查3个月，掩埋坑塌陷处应及时加盖覆土。

4.3.1.3.4　掩埋后，立即用氯制剂、漂白粉或生石灰等消毒药对掩埋场所进行1次彻底消毒。第一周内应每日消毒1次，第二周起应每周消毒1次，连续消毒三周以上。

4.3.2　化尸窖

4.3.2.1　选址要求

4.3.2.1.1　畜禽养殖场的化尸窖应结合本场地形特点，宜建在下风向。

4.3.2.1.2　乡镇、村的化尸窖选址应选择地势较高，处于下风向的地点。应远离动物饲养厂（饲养小区）、动物屠宰加工场所、动物隔离场所、动物诊疗场所、动物和动物产品集贸市场、泄洪区、生活饮用水源地；应远离居民区、公共场所，以及主要河流、公路、铁路等主要交通干线。

4.3.2.2　技术工艺

4.3.2.2.1　化尸窖应为砖和混凝土，或者钢筋和混凝土密封结构，应防渗防漏。

4.3.2.2.2　在顶部设置投置口，并加盖密封加双锁；设置异味吸附、过滤等除味装置。

4.3.2.2.3　投放前，应在化尸窖底部铺一定量的生石灰或洒消毒液。

4.3.2.2.4　投放后，投置口密封加盖加锁，并对投置口、化尸窖及周边环境进行消毒。

4.3.2.2.5　当化尸窖内动物尸体达到容积的 3/4 时，应停止使用并密封。

4.3.2.3　注意事项

4.3.2.3.1　化尸窖周围应设置围栏、设立醒目警示标志以及专业管理人员姓名和联系电话公示牌，应实行专人管理。

4.3.2.3.2　应注意化尸窖维护，发现化尸窖破损、渗漏应及时处理。

4.3.2.3.3　当封闭化尸窖内的动物尸体完全分解后，应当对残留物进行清理，清理出的残留物进行焚烧或者掩埋处理，化尸窖池进行彻底消毒后，方可重新启用。

4.4　发酵法

4.4.1　技术工艺

4.4.1.1　发酵堆体结构形式主要分为条垛式和发酵池式。

4.4.1.2　处理前，在指定场地或发酵池底铺设 20cm 厚辅料。

4.4.1.3　辅料上平铺动物尸体或相关动物产品，厚度≤20cm。

4.4.1.4　覆盖 20cm 辅料，确保动物尸体或相关动物产品全部被覆盖。堆体厚度随需处理动物尸体和相关动物产品数量而定，一般控制在 2～3m。

4.4.1.5　堆肥发酵堆内部温度≥54℃，一周后翻堆，3 周后完成。

4.4.1.6　辅料为稻糠、木屑、秸秆、玉米芯等混合物，或为在稻糠、木屑等混合物中加入特定生物制剂预发酵后产物。

4.4.2　操作注意事项

4.4.2.1　因重大动物疫病及人畜共患病死亡的动物尸体和相关动物产品不得使用此种方式进行处理。

4.4.2.2　发酵过程中，应做好防雨措施。

4.4.2.3　条垛式堆肥发酵应选择平整、防渗地面。

4.4.2.4　应使用合理的废气处理系统，有效吸收处理过程中动物尸体和相关动物产品腐败产生的恶臭气体，使废气排放符合国家相关标准。

5　收集运输要求

5.1　包装

5.1.1　包装材料应符合密闭、防水、防渗、防破损、耐腐蚀等要求。

5.1.2　包装材料的容积、尺寸和数量应与需处理动物尸体及相关动物产品的体积、数量相匹配。

5.1.3　包装后应进行密封。

5.1.4 使用后，一次性包装材料应作销毁处理，可循环使用的包装材料应进行清洗、消毒。

5.2 暂存

5.2.1 采用冷冻或冷藏方式进行暂存，防止无害化处理前动物尸体腐败。

5.2.2 暂存场所应能防水、防渗、防鼠、防盗，易于清洗和消毒。

5.2.3 暂存场所应设置明显警示标识。

5.2.4 应定期对暂存场所及周边环境进行清洗、消毒。

5.3 运输

5.3.1 选择专用的运输车辆或封闭厢式运载工具，车厢四壁及底部应使用耐腐蚀材料，并采取防渗措施。

5.3.2 车辆驶离暂存、养殖等场所前，应对车轮及车厢外部进行消毒。

5.3.3 运载车辆应尽量避免进入人口密集区。

5.3.4 若运输途中发生渗漏，应重新包装、消毒后运输。

5.3.5 卸载后，应对运输车辆及相关工具等进行彻底清洗、消毒。

6 其他要求

6.1 人员防护

6.1.1 动物尸体的收集、暂存、装运、无害化处理操作的工作人员应经过专门培训，掌握相应的动物防疫知识。

6.1.2 工作人员在操作过程中应穿戴防护服、口罩、护目镜、胶鞋及手套等防护用具。

6.1.3 工作人员应使用专用的收集工具、包装用品、运载工具、清洗工具、消毒器材等。

6.1.4 工作完毕后，应对一次性防护用品作销毁处理，对循环使用的防护用品消毒处理。

6.2 记录要求

6.2.1 病死动物的收集、暂存、装运、无害化处理等环节应建有台账和记录。有条件的地方应保存运输车辆行车信息和相关环节视频记录。

6.2.2 台账和记录

6.2.2.1 暂存环节

6.2.2.1.1 接收台账和记录应包括病死动物及相关动物产品来源场（户）、种类、数量、动物标识号、死亡原因、消毒方法、收集时间、经手人员等。

6.2.2.1.2 运出台账和记录应包括运输人员、联系方式、运输时间、车牌号、病死动物及产品种类、数量、动物标识号、消毒方法、运输目的地以及经手人员等。

6.2.2.2　处理环节

6.2.2.2.1　接收台账和记录应包括病死动物及相关动物产品来源、种类、数量、动物标识号、运输人员、联系方式、车牌号、接收时间及经手人员等。

6.2.2.2.2　处理台账和记录应包括处理时间、处理方式、处理数量及操作人员等。

6.2.3　涉及病死动物无害化处理的台账和记录至少要保存两年。

第五节　畜禽养殖业污染防治技术规范

随着我国集约化畜禽养殖业的迅速发展，养殖场及其周边环境问题日益突出，成为制约畜牧业进一步发展的主要因素之一。为防止环境污染，保障人、畜健康，促进畜牧业的可持续发展，依据《中华人民共和国环境保护法》等有关法律、法规制定本技术规范。

本技术规范规定了畜禽养殖场的选址要求、场区布局与清粪工艺、畜禽粪便贮存、污水处理、固体粪肥的处理利用、饲料和饲养管理、病死畜禽尸体处理与处置、污染物监测等污染防治的基本技术要求。

本技术规范为首次制定。

本技术规范由国家环境保护总局自然生态保护司提出。

本技术规范由国家环境保护总局科技标准司归口。

本技术规范由北京师范大学环境科学研究所、国家环境保护总局南京环境科学研究所和中国农业大学资源与环境学院共同负责起草。

本技术规范由国家环境保护总局负责解释。

HJ/T 81—2001　畜禽养殖业污染防治技术规范

1　主题内容

本技术规范规定了畜禽养殖场的选址要求、场区布局与清粪工艺、畜禽粪便贮存、污水处理、固体粪肥的处理利用、饲料和饲养管理、病死畜禽尸体处理与处置、污染物监测等污染防治的基本技术要求。

2　技术原则

2.1　畜禽养殖场的建设应坚持农牧结合、种养平衡的原则，根据本场区土地（包括与其他法人签约承诺消纳本场区产生粪便污水的土地）对畜禽粪便的消纳能力，确定新建畜禽养殖场的养殖规模。

2.2 对于无相应消纳土地的养殖场，必须配套建立具有相应加工（处理）能力的粪便污水处理设施或处理（置）机制。

2.3 畜禽养殖场的设置应符合区域污染物排放总量控制要求。

3 选址要求

3.1 禁止在下列区域内建设畜禽养殖场。

3.1.1 生活饮用水水源保护区、风景名胜区、自然保护区的核心区及缓冲区；

3.1.2 城市和城镇居民区，包括文教科研区、医疗区、商业区、工业区、游览区等人口集中地区；

3.1.3 县级人民政府依法划定的禁养区域；

3.1.4 国家或地方法律、法规规定需特殊保护的其他区域。

3.2 新建改建、扩建的畜禽养殖场选址应避开3.1规定的禁建区域，在禁建区域附近建设的，应设在3.1规定的禁建区域常年主导风向的下风向或侧风向处，场界与禁建区域边界的最小距离不得小于500m。

4 场区布局与清粪工艺

4.1 新建、改建、扩建的畜禽养殖场应实现生产区、生活管理区的隔离，粪便污水处理设施和禽畜尸体焚烧炉应设在养殖场的生产区、生活管理区的常年主导风向的下风向或侧风向处。

4.2 养殖场的排水系统应实行雨水和污水收集输送系统分离，在场区内外设置的污水收集输送系统，不得采取明沟布设。

4.3 新建、改建、扩建的畜禽养殖场应采取干法清粪工艺，采取有效措施将粪及时、单独清出，不可与尿、污水混合排出，并将产生的粪渣及时运至贮存或处理场所，实现日产日清。采用水冲粪、水泡粪湿法清粪工艺的养殖场，要逐步改为干法清粪工艺。

5 畜禽粪便的贮存

5.1 畜禽养殖场产生的畜禽粪便应设置专门的贮存设施，其恶臭及污染物排放应符合《畜禽养殖业污染物排放标准》。

5.2 存设施的位置必须远离各类功能地表水体（距离不得小于400m），并应设在养殖场生产及生活管理区的常年主导风向的下风向或侧风向处。

5.3 贮存设施应采取有效的防渗处理工艺，防止畜禽粪便污染地下水。

5.4 对于种养结合的养殖场，畜禽粪便，贮存设施的总容积不得低于当地农林作物生产用肥的最大间隔时间内本养殖场所产生粪便的总量。

5.5 贮存设施应采取设置顶盖等防止降雨（水）进入的措施。

6　污水的处理

6.1　畜禽养殖过程中产生的污水应坚持种养结合的原则，经无害化处理后尽量充分还田，实现污水资源化利用。

6.2　畜禽污水经治理后向环境中排放，应符合《畜禽养殖业污染物排放标准》的规定，有地方排放标准的应执行地方排放标准。

污水作为灌溉用水排入农田前，必须采取有效措施进行净化处理（包括机械的、物理的、化学的和生物学的），并须符合《农田灌溉水质标准》（GB5084—92）的要求。

6.2.1　在畜禽养殖场与还田利用的农田之间应建立有效的污水输送网络，通过车载或管道形式将处理（置）后的污水输送至农田，要加强管理，严格控制污水输送沿途的弃、洒和跑、冒、滴、漏。

6.2.2　畜禽养殖场污水排入农田前必须进行预处理（采用格栅、厌氧、沉淀等工艺、流程），并应配套设置田间储存池，以解决农田在非施肥期间的污水出路问题，田间储存池的总容积不得低于当地农林作物生产用肥的最大间隔时间内畜禽养殖场排放污水的总量。

6.3　对没有充足土地消纳污水的畜禽养殖场，可根据当地实际情况选用下列综合利用措施。

6.3.1　经过生物发酵后，可浓缩制成商品液体有机肥料。

6.3.2　进行沼气发酵，对沼渣、沼液应尽可能实现综合利用，同时要避免产生新的污染，沼渣及时清运至粪便贮存场所；沼液尽可能进行还田利用，不能还田利用并需外排的要进行进一步净化处理，达到排放标准。

沼气发酵产物应符合《粪便无害化卫生标准》（GB7959—87）。

6.4　制取其他生物能源或进行其他类型的资源回收综合利用，要避免二次污染，并应符合《畜禽养殖业污染物排放标准》的规定。

6.5　污水的净化处理应根据养殖种养、养殖规模、清粪方式和当地的自然地理条件，选择合理、适用的污水净化处理工艺和技术路线，尽可能采用自然生物处理的方法，达到回用标准或排放标准。

6.6　污水的消毒处理提倡采用非氯化的消毒措施，要注意防止产生二次污染物。

7　固体粪肥的处理利用

7.1　土地利用

7.1.1　畜禽粪便必须经过无害化处理，并且须符合《粪便无害化卫生标准》后，才能进行土地利用，禁止未经处理的畜禽粪便直接施入农田。

7.1.2　经过处理的粪便作为土地的肥料或土壤调节剂来满足作物生长的

需要，其用量不能超过作物当年生长所需养分的需求量。

在确定粪肥的最佳使用量时需要对土壤肥力和粪肥肥效进行测试评价，并应符合当地环境容量的要求。

7.1.3　对高降雨区、坡地及沙质容易产生径流和渗透性较强的土壤，不适宜施用粪肥或粪肥使用量过高，易使粪肥流失引起地表水或地下水污染时，应禁止或暂停使用粪肥。

7.2　对没有充足土地消纳利用粪肥的大中型畜禽养殖场和养殖小区，应建立集中处理畜禽粪便的有机肥厂或处理（置）机制。

7.2.1　固体粪肥的堆制可采用高温好氧发酵或其他适用技术和方法，以杀死其中的病原菌和蛔虫卵，缩短堆制时间，实现无害化。

7.2.2　高温好氧堆制法分自然堆制发酵法和机械强化发酵法，可根据本场的具体情况选用。

8　饲料和饲养管理

8.1　畜禽养殖饲料应采用合理配方，如理想蛋白质体系配方等，提高蛋白质及其他营养的吸收效率，减少氮的排放量和粪的生产量。

8.2　提倡使用微生物制剂、酶制剂和植物提取液等活性物质，减少污染物排放和恶臭气体的产生。

8.3　养殖场场区、畜禽舍、器械等消毒应采用环境友好的消毒剂和消毒措施（包括紫外线、臭氧、双氧水等方法），防止产生氯代有机物及其他的二次污染物。

9　病死畜禽尸体的处理与处置

9.1　病死畜禽尸体要及时处理，严禁随意丢弃，严禁出售或作为饲料再利用。

9.2　病死禽畜尸体处理应采用焚烧炉焚烧的方法，在养殖场比较集中的地区；应集中设置焚烧设施；同时焚烧产生的烟气应采取有效的净化措施，防止烟尘、一氧化碳、恶臭等对周围大气环境的污染。

9.3　不具备焚烧条件的养殖场应设置两个以上安全填埋井，填埋井应为混凝土结构，深度大于 2m，直径 1m，井口加盖密封。进行填埋时，在每次投入畜禽尸体后，应覆盖一层厚度大于 10cm 的熟石灰，井填满后，须用黏土填埋压实并封口。

10　畜禽养殖场排放污染物的监测

10.1　畜禽养殖场应安装水表，对厨水实行计量管理。

10.2　畜禽养殖场每年应至少两次定期向当地环境保护行政主管部门报告污水处理设施和粪便处理设施的运行情况，提交排放污水、废气、恶臭以及粪肥的无害化指标的监测报告。

10.3　对粪便污水处理设施的水质应定期进行监测，确保达标排放。

10.4　排污口应设置国家环境保护总局统一规定的排污口标志。

11　其他

养殖场防疫、化验等产生的危险废水和固体废弃物应按国家的有关规定进行处理。

第七章 动物防疫条件审查合格证办理

《动物防疫法》第二十条规定：兴办动物饲养场（养殖小区）和隔离场所，动物屠宰加工场所，以及动物和动物产品无害化处理场所，应当向县级以上地方人民政府兽医主管部门提出申请，并附具相关材料。受理申请的兽医主管部门应当依照本法和《中华人民共和国行政许可法》的规定进行审查。经审查合格的，发给动物防疫条件合格证；不合格的，应当通知申请人并说明理由。需要办理工商登记的，申请人凭动物防疫条件合格证向工商行政管理部门申请办理登记注册手续。

动物防疫条件合格证应当载明申请人的名称、场（厂）址等事项。

经营动物、动物产品的集贸市场应当具备国务院兽医主管部门规定的动物防疫条件，并接受动物卫生监督机构的监督检查。

第一节　申报依据与程序

动物防疫条件行政许可文书是兽医行政主管部门依照《行政许可法》《动物防疫法》《农业行政许可程序规定》等法律法规，在实施动物防疫条件行政许可的过程中，为处理和解决相关问题而制作的具有法律效力或法律意义的行政许可文书。行政许可办理过程分为申请、受理、审查、决定、送达、变更与延续6个阶段，在行政许可的各个阶段，都要制作和使用相应的行政许可文书。通过行政许可文书，实施动物防疫法律法规，依法审查行政相对人的申请，保证动物饲养、屠宰等场所符合动物防疫条件规定，防止动物疫病的传播，保证动物源性食品质量安全，保护畜牧业健康发展和人民群众身体健康。

一、法律依据

《中华人民共和国动物防疫法》第二十条："兴办动物饲养场（养殖小区）和隔离场所，应当向县级以上地方人民政府兽医主管部门提出申请，并附具相关材料。受理申请的兽医主管部门应当依照本法和《中华人民共和国行政许可法》的规定进行审查。经审查合格的，发给动物防疫条件合格证；

不合格的，应当通知申请人并说明理由。"

二、申报条件

（1）场所的位置与居民生活区、生活饮用水源地、学校、医院、公路、铁路等主要交通干线 500m 以上；距离种畜禽场 1 000m 以上；距离动物诊疗场所 200m 以上；动物养殖场（养殖小区）之间距离不少于 500m。

（2）生产区封闭隔离，工程设计和工艺流程符合动物防疫要求。

（3）有相应的污水、污物、病死动物、染疫动物产品的无害化处理设施设备和清洗消毒设施设备。

（4）有为其服务的动物防疫技术人员；患有人畜共患传染病的人员不得从事动物饲养工作。

（5）动物饲养场、养殖小区应当按规定建立免疫、用药、疫情报告、消毒、无害化处理、畜禽标识等制度及养殖档案。

（6）有相对独立的引入动物隔离舍和患病动物隔离舍。

（7）具备国务院兽医主管部门规定的其他动物防疫条件。

（8）种畜禽场除符合 2~7 条外还应当符合以下条件。

①距离生活引用水源地、动物饲养场、养殖小区和城镇居民区、文化教育科研等人口集中区域及公路、铁路等主要交通干线 1 000m 以上；

②距离动物隔离场所、无害化处理场所、动物屠宰加工场所、动物和动物产品集贸市场、动物诊疗场所 3 000m 以上；

③有必要的防鼠、防鸟、防虫设施或措施；

④有国家规定的动物疫病净化制度；

⑤根据需要，种畜场还应当设置单独的动物精液、卵、胚胎采集等区域。

三、办理程序

1. 申请与受理

申请人提交申请书，县动物卫生监督所受理后进行现场勘查。填写办理《动物防疫条件合格证申请表》。

2. 审查与决定

现场勘查后，合格的补齐所需材料，发给《动物防疫条件合格证》；不合格的限期整改，整改后复查合格的补齐所需材料，发给《动物防疫条件合格证》；复查仍不合格的，不予发证。

四、办结时限

申请之日起 20 个工作日。

五、办理《动物防疫条件合格证》注意事项

1. 按照《动物防疫以条件审核办法》第二条第一款规定，只受理畜禽养殖合作社中符合申请主体资格的社员和畜禽养殖业协会中符合申请主体资格的社员办理《动物防疫条件合格证》的申请。

2. 拥有一个以上的养殖、屠宰加工场所的畜禽养殖屠宰加工企业申领《动物防疫条件合格证》的，其所属养殖、屠宰加工场所必须全部依法取得《动物防疫条件合格证》，并且要在其许可文书和《动物防疫条件合格证》上加注获证场所名称。

3. 同一养殖小区只能以该小区名义申领《动物防疫条件合格证》，以一个或多个业主名义申领的不予受理。

《动物防疫条件合格证》办理流程见图 7－1。

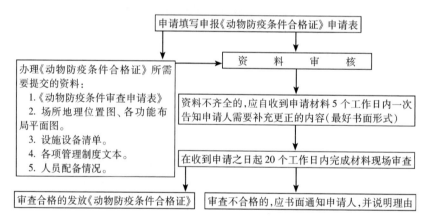

图 7－1　动物防疫条件合格证办理流程图

第二节　动物防疫条件许可文书

动物防疫条件行政许可文书按照办理程序可以分为许可申请与受理文书、许可审查文书、许可决定文书、送达文书、许可救济文书。

一、许可申请与受理文书

（一）行政许可申请人须知

1. 概念

行政许可申请人须知是兽医行政主管部门对需要办理《动物防疫条件合格证》的许可申请人，告知履行一定义务的告知性文书。

2. 法律依据

《中华人民共和国行政许可法》第三十一条规定："申请人申请行政许可，应当如实向行政机关提交有关材料和反映真实情况并对其申请材料实质内容的真实性负责。"第七十九条规定："被许可人以欺骗、贿赂等不正当手段取得行政许可的，行政机关应当依法给予行政处罚；取得的行政许可属于直接关系公共安全、人身健康、生命财产安全事项的，申请人在三年内不得再次申请该行政许可；构成犯罪的，依法追究刑事责任。"

对此，申请人提出行政许可申请时，行政机关要书面明确告知申请人的义务，必须注意的法律规定。行政机关作出行政许可决定的过程，也需要申请人的参与，需要申请人履行一定的义务。法律对申请人设定的基本要求，同时也是最重要的义务，就是向行政机关如实提交有关材料和反映真实情况，保证申请材料的真实性。申请人以虚假的申请材料骗取了行政许可，其后果与行政机关未经许可无异，申请人的活动可能会对他人利益甚至公共安全造成危害，行政机关也无法实现以行政许可的手段进行有效管理的目的。

3. 文书范例

动物防疫条件许可文书

行政许可申请人须知

（×）动防许告字［××××］××××号

申请人：×××

根据《中华人民共和国行政许可法》第三十一条"申请人申请行政许可，应当如实向行政机关提交有关材料和反映真实情况，并对其申请材料实质内容的真实性负责"和第七十九条"被许可人以欺骗、贿赂等不正当手段取得行政许可的，行政机关应当依法给予行政处罚；取得的行政许可属于直接关系公共安全、人身健康、生命财产安全事项的，申请人在三年内不得再次申请该行政许可；构成犯罪的，依法追究刑事责任"的规定，××县畜牧局郑重告知行政许可申请人：凡申请人提供的申请书及其有关信息内容、证件资料，必须真实有效，并通过法定程序申请获准行政许可。若弄虚作假或以欺骗、贿赂等不正当途径取得许可的，其法律后果由申请人自行承担。

行政许可专用章（盖章）

××××年×月×日

签收时间：××××年×月××日

签收人：张××

注：本文书一式二联，第一联存档，第二联交申请人

179

（二）动物防疫条件合格证申请表

1. 概念

动物防疫条件合格证申请表是申请办理《动物防疫条件合格证》，由申请人向县级人民政府兽医主管部门递交的申请文书。按照农业部《关于印发〈动物防疫条件合格证〉样式及填写规范的通知》（农医发〔2010〕26号）规定，动物防疫条件合格证申请表统一格式为表格式文书。

2. 法律依据

《行政许可法》第二十九条规定："公民、法人或者其他组织从事特定活动，依法需要取得行政许可的，应当向行政机关提出申请。申请书需要采用格式文本的，行政机关应当向申请人提供行政许可申请书格式文本"。《动物防疫法》第二十条规定："兴办动物饲养场（养殖小区）和隔离场所，动物屠宰加工场所，以及动物和动物产品无害化处理场所，应当向县级以上地方人民政府兽医主管部门提出申请，并附具相关材料。受理申请的兽医主管部门应当依照本法和《行政许可法》的规定进行审查。经审查合格的，发给动物防疫条件合格证；不合格的，应当通知申请人并说明理由。需要办理工商登记的，申请人凭动物防疫条件合格证向工商行政管理部门申请办理登记注册手续"。

动物防疫条件合格证申请表是农业部依据《行政许可法》的规定，统一制作，由兽医主管部门向申请人提供的行政许可申请书格式文本。

3. 适用范围

申办动物防疫条件合格证的场所，应当是依照《中华人民共和国动物防疫法》第二十条规定的动物饲养场（养殖小区）、隔离场所、动物屠宰加工场所以及动物和动物产品无害化处理场所等四类场所。这些场所在建设竣工后，应当向当地县级人民政府兽医主管部门提出申请。

动物防疫条件合格证发放是行政许可行为，也是依申请行政行为。依申请行政行为，是指行政主体只有在行政相对人提出申请后才能实施而不能主动实施的行政行为。按行政行为分类的通说，行政许可属于依申请的行政行为，非经当事人依法申请行政机关没有义务采取行动。行政相对人提出申请，是行政许可的前提条件。行政机关既不能主动上门发放，也不得强行向行政相对人发放。例如：工商行政管理机关发放营业证照、公安机关发放机动车驾驶证、兽医主管部门发放动物防疫条件合格证等，都是以行政相对人的申请为前提的。

4. 文书结构与制作要求

《动物防疫条件合格证申请表》由农业部统一格式监制，分为封面、申请表、审批表、填写说明四部分。申请表的填写制作，依照农业部《关于印发〈动物防疫条件合格证〉样式及填写规范的通知》（农医发［2010］26号）规定制作，具体要求是：

（1）编号 由审核机关填写。

编号格式：年份+四位数字顺序号（"+"不用填写，下同）。

（2）申请单位（签章） 由申请人如实填写。没有签章的，加盖法定代表人（负责人）名章。

（3）经营范围 由申请人根据从事经营活动范围填写，例："生猪养殖"、"生猪屠宰"等。

（4）经营场所地址 由申请人填写场所的具体地址。

（5）场所类别 由申请人根据生产经营种类在对应的选择项"□"中划"√"。

（6）动物防疫条件合格证编号 由审核机关填写。

编号格式：发证机关所在行政区简称+动防合字第+年份+四位数字顺序号。

（7）申请表 本申请表一式两份，用A4纸打印或用蓝（黑）色钢笔填写，内容要完整、准确，字迹工整清晰，不得涂改。

5. 文书范例

编号：××××××××

《动物防疫条件合格证》申请表

申请单位（签章）＿＿＿＿＿＿＿＿

申　请　日　期＿＿＿＿＿＿＿＿

中华人民共和国农业部监制

申请单位名称	×××养殖场		
法定代表人 （负责人）	姓名	×××	联系电话	×××××××××
	身份证号	×××××××××××××××××		
经营范围	生猪养殖	设计生产规模	年出栏育肥猪××××头
经营场所地址	×× 省 ×× 市 ×× 县（区） ×× 乡（镇） ×× 村（庄）		
场 所 类 别	1. 动物养殖场 √		
	2. 动物养殖小区 ☐		
	3. 种畜禽养殖场（养殖小区） ☐		
	4. 动物屠宰场（厂） ☐		
	5. 动物屠宰加工场（厂） ☐		
	6. 动物隔离场 ☐		
	7. 动物无害化处理场 ☐		
所 附 材 料 清 单	1. 场所地理位置图、各功能区布局平面图		
	2. 设施设备清单		
	3. 管理制度材料		
	4. 动物防疫条件自查表		

（三）申请材料接收单

1. 概念

申请材料接收单是指行政机关接收申请人递交的申请材料的明细目录。属于填写式文书，是行政机关和申请人双方交接材料的凭证。

2. 法律依据

《行政许可法》第三十一条规定："申请人申请行政许可，应当如实向行政机关提交有关材料和反映真实情况。对申请人提交的材料，行政许可机关要随时接受，并制作接受凭证。当行政许可机关逾期不告知申请人受理时，申请人可将本文书作为行政机关已经受理的凭证"。

3. 文书结构及制作要求

《申请材料接收单》由文首、正文、文尾构成。

（1）文首　包括标题、文书编号和申请人姓名或者名称、申请事项。

①标题　文书种类名称，即申请材料接收单。

②文书编号　写在标题的右下方，如"（×）动防许收［2010］013号"，×是××县简称，动防审代表动物防疫条件行政许可，收表示文书种类名称，2010表示年份，013表示顺序号。

③申请事项与申请人　应当依次写明申请事项名称、申请人名称或者姓名、法定代表人（负责人）姓名、联系方式。申请人如果是法人或其他组织的，应写全称。

（2）正文　依次填写申请材料名称、份数、页数。

对于动物防疫条件行政许可而言，申请材料目录基本相同，因此对该项行政许可申请材料目录可以预先印上，目录上的某种申请材料申请人没有递交的，可划去。按照农业部《关于印发（动物防疫条件合格证）样式及填写规范的通知》（农医发［2010］26号）规定，申请《动物防疫条件合格证》需要提交的材料有以下几种。

①《动物防疫条件合格证》申请表。

②场所地理位置图、各功能区布局平面图。

③设施设备清单。

④管理制度材料。

⑤人员情况。

⑥动物防疫条件自查表。

（3）文尾　申请人、申请材料接收人签名，并注明交接申请材料具体时间，盖上行政许可受理专用章。

4. 注意事项

（1）在接收材料时，要注意收到的材料的份数，如实记载。

（2）按规定要求提供原件的，必须要接收原件，要求复印件的，要与原件相比对。

（3）按照《行政许可法》规定，行政机关不得要求申请人提交与其申请的行政许可事项无关的技术资料和其他材料。

（4）对申请人提供的有关资料，需要保密的，要为申请人保密，并妥善存放。

5. 文书范例

动物防疫条件许可文书
申请材料接收单

（×）动防许收［××××］×××号

申请单位：××县（区）×××场　　　　法定代表人（负责人）：×××

地　　址：××市××县（区）××乡（镇）××村（庄）　联系电话：×××××××

序号	材料名称	份数	页数	备注
01	《动物防疫条件合格证》申请表	×	×	
02	场地地理位置图、各功能区布局平面图	×	×	
03	设施设备清单	×	×	
04	管理制度文本	×	×	
05	人员情况说明	×	×	
06	动物防疫条件自查表	×	×	

　　以上申请材料已接收，自接收之日起5个工作日内告知是否受理或者是否需要补正材料。5日内未告知的，自收到申请材料之日起即为受理。

　　　　行政许可专用章（盖章）

　　　　　　　　　　　　　　　　　　××××年×月×日

接收时间：××××年××月××日

　　　　　　　　　　　　　　接收人签字：×××

　　本文书一式二联，第一联存档，第二联交申请人

（四）补正材料告知书

1. 概念

补正材料告知书是指行政机关收到申请人的材料后，经形式审查，发现申请材料不齐全或者不符合法定形式的，告知申请人补充改正材料的文书。

2. 法律依据

《行政许可法》第三十二条第一款第（四）项规定："申请材料不齐全或者不符合法定形式的，应当当场或者在五日内一次告知申请人需要补正的全部材料，逾期不告知的，自收到申请材料之日起即为受理"。农业部《动物防疫条件审查办法》第二十七条第二款规定："申请材料不齐全或者不符合规定条件的，县级地方人民政府兽医主管部门应当自收到申请材料之日起 5 个工作日内，一次告知申请人需补正的内容。

3. 文书范例

动物防疫条件许可文书

补正材料告知书

（×）动防许补字［××××］×××号

××屠宰场：

你（单位）于××××年×月×日提交的《动物防疫条件合格证》申请材料，经形式审查，申请材料不齐全（或不符合法定形式），需要补正以下材料，并将申请材料全部退还。

1. 设施设备清单

2. 动物防疫条件自查表

3.

4.

请你（单位）按以上要求补正申请材料后，再向我局提出申请，申请时应提交全部申请材料，并附本告知书。

特此告知

承办人姓名：×××

电　　话：××××××

行政许可专用章（盖章）

××××年×月×日

签收时间：××××年××月××日×时×分

签收人：×××

注：本文书一式二联，第一联存档，第二联交申请人

（五）受理通知书

1. 概念

受理通知书是指行政许可机关对属于本行政机关职权范围、材料齐全、符合法定形式的行政许可申请决定予以受理，向申请人出具的书面凭据。它属于填写式应送达当事人的外部文书。

2. 法律依据

《行政许可法》第三十二条第一款第（五）项规定："申请事项属于本行政机关职权范围，申请材料齐全、符合法定形式，或者申请人按照本行政机关的要求提交全部补正申请材料的，应当受理行政许可申请"。第三十二条第二款规定："行政机关受理或者不予受理行政许可申请，应当出具加盖本行政机关专用印章和注明日期的书面凭证"。

3. 文书范例

动物防疫条件许可文书

受理通知书

（×）动防许受字［××××］×××号

申请人：××养殖场

联系人：×××　　　　　　　　　　　　　　联系电话：×××××××

申请事项：办理《动物防疫条件合格证》

申请日期：××××年×月×日

你（单位）提交办理《动物防疫条件合格证》的申请材料，经形式审查，符合《中华人民共和国行政许可法》第三十二条第一款第（五）项规定和农业部《动物防疫条件审查办法》第二十七条规定，本行政机关决定予以受理。

该行政许可审查期限为20个工作日，自××××年×月×日起。

特此告知

承办人签名：×××

电话：××××××

行政许可专用章（盖章）

××××年×月×日

签收时间：××××年××月×日

签收人：×××

注：本文书一式二联，第一联存档，第二联交申请人

（六）不予受理通知书

1. 概念

不予受理通知书是指行政许可机关对依法不需要许可的事项或者不属于本行政机关职权范围的行政许可申请，决定不予受理，向申请人出具的书面凭据。它属于制作式应送达当事人的外部文书。

2. 法律依据

《行政许可法》第三十二条第一款第（一）项、第（二）项规定："（一）申请事项依法不需要取得许可的，应当即时告知申请人不受理；（二）申请事项依法不属于本行政机关职权范围的，应当即时作出不予受理的决定，并告知申请人向有关行政机关申请"。第三十二条第二款规定："行政机关受理或者不予受理行政许可申请，应当出具加盖本行政机关专用印章和注明日期的书面凭证"。

3. 文书范例

动物防疫条件许可文书

不予受理决定书

（×）动防许不受字［××××］×××号

申请人：×××孵化场

联系人：×××　　　　　　　　　　　联系电话：×××××××

申请事项：办理《动物防疫条件合格证》

申请日期：××××年×月×日

你（单位）提出办理《动物防疫条件合格证》的申请，经形式审查，依据《中华人民共和国行政许可法》第三十二条第一款第（一）、（二）项和《中华人民共和国动物防疫法》第二十条的规定：认为申请事项不需要取得《动物防疫条件许可证》，决定不予受理。

如不服本决定，可在接到本决定书之日起 60 日内依法向××市畜牧局或××县人民政府申请行政复议；或 3 个月内依法向××人民法院提起行政诉讼。

特此告知

承办人姓名：×××

联系电话：××××××

行政许可专用章（盖章）

××××年×月××日

签收时间：××××年×月×日

签收人：×××

注：本文书一式二联，第一联存档，第二联交申请人

二、许可审查文书

（一）初审意见书

1. 概念

初步审查意见书是县级人民政府兽医主管部门对申请办理《动物防疫条件合格证》的动物隔离场所、动物和动物产品无害化处理场所，进行初步材料审查，并作出初审意见的文书。

2. 法律依据

《行政许可法》第三十五条规定："依法应当先经下级行政机关审查后报上级行政机关决定的行政许可，下级行政机关应当在法定期限内将初步审查意见和全部申请材料直接报送上级行政机关。上级行政机关不得要求申请人重复提供申请材料。农业部《动物防疫条件审查办法》第二十九条规定："兴办动物隔离场所、动物和动物产品无害化处理场所的，县级地方人民政府兽医主管部门应当自收到申请之日起 5 个工作日内完成材料初审，并将初审意见和有关材料报省、自治区、直辖市人民政府兽医主管部门"。

3. 文书范例

动物防疫条件许可文书

初审意见书

（×）动防许初字［××××］×××号

申请人：×××　　　联系人：×××

联系电话：×××××××

申请事项：办理动物和动物产品无害化处理场所《动物防疫条件合格证》

申请日期：××××年×月×日

经我机关对×××办理动物和动物产品无害化处理场所《动物防疫条件合格证》申请材料的形式审查，提出初步审查意见如下：

认为申请材料齐全，符合《中华人民共和国行政许可法》第三十二条第一款第（五）项规定和农业部《动物防疫条件审查办法》第二十七条规定，现将有关申请材料呈报。

呈报××省畜牧局

附：×××办理动物和动物产品无害化处理场所《动物防疫条件合格证》申请材料

行政许可专用章（盖章）

××××年×月×日

呈报人：×××　　　　　　　　　　　　联系电话：×××××××

注：本文书一式二联，第一联存档，第二联呈报

（二）行政许可延期办理审批表

1. 概念

行政许可延期办理审批表是指实施行政许可过程中，出现了因合理正当的客观原因，致使行政机关无法在规定的时间内办结行政许可事项，呈请主管领导批准办理延期的文书。行政许可延期办理审批表属于填写式内部文书。

2. 法律依据

《行政许可法》第四十二条第一款规定："除可以当场作出行政许可决定的外，行政机关应当自受理行政许可申请之日起二十日内作出行政许可决定。二十日内不能作出决定的，经本行政机关负责人批准，可以延长十日，并应当将延长期限的理由告知申请人。但是，法律、法规另有规定的，依照其规定"。

3. 文书范例

动物防疫条件许可文书

行政许可延期办理审批表

（×）动防许延字［××××］×××号

申请人	×××厂（场）	法定代表人	×××
联系人	×××	联系电话	×××××××××
申请事项	办理《动物防疫条件合格证》		
申请日期	×××年×月×日	受理日期	×××年×月×日
承办人意见	受理后，依照农业部《动物防疫条件审查办法》，经对申请材料审查和实施现场审查，因申请人正在进行施工，不能在法定期限内（20日）审查结束。根据《中华人民共和国行政许可法》第四十二条第一款之规定，申请批准延长办理期限10日，即自×××年×月×日至×××年×月×日。 承办人签名：××× ×××年×月×日		
承办机构负责人意见	拟同意承办人意见，请局领导批准 签名：××× ×××年×月×日		
审批意见	同意延期10日 主管领导：××× ×××年×月×日		

（三）行政许可延期办理通知书

1. 概念

行政许可延期办理通知书是指办理行政许可过程中，出现了因合理正当的客观原因，致使行政机关无法在规定的时间内办结行政许可事项，依法告知申请人延长办理期限及其理由的文书。行政许可延期办理通知书属于填写式文书。

2. 法律依据

行政许可延期办理通知书的法律依据同行政许可延期办理审批表，延期原因参见上述文书。

3. 文书范例

动物防疫条件许可文书

行政许可延期办理通知书

（×）动防许延办〔2011〕012 号

×××厂（场）：

因你单位正在进行施工，你单位的行政许可申请不能在法定期限内审查结束。根据《中华人民共和国行政许可法》第四十二条第一款之规定，决定延长许可时限 10 个工作日，自×××年×月×日至×××年×月×日。

行政许可专用章（盖章）

×××年×月×日

签收时间：×××年×月×日×

签收人：×××

注：本文书一式二联，第一联存档，第二联交申请人

三、许可听证文书

（一）直接关系他人重大利益告知书

1. 概念

直接关系他人重大利益告知书是指申请人申请的行政许可事项直接关系到他人的重大利益，行政机关告知申请人、利害关系人行使陈述、申辩权利的书面凭据。它属于填写式应送达当事人的外部文书。

2. 法律依据

《行政许可法》第三十六条规定，行政机关对行政许可申请进行审查时，

发现行政许可事项直接关系他人的重大利益，应当告知利害关系人。申请人、利害关系人有权进行陈述和申辩。行政机关应当听取申请人、利害关系人的意见。

行政许可直接关系他人重大利益告知书分为：利害关系人重大利益告知书、申请人重大利益告知书。

3. 文书范例

动物防疫条件许可文书

直接关系他人重大利益告知书

（×）动防许告字［××××］×××号

利害关系人：×××××厂（场）

　　××××年×月××日，我机关收到××县××乡××村村民×××提出的办理×××养殖场动物防疫条件合格证的申请及有关材料后，依法进行了审查。审查中发现该申请直接关系到你（们）的重大权益，现将有关情况告知你（们）：

　　××县××乡××村村民×××，在你食品加工厂不足50米处办×××养殖场，将会对你单位食品加工环境形成污染，对你单位生产造成不利，直接关系你单位重大利益。

　　依照《行政许可法》第三十六条的规定，你（们）享有陈述权、申辩权和要求听证的权利。请你（们）在接到本告知书之日起的五日内，就该申请直接关系到你（们）的重大利益的情况，到我机关进行陈述、申辩，或提出听证申请，逾期未进行陈述、申辩，或提出听证申请的，视为放弃上述权利。

　　特此告知

行政许可专用章（盖章）

××××年×月×日

签收时间：××××年×月×日

签收人：×××

　　注：本文书一式二联，第一联存档，第二联利害关系人

（二）行政许可听证通知书

1. 概念

听证通知书是指行政许可机关在行政许可申请人或者利害关系人提出听证申请后，依据法定程序将听证时间、地点等事项通知申请人的书面凭据。它属于填写式应送达当事人的外部文书。

2. 法律依据

《行政许可法》第四十八条规定，行政机关应当于举行听证的七日前将举行听证的时间、地点通知申请人、利害关系人，必要时予以公告。

听证涉及当事人的重要权利，当事人必须了解听证所涉及的事项，听证如何进行，只有这样才能进行充分的准备。因此，在合理的时间前得到通知是当事人的权利，也是程序公平的要求。通知一般采用书面的方式进行，必要时，可以公告。关于通知的时间，法律规定应当于举行听证的7日前通知。通知的内容除举行听证的时间、地点外，一般还应包括听证所要涉及的问题，行政机关拟作出的行政许可决定的内容以及当事人程序上的权利。

3. 文书范例

动物防疫条件许可文书

行政许可听证通知书

（×）动防许听通字［××××］×××号

×× 县 × × 乡 × × × 养殖场：

因你（单位）就申请办理动物防疫条件合格证行政许可事项要求听证的申请，依据《中华人民共和国行政许可法》规定，现决定于××××年×月×日上午×时，在××县畜牧局会议室（××县人民路×号）举行听证会。

本次听证会主持人姓名：×××　职务：×××

记录员姓名：×××　职务：×××

听证员姓名：×××、×××　职务：××

请你（单位）或者委托代理人凭本通知书准时出席。参加听证之前，请你（单位）做好如下准备：

1. 携带身份证明和有关证据材料；

2. 委托代理人须持委托书参加听证；

3. 通知有关证人出席作证，并事先告知本机关；

4. 如申请主持人回避，须及时告知本机关并说明理由。

届时若无法定理由缺席，视为放弃听证。

联系人：×××　电　话：×××××××

行政许可专用章

××××年×月×日

签收时间：××××年×月×日×时××分

签收人：×××

注：本文书一式二联，第一联存档，第二联申请听证人

（三）行政许可听证公告

1. 概念

行政许可听证公告是行政许可机关根据行政许可申请人实施行政许可应当听证的事情，或者行政许可机关认为需要听证的其他涉及公共利益的重大行政许可事项，向社会公众发出的公开告知的法律文书。属于外部告知文书。

听证公告是对社会公众的告知，体现了行政许可听证应当公开举行的原则。这就要求在听证的过程中，允许公众，特别是新闻记者在场旁听。对于当事人来公开听证是行政决定获得其认可的基础。通过公开听证，即使作出的行政决定不利于当事人，但由于该决定是通过公正的程序作出的，当事人也较容易接受并执行。对于公众来说，参与听证可以了解行政决策的过程，并加强对行政机关的监督。对于行政机关来说，公开听证，可以增强行政机关及其工作人员的责任心，同时也是对公众进行教育的机会。

2. 法律依据

《行政许可法》第四十八条规定，行政机关应当于举行听证的七日前将举行听证的时间、地点通知申请人、利害关系人，必要时予以公告。

根据《农业行政许可听证程序规定》第十六条规定，农业行政机关对本规定第十条第一款第（一）、第（二）项所列行政许可事项，即农业法律、法规、规章规定实施行政许可应当举行听证的；农业行政机关认为其他涉及公共利益的重大行政许可需要听证的，举行听证的，应当在举行听证30日前，依照第六条的规定向社会公告有关内容。

3. 文书范例

××县畜牧局
行政许可听证会公告

编号：××××第×号

　　××县××乡××养殖场申请办理动物防疫条件合格证行政许可事项，该行政许可事项直接关系他人重大利益，应利害关系人申请，根据《中华人民共和国行政许可法》第四十六条规定，本机关决定公开举行听证会。

1. 时间：××××年×月×日上午×时×分

2. 地点：××县××路××号××单位×楼会议室（厅）。

3. 主持人姓名：×××　　职务：×××

记录员姓名：×××　　职务：办公室主任

听证员姓名：×××、×××　　职务：科员

4. 本听证会允许20名年满18岁的公民旁听，申请旁听人员应于××××年×月×日前到××县畜牧局办公室报名，报满为止。

5. 联系人：×××　　联系电话：×××××××

特此公告

（机关印章）

××××年×月×日

（四）行政许可听证笔录

1. 概念

行政许可听证笔录是指行政许可机构在听证会上制作的，对听证全过程的记录。听证笔录只对听证会的活动作客观的记录，不对听证内容作出评价，不作行政许可结论。对于整个听证程序，行政机关应当制作笔录。笔录应当准确无误。听证完毕，行政机关工作人员应当将笔录交予当事人进行审核，如果当事人认为笔录中关于其陈述、申辩和反驳等内容的记载，与其自己所述的内容不符的，应当向行政机关提出，行政机关应当予以更正。当事人经审核听证笔录认为无误的，应当在听证笔录上签字或者盖章。

2. 法律依据

《行政许可法》第四十八条第一款第（五）项规定："听证应当制作笔录，听证笔录应当交听证参加人确认无误后签字或者盖章"。听证笔录客观地记录了听证会的全过程，记录了听证会组成人员在听证会上的活动；记录了审查人员审查取证的全过程及提出的事实，出示的相关证据；记录了听证参加人员在听证会上的活动及对行政许可事实、相关证据和理由的陈述、申辩。该文书制作是行政许可机关是否作出行政许可决定的依据，同时也是行政复议、行政诉讼的重要档案资料。

3. 文书结构及制作要求

听证笔录内容包括文首、特定项目、正文和文尾四个部分。

（1）文首。由文书标题、文书编号组成。

①文书标题。即听证笔录，位于文书最上方居中。

②文书编号。地区机关简称＋执法性质＋［年份］＋顺序号，位于文书右上方。格式为：（ ）动防许听录字［ ］号。

（2）特定项目。包括许可事由、申请人、利害关系人、许可承办人、听证人员、听证时间和听证方式等。

①许可事由。填写行政许可的事由。

②当事人。当事人（包括申请人和利害关系人）是单位的，应写明单位名称、法定代表人姓名、性别、年龄、联系方式（电话）、工作单位以及地址等内容；当事人是个人的，应写明姓名、性别、年龄和联系方式（电话）等内容。

③委托代理人。如果系当事人的委托代理人参加听证会，应填写其姓名、性别、年龄、职务、联系方式（电话）、工作单位以及地址等内容。委托代理人为两人参加的，应分别填写以上内容。

④许可承办人。即经行政许可机关负责人批准，负责对申请行政许可场

所审查的人员，一般两人以上。分别填写其姓名、所在科室和职务。

⑤听证人员。填写听证主持人和书记员的姓名。

⑥听证时间。注明×年×月×日×时×分至×时×分。

⑦听证方式。除涉及国家秘密、商业秘密或者个人隐私外，听证程序一般以公开的方式举行。

（3）正文。正文是听证笔录的重点。要按顺序记录听证会自始至终的活动内容。主要包括开始听证内容、听证会调查阶段内容、听证会辩论阶段内容、当事人最后陈述内容及听证会结束。如果听证会进行过程中当事人放弃申辩和退出听证的，应记入听证笔录。笔录按主持人、许可承办人员、当事人的问答顺序分段记载。对许可承办人员、当事人的发言应用原话记录，不可加入书记员的观点。

①听证会开始阶段。主持人宣布听证会开始，宣布听证会组成人员，告知当事人有关权利，询问当事人是否提出回避申请等内容。当事人回答：是或否。如果当事人提出回避申请的，详细记录申请回避的事项和理由。如果当事人无正当理由不参加听证会的，应在笔录上注明。如果出现延期或终止举行听证的，并在记录中详细注明。

②听证会调查阶段。听证会开始阶段结束后，主持人宣布进入调查阶段。调查阶段重点记录以下内容：

a. 许可承办人员提出行政许可事项办理事项的建议。对许可承办人员的发言可简明扼要记录，许可承办人员如有书面发言材料可将其附在笔录后。

b. 当事人或代理人对行政许可的证据和理由进行陈述、申辩和质证的内容。如提出不同意见、主张，出具的新证据均须一一记录。

c. 当事人如有书面发言材料的，可将其附在笔录后。

d. 许可承办人员向当事人的提问及当事人的回答。

e. 当事人向许可承办人员的提问及回答。

f. 听证人员向当事人、许可承办人员的提问，并详细记录当事人、许可承办人员的回答。

③听证会辩论阶段。听证会调查结束后，主持人宣布进入辩论阶段。应记录许可承办人员、当事人对案件事实、证据各自提出的意见。

④当事人最后陈述。辩论结束后，主持人宣布由当事人作最后的陈述。主要记录当事人对行政许可的看法和主张。

⑤听证会结束。当事人最后陈述后，主持人宣布听证会结束。由于举行听证不作出裁决，也无需对行政许可提出处理意见。因而笔录中不记录听证会对行政许可的看法。

（4）文尾。核对和签名。

①核对。听证会结束后，书记员应先核对笔录顺序，编写笔录页码，然后将笔录当场交给当事人和许可承办人员核对。当事人或许可承办人员认为笔录有错记或者漏记的，应当补充和修改，并在修改和补充处签名或按手印。

②签名。参加听证的当事人（或代理人）、许可承办人员、听证主持人、书记员应当在笔录上签名或盖章。当事人还应注明"以上笔录属实"。听证笔录（首页）不够记录的，要用听证笔录（副页）续记，不能用其他稿纸替代。听证笔录如果是多页的，每页均应签名。如果当事人拒绝签名的，由听证主持人在听证笔录上注明。

4. 注意事项

（1）听证前的准备工作

①熟悉情况。书记员在听证会前要查阅有关材料，了解主要情况，尤其要了解重点、难点和疑点，这是保证记录准确、迅速的先决条件。

②密切配合。书记员与听证主持人听证会前，书记员应与听证主持人交换有关情况的意见，熟悉听证提纲，了解主持听证会的方法、步骤、问话特点以及问话意图，并约定如何配合。

③预填项目。书记员要预先填写好听证笔录（首页）中的特定项目，以免听证会上措手不及，占用时间。

④清点人员。听证会前，如果发现有其他无关人员参加，书记员要将其基本情况在笔录中注明。

（2）听证过程。听证主持人要时刻留意，兼顾书记员的记录工作，发现记录跟不上或记录有困难时，应重复发问或要求发言人重述。听证笔录要尽量记录发言人的原话，虽然不必有言必录，但应尽量具体，不要随意取舍。特别是当事人提出的主要观点、证据，应记录清晰。

5. 文书范例

动物防疫条件许可文书

行政许可听证笔录

（×）动防许听录字［××××］×××号

时　间：××××年××月××日××分至××时××分

地　点：××县畜牧局会议室

听证主持人：×××　　　　　　　　职务：副所长

听证员：×××、×××　　　　　　 职务：公务员

书记员：×××　　　　　　　　　　职务：公务员

申请人：××县××乡胜利养殖场　　法定代表人×××

利害关系人：××县××养殖场　　　法定代表人×××

许可承办人：×××、××××

听证记录：

书记员首先宣布：现在我宣布听证会纪律及许可申请人、利害关系人权利和义务。与会人员应当遵守会场纪律，应服从听证主持人的指挥；如实回答主持人的提问；对行政许可涉及的事实、适用法律及有关情况可以进行陈述和申辩；有权对许可承办人提出的证据质证，并提出新的证据；许可申请人、利害关系人可以申请听证人员回避；旁听人员不得高声喧哗。许可申请人、利害关系人都听清楚了吗？

申请人回答：权利和义务听清楚了。

利害关系人回答：权利和义务听清楚了。

书记员问：申请人、利害关系人是否申请听证人员回避？

申请人答：不申请回避。

利害关系人答：不申请回避。

书记员报告：主持人听证准备就绪，听证会可以开始。

听证主持人宣布：申请人申请办理动物防疫条件合格证事项听证会由我担任主持人，听证员为×××、×××，书记员为×××，许可承办人员×××、×××及××县××乡食品加工厂法定代表人×××都已经到会。现在我宣布听证会开始。下面请许可承办人介绍行政许可证审查情况。

许可承办调查人：下面我把行政许可审查情况介绍如下……

申请人：陈述申请动物防疫条件合格证的法律依据即养殖场所具备的动物防疫条件……

利害关系人：陈述养殖场对食品厂的环境危害及不能发放动物防疫条件合格证的理由……

听证主持人：宣布就本行政许可事项，申请人、利害关系人、许可承办人发表最后意见陈述……

听证主持人：现在我宣布本次听证会结束。请许可承办人、申请人及利害关系人到书记员处核对听证会笔录并签字。

申请人或委托代理人签名：×××

利害关系人或委托代理人签名：×××

许可承办人员签名：×××、×××

（共×页，第 Y 页）

四、许可决定文书

（一）行政许可决定审批表

1. 概念

行政许可决定审批表是指行政机关具体办理行政许可事项的机构对申请人的申请，经依法审查，认为符合或者不符合该项行政许可的法定条件时，呈请主管领导批准准予或者不予行政许可的文书。它属于制作式内部文书。

2. 法律依据

《行政许可法》第三十七条规定："行政机关对行政许可申请进行审查后，除当场作出行政许可决定的外，应当在法定期限内按照规定程序作出行政许可决定"。

兽医主管部门在实施行政许可过程中，对申请人的申请进行审查后，向申请人出具行政许可决定书或者不予行政许可决定书之前，承办机构将审查意见呈报行政主体主管领导审批，必须制作行政许可决定审批表。这是必经程序，未经主管领导审批不能出具行政许可决定书或者不予行政许可决定书。

3. 文书范例

动物防疫条件许可文书

行政许可决定审批表

（×）动防许延字［××××］×××号

申请人	×××厂（场）	法定代表人	×××
联系人	×××	联系电话	××××××××
申请事项	办理《动物防疫条件合格证》		
申请日期	×××年×月×日	受理日期	×××年×月×日
审核人意见	受理后，依照农业部《动物防疫条件审查办法》，经专家对申请材料审查和实施现场审查，认为符合《中华人民共和国动物防疫法》和农业部《动物防疫条件审查办法》规定的动物防疫条件，建议发给《动物防疫条件合格证》。 审核人签名（1）：××× 审核人签名（2）：××× ×××年×月×日		
审核机构负责人意见	拟同意审核人意见，请×××局长审批 签名：××× ×××年×月×日		
审批意见	同意发给《动物防疫条件合格证》 主管领导：××× ×××年×月×日		

（二）行政许可决定书

1. 概念

行政许可决定书是指行政许可机关对申请人的申请，经依法审查，认为符合该项行政许可的法定条件、标准的，依法作出准予行政许可决定的文书。

2. 法律依据

《行政许可法》第三十八条第一款规定："申请人的申请符合法定条件、标准的，行政机关应当依法作出准予行政许可的书面决定"。第三十九条规定："行政机关作出准予行政许可的决定，需要颁发行政许可证件的，应当向申请人颁发加盖本行政机关印章的下列行政许可证件：（一）许可证执照或者其他许可证书；（二）资格证、资质证或者其他合格证书"。动物防疫条件合格证属于规定的其他合格证书。

3. 文书范例

动物防疫条件许可文书

行政许可决定书

（×）动防许决字 ［××××］×××号

申请人：×××厂（场）　　　　　　　法定代表人：李××

联系人：×××　　　　　　　　　　联系电话：×××××××

地址：××县××路××号

你（单位）提出办理动物防疫条件合格证的申请，经依法审查，认为符合《中华人民共和国动物防疫法》第十九条和农业部《动物防疫条件审查办法》规定的屠宰加工场所动物防疫条件，现依据《中华人民共和国行政许可法》第三十八条第一款的规定，作出予以颁发动物防疫条件合格证的决定。动物防疫条件合格证编号：（×）动防合字第××××××××号，自本决定书签发之日起生效。

请持本决定书到县行政服务大厅领取动物防疫条件合格证。

联系人：×××　　电话：××××

　　　　　　　　　　　　　　　　行政许可专用章（盖章）

　　　　　　　　　　　　　　　　××××年×月×日

签收时间：××××年×月×日×时×分

　　　　　　　　　　　　　　　　签收人：×××

注：本文书一式二联，第一联存档，第二联交申请人

（三）动物防疫条件合格证

1. 概念

动物防疫条件合格证是兽医主管部门对申请人的申请，经审查符合动物

防疫条件的有关场所颁发的一种行政许可性证件。动物防疫条件合格证是相关单位办理工商注册的前置性审批，即工商行政部门对未取得动物防疫条件合格证的相关单位不予进行注册。

2. 法律依据

《行政许可法》第三十九条规定："行政机关作出准予行政许可的决定，需要颁发行政许可证件的，应当向申请人颁发加盖本行政机关印章的下列行政许可证件：（一）许可证、执照或者其他许可证书；（二）资格证、资质证或者其他合格证书"。《动物防疫法》第二十条规定："兴办动物饲养场（养殖小区）和隔离场所，动物屠宰加工场所，以及动物和动物产品无害化处理场所，应当向县级以上地方人民政府兽医主管部门提出申请，并附具相关材料。受理申请的兽医主管部门应当依照本法和《中华人民共和国行政许可法》的规定进行审查。经审查合格的，发给动物防疫条件合格证。需要办理工商登记的，申请人凭动物防疫条件合格证向工商行政管理部门申请办理登记注册手续"。

3. 文书结构及制作要求

动物防疫条件合格证的格式由农业部统一设计，统一监制。其样式和填写规范依照《农业部关于印发（动物防疫条件合格证）样式及填写规范的通知》（农医发〔2010〕26号）执行。

（1）许可编号部分　为"发证机关所在行政区简称＋动防合字第＋年份＋四位数字顺序号"。

（2）代码编号部分　为"发证机关所在行政区域代码＋发证场所类型代码＋动物种类代码＋年度代码＋四位数字顺序号"。

"发证机关所在行政区域代码"按照 GB/T 2260—2007 填写。

"年度代码"为当年年份的后两位，例："2014年"则年份代码为"14"。

（3）年月日　填写用数字大写。

（4）单位名称　需办理营业证照的，应填写工商部门预先核准的名称；不办理营业证照的，填写申请人申报的名称。

（5）法定代表人（负责人）　申请人为个人的，填写负责人姓名；申请人为单位的，填写法定代表人或负责人姓名。

（6）"发证场所类型代码"编码表和"动物种类代码"编码表。

①"发证场所类型代码"编码表见下页表。

发证场所	编号
动物养殖场	1
动物养殖小区	2
种畜禽养殖场（养殖小区）	3
动物屠宰场（厂）	4
动物屠宰加工场（厂）	5
动物隔离饲养场	6
动物和动物产品无害化处理场	7

② "动物种类代码" 编码表见下表：

动物种类	编号	动物种类	编号	动物种类	编号
猪	01	鹅	06	兔	11
牛	02	马属动物	07	貂、狐狸等经济动物	12
羊	03	鹿	08	鸽子、鹌鹑、鸵鸟、火鸡	15
鸡	04	骆驼	09	其他	00
鸭	05	蜜蜂	10		

4. 文书范例

动物防疫条件合格证

（×）动防合字第×××××××号

代码编号：×××××××××××××

单位名称：×××厂（场或公司）

法定代表人（负责人）：×××

单位地址：××市××路××号

经营范围：生猪屠宰（或××养殖场）

根据《中华人民共和国动物防疫法》规定，经审查，动物防疫条件合格，特发此证。

发证机关（盖章）

××××年×月×日

中华人民共和国农业部监制

（四）不予行政许可决定书

1. 概念

不予行政许可决定书是指行政许可机关对申请人的申请，经依法审查，认为不符合该项行政许可的法定条件、标准的，依法作出不予行政许可决定的文书。

不予行政许可决定书属于书写式文书，既要叙述申请人不符合该项行政许可的法定条件、标准的事实，还要阐述理由，如果根据检验、检测、检疫结果，作出不予行政许可决定的，应当书面说明不予行政许可所依据的技术标准、技术规范，并在此基础上作出结论。本文书还可适用于不予变更、不予延续等行政许可决定。

2. 法律依据

《行政许可法》第三十八条第二款规定："行政机关依法作出不予行政许可的书面决定的，应当说明理由，并告知申请人享有依法申请行政复议或者提起行政诉讼的权利"。第五十五条第三款规定："行政机关根据检验、检测、检疫结果，作出不予行政许可决定的，应当书面说明不予行政许可所依据的技术标准、技术规范"。

3. 文书范例

动物防疫条件许可文书

不予行政许可决定书

（×）动防许不决字［××××］×××号

申请人：×××厂（场或公司）	法定代表人：×××
联系人：×××	联系电话：×××××
地址：××县××路××号	

你（单位）提出办理《动物防疫条件合格证》的申请，经依法审查：

1. 场区运输动物车辆出入口没有设置与门同宽，长 4m、深 0.3m 以上的消毒池；

2. 没有与生产规模相适应的无害化处理、污水污物处理设施设备。

认为不符合《中华人民共和国动物防疫法》第十九条和农业部《动物防疫条件审查办法》规定的屠宰加工场所动物防疫条件。

现依据《中华人民共和国行政许可法》第三十八条第一款的规定，作出不予行政许可的决定。

如不服本决定，可在接到本决定书之日起 60 日内依法向××市畜牧局或××县人民政府申请行政复议；或 3 个月内向××县人民法院提起行政诉讼。

行政许可专用章（盖章）

××××年×月×日

签收时间××××年×月×日×时×分

签收人：×××

注：本文书一式二联，第一联存档，第二联交申请人

（五）送达回证

1. 概念

送达是行政许可机关按照法定的程序和方式，将依法制作的行政许可证件送交被许可人的行为。送达回证是指行政许可机关按照法定格式制作的，用以证明送达法律文书的凭证。它既是送达行为证明，又是受送达人接受送达的证明，是行政许可机关与受送达人之间发生法律关系的凭证。凡需送达当事人的告知类、通知类或者决定类文书中已设定当事人签收栏的，由当事人签收即为送达。没有设定的，应当使用送达回证。送达回证属于填写式文书。

2. 法律依据

《行政许可法》第四十四条规定："行政机关作出准予行政许可的决定，应当自做出决定之日起十日内向申请人颁发、送达行政许可证件"。

3. 文书范例

动物防疫条件许可文书

送达回证

（×）动防许送字［××××］×××号

受送达人	×××养殖场		
法定代表人（负责人）	×××		
送达地点	××县畜牧局××科		
送达方式	直接送达		
送达文件及编号	送达人	收到日期	收件人签名
准予变更行政许可决定书 （×）动防许字［××××］×××号	王×× 李××	××××年×月×日	张××
备注			

注：本文书一式二份，收件人签字后随卷存档

五、行政许可变更文书

（一）撤销行政许可决定书

1. 概念

撤销行政许可决定书是指已经生效的行政许可出现法定情形，行政许可主体依法作出撤销该项行政许可决定的文书。它属于填写式文书。

2. 法律依据

《行政许可法》第六十九条第一、第二款规定："有下列情形之一的，作

出行政许可决定的行政机关或者其上级行政机关，根据利害关系人的请求或者依据职权，可以撤销行政许可：（一）行政机关工作人员滥用职权、玩忽职守作出准予行政许可决定的；（二）超越法定职权作出准予行政许可决定的；（三）违反法定程序作出准予行政许可决定的；（四）对不具备申请资格或者不符合法定条件的申请人准予行政许可的；（五）依法可以撤销行政许可的其他情形。被许可人以欺骗、贿赂等不正当手段取得行政许可的，应当予以撤销"。

3. 文书范例

动物防疫条件许可文书

撤销行政许可决定书

（×）动防许撤字〔××××〕×××号

××动物××场：

经核查，你单位取得的《动物防疫条件合格证》行政许可，依据《中华人民共和国行政许可法》第四十二条第一款之规定，在许可办理中有下列情形：

依照农业部发布的《动物防疫条件审查办法》（农业部令2010年第7号）第二十九条规定，兴办动物隔离场所、动物和动物产品无害化处理场所的，县级地方人民政府兽医主管部门应当自收到申请之日起5个工作日内完成材料初审，并将初审意见和有关材料报省、自治区、直辖市人民政府兽医主管部门。

××县畜牧局未将初审意见和材料报送我局，而直接由该局实施现场审查并颁发动物防疫条件合格证，该行为属于《中华人民共和国行政许可法》第四十二条第一款第（二）项超越法定职权作出准予行政许可决定的情形。

依据《中华人民共和国行政许可法》第六十九条第一款之规定，本局决定撤销你单位《动物防疫条件合格证》。

如不服本决定，可在接到本决定之日起60日内向中华人民共和国农业部或者向××省人民政府申请行政复议；或3个月内向××人民法院提起行政诉讼。

××省畜牧局行政许可专用章

××××年×月×日

签收时间：××××年×月×日

签收人：×××

注：本文书一式二联，第一联存档，第二联交被许可人

（二）注销行政许可决定书

1. 概念

注销行政许可决定书是指行政许可机关对已经失效或者因不可抗拒力导致行政许可事项无法实施的行政许可，依法作出注销该项行政许可决定的文

书。它属于填写式文书。

撤销的事由即违法导致行政许可的撤销，而注销的事由不仅包括行政许可实施中具有违法因素，还包括其他使得被许可人从事行政许可事项的生产经营等活动终止的情形，即只要被许可人终止从事行政许可事项的生产经营等活动，行政机关即对该项行政许可予以注销。撤回的事由既包括申请人在申请过程对其行政许可申请的撤回，也包括行政机关因为行政许可所依据的客观情形发生重大变化而对其行政许可决定的撤回。对于行政机关来说，行政机关在撤回行政许可后，也要履行注销行政许可的手续。收缴是行政机关对相对人实行的强制性行政措施和行政处罚。

2. 法律依据

《行政许可法》第七十条规定："有下列情形之一的，行政机关应当依法办理有关行政许可的注销手续。

（1）行政许可有效期届满未延续的。

（2）赋予公民特定资格的行政许可，该公民死亡或者丧失行为能力的。

（3）法人或者其他组织依法终止的。

（4）行政许可依法被撤销、撤回，或者行政许可证件依法被吊销的。

（5）因不可抗力导致行政许可事项无法实施的。

（6）法律、法规规定的应当注销行政许可的其他情形。

农业部《动物防疫条件审查办法》第三十一条第一款规定："本办法第二条第一款所列场所在取得《动物防疫条件合格证》后，变更场址或者经营范围的，应当重新申请办理《动物防疫条件合格证》，向时交回原《动物防疫条件合格证》，由原发证机关予以注销。第三十二条规定本办法第二条第一款所列场所停业的，应当于停业后30日内将《动物防疫条件合格证》交回原发证机关注销。"

3. 文书结构及制作要求

本文书由文首、正文、文尾构成。

（1）文首　包括文书标题、文书编号。

①文书标题。即注销行政许可决定书。

②文书编号。写在标题的右下方。

（2）正文　包括被许可人姓名或者名称、注销的行政许可名称、注销该项行政许可的理由、救济途径等。

（3）文尾　文书签发时间，并盖上发文行政许可机关的公章。

4. 注意事项

（1）在行政执法实践中，动物卫生监督机构对变更场址或者经营范围，要督促管理相对人及时重新申办《动物防疫条件合格证》；对已经停业的有关场所，要及时将《动物防疫条件合格证》交回原发证机关注销。

（2）行政许可机关对已经失效或者无法实施的行政许可，要及时依法制作本文书，告知行政相对人。注销失效或者无法实施的行政许可是行政机关依职权的行政行为，也是行政许可实施机关法定职责，应由原作出行政许可决定的机关作出。行政机关应当建立健全监督制度，通过核查反映被许可人从事行政许可事项活动情况的有关材料，履行监督责任。当出现失效或者无法实施的行政许可，应当及时制作本文书，予以注销。

（3）在行政许可的实施和监督管理活动中，要注意区分注销、撤销、撤回和收缴几个容易混淆的概念。

①注销。是指行政机关注明取消行政许可，是行政许可结束后由行政机关办理的手续。

②撤销。通常是行政许可机关在行政许可的实施过程中有违法因素，对已经作出的行政许可的决定撤销。

③撤回。主要是指行政许可的实施以及被许可人从事许可事项的活动本身并不违法，但客观情况发生了变化，行政机关对行政许可的撤回。

④收缴。是行政执法机关查收缴获非法证件，是一种带有强制性的行政行为。转让、伪造或者变造《动物防疫条件合格证》的，由动物卫生监督机构收缴《动物防疫条件合格证》。

5. 文书范例

动物防疫条件许可文书

注销行政许可决定书

（×）动防许注字［××××］×××号

××屠宰加工厂：

经核查，你单位取得《动物防疫条件合格证》，经营范围已经改变，依据《中华人民共和国行政许可法》第七十条和农业部《动物防疫条件审查办法》第三十一条之规定，本行政机关决定注销你单位的《动物防疫条件合格证》。

如不服本决定，可在接到本决定之日起60日内向××畜牧局或者向××人民政府申请行政复议；或3个月向××人民法院提起行政诉讼。

行政许可专用章（盖章）

××××年×月××日

签收时间：××××年×月×日×时×分

签收人：×××

注：本文书一式二联，第一联存档，第二联交申请人

（三）准予变更行政许可决定书

1. 概念

行政许可的变更，是指根据被许可人的请求，行政机关对许可事项的具体内容在许可被批准后加以变更的行为。准予变更行政许可决定书是指行政许可机关对被许可人要求变更行政许可事项的申请，经依法审查，认为符合该项行政许可的法定条件、标准的，依法作出准予变更行政许可决定的文书。它属于填写式文书。

2. 法律依据

《行政许可法》第四十九条规定："被许可人要求变更行政许可事项的，应当向作出行政许可决定的行政机关提出申请；符合法定条件、标准的，行政机关应当依法办理变更手续。"农业部《动物防疫条件审查办法》第三十一条第三款规定："变更单位名称或者其负责人的，应当在变更后 15 日内持有效证明申请变更《动物防疫条件合格证》。"

3. 文书范例

动物防疫条件许可文书

准予变更行政许可决定书

（×）动防许变字［××××］×××号

×××厂（场）

你单位取得《动物防疫条件合格证》，于××××年×月×日向本行政机关申请变更×××厂（场）的法定代表人。依据《中华人民共和国行政许可法》第四十九条和农业部《动物防疫条件审查办法》第三十一条第三款之规定，本行政机关决定准予变更。变更内容：法定代表人原为张××，现变更为王××。请在收到本决定书后，及时到本行政机关办理变更换证手续。

行政许可专用章（盖章）

××××年×月×日

签收时间：××××年×月×日

签收人：×××

注：本文书一式二联，第一联存档，第二联交申请人

（四）准予延续行政许可决定书

1. 概念

准予延续行政许可决定书是指行政许可主体对接近有效期的行政许可，被许可人申请延续的，经依法审查，认为符合该项行政许可的法定条件、标

准的，依法作出准予延续行政许可决定的文书。它属于填写式文书。

2. 法律依据

《行政许可法》第五十条规定："被许可人需要延续依法取得的行政许可的有效期的，应当在该行政许可有效期届满三十日前向作出行政许可决定的行政机关提出申请。但是，法律、法规、规章另有规定的，依照其规定执行。

3. 文书范例

动物防疫条件许可文书

准予延续行政许可决定书

（×）动防许延字［××××］×××号

×××厂（场）：

你单位取得《动物防疫条件合格证》，于××××年×月×日向本行政机关提出延续行政许可有效期的申请，依据《中华人民共和国行政许可法》第五十条之规定，本行政机构决定准予延续。延续期限为××××年×月×日至××××年×月×日。请在收到本决定书后，及时到本行政机关办理换证手续。

行政许可专用章（盖章）

××××年×月×日

签收时间：××××年×月×日×时××分

签收人：×××

注：本文书一式二联，第一联存档，第二联交申请人

第三节　中华人民共和国行政许可法

《中华人民共和国行政许可法》由中华人民共和国第十届全国人民代表大会常务委员会第四次会议于2003年8月27日通过，自2004年7月1日起施行。

第一章　总则

第一条　为了规范行政许可的设定和实施，保护公民、法人和其他组织的合法权益，维护公共利益和社会秩序，保障和监督行政机关有效实施行政管理，根据宪法，制定本法。

第二条　本法所称行政许可，是指行政机关根据公民、法人或者其他组

织的申请，经依法审查，准予其从事特定活动的行为。

第三条　行政许可的设定和实施，适用本法。

有关行政机关对其他机关或者对其直接管理的事业单位的人事、财务、外事等事项的审批，不适用本法。

第四条　设定和实施行政许可，应当依照法定的权限、范围、条件和程序。

第五条　设定和实施行政许可，应当遵循公开、公平、公正的原则。

有关行政许可的规定应当公布；未经公布的，不得作为实施行政许可的依据。行政许可的实施和结果，除涉及国家秘密、商业秘密或者个人隐私的外，应当公开。

符合法定条件、标准的，申请人有依法取得行政许可的平等权利，行政机关不得歧视。

第六条　实施行政许可，应当遵循便民的原则，提高办事效率，提供优质服务。

第七条　公民、法人或者其他组织对行政机关实施行政许可，享有陈述权、申辩权；有权依法申请行政复议或者提起行政诉讼；其合法权益因行政机关违法实施行政许可受到损害的，有权依法要求赔偿。

第八条　公民、法人或者其他组织依法取得的行政许可受法律保护，行政机关不得擅自改变已经生效的行政许可。

行政许可所依据的法律、法规、规章修改或者废止，或者准予行政许可所依据的客观情况发生重大变化的，为了公共利益的需要，行政机关可以依法变更或者撤回已经生效的行政许可。由此给公民、法人或者其他组织造成财产损失的，行政机关应当依法给予补偿。

第九条　依法取得的行政许可，除法律、法规规定依照法定条件和程序可以转让的外，不得转让。

第十条　县级以上人民政府应当建立健全对行政机关实施行政许可的监督制度，加强对行政机关实施行政许可的监督检查。

行政机关应当对公民、法人或者其他组织从事行政许可事项的活动实施有效监督。

第二章　行政许可的设定

第十一条　设定行政许可，应当遵循经济和社会发展规律，有利于发挥公民、法人或者其他组织的积极性、主动性，维护公共利益和社会秩序，促进经济、社会和生态环境协调发展。

第十二条 下列事项可以设定行政许可：

（一）直接涉及国家安全、公共安全、经济宏观调控、生态环境保护以及直接关系人身健康、生命财产安全等特定活动，需要按照法定条件予以批准的事项；

（二）有限自然资源开发利用、公共资源配置以及直接关系公共利益的特定行业的市场准入等，需要赋予特定权利的事项；

（三）提供公众服务并且直接关系公共利益的职业、行业，需要确定具备特殊信誉、特殊条件或者特殊技能等资格、资质的事项；

（四）直接关系公共安全、人身健康、生命财产安全的重要设备、设施、产品、物品，需要按照技术标准、技术规范，通过检验、检测、检疫等方式进行审定的事项；

（五）企业或者其他组织的设立等，需要确定主体资格的事项；

（六）法律、行政法规规定可以设定行政许可的其他事项。

第十三条 本法第十二条所列事项，通过下列方式能够予以规范的，可以不设行政许可：

（一）公民、法人或者其他组织能够自主决定的；

（二）市场竞争机制能够有效调节的；

（三）行业组织或者中介机构能够自律管理的；

（四）行政机关采用事后监督等其他行政管理方式能够解决的。

第十四条 本法第十二条所列事项，法律可以设定行政许可。尚未制定法律的，行政法规可以设定行政许可。

必要时，国务院可以采用发布决定的方式设定行政许可。实施后，除临时性行政许可事项外，国务院应当及时提请全国人民代表大会及其常务委员会制定法律，或者自行制定行政法规。

第十五条 本法第十二条所列事项，尚未制定法律、行政法规的，地方性法规可以设定行政许可；尚未制定法律、行政法规和地方性法规的，因行政管理的需要，确需立即实施行政许可的，省、自治区、直辖市人民政府规章可以设定临时性的行政许可。临时性的行政许可实施满一年需要继续实施的，应当提请本级人民代表大会及其常务委员会制定地方性法规。

地方性法规和省、自治区、直辖市人民政府规章，不得设定应当由国家统一确定的公民、法人或者其他组织的资格、资质的行政许可；不得设定企业或者其他组织的设立登记及其前置性行政许可。其设定的行政许可，不得限制其他地区的个人或者企业到本地区从事生产经营和提供服务，不得限制其他地区的商品进入本地区市场。

第十六条 行政法规可以在法律设定的行政许可事项范围内，对实施该行政许可作出具体规定。

地方性法规可以在法律、行政法规设定的行政许可事项范围内，对实施该行政许可作出具体规定。

规章可以在上位法设定的行政许可事项范围内，对实施该行政许可作出具体规定。

法规、规章对实施上位法设定的行政许可作出的具体规定，不得增设行政许可；对行政许可条件作出的具体规定，不得增设违反上位法的其他条件。

第十七条 除本法第十四条、第十五条规定的外，其他规范性文件一律不得设定行政许可。

第十八条 设定行政许可，应当规定行政许可的实施机关、条件、程序、期限。

第十九条 起草法律草案、法规草案和省、自治区、直辖市人民政府规章草案，拟设定行政许可的，起草单位应当采取听证会、论证会等形式听取意见，并向制定机关说明设定该行政许可的必要性、对经济和社会可能产生的影响以及听取和采纳意见的情况。

第二十条 行政许可的设定机关应当定期对其设定的行政许可进行评价；对已设定的行政许可，认为通过本法第十三条所列方式能够解决的，应当对设定该行政许可的规定及时予以修改或者废止。

行政许可的实施机关可以对已设定的行政许可的实施情况及存在的必要性适时进行评价，并将意见报告该行政许可的设定机关。

公民、法人或者其他组织可以向行政许可的设定机关和实施机关就行政许可的设定和实施提出意见和建议。

第二十一条 省、自治区、直辖市人民政府对行政法规设定的有关经济事务的行政许可，根据本行政区域经济和社会发展情况，认为通过本法第十三条所列方式能够解决的，报国务院批准后，可以在本行政区域内停止实施该行政许可。

第三章 行政许可的实施机关

第二十二条 行政许可由具有行政许可权的行政机关在其法定职权范围内实施。

第二十三条 法律、法规授权的具有管理公共事务职能的组织，在法定授权范围内，以自己的名义实施行政许可。被授权的组织适用本法有关行政机关的规定。

第二十四条　行政机关在其法定职权范围内，依照法律、法规、规章的规定，可以委托其他行政机关实施行政许可。委托机关应当将受委托行政机关和受委托实施行政许可的内容予以公告。

委托行政机关对受委托行政机关实施行政许可的行为应当负责监督，并对该行为的后果承担法律责任。

受委托行政机关在委托范围内，以委托行政机关名义实施行政许可；不得再委托其他组织或者个人实施行政许可。

第二十五条　经国务院批准，省、自治区、直辖市人民政府根据精简、统一、效能的原则，可以决定一个行政机关行使有关行政机关的行政许可权。

第二十六条　行政许可需要行政机关内设的多个机构办理的，该行政机关应当确定一个机构统一受理行政许可申请，统一送达行政许可决定。

行政许可依法由地方人民政府两个以上部门分别实施的，本级人民政府可以确定一个部门受理行政许可申请并转告有关部门分别提出意见后统一办理，或者组织有关部门联合办理、集中办理。

第二十七条　行政机关实施行政许可，不得向申请人提出购买指定商品、接受有偿服务等不正当要求。

行政机关工作人员办理行政许可，不得索取或者收受申请人的财物，不得谋取其他利益。

第二十八条　对直接关系公共安全、人身健康、生命财产安全的设备、设施、产品、物品的检验、检测、检疫，除法律、行政法规规定由行政机关实施的外，应当逐步由符合法定条件的专业技术组织实施。专业技术组织及其有关人员对所实施的检验、检测、检疫结论承担法律责任。

第四章　行政许可的实施程序

第一节　申请与受理

第二十九条　公民、法人或者其他组织从事特定活动，依法需要取得行政许可的，应当向行政机关提出申请。申请书需要采用格式文本的，行政机关应当向申请人提供行政许可申请书格式文本。申请书格式文本中不得包含与申请行政许可事项没有直接关系的内容。

申请人可以委托代理人提出行政许可申请。但是，依法应当由申请人到行政机关办公场所提出行政许可申请的除外。

行政许可申请可以通过信函、电报、电传、传真、电子数据交换和电子邮件等方式提出。

第三十条　行政机关应当将法律、法规、规章规定的有关行政许可的事项、依据、条件、数量、程序、期限以及需要提交的全部材料的目录和申请书示范文本等在办公场所公示。

申请人要求行政机关对公示内容予以说明、解释的，行政机关应当说明、解释，提供准确、可靠的信息。

第三十一条　申请人申请行政许可，应当如实向行政机关提交有关材料和反映真实情况，并对其申请材料实质内容的真实性负责。行政机关不得要求申请人提交与其申请的行政许可事项无关的技术资料和其他材料。

第三十二条　行政机关对申请人提出的行政许可申请，应当根据下列情况分别作出处理：

（一）申请事项依法不需要取得行政许可的，应当即时告知申请人不受理；

（二）申请事项依法不属于本行政机关职权范围的，应当即时作出不予受理的决定，并告知申请人向有关行政机关申请；

（三）申请材料存在可以当场更正的错误的，应当允许申请人当场更正；

（四）申请材料不齐全或者不符合法定形式的，应当当场或者在五日内一次告知申请人需要补正的全部内容，逾期不告知的，自收到申请材料之日起即为受理；

（五）申请事项属于本行政机关职权范围，申请材料齐全、符合法定形式，或者申请人按照本行政机关的要求提交全部补正申请材料的，应当受理行政许可申请。

行政机关受理或者不予受理行政许可申请，应当出具加盖本行政机关专用印章和注明日期的书面凭证。

第三十三条　行政机关应当建立和完善有关制度，推行电子政务，在行政机关的网站上公布行政许可事项，方便申请人采取数据电文等方式提出行政许可申请；应当与其他行政机关共享有关行政许可信息，提高办事效率。

第二节　审查与决定

第三十四条　行政机关应当对申请人提交的申请材料进行审查。

申请人提交的申请材料齐全、符合法定形式，行政机关能够当场作出决定的，应当当场作出书面的行政许可决定。

根据法定条件和程序，需要对申请材料的实质内容进行核实的，行政机关应当指派两名以上工作人员进行核查。

第三十五条　依法应当先经下级行政机关审查后报上级行政机关决定的行政许可，下级行政机关应当在法定期限内将初步审查意见和全部申请材料直接报送上级行政机关。上级行政机关不得要求申请人重复提供申请材料。

第三十六条 行政机关对行政许可申请进行审查时，发现行政许可事项直接关系他人重大利益的，应当告知该利害关系人。申请人、利害关系人有权进行陈述和申辩。行政机关应当听取申请人、利害关系人的意见。

第三十七条 行政机关对行政许可申请进行审查后，除当场作出行政许可决定的外，应当在法定期限内按照规定程序作出行政许可决定。

第三十八条 申请人的申请符合法定条件、标准的，行政机关应当依法作出准予行政许可的书面决定。

行政机关依法作出不予行政许可的书面决定的，应当说明理由，并告知申请人享有依法申请行政复议或者提起行政诉讼的权利。

第三十九条 行政机关作出准予行政许可的决定，需要颁发行政许可证件的，应当向申请人颁发加盖本行政机关印章的下列行政许可证件：

（一）许可证、执照或者其他许可证书；

（二）资格证、资质证或者其他合格证书；

（三）行政机关的批准文件或者证明文件；

（四）法律、法规规定的其他行政许可证件。

行政机关实施检验、检测、检疫的，可以在检验、检测、检疫合格的设备、设施、产品、物品上加贴标签或者加盖检验、检测、检疫印章。

第四十条 行政机关作出的准予行政许可决定，应当予以公开，公众有权查阅。

第四十一条 法律、行政法规设定的行政许可，其适用范围没有地域限制的，申请人取得的行政许可在全国范围内有效。

第三节 期限

第四十二条 除可以当场作出行政许可决定的外，行政机关应当自受理行政许可申请之日起二十日内作出行政许可决定。二十日内不能作出决定的，经本行政机关负责人批准，可以延长十日，并应当将延长期限的理由告知申请人。但是，法律、法规另有规定的，依照其规定。

依照本法第二十六条的规定，行政许可采取统一办理或者联合办理、集中办理的，办理的时间不得超过四十五日；四十五日内不能办结的，经本级人民政府负责人批准，可以延长十五日，并应当将延长期限的理由告知申请人。

第四十三条 依法应当先经下级行政机关审查后报上级行政机关决定的行政许可，下级行政机关应当自其受理行政许可申请之日起二十日内审查完毕。但是，法律、法规另有规定的，依照其规定。

第四十四条 行政机关作出准予行政许可的决定，应当自作出决定之日起十日内向申请人颁发、送达行政许可证件，或者加贴标签、加盖检验、检测、检疫印章。

第四十五条　行政机关作出行政许可决定，依法需要听证、招标、拍卖、检验、检测、检疫、鉴定和专家评审的，所需时间不计算在本节规定的期限内。行政机关应当将所需时间书面告知申请人。

第四节　听证

第四十六条　法律、法规、规章规定实施行政许可应当听证的事项，或者行政机关认为需要听证的其他涉及公共利益的重大行政许可事项，行政机关应当向社会公告，并举行听证。

第四十七条　行政许可直接涉及申请人与他人之间重大利益关系的，行政机关在作出行政许可决定前，应当告知申请人、利害关系人享有要求听证的权利；申请人、利害关系人在被告知听证权利之日起五日内提出听证申请的，行政机关应当在二十日内组织听证。

申请人、利害关系人不承担行政机关组织听证的费用。

第四十八条　听证按照下列程序进行：

（一）行政机关应当于举行听证的七日前将举行听证的时间、地点通知申请人、利害关系人，必要时予以公告；

（二）听证应当公开举行；

（三）行政机关应当指定审查该行政许可申请的工作人员以外的人员为听证主持人，申请人、利害关系人认为主持人与该行政许可事项有直接利害关系的，有权申请回避；

（四）举行听证时，审查该行政许可申请的工作人员应当提供审查意见的证据、理由，申请人、利害关系人可以提出证据，并进行申辩和质证；

（五）听证应当制作笔录，听证笔录应当交听证参加人确认无误后签字或者盖章。

行政机关应当根据听证笔录，作出行政许可决定。

第五节　变更与延续

第四十九条　被许可人要求变更行政许可事项的，应当向作出行政许可决定的行政机关提出申请；符合法定条件、标准的，行政机关应当依法办理变更手续。

第五十条　被许可人需要延续依法取得的行政许可的有效期的，应当在该行政许可有效期届满三十日前向作出行政许可决定的行政机关提出申请。但是，法律、法规、规章另有规定的，依照其规定。

行政机关应当根据被许可人的申请，在该行政许可有效期届满前作出是否准予延续的决定；逾期未作决定的，视为准予延续。

第六节　特别规定

第五十一条　实施行政许可的程序，本节有规定的，适用本节规定；本节没有规定的，适用本章其他有关规定。

第五十二条　国务院实施行政许可的程序，适用有关法律、行政法规的规定。

第五十三条　实施本法第十二条第二项所列事项的行政许可的，行政机关应当通过招标、拍卖等公平竞争的方式作出决定。但是，法律、行政法规另有规定的，依照其规定。

行政机关通过招标、拍卖等方式作出行政许可决定的具体程序，依照有关法律、行政法规的规定。

行政机关按照招标、拍卖程序确定中标人、买受人后，应当作出准予行政许可的决定，并依法向中标人、买受人颁发行政许可证件。

行政机关违反本条规定，不采用招标、拍卖方式，或者违反招标、拍卖程序，损害申请人合法权益的，申请人可以依法申请行政复议或者提起行政诉讼。

第五十四条　实施本法第十二条第三项所列事项的行政许可，赋予公民特定资格，依法应当举行国家考试的，行政机关根据考试成绩和其他法定条件作出行政许可决定；赋予法人或者其他组织特定的资格、资质的，行政机关根据申请人的专业人员构成、技术条件、经营业绩和管理水平等的考核结果作出行政许可决定。但是，法律、行政法规另有规定的，依照其规定。

公民特定资格的考试依法由行政机关或者行业组织实施，公开举行。行政机关或者行业组织应当事先公布资格考试的报名条件、报考办法、考试科目以及考试大纲。但是，不得组织强制性的资格考试的考前培训，不得指定教材或者其他助考材料。

第五十五条　实施本法第十二条第四项所列事项的行政许可的，应当按照技术标准、技术规范依法进行检验、检测、检疫，行政机关根据检验、检测、检疫的结果作出行政许可决定。

行政机关实施检验、检测、检疫，应当自受理申请之日起五日内指派两名以上工作人员按照技术标准、技术规范进行检验、检测、检疫。不需要对检验、检测、检疫结果作进一步技术分析即可认定设备、设施、产品、物品是否符合技术标准、技术规范的，行政机关应当当场作出行政许可决定。

行政机关根据检验、检测、检疫结果，作出不予行政许可决定的，应当书面说明不予行政许可所依据的技术标准、技术规范。

第五十六条　实施本法第十二条第五项所列事项的行政许可，申请人提交的申请材料齐全、符合法定形式的，行政机关应当当场予以登记。需要对申请材料的实质内容进行核实的，行政机关依照本法第三十四条第三款的规定办理。

第五十七条　有数量限制的行政许可，两个或者两个以上申请人的申请均符合法定条件、标准的，行政机关应当根据受理行政许可申请的先后顺序作出准予行政许可的决定。但是，法律、行政法规另有规定的，依照其规定。

第五章　行政许可的费用

第五十八条　行政机关实施行政许可和对行政许可事项进行监督检查，不得收取任何费用。但是，法律、行政法规另有规定的，依照其规定。

行政机关提供行政许可申请书格式文本，不得收费。

行政机关实施行政许可所需经费应当列入本行政机关的预算，由本级财政予以保障，按照批准的预算予以核拨。

第五十九条　行政机关实施行政许可，依照法律、行政法规收取费用的，应当按照公布的法定项目和标准收费；所收取的费用必须全部上缴国库，任何机关或者个人不得以任何形式截留、挪用、私分或者变相私分。财政部门不得以任何形式向行政机关返还或者变相返还实施行政许可所收取的费用。

第六章　监督检查

第六十条　上级行政机关应当加强对下级行政机关实施行政许可的监督检查，及时纠正行政许可实施中的违法行为。

第六十一条　行政机关应当建立健全监督制度，通过核查反映被许可人从事行政许可事项活动情况的有关材料，履行监督责任。

行政机关依法对被许可人从事行政许可事项的活动进行监督检查时，应当将监督检查的情况和处理结果予以记录，由监督检查人员签字后归档。公众有权查阅行政机关监督检查记录。

行政机关应当创造条件，实现与被许可人、其他有关行政机关的计算机档案系统互联，核查被许可人从事行政许可事项活动情况。

第六十二条　行政机关可以对被许可人生产经营的产品依法进行抽样检查、检验、检测，对其生产经营场所依法进行实地检查。检查时，行政机关可以依法查阅或者要求被许可人报送有关材料；被许可人应当如实提供有关情况和材料。

行政机关根据法律、行政法规的规定，对直接关系公共安全、人身健康、生命财产安全的重要设备、设施进行定期检验。对检验合格的，行政机关应当发给相应的证明文件。

第六十三条　行政机关实施监督检查，不得妨碍被许可人正常的生产经营活动，不得索取或者收受被许可人的财物，不得谋取其他利益。

第六十四条　被许可人在作出行政许可决定的行政机关管辖区域外违法从事行政许可事项活动的，违法行为发生地的行政机关应当依法将被许可人的违法事实、处理结果抄告作出行政许可决定的行政机关。

第六十五条　个人和组织发现违法从事行政许可事项的活动，有权向行政机关举报，行政机关应当及时核实、处理。

第六十六条　被许可人未依法履行开发利用自然资源义务或者未依法履行利用公共资源义务的，行政机关应当责令限期改正；被许可人在规定期限内不改正的，行政机关应当依照有关法律、行政法规的规定予以处理。

第六十七条　取得直接关系公共利益的特定行业的市场准入行政许可的被许可人，应当按照国家规定的服务标准、资费标准和行政机关依法规定的条件，向用户提供安全、方便、稳定和价格合理的服务，并履行普遍服务的义务；未经作出行政许可决定的行政机关批准，不得擅自停业、歇业。

被许可人不履行前款规定的义务的，行政机关应当责令限期改正，或者依法采取有效措施督促其履行义务。

第六十八条　对直接关系公共安全、人身健康、生命财产安全的重要设备、设施，行政机关应当督促设计、建造、安装和使用单位建立相应的自检制度。

行政机关在监督检查时，发现直接关系公共安全、人身健康、生命财产安全的重要设备、设施存在安全隐患的，应当责令停止建造、安装和使用，并责令设计、建造、安装和使用单位立即改正。

第六十九条　有下列情形之一的，作出行政许可决定的行政机关或者其上级行政机关，根据利害关系人的请求或者依据职权，可以撤销行政许可：

（一）行政机关工作人员滥用职权、玩忽职守作出准予行政许可决定的；

（二）超越法定职权作出准予行政许可决定的；

（三）违反法定程序作出准予行政许可决定的；

（四）对不具备申请资格或者不符合法定条件的申请人准予行政许可的；

（五）依法可以撤销行政许可的其他情形。

被许可人以欺骗、贿赂等不正当手段取得行政许可的，应当予以撤销。

依照前两款的规定撤销行政许可，可能对公共利益造成重大损害的，不予撤销。

依照本条第一款的规定撤销行政许可，被许可人的合法权益受到损害的，行政机关应当依法给予赔偿。依照本条第二款的规定撤销行政许可的，被许可人基于行政许可取得的利益不受保护。

第七十条　有下列情形之一的，行政机关应当依法办理有关行政许可的注销手续：

（一）行政许可有效期届满未延续的；

（二）赋予公民特定资格的行政许可，该公民死亡或者丧失行为能力的；

（三）法人或者其他组织依法终止的；

（四）行政许可依法被撤销、撤回，或者行政许可证件依法被吊销的；

（五）因不可抗力导致行政许可事项无法实施的；

（六）法律、法规规定的应当注销行政许可的其他情形。

第七章　法律责任

第七十一条　违反本法第十七条规定设定的行政许可，有关机关应当责令设定该行政许可的机关改正，或者依法予以撤销。

第七十二条　行政机关及其工作人员违反本法的规定，有下列情形之一的，由其上级行政机关或者监察机关责令改正；情节严重的，对直接负责的主管人员和其他直接责任人员依法给予行政处分：

（一）对符合法定条件的行政许可申请不予受理的；

（二）不在办公场所公示依法应当公示的材料的；

（三）在受理、审查、决定行政许可过程中，未向申请人、利害关系人履行法定告知义务的；

（四）申请人提交的申请材料不齐全、不符合法定形式，不一次告知申请人必须补正的全部内容的；

（五）未依法说明不受理行政许可申请或者不予行政许可的理由的；

（六）依法应当举行听证而不举行听证的。

第七十三条　行政机关工作人员办理行政许可、实施监督检查，索取或者收受他人财物或者谋取其他利益，构成犯罪的，依法追究刑事责任；尚不构成犯罪的，依法给予行政处分。

第七十四条　行政机关实施行政许可，有下列情形之一的，由其上级行政机关或者监察机关责令改正，对直接负责的主管人员和其他直接责任人员依法给予行政处分；构成犯罪的，依法追究刑事责任：

（一）对不符合法定条件的申请人准予行政许可或者超越法定职权作出准予行政许可决定的；

（二）对符合法定条件的申请人不予行政许可或者不在法定期限内作出准予行政许可决定的；

（三）依法应当根据招标、拍卖结果或者考试成绩择优作出准予行政许可决定，未经招标、拍卖或者考试，或者不根据招标、拍卖结果或者考试成绩择优作出准予行政许可决定的。

第七十五条 行政机关实施行政许可，擅自收费或者不按照法定项目和标准收费的，由其上级行政机关或者监察机关责令退还非法收取的费用；对直接负责的主管人员和其他直接责任人员依法给予行政处分。

截留、挪用、私分或者变相私分实施行政许可依法收取的费用的，予以追缴；对直接负责的主管人员和其他直接责任人员依法给予行政处分；构成犯罪的，依法追究刑事责任。

第七十六条 行政机关违法实施行政许可，给当事人的合法权益造成损害的，应当依照国家赔偿法的规定给予赔偿。

第七十七条 行政机关不依法履行监督职责或者监督不力，造成严重后果的，由其上级行政机关或者监察机关责令改正，对直接负责的主管人员和其他直接责任人员依法给予行政处分；构成犯罪的，依法追究刑事责任。

第七十八条 行政许可申请人隐瞒有关情况或者提供虚假材料申请行政许可的，行政机关不予受理或者不予行政许可，并给予警告；行政许可申请属于直接关系公共安全、人身健康、生命财产安全事项的，申请人在一年内不得再次申请该行政许可。

第七十九条 被许可人以欺骗、贿赂等不正当手段取得行政许可的，行政机关应当依法给予行政处罚；取得的行政许可属于直接关系公共安全、人身健康、生命财产安全事项的，申请人在三年内不得再次申请该行政许可；构成犯罪的，依法追究刑事责任。

第八十条 被许可人有下列行为之一的，行政机关应当依法给予行政处罚；构成犯罪的，依法追究刑事责任：

（一）涂改、倒卖、出租、出借行政许可证件，或者以其他形式非法转让行政许可的；

（二）超越行政许可范围进行活动的；

（三）向负责监督检查的行政机关隐瞒有关情况、提供虚假材料或者拒绝提供反映其活动情况的真实材料的；

（四）法律、法规、规章规定的其他违法行为。

第八十一条 公民、法人或者其他组织未经行政许可，擅自从事依法应当取得行政许可的活动的，行政机关应当依法采取措施予以制止，并依法给予行政处罚；构成犯罪的，依法追究刑事责任。

第八章　附　则

第八十二条　本法规定的行政机关实施行政许可的期限以工作日计算，不含法定节假日。

第八十三条　本法自 2004 年 7 月 1 日起施行。

本法施行前有关行政许可的规定，制定机关应当依照本法规定予以清理；不符合本法规定的，自本法施行之日起停止执行。

第四节　动物防疫条件审查办法

《动物防疫条件审查办法》于 2010 年 1 月 4 日农业部第一次常务会议审议通过，2010 年 5 月 1 日起施行。2002 年 5 月 24 日农业部发布的《动物防疫条件审核管理办法》（农业部令第 15 号）同时废止。

第一章　总　则

第一条　为了规范动物防疫条件审查，有效预防控制动物疫病，维护公共卫生安全，根据《中华人民共和国动物防疫法》，制定本办法。

第二条　动物饲养场、养殖小区、动物隔离场所、动物屠宰加工场所以及动物和动物产品无害化处理场所，应当符合本办法规定的动物防疫条件，并取得《动物防疫条件合格证》。

经营动物和动物产品的集贸市场应当符合本办法规定的动物防疫条件。

第三条　农业部主管全国动物防疫条件审查和监督管理工作。

县级以上地方人民政府兽医主管部门主管本行政区域内的动物防疫条件审查和监督管理工作。

县级以上地方人民政府设立的动物卫生监督机构负责本行政区域内的动物防疫条件监督执法工作。

第四条　动物防疫条件审查应当遵循公开、公正、公平、便民的原则。

第二章　饲养场、养殖小区动物防疫条件

第五条　动物饲养场、养殖小区选址应当符合下列条件：

（一）距离生活饮用水源地、动物屠宰加工场所、动物和动物产品集贸市场 500m 以上；距离种畜禽场 1 000m 以上；距离动物诊疗场所 200m 以上；动物饲养场（养殖小区）之间距离不少于 500m；

（二）距离动物隔离场所、无害化处理场所 3 000m 以上；

（三）距离城镇居民区、文化教育科研等人口集中区域及公路、铁路等主要交通干线 500m 以上。

第六条 动物饲养场、养殖小区布局应当符合下列条件：

（一）场区周围建有围墙；

（二）场区出入口处设置与门同宽，长 4m、深 0.3m 以上的消毒池；

（三）生产区与生活办公区分开，并有隔离设施；

（四）生产区入口处设置更衣消毒室，各养殖栋舍出入口设置消毒池或者消毒垫；

（五）生产区内清洁道、污染道分设；

（六）生产区内各养殖栋舍之间距离在 5m 以上或者有隔离设施。

禽类饲养场、养殖小区内的孵化间与养殖区之间应当设置隔离设施，并配备种蛋熏蒸消毒设施，孵化间的流程应当单向，不得交叉或者回流。

第七条 动物饲养场、养殖小区应当具有下列设施设备：

（一）场区入口处配置消毒设备；

（二）生产区有良好的采光、通风设施设备；

（三）圈舍地面和墙壁选用适宜材料，以便清洗消毒；

（四）配备疫苗冷冻（冷藏）设备、消毒和诊疗等防疫设备的兽医室，或者有兽医机构为其提供相应服务；

（五）有与生产规模相适应的无害化处理、污水污物处理设施设备；

（六）有相对独立的引入动物隔离舍和患病动物隔离舍。

第八条 动物饲养场、养殖小区应当有与其养殖规模相适应的执业兽医或者乡村兽医。

患有相关人畜共患传染病的人员不得从事动物饲养工作。

第九条 动物饲养场、养殖小区应当按规定建立免疫、用药、检疫申报、疫情报告、消毒、无害化处理、畜禽标识等制度及养殖档案。

第十条 种畜禽场除符合本办法第六条、第七条、第八条、第九条规定外，还应当符合下列条件：

（一）距离生活饮用水源地、动物饲养场、养殖小区和城镇居民区、文化教育科研等人口集中区域及公路、铁路等主要交通干线 1 000m 以上；

（二）距离动物隔离场所、无害化处理场所、动物屠宰加工场所、动物和动物产品集贸市场、动物诊疗场所 3 000m 以上；

（三）有必要的防鼠、防鸟、防虫设施或者措施；

（四）有国家规定的动物疫病的净化制度；

（五）根据需要，种畜场还应当设置单独的动物精液、卵、胚胎采集等区域。

第三章　屠宰加工场所动物防疫条件

第十一条　动物屠宰加工场所选址应当符合下列条件：

（一）距离生活饮用水源地、动物饲养场、养殖小区、动物集贸市场500m以上；距离种畜禽场3 000m以上；距离动物诊疗场所200m以上；

（二）距离动物隔离场所、无害化处理场所3 000m以上。

第十二条　动物屠宰加工场所布局应当符合下列条件：

（一）场区周围建有围墙；

（二）运输动物车辆出入口设置与门同宽，长4m、深0.3m以上的消毒池；

（三）生产区与生活办公区分开，并有隔离设施；

（四）入场动物卸载区域有固定的车辆消毒场地，并配有车辆清洗、消毒设备。

（五）动物入场口和动物产品出场口应当分别设置；

（六）屠宰加工间入口设置人员更衣消毒室；

（七）有与屠宰规模相适应的独立检疫室、办公室和休息室；

（八）有待宰圈、患病动物隔离观察圈、急宰间；加工原毛、生皮、绒、骨、角的，还应当设置封闭式熏蒸消毒间。

第十三条　动物屠宰加工场所应当具有下列设施设备：

（一）动物装卸台配备照度不小于300lx的照明设备；

（二）生产区有良好的采光设备，地面、操作台、墙壁、天棚应当耐腐蚀、不吸潮、易清洗；

（三）屠宰间配备检疫操作台和照度不小于500lx的照明设备；

（四）有与生产规模相适应的无害化处理、污水污物处理设施设备。

第十四条　动物屠宰加工场所应当建立动物入场和动物产品出场登记、检疫申报、疫情报告、消毒、无害化处理等制度。

第四章　隔离场所动物防疫条件

第十五条　动物隔离场所选址应当符合下列条件：

（一）距离动物饲养场、养殖小区、种畜禽场、动物屠宰加工场所、无害化处理场所、动物诊疗场所、动物和动物产品集贸市场以及其他动物隔离场3 000m以上；

（二）距离城镇居民区、文化教育科研等人口集中区域及公路、铁路等主要交通干线、生活饮用水源地 500m 以上。

第十六条 动物隔离场所布局应当符合下列条件：

（一）场区周围有围墙；

（二）场区出入口处设置与门同宽，长 4m、深 0.3m 以上的消毒池；

（三）饲养区与生活办公区分开，并有隔离设施；

（四）有配备消毒、诊疗和检测等防疫设备的兽医室；

（五）饲养区内清洁道、污染道分设；

（六）饲养区入口设置人员更衣消毒室。

第十七条 动物隔离场所应当具有下列设施设备：

（一）场区出入口处配置消毒设备；

（二）有无害化处理、污水污物处理设施设备。

第十八条 动物隔离场所应当配备与其规模相适应的执业兽医。

患有相关人畜共患传染病的人员不得从事动物饲养工作。

第十九条 动物隔离场所应当建立动物和动物产品进出登记、免疫、用药、消毒、疫情报告、无害化处理等制度。

第五章　无害化处理场所动物防疫条件

第二十条 动物和动物产品无害化处理场所选址应当符合下列条件：

（一）距离动物养殖场、养殖小区、种畜禽场、动物屠宰加工场所、动物隔离场所、动物诊疗场所、动物和动物产品集贸市场、生活饮用水源地 3 000m 以上；

（二）距离城镇居民区、文化教育科研等人口集中区域及公路、铁路等主要交通干线 500m 以上。

第二十一条 动物和动物产品无害化处理场所布局应当符合下列条件：

（一）场区周围建有围墙；

（二）场区出入口处设置与门同宽，长 4m、深 0.3m 以上的消毒池，并设有单独的人员消毒通道；

（三）无害化处理区与生活办公区分开，并有隔离设施；

（四）无害化处理区内设置染疫动物扑杀间、无害化处理间、冷库等；

（五）动物扑杀间、无害化处理间入口处设置人员更衣室，出口处设置消毒室。

第二十二条 动物和动物产品无害化处理场所应当具有下列设施设备：

（一）配置机动消毒设备；

（二）动物扑杀间、无害化处理间等配备相应规模的无害化处理、污水污物处理设施设备；

（三）有运输动物和动物产品的专用密闭车辆。

第二十三条　动物和动物产品无害化处理场所应当建立病害动物和动物产品入场登记、消毒、无害化处理后的物品流向登记、人员防护等制度。

第六章　集贸市场动物防疫条件

第二十四条　专门经营动物的集贸市场应当符合下列条件：

（一）距离文化教育科研等人口集中区域、生活饮用水源地、动物饲养场和养殖小区、动物屠宰加工场所500m以上，距离种畜禽场、动物隔离场所、无害化处理场所3 000m以上，距离动物诊疗场所200m以上；

（二）市场周围有围墙，场区出入口处设置与门同宽，长4m、深0.3m以上的消毒池；

（三）场内设管理区、交易区、废弃物处理区，各区相对独立；

（四）交易区内不同种类动物交易场所相对独立；

（五）有清洗、消毒和污水污物处理设施设备；

（六）有定期休市和消毒制度；

（七）有专门的兽医工作室。

第二十五条　兼营动物和动物产品的集贸市场应当符合下列动物防疫条件：

（一）距离动物饲养场和养殖小区500m以上，距离种畜禽场、动物隔离场所、无害化处理场所3 000m以上，距离动物诊疗场所200m以上；

（二）动物和动物产品交易区与市场其他区域相对隔离；

（三）动物交易区与动物产品交易区相对隔离；

（四）不同种类动物交易区相对隔离；

（五）交易区地面、墙面（裙）和台面防水、易清洗；

（六）有消毒制度。

活禽交易市场除符合前款规定条件外，市场内的水禽与其他家禽还应当分开，宰杀间与活禽存放间应当隔离，宰杀间与出售场地应当分开，并有定期休市制度。

第七章　审查发证

第二十六条　兴办动物饲养场、养殖小区、动物屠宰加工场所、动物隔离场所、动物和动物产品无害化处理场所，应当按照本办法规定进行选址、工程设计和施工。

第二十七条　本办法第二条第一款规定场所建设竣工后，应当向所在地县级地方人民政府兽医主管部门提出申请，并提交以下材料：

（一）《动物防疫条件审查申请表》；

（二）场所地理位置图、各功能区布局平面图；

（三）设施设备清单；

（四）管理制度文本；

（五）人员情况。

申请材料不齐全或者不符合规定条件的，县级地方人民政府兽医主管部门应当自收到申请材料之日起 5 个工作日内，一次告知申请人需补正的内容。

第二十八条　兴办动物饲养场、养殖小区和动物屠宰加工场所的，县级地方人民政府兽医主管部门应当自收到申请之日起 20 个工作日内完成材料和现场审查，审查合格的，颁发《动物防疫条件合格证》；审查不合格的，应当书面通知申请人，并说明理由。

第二十九条　兴办动物隔离场所、动物和动物产品无害化处理场所的，县级地方人民政府兽医主管部门应当自收到申请之日起 5 个工作日内完成材料初审，并将初审意见和有关材料报省、自治区、直辖市人民政府兽医主管部门。省、自治区、直辖市人民政府兽医主管部门自收到初审意见和有关材料之日起 15 个工作日内完成材料和现场审查，审查合格的，颁发《动物防疫条件合格证》；审查不合格的，应当书面通知申请人，并说明理由。

第八章　监督管理

第三十条　动物卫生监督机构依照《中华人民共和国动物防疫法》和有关法律、法规的规定，对动物饲养场、养殖小区、动物隔离场所、动物屠宰加工场所、动物和动物产品无害化处理场所、动物和动物产品集贸市场的动物防疫条件实施监督检查，有关单位和个人应当予以配合，不得拒绝和阻碍。

第三十一条　本办法第二条第一款所列场所在取得《动物防疫条件合格证》后，变更场址或者经营范围的，应当重新申请办理《动物防疫条件合格证》，同时交回原《动物防疫条件合格证》，由原发证机关予以注销。

变更布局、设施设备和制度，可能引起动物防疫条件发生变化的，应当提前 30 日向原发证机关报告。发证机关应当在 20 日内完成审查，并将审查结果通知申请人。

变更单位名称或者其负责人的，应当在变更后 15 日内持有效证明申请变更《动物防疫条件合格证》。

第三十二条　本办法第二条第一款所列场所停业的，应当于停业后 30 日内将《动物防疫条件合格证》交回原发证机关注销。

第三十三条　本办法第二条所列场所，应当在每年 1 月底前将上一年的动物防疫条件情况和防疫制度执行情况向发证机关报告。

第三十四条　禁止转让、伪造或者变造《动物防疫条件合格证》。

第三十五条　《动物防疫条件合格证》丢失或者损毁的，应当在 15 日内向发证机关申请补发。

第九章　罚　则

第三十六条　违反本办法第三十一条第一款规定，变更场所地址或者经营范围，未按规定重新申请《动物防疫条件合格证》的，按照《中华人民共和国动物防疫法》第七十七条规定予以处罚。

违反本办法第三十一条第二款规定，未经审查擅自变更布局、设施设备和制度的，由动物卫生监督机构给予警告。对不符合动物防疫条件的，由动物卫生监督机构责令改正；拒不改正或者整改后仍不合格的，由发证机关收回并注销《动物防疫条件合格证》。

第三十七条　违反本办法第二十四条和第二十五条规定，经营动物和动物产品的集贸市场不符合动物防疫条件的，由动物卫生监督机构责令改正；拒不改正的，由动物卫生监督机构处五千元以上两万元以下的罚款，并通报同级工商行政管理部门依法处理。

第三十八条　违反本办法第三十四条规定，转让、伪造或者变造《动物防疫条件合格证》的，由动物卫生监督机构收缴《动物防疫条件合格证》，处两千元以上一万元以下的罚款。

使用转让、伪造或者变造《动物防疫条件合格证》的，由动物卫生监督机构按照《中华人民共和国动物防疫法》第七十七条规定予以处罚。

第三十九条　违反本办法规定，构成犯罪或者违反治安管理规定的，依法移送公安机关处理。

第十章　附　则

第四十条　本办法所称动物饲养场、养殖小区是指《中华人民共和国畜牧法》第三十九条规定的畜禽养殖场、养殖小区。

饲养场、养殖小区内自用的隔离舍和屠宰加工场所内自用的患病动物隔离观察圈，饲养场、养殖小区、屠宰加工场所和动物隔离场内设置的自用无害化处理场所，不再另行办理《动物防疫条件合格证》。

第四十一条 本办法自 2010 年 5 月 1 日起施行。农业部 2002 年 5 月 24 日发布的《动物防疫条件审核管理办法》（农业部令第 15 号）同时废止。

本办法施行前已发放的《动物防疫合格证》在有效期内继续有效，有效期不满 1 年的，可沿用到 2011 年 5 月 1 日止。本办法施行前未取得《动物防疫合格证》的各类场所，应当在 2011 年 5 月 1 日前达到本办法规定的条件，取得《动物防疫条件合格证》。

附件 1

编号：

《动物防疫条件合格证》申请表

申请单位（签章）＿＿＿＿＿＿＿＿＿＿＿＿

申　请　日　期＿＿＿＿＿＿＿＿＿＿＿＿

中华人民共和国农业部监制

填　写　说　明

1. "编号"由审核机关填写。

编号格式：年份＋四位数字顺序号（"＋"不用填写，下同）。

2. "申请人（签章）"由申请人如实填写。没有签章的，加盖法定代表人（负责人）名章。

3. "经营范围"一栏由申请人根据从事经营活动范围填写，如："生猪养殖"、"生猪屠宰"等。

4. "经营场所地址"一栏由申请人填写场所的具体地址。

5. "场所类别"一栏由申请人根据生产经营种类在对应的选择项"□"中划"√"。

6. "动物防疫条件合格证编号"由审核机关填写。

编号格式：发证机关所在行政区简称＋动防合字第＋年份＋四位数字顺序号。

7. 本申请表一式两份，用 A4 纸打印或用蓝（黑）色钢笔填写，内容要完整、准确，字迹工整清晰，不得涂改。

申请单位名称					
法定代表人 （负责人）	姓名		联系电话		
	身份证号				
经营范围			设计生产规模		
经营场所地址					
场所类别	1. 动物养殖场　　　　　　　　□ 2. 动物养殖小区　　　　　　　□ 3. 种畜禽养殖场（养殖小区）　□ 4. 动物屠宰场（厂）　　　　　□ 5. 动物屠宰加工场（厂）　　　□ 6. 动物隔离场　　　　　　　　□ 7. 动物无害化处理场　　　　　□				
所附材料清单	1. 场所地理位置图、各功能区布局平面图 2. 设施设备清单 3. 管理制度材料 4. 动物防疫条件自查表				
审核人意见	□ 合格。 □ 不合格。原因： 　　　　　　　　　　　　审核人签字（1）： 　　　　　　　　　　　　审核人签字（2）： 　　　　　　　　　　　　　　　年　　月　　日				
审核单位意见	 　　　　　　　　　　　　　　　　（盖章） 　　　　　　　　　　　　　　　年　　月　　日				
动物防疫 条件合格 证编号	（　　）动防合字第（　　　　）号		发证日期	年　　月　　日	
经办人			令发证人		

附件 2

动物饲养场、养殖小区动物防疫条件审核表

项目	类别	内　　　　容	审核结果 是	审核结果 否	审核说明
选址	动物饲养场、养殖小区填写	距离生活饮用水源地 500m 以上；			
		距离动物屠宰加工场所 500m 以上；			
		距离动物及动物产品集贸市场 500m 以上；			
		距离动物诊疗场所 200m 以上；			
		距离种畜禽场 1 000m 以上；			
		动物养殖场（养殖小区）之间距离不少于 500m；			
		距离动物隔离场所、无害化处理场所 3 000m 以上；			
		距离城镇居民区、文化教育科研等人口密集区 500m 以上；			
		距离公路、铁路等主要交通干线 500m 以上。			
	种畜禽场填写	距离生活饮用水源地 1 000m 以上；			
		距离动物饲养场、养殖小区 1 000m 以上；			
		距离城镇居民区、文化教育科研等人口集中区域 1 000m 以上；			
		距离公路、铁路等主要交通干线 1 000m 以上；			
		距离动物隔离场所 3 000m 以上；			
		距离无害化处理场所 3 000m 以上；			
		距离动物屠宰加工场所 3 000m 以上；			
		距离动物及动物产品集贸市场 3 000m 以上；			
		距离动物诊疗场所 3 000m 以上。			
布局		场区周围建有围墙；			
		场区出入口处设置与门同宽，长 4m、深 0.3m 以上的消毒池；			
		生产区与生活办公区分开；			
		生产区与生活办公区有隔离设施；			
		生产区入口处设置更衣消毒室；			
		各养殖栋舍出入口设置消毒池或消毒垫；			
		生产区内清洁道、污染道分设；			
		生产区内各养殖栋舍之间距离应在 5m 以上或有隔离设施。			
	有孵化间的禽类饲养场、养殖小区需额外填写	孵化间与养殖区之间应当设置隔离设施；			
		孵化间应配备种蛋熏蒸消毒设施；			
		孵化间流程应当单向，不得交叉或者回流。			
	种畜禽场需额外填写	根据需要，种畜场还应当设置单独的动物精液、卵、胚胎采集等区域。			

（续表）

项目	类别	内　　　　容	审核结果		审核说明
			是	否	
设施设备		场区入口处配置消毒设备；			
		生产区有良好的采光、通风设施设备；			
		圈舍地面和墙壁选用适宜材料，以便清洗消毒；			
		配备疫苗冷冻（冷藏）设备、消毒和诊疗等防疫设备的兽医室，或者有兽医机构为其提供相应服务；			
		有与生产规模相适应的无害化处理设施设备；			
		有与生产规模相适应的污水污物处理设施设备；			
		有相对独立的引入动物隔离舍；			
		有相对独立的患病动物隔离舍。			
	种畜禽场需额外填写	有必要的防鼠、防鸟、防虫设施或方法。			
人员		动物饲养场、养殖小区应当有与其养殖规模相适应的执业兽医或乡村兽医；			
		从事动物饲养的工作人员不得患有相关的人畜共患传染病。			
制度		免疫制度；			
		用药制度；			
		检疫申报制度；			
		疫情报告制度；			
		消毒制度；			
		无害化处理制度；			
		畜禽标识制度；			
		养殖档案。			
	种畜禽场需额外填写	有国家规定的动物疫病的净化制度。			

注：审核结果为"否"的，应在"审核说明"中填写具体审核情况，审核结果为"是"的，无需填写"审核说明"一栏。

附件 3

动物饲养场、养殖小区动物防疫条件自查表

项目	类别	内　　　　容	自查结果 是	自查结果 否	自查说明
选址	动物饲养场、养殖小区填写	距离生活饮用水源地 500m 以上；			
		距离动物屠宰加工场所 500m 以上；			
		距离动物及动物产品集贸市场 500m 以上；			
		距离动物诊疗场所 200m 以上；			
		距离种畜禽场 1 000m 以上；			
		动物养殖场（养殖小区）之间距离不少于 500m；			
		距离动物隔离场所、无害化处理场所 3 000m 以上；			
		距离城镇居民区、文化教育科研等人口密集区 500m 以上；			
		距离公路、铁路等主要交通干线 500m 以上。			
	种畜禽场填写	距离生活饮用水源地 1 000m 以上；			
		距离动物饲养场、养殖小区 1 000m 以上；			
		距离城镇居民区、文化教育科研等人口集中区域 1 000m 以上；			
		距离公路、铁路等主要交通干线 1 000m 以上；			
		距离动物隔离场所 3 000m 以上；			
		距离无害化处理场所 3 000m 以上；			
		距离动物屠宰加工场所 3 000m 以上；			
		距离动物及动物产品集贸市场 3 000m 以上；			
		距离动物诊疗场所 3 000m 以上。			
布局		场区周围建有围墙；			
		场区出入口处设置与门同宽，长 4m、深 0.3m 以上的消毒池；			
		生产区与生活办公区分开；			
		生产区与生活办公区有隔离设施；			
		生产区入口处设置更衣消毒室；			
		各养殖栋舍出入口设置消毒池或消毒垫；			
		生产区内清洁道、污染道分设；			
		生产区内各养殖栋舍之间距离应在 5m 以上或有隔离设施。			
	有孵化间的禽类饲养场、养殖小区需额外填写	孵化间与养殖区之间应当设置隔离设施；			
		孵化间应配备种蛋熏蒸消毒设施；			
		孵化间流程应当单向，不得交叉或者回流。			
	种畜禽场需额外填写	根据需要，种畜场还应当设置单独的动物精液、卵、胚胎采集等区域。			

233

（续表）

项目	类别	内　　　　　容	自查结果		自查说明
			是	否	
设施设备		场区入口处配置消毒设备；			
		生产区有良好的采光、通风设施设备；			
		圈舍地面和墙壁选用适宜材料，以便清洗消毒；			
		配备疫苗冷冻（冷藏）设备、消毒和诊疗等防疫设备的兽医室，或者有兽医机构为其提供相应服务；			
		有与生产规模相适应的无害化处理设施设备；			
		有与生产规模相适应的污水污物处理设施设备；			
		有相对独立的引入动物隔离舍；			
		有相对独立的患病动物隔离舍。			
	种畜禽场需额外填写	有必要的防鼠、防鸟、防虫设施或方法。			
人员		动物饲养场、养殖小区应当有与其养殖规模相适应的执业兽医或乡村兽医；			
		从事动物饲养的工作人员不得患有相关的人畜共患传染病。			
制度		免疫制度；			
		用药制度；			
		检疫申报制度；			
		疫情报告制度；			
		消毒制度；			
		无害化处理制度；			
		畜禽标识制度；			
		养殖档案。			
	种畜禽场需额外填写	有国家规定的动物疫病的净化制度。			

注：自查结果为"否"的，应在"自查说明"中填写具体自查情况，自查结果为"是"的，无需填写"自查说明"一栏。

附件4

动物屠宰加工场所动物防疫条件自查表

项目	内　　容	自查结果 是	否	自查说明
选址	距离生活饮用水源地500m以上；			
	距离动物饲养场、养殖小区500m以上；			
	距离动物集贸市场500m以上；			
	距离种畜禽场3 000m以上；			
	距离动物诊疗场所200m以上；			
	距离动物隔离场所3 000m以上；			
	距离无害化处理场所3 000m以上。			
布局	场区周围建有围墙；			
	运输动物车辆出入口设置与门同宽，长4m、深0.3m以上的消毒池；			
	生产区与生活办公区分开；			
	生产区与生活办公区之间有隔离设施；			
	入场动物卸载区域有固定的车辆消毒场地；			
	入场动物卸载区域配有车辆清洗、消毒设备；			
	动物入场口和动物产品出场口应当分别设置；			
	屠宰加工间入口设置人员更衣消毒室；			
	有与屠宰规模相适应的独立检疫室；			
	有与屠宰规模相适应的独立办公室；			
	有与屠宰规模相适应的独立休息室；			
	有待宰圈；			
	有患病动物隔离观察圈；			
	有急宰间；			
	加工原毛、生皮、绒、骨、角的，还应当设置封闭式熏蒸消毒间。			
设施设备	动物装卸台配备照度不小于300lx的照明设备；			
	生产区有良好的采光设备；			
	生产区的地面、操作台、墙壁、天棚应当耐腐蚀、不吸潮、易清洗；			
	屠宰间配备检疫操作台；			
	屠宰间配备照度不小于500lx的照明设备；			
	有与生产规模相适应的无害化处理设施设备；			
	有与生产规模相适应的污水污物处理设施设备。			
制度	动物入场和动物产品出场登记制度；			
	检疫申报制度；			
	疫情报告制度；			
	消毒制度；			
	无害化处理制度。			

注：自查结果为"否"的，应在"自查说明"中填写具体自查情况，自查结果为"是"的，无需填写"自查说明"一栏。

附件 5

动物隔离场所动物防疫条件自查表

项目	内　　　　容	自查结果		自查说明
		是	否	
选址	距离动物饲养场、养殖小区 3 000m 以上；			
	距离动物屠宰加工场所 3 000m 以上；			
	距离无害化处理场所 3 000m 以上；			
	距离动物诊疗场所 3 000m 以上；			
	距离动物和动物产品集贸市场 3 000m 以上；			
	距离其他动物隔离场 3 000m 以上；			
	距离城镇居民区、文化教育科研等人口集中区域 500m 以上；			
	距公路、铁路等主要交通干线 500m 以上；			
	距离生活饮用水源地 500m 以上。			
布局	场区周围有围墙；			
	场区出入口处设置与门同宽，长 4m、深 0.3m 以上的消毒池；			
	饲养区与生活办公区分开，并有隔离设施；			
	饲养区与生活办公区之间有隔离设施；			
	有配备消毒、诊疗和检测等防疫设备的兽医室；			
	饲养区内清洁道、污染道分设；			
	饲养区入口设置人员更衣消毒室。			
设施设备	场区出入口处配置消毒设备；			
	有无害化处理设施设备；			
	有污水污物处理设施设备。			
人员	配备与其规模相适应的执业兽医；			
	从事动物饲养的工作人员不得患有相关的人畜共患传染病。			
制度	动物及动物产品进出登记制度；			
	免疫制度；			
	用药和消毒制度；			
	疫情报告制度；			
	无害化处理制度。			

注：自查结果为"否"的，应在"自查说明"中填写具体自查情况，自查结果为"是"的，无需填写"自查说明"一栏。

附件 6

动物无害化处理场所动物防疫条件自查表

项目	内　　　　　容	自查结果		自查说明
		是	否	
选址	距离动物养殖场、养殖小区 3 000m 以上；			
	距离动物屠宰加工场所 3 000m 以上；			
	距离动物隔离场所 3 000m 以上；			
	距离动物诊疗场所 3 000m 以上；			
	距离动物和动物产品集贸市场 3 000m 以上；			
	距离生活饮用水源地 3 000m 以上；			
	距离城镇居民区、文化教育科研等人口集中区域 500m 以上；			
	距离公路、铁路等主要交通干线 500m 以上。			
布局	场区周围建有围墙；			
	场区出入口处设置与门同宽，长 4m、深 0.3m 以上的消毒池；			
	场区出入口处设有单独的人员消毒通道；			
	无害化处理区与生活办公区分开；			
	无害化处理区与生活办公区之间有隔离设施；			
	无害化处理区内设置染疫动物扑杀间、无害化处理间、冷库等；			
	动物扑杀间、无害化处理间入口处设置人员更衣室；			
	动物扑杀间、无害化处理间出口处设置消毒室。			
设施设备	配置机动消毒设备；			
	动物扑杀间、无害化处理间等配备相应规模的无害化处理设施设备；			
	动物扑杀间、无害化处理间等配备相应规模的污水污物处理设施设备；			
	有运输动物及动物产品的专用密闭车辆。			
制度	病害动物和动物产品入场登记制度；			
	消毒制度；			
	无害化处理后的物品流向登记制度；			
	人员防护制度。			

　　注：自查结果为"否"的，应在"自查说明"中填写具体自查情况，自查结果为"是"的，无需填写"自查说明"一栏。

第八章　动物防疫法律、条例

第一节　中华人民共和国动物防疫法

《中华人民共和国动物防疫法》由中华人民共和国第十届全国人民代表大会常务委员会第二十九次会议于 2007 年 8 月 30 日修订通过，自 2008 年 1 月 1 日起施行。

第一章　总则

第一条　为了加强对动物防疫活动的管理，预防、控制和扑灭动物疫病，促进养殖业发展，保护人体健康，维护公共卫生安全，制定本法。

第二条　本法适用于在中华人民共和国领域内的动物防疫及其监督管理活动。

进出境动物、动物产品的检疫，适用《中华人民共和国进出境动植物检疫法》。

第三条　本法所称动物，是指家畜家禽和人工饲养、合法捕获的其他动物。

本法所称动物产品，是指动物的肉、生皮、原毛、绒、脏器、脂、血液、精液、卵、胚胎、骨、蹄、头、角、筋以及可能传播动物疫病的奶、蛋等。

本法所称动物疫病，是指动物传染病、寄生虫病。

本法所称动物防疫，是指动物疫病的预防、控制、扑灭和动物、动物产品的检疫。

第四条　根据动物疫病对养殖业生产和人体健康的危害程度，本法规定管理的动物疫病分为下列三类：

（一）一类疫病，是指对人与动物危害严重，需要采取紧急、严厉的强制预防、控制、扑灭等措施的；

（二）二类疫病，是指可能造成重大经济损失，需要采取严格控制、扑灭等措施，防止扩散的；

（三）三类疫病，是指常见多发、可能造成重大经济损失，需要控制和净化的。

前款一、二、三类动物疫病具体病种名录由国务院兽医主管部门制定并公布。

第五条　国家对动物疫病实行预防为主的方针。

第六条　县级以上人民政府应当加强对动物防疫工作的统一领导，加强基层动物防疫队伍建设，建立健全动物防疫体系，制定并组织实施动物疫病防治规划。

乡级人民政府、城市街道办事处应当组织群众协助做好本管辖区域内的动物疫病预防与控制工作。

第七条　国务院兽医主管部门主管全国的动物防疫工作。

县级以上地方人民政府兽医主管部门主管本行政区域内的动物防疫工作。

县级以上人民政府其他部门在各自的职责范围内做好动物防疫工作。

军队和武装警察部队动物卫生监督职能部门分别负责军队和武装警察部队现役动物及饲养自用动物的防疫工作。

第八条　县级以上地方人民政府设立的动物卫生监督机构依照本法规定，负责动物、动物产品的检疫工作和其他有关动物防疫的监督管理执法工作。

第九条　县级以上人民政府按照国务院的规定，根据统筹规划、合理布局、综合设置的原则建立动物疫病预防控制机构，承担动物疫病的监测、检测、诊断、流行病学调查、疫情报告以及其他预防、控制等技术工作。

第十条　国家支持和鼓励开展动物疫病的科学研究以及国际合作与交流，推广先进适用的科学研究成果，普及动物防疫科学知识，提高动物疫病防治的科学技术水平。

第十一条　对在动物防疫工作、动物防疫科学研究中做出成绩和贡献的单位和个人，各级人民政府及有关部门给予奖励。

第二章　动物疫病的预防

第十二条　国务院兽医主管部门对动物疫病状况进行风险评估，根据评估结果制定相应的动物疫病预防、控制措施。

国务院兽医主管部门根据国内外动物疫情和保护养殖业生产及人体健康的需要，及时制定并公布动物疫病预防、控制技术规范。

第十三条　国家对严重危害养殖业生产和人体健康的动物疫病实施强制免疫。国务院兽医主管部门确定强制免疫的动物疫病病种和区域，并会同国务院有关部门制定国家动物疫病强制免疫计划。

省、自治区、直辖市人民政府兽医主管部门根据国家动物疫病强制免疫计划，制订本行政区域的强制免疫计划；并可以根据本行政区域内动物疫病流行情况增加实施强制免疫的动物疫病病种和区域，报本级人民政府批准后执行，并报国务院兽医主管部门备案。

第十四条 县级以上地方人民政府兽医主管部门组织实施动物疫病强制免疫计划。乡级人民政府、城市街道办事处应当组织本管辖区域内饲养动物的单位和个人做好强制免疫工作。

饲养动物的单位和个人应当依法履行动物疫病强制免疫义务，按照兽医主管部门的要求做好强制免疫工作。

经强制免疫的动物，应当按照国务院兽医主管部门的规定建立免疫档案，加施畜禽标识，实施可追溯管理。

第十五条 县级以上人民政府应当建立健全动物疫情监测网络，加强动物疫情监测。

国务院兽医主管部门应当制定国家动物疫病监测计划。省、自治区、直辖市人民政府兽医主管部门应当根据国家动物疫病监测计划，制定本行政区域的动物疫病监测计划。

动物疫病预防控制机构应当按照国务院兽医主管部门的规定，对动物疫病的发生、流行等情况进行监测；从事动物饲养、屠宰、经营、隔离、运输以及动物产品生产、经营、加工、贮藏等活动的单位和个人不得拒绝或者阻碍。

第十六条 国务院兽医主管部门和省、自治区、直辖市人民政府兽医主管部门应当根据对动物疫病发生、流行趋势的预测，及时发出动物疫情预警。地方各级人民政府接到动物疫情预警后，应当采取相应的预防、控制措施。

第十七条 从事动物饲养、屠宰、经营、隔离、运输以及动物产品生产、经营、加工、贮藏等活动的单位和个人，应当依照本法和国务院兽医主管部门的规定，做好免疫、消毒等动物疫病预防工作。

第十八条 种用、乳用动物和宠物应当符合国务院兽医主管部门规定的健康标准。

种用、乳用动物应当接受动物疫病预防控制机构的定期检测；检测不合格的，应当按照国务院兽医主管部门的规定予以处理。

第十九条 动物饲养场（养殖小区）和隔离场所，动物屠宰加工场所，以及动物和动物产品无害化处理场所，应当符合下列动物防疫条件：

（一）场所的位置与居民生活区、生活饮用水源地、学校、医院等公共场所的距离符合国务院兽医主管部门规定的标准；

（二）生产区封闭隔离，工程设计和工艺流程符合动物防疫要求；

（三）有相应的污水、污物、病死动物、染疫动物产品的无害化处理设施设备和清洗消毒设施设备；

（四）有为其服务的动物防疫技术人员；

（五）有完善的动物防疫制度；

（六）具备国务院兽医主管部门规定的其他动物防疫条件。

第二十条　兴办动物饲养场（养殖小区）和隔离场所，动物屠宰加工场所，以及动物和动物产品无害化处理场所，应当向县级以上地方人民政府兽医主管部门提出申请，并附具相关材料。受理申请的兽医主管部门应当依照本法和《中华人民共和国行政许可法》的规定进行审查。经审查合格的，发给动物防疫条件合格证；不合格的，应当通知申请人并说明理由。需要办理工商登记的，申请人凭动物防疫条件合格证向工商行政管理部门申请办理登记注册手续。

动物防疫条件合格证应当载明申请人的名称、场（厂）址等事项。

经营动物、动物产品的集贸市场应当具备国务院兽医主管部门规定的动物防疫条件，并接受动物卫生监督机构的监督检查。

第二十一条　动物、动物产品的运载工具、垫料、包装物、容器等应当符合国务院兽医主管部门规定的动物防疫要求。

染疫动物及其排泄物、染疫动物产品，病死或者死因不明的动物尸体，运载工具中的动物排泄物以及垫料、包装物、容器等污染物，应当按照国务院兽医主管部门的规定处理，不得随意处置。

第二十二条　采集、保存、运输动物病料或者病原微生物以及从事病原微生物研究、教学、检测、诊断等活动，应当遵守国家有关病原微生物实验室管理的规定。

第二十三条　患有人畜共患传染病的人员不得直接从事动物诊疗以及易感染动物的饲养、屠宰、经营、隔离、运输等活动。

人畜共患传染病名录由国务院兽医主管部门会同国务院卫生主管部门制定并公布。

第二十四条　国家对动物疫病实行区域化管理，逐步建立无规定动物疫病区。无规定动物疫病区应当符合国务院兽医主管部门规定的标准，经国务院兽医主管部门验收合格予以公布。

本法所称无规定动物疫病区，是指具有天然屏障或者采取人工措施，在一定期限内没有发生规定的一种或者几种动物疫病，并经验收合格的区域。

第二十五条　禁止屠宰、经营、运输下列动物和生产、经营、加工、贮藏、运输下列动物产品：

（一）封锁疫区内与所发生动物疫病有关的；

（二）疫区内易感染的；

（三）依法应当检疫而未经检疫或者检疫不合格的；

（四）染疫或者疑似染疫的；

（五）病死或者死因不明的；

（六）其他不符合国务院兽医主管部门有关动物防疫规定的。

第三章　动物疫情的报告、通报和公布

第二十六条　从事动物疫情监测、检验检疫、疫病研究与诊疗以及动物饲养、屠宰、经营、隔离、运输等活动的单位和个人，发现动物染疫或者疑似染疫的，应当立即向当地兽医主管部门、动物卫生监督机构或者动物疫病预防控制机构报告，并采取隔离等控制措施，防止动物疫情扩散。其他单位和个人发现动物染疫或者疑似染疫的，应当及时报告。

接到动物疫情报告的单位，应当及时采取必要的控制处理措施，并按照国家规定的程序上报。

第二十七条　动物疫情由县级以上人民政府兽医主管部门认定；其中重大动物疫情由省、自治区、直辖市人民政府兽医主管部门认定，必要时报国务院兽医主管部门认定。

第二十八条　国务院兽医主管部门应当及时向国务院有关部门和军队有关部门以及省、自治区、直辖市人民政府兽医主管部门通报重大动物疫情的发生和处理情况；发生人畜共患传染病的，县级以上人民政府兽医主管部门与同级卫生主管部门应当及时相互通报。

国务院兽医主管部门应当依照我国缔结或者参加的条约、协定，及时向有关国际组织或者贸易方通报重大动物疫情的发生和处理情况。

第二十九条　国务院兽医主管部门负责向社会及时公布全国动物疫情，也可以根据需要授权省、自治区、直辖市人民政府兽医主管部门公布本行政区域内的动物疫情。其他单位和个人不得发布动物疫情。

第三十条　任何单位和个人不得瞒报、谎报、迟报、漏报动物疫情，不得授意他人瞒报、谎报、迟报动物疫情，不得阻碍他人报告动物疫情。

第四章　动物疫病的控制和扑灭

第三十一条　发生一类动物疫病时，应当采取下列控制和扑灭措施：

（一）当地县级以上地方人民政府兽医主管部门应当立即派人到现场，划定疫点、疫区、受威胁区，调查疫源，及时报请本级人民政府对疫区实行封锁。疫区范围涉及两个以上行政区域的，由有关行政区域共同的上一级人民

政府对疫区实行封锁，或者由各有关行政区域的上一级人民政府共同对疫区实行封锁。必要时，上级人民政府可以责成下级人民政府对疫区实行封锁。

（二）县级以上地方人民政府应当立即组织有关部门和单位采取封锁、隔离、扑杀、销毁、消毒、无害化处理、紧急免疫接种等强制性措施，迅速扑灭疫病。

（三）在封锁期间，禁止染疫、疑似染疫和易感染的动物、动物产品流出疫区，禁止非疫区的易感染动物进入疫区，并根据扑灭动物疫病的需要对出入疫区的人员、运输工具及有关物品采取消毒和其他限制性措施。

第三十二条 发生二类动物疫病时，应当采取下列控制和扑灭措施：

（一）当地县级以上地方人民政府兽医主管部门应当划定疫点、疫区、受威胁区。

（二）县级以上地方人民政府根据需要组织有关部门和单位采取隔离、扑杀、销毁、消毒、无害化处理、紧急免疫接种、限制易感染的动物和动物产品及有关物品出入等控制、扑灭措施。

第三十三条 疫点、疫区、受威胁区的撤销和疫区封锁的解除，按照国务院兽医主管部门规定的标准和程序评估后，由原决定机关决定并宣布。

第三十四条 发生三类动物疫病时，当地县级、乡级人民政府应当按照国务院兽医主管部门的规定组织防治和净化。

第三十五条 二、三类动物疫病呈暴发性流行时，按照一类动物疫病处理。

第三十六条 为控制、扑灭动物疫病，动物卫生监督机构应当派人在当地依法设立的现有检查站执行监督检查任务；必要时，经省、自治区、直辖市人民政府批准，可以设立临时性的动物卫生监督检查站，执行监督检查任务。

第三十七条 发生人畜共患传染病时，卫生主管部门应当组织对疫区易感染的人群进行监测，并采取相应的预防、控制措施。

第三十八条 疫区内有关单位和个人，应当遵守县级以上人民政府及其兽医主管部门依法作出的有关控制、扑灭动物疫病的规定。

任何单位和个人不得藏匿、转移、盗掘已被依法隔离、封存、处理的动物和动物产品。

第三十九条 发生动物疫情时，航空、铁路、公路、水路等运输部门应当优先组织运送控制、扑灭疫病的人员和有关物资。

第四十条 一、二、三类动物疫病突然发生，迅速传播，给养殖业生产安全造成严重威胁、危害，以及可能对公众身体健康与生命安全造成危害，构成重大动物疫情的，依照法律和国务院的规定采取应急处理措施。

第五章　动物和动物产品的检疫

第四十一条　动物卫生监督机构依照本法和国务院兽医主管部门的规定对动物、动物产品实施检疫。

动物卫生监督机构的官方兽医具体实施动物、动物产品检疫。官方兽医应当具备规定的资格条件，取得国务院兽医主管部门颁发的资格证书，具体办法由国务院兽医主管部门会同国务院人事行政部门制定。

本法所称官方兽医，是指具备规定的资格条件并经兽医主管部门任命的，负责出具检疫等证明的国家兽医工作人员。

第四十二条　屠宰、出售或者运输动物以及出售或者运输动物产品前，货主应当按照国务院兽医主管部门的规定向当地动物卫生监督机构申报检疫。

动物卫生监督机构接到检疫申报后，应当及时指派官方兽医对动物、动物产品实施现场检疫；检疫合格的，出具检疫证明、加施检疫标志。实施现场检疫的官方兽医应当在检疫证明、检疫标志上签字或者盖章，并对检疫结论负责。

第四十三条　屠宰、经营、运输以及参加展览、演出和比赛的动物，应当附有检疫证明；经营和运输的动物产品，应当附有检疫证明、检疫标志。

对前款规定的动物、动物产品，动物卫生监督机构可以查验检疫证明、检疫标志，进行监督抽查，但不得重复检疫收费。

第四十四条　经铁路、公路、水路、航空运输动物和动物产品的，托运人托运时应当提供检疫证明；没有检疫证明的，承运人不得承运。

运载工具在装载前和卸载后应当及时清洗、消毒。

第四十五条　输入到无规定动物疫病区的动物、动物产品，货主应当按照国务院兽医主管部门的规定向无规定动物疫病区所在地动物卫生监督机构申报检疫，经检疫合格的，方可进入；检疫所需费用纳入无规定动物疫病区所在地地方人民政府财政预算。

第四十六条　跨省、自治区、直辖市引进乳用动物、种用动物及其精液、胚胎、种蛋的，应当向输入地省、自治区、直辖市动物卫生监督机构申请办理审批手续，并依照本法第四十二条的规定取得检疫证明。

跨省、自治区、直辖市引进的乳用动物、种用动物到达输入地后，货主应当按照国务院兽医主管部门的规定对引进的乳用动物、种用动物进行隔离观察。

第四十七条　人工捕获的可能传播动物疫病的野生动物，应当报经捕获地动物卫生监督机构检疫，经检疫合格的，方可饲养、经营和运输。

第四十八条　经检疫不合格的动物、动物产品，货主应当在动物卫生监督机构监督下按照国务院兽医主管部门的规定处理，处理费用由货主承担。

第四十九条　依法进行检疫需要收取费用的，其项目和标准由国务院财政部门、物价主管部门规定。

第六章　动物诊疗

第五十条　从事动物诊疗活动的机构，应当具备下列条件：

（一）有与动物诊疗活动相适应并符合动物防疫条件的场所；

（二）有与动物诊疗活动相适应的执业兽医；

（三）有与动物诊疗活动相适应的兽医器械和设备；

（四）有完善的管理制度。

第五十一条　设立从事动物诊疗活动的机构，应当向县级以上地方人民政府兽医主管部门申请动物诊疗许可证。受理申请的兽医主管部门应当依照本法和《中华人民共和国行政许可法》的规定进行审查。经审查合格的，发给动物诊疗许可证；不合格的，应当通知申请人并说明理由。申请人凭动物诊疗许可证向工商行政管理部门申请办理登记注册手续，取得营业执照后，方可从事动物诊疗活动。

第五十二条　动物诊疗许可证应当载明诊疗机构名称、诊疗活动范围、从业地点和法定代表人（负责人）等事项。

动物诊疗许可证载明事项变更的，应当申请变更或者换发动物诊疗许可证，并依法办理工商变更登记手续。

第五十三条　动物诊疗机构应当按照国务院兽医主管部门的规定，做好诊疗活动中的卫生安全防护、消毒、隔离和诊疗废弃物处置等工作。

第五十四条　国家实行执业兽医资格考试制度。具有兽医相关专业大学专科以上学历的，可以申请参加执业兽医资格考试；考试合格的，由国务院兽医主管部门颁发执业兽医资格证书；从事动物诊疗的，还应当向当地县级人民政府兽医主管部门申请注册。执业兽医资格考试和注册办法由国务院兽医主管部门商国务院人事行政部门制定。

本法所称执业兽医，是指从事动物诊疗和动物保健等经营活动的兽医。

第五十五条　经注册的执业兽医，方可从事动物诊疗、开具兽药处方等活动。但是，本法第五十七条对乡村兽医服务人员另有规定的，从其规定。

执业兽医、乡村兽医服务人员应当按照当地人民政府或者兽医主管部门的要求，参加预防、控制和扑灭动物疫病的活动。

第五十六条　从事动物诊疗活动，应当遵守有关动物诊疗的操作技术规范，使用符合国家规定的兽药和兽医器械。

第五十七条　乡村兽医服务人员可以在乡村从事动物诊疗服务活动，具体管理办法由国务院兽医主管部门制定。

第七章　监督管理

第五十八条　动物卫生监督机构依照本法规定，对动物饲养、屠宰、经营、隔离、运输以及动物产品生产、经营、加工、贮藏、运输等活动中的动物防疫实施监督管理。

第五十九条　动物卫生监督机构执行监督检查任务，可以采取下列措施，有关单位和个人不得拒绝或者阻碍：

（一）对动物、动物产品按照规定采样、留验、抽检；

（二）对染疫或者疑似染疫的动物、动物产品及相关物品进行隔离、查封、扣押和处理；

（三）对依法应当检疫而未经检疫的动物实施补检；

（四）对依法应当检疫而未经检疫的动物产品，具备补检条件的实施补检，不具备补检条件的予以没收销毁；

（五）查验检疫证明、检疫标志和畜禽标识；

（六）进入有关场所调查取证，查阅、复制与动物防疫有关的资料。

动物卫生监督机构根据动物疫病预防、控制需要，经当地县级以上地方人民政府批准，可以在车站、港口、机场等相关场所派驻官方兽医。

第六十条　官方兽医执行动物防疫监督检查任务，应当出示行政执法证件，佩戴统一标志。

动物卫生监督机构及其工作人员不得从事与动物防疫有关的经营性活动，进行监督检查不得收取任何费用。

第六十一条　禁止转让、伪造或者变造检疫证明、检疫标志或者畜禽标识。

检疫证明、检疫标志的管理办法，由国务院兽医主管部门制定。

第八章　保障措施

第六十二条　县级以上人民政府应当将动物防疫纳入本级国民经济和社会发展规划及年度计划。

第六十三条　县级人民政府和乡级人民政府应当采取有效措施，加强村级防疫员队伍建设。

县级人民政府兽医主管部门可以根据动物防疫工作需要，向乡、镇或者特定区域派驻兽医机构。

第六十四条　县级以上人民政府按照本级政府职责，将动物疫病预防、控制、扑灭、检疫和监督管理所需经费纳入本级财政预算。

第六十五条　县级以上人民政府应当储备动物疫情应急处理工作所需的防疫物资。

第六十六条　对在动物疫病预防和控制、扑灭过程中强制扑杀的动物、销毁的动物产品和相关物品，县级以上人民政府应当给予补偿。具体补偿标准和办法由国务院财政部门会同有关部门制定。

因依法实施强制免疫造成动物应激死亡的，给予补偿。具体补偿标准和办法由国务院财政部门会同有关部门制定。

第六十七条　对从事动物疫病预防、检疫、监督检查、现场处理疫情以及在工作中接触动物疫病病原体的人员，有关单位应当按照国家规定采取有效的卫生防护措施和医疗保健措施。

第九章　法律责任

第六十八条　地方各级人民政府及其工作人员未依照本法规定履行职责的，对直接负责的主管人员和其他直接责任人员依法给予处分。

第六十九条　县级以上人民政府兽医主管部门及其工作人员违反本法规定，有下列行为之一的，由本级人民政府责令改正，通报批评；对直接负责的主管人员和其他直接责任人员依法给予处分：

（一）未及时采取预防、控制、扑灭等措施的；

（二）对不符合条件的颁发动物防疫条件合格证、动物诊疗许可证，或者对符合条件的拒不颁发动物防疫条件合格证、动物诊疗许可证的；

（三）其他未依照本法规定履行职责的行为。

第七十条　动物卫生监督机构及其工作人员违反本法规定，有下列行为之一的，由本级人民政府或者兽医主管部门责令改正，通报批评；对直接负责的主管人员和其他直接责任人员依法给予处分：

（一）对未经现场检疫或者检疫不合格的动物、动物产品出具检疫证明、加施检疫标志，或者对检疫合格的动物、动物产品拒不出具检疫证明、加施检疫标志的；

（二）对附有检疫证明、检疫标志的动物、动物产品重复检疫的；

（三）从事与动物防疫有关的经营性活动，或者在国务院财政部门、物价主管部门规定外加收费用、重复收费的；

（四）其他未依照本法规定履行职责的行为。

第七十一条　动物疫病预防控制机构及其工作人员违反本法规定，有下列行为之一的，由本级人民政府或者兽医主管部门责令改正，通报批评；对直接负责的主管人员和其他直接责任人员依法给予处分：

（一）未履行动物疫病监测、检测职责或者伪造监测、检测结果的；

（二）发生动物疫情时未及时进行诊断、调查的；

（三）其他未依照本法规定履行职责的行为。

第七十二条　地方各级人民政府、有关部门及其工作人员瞒报、谎报、迟报、漏报或者授意他人瞒报、谎报、迟报动物疫情，或者阻碍他人报告动物疫情的，由上级人民政府或者有关部门责令改正，通报批评；对直接负责的主管人员和其他直接责任人员依法给予处分。

第七十三条　违反本法规定，有下列行为之一的，由动物卫生监督机构责令改正，给予警告；拒不改正的，由动物卫生监督机构代作处理，所需处理费用由违法行为人承担，可以处一千元以下罚款：

（一）对饲养的动物不按照动物疫病强制免疫计划进行免疫接种的；

（二）种用、乳用动物未经检测或者经检测不合格而不按照规定处理的；

（三）动物、动物产品的运载工具在装载前和卸载后没有及时清洗、消毒的。

第七十四条　违反本法规定，对经强制免疫的动物未按照国务院兽医主管部门规定建立免疫档案、加施畜禽标识的，依照《中华人民共和国畜牧法》的有关规定处罚。

第七十五条　违反本法规定，不按照国务院兽医主管部门规定处置染疫动物及其排泄物，染疫动物产品，病死或者死因不明的动物尸体，运载工具中的动物排泄物以及垫料、包装物、容器等污染物以及其他经检疫不合格的动物、动物产品的，由动物卫生监督机构责令无害化处理，所需处理费用由违法行为人承担，可以处三千元以下罚款。

第七十六条　违反本法第二十五条规定，屠宰、经营、运输动物或者生产、经营、加工、贮藏、运输动物产品的，由动物卫生监督机构责令改正、采取补救措施，没收违法所得和动物、动物产品，并处同类检疫合格动物、动物产品货值金额一倍以上五倍以下罚款；其中依法应当检疫而未检疫的，依照本法第七十八条的规定处罚。

第七十七条　违反本法规定，有下列行为之一的，由动物卫生监督机构责令改正，处一千元以上一万元以下罚款；情节严重的，处一万元以上十万元以下罚款：

（一）兴办动物饲养场（养殖小区）和隔离场所，动物屠宰加工场所，以及动物和动物产品无害化处理场所，未取得动物防疫条件合格证的；

（二）未办理审批手续，跨省、自治区、直辖市引进乳用动物、种用动物及其精液、胚胎、种蛋的；

（三）未经检疫，向无规定动物疫病区输入动物、动物产品的。

第七十八条　违反本法规定，屠宰、经营、运输的动物未附有检疫证明，经营和运输的动物产品未附有检疫证明、检疫标志的，由动物卫生监督机构责令改正，处同类检疫合格动物、动物产品货值金额百分之十以上百分之五十以下罚款；对货主以外的承运人处运输费用一倍以上三倍以下罚款。

违反本法规定，参加展览、演出和比赛的动物未附有检疫证明的，由动物卫生监督机构责令改正，处一千元以上三千元以下罚款。

第七十九条　违反本法规定，转让、伪造或者变造检疫证明、检疫标志或者畜禽标识的，由动物卫生监督机构没收违法所得，收缴检疫证明、检疫标志或者畜禽标识，并处三千元以上三万元以下罚款。

第八十条　违反本法规定，有下列行为之一的，由动物卫生监督机构责令改正，处一千元以上一万元以下罚款：

（一）不遵守县级以上人民政府及其兽医主管部门依法作出的有关控制、扑灭动物疫病规定的；

（二）藏匿、转移、盗掘已被依法隔离、封存、处理的动物和动物产品的；

（三）发布动物疫情的。

第八十一条　违反本法规定，未取得动物诊疗许可证从事动物诊疗活动的，由动物卫生监督机构责令停止诊疗活动，没收违法所得；违法所得在三万元以上的，并处违法所得一倍以上三倍以下罚款；没有违法所得或者违法所得不足三万元的，并处三千元以上三万元以下罚款。

动物诊疗机构违反本法规定，造成动物疫病扩散的，由动物卫生监督机构责令改正，处一万元以上五万元以下罚款；情节严重的，由发证机关吊销动物诊疗许可证。

第八十二条　违反本法规定，未经兽医执业注册从事动物诊疗活动的，由动物卫生监督机构责令停止动物诊疗活动，没收违法所得，并处一千元以上一万元以下罚款。

执业兽医有下列行为之一的，由动物卫生监督机构给予警告，责令暂停六个月以上一年以下动物诊疗活动；情节严重的，由发证机关吊销注册证书：

（一）违反有关动物诊疗的操作技术规范，造成或者可能造成动物疫病传播、流行的；

（二）使用不符合国家规定的兽药和兽医器械的；

（三）不按照当地人民政府或者兽医主管部门要求参加动物疫病预防、控制和扑灭活动的。

第八十三条 违反本法规定，从事动物疫病研究与诊疗和动物饲养、屠宰、经营、隔离、运输，以及动物产品生产、经营、加工、贮藏等活动的单位和个人，有下列行为之一的，由动物卫生监督机构责令改正；拒不改正的，对违法行为单位处一千元以上一万元以下罚款，对违法行为个人可以处五百元以下罚款：

（一）不履行动物疫情报告义务的；

（二）不如实提供与动物防疫活动有关资料的；

（三）拒绝动物卫生监督机构进行监督检查的；

（四）拒绝动物疫病预防控制机构进行动物疫病监测、检测的。

第八十四条 违反本法规定，构成犯罪的，依法追究刑事责任。

违反本法规定，导致动物疫病传播、流行等，给他人人身、财产造成损害的，依法承担民事责任。

第十章 附则

第八十五条 本法自 2008 年 1 月 1 日起施行。

第二节　重大动物疫情应急条例

《重大动物疫情应急条例》于 2005 年 11 月 16 日国务院第 113 次常务会议通过，自公布之日起施行。

一、概念

本条例所称重大动物疫情是指：高致病性禽流感或者死亡率高的动物疫病突然发生，迅速传播和漫延，给养殖业生产安全造成严重威胁、危害，以及可能对民众身体健康与生命安全生成危害的情形，包括特别重大动物疫情。

二、立法宗旨

为了迅速控制、扑灭重大动物疫情，保障养殖业生产安全，保护公民身体健康与生命安全，维护正常的社会秩序，根据《中华人民共和国动物防疫法》，制定本条例。

三、指导方针

重大动物疫情应急工作应当坚持加强领导、密切配合，依靠科学、依法防治、群防群控、果断处置的方针，及时发现，快速反应，严格处理，减少损失。

全文如下：

第一章　总　则

第一条　为了迅速控制、扑灭重大动物疫情，保障养殖业生产安全，保护公众身体健康与生命安全，维护正常的社会秩序，根据《中华人民共和国动物防疫法》，制定本条例。

第二条　本条例所称重大动物疫情，是指高致病性禽流感等发病率或者死亡率高的动物疫病突然发生，迅速传播，给养殖业生产安全造成严重威胁、危害，以及可能对公众身体健康与生命安全造成危害的情形，包括特别重大动物疫情。

第三条　重大动物疫情应急工作应当坚持加强领导、密切配合，依靠科学、依法防治、群防群控、果断处置的方针，及时发现，快速反应，严格处理，减少损失。

第四条　重大动物疫情应急工作按照属地管理的原则，实行政府统一领导、部门分工负责，逐级建立责任制。

县级以上人民政府兽医主管部门具体负责组织重大动物疫情的监测、调查、控制、扑灭等应急工作。

县级以上人民政府林业主管部门、兽医主管部门按照职责分工，加强对陆生野生动物疫源疫病的监测。

县级以上人民政府其他有关部门在各自的职责范围内，做好重大动物疫情的应急工作。

第五条　出入境检验检疫机关应当及时收集境外重大动物疫情信息，加强进出境动物及其产品的检验检疫工作，防止动物疫病传入和传出。兽医主管部门要及时向出入境检验检疫机关通报国内重大动物疫情。

第六条　国家鼓励、支持开展重大动物疫情监测、预防、应急处理等有关技术的科学研究和国际交流与合作。

第七条　县级以上人民政府应当对参加重大动物疫情应急处理的人员给予适当补助，对作出贡献的人员给予表彰和奖励。

第八条　对不履行或者不按照规定履行重大动物疫情应急处理职责的行

为，任何单位和个人有权检举控告。

第二章　应急准备

第九条　国务院兽医主管部门应当制定全国重大动物疫情应急预案，报国务院批准，并按照不同动物疫病病种及其流行特点和危害程度，分别制定实施方案，报国务院备案。

县级以上地方人民政府根据本地区的实际情况，制定本行政区域的重大动物疫情应急预案，报上一级人民政府兽医主管部门备案。县级以上地方人民政府兽医主管部门，应当按照不同动物疫病病种及其流行特点和危害程度，分别制定实施方案。

重大动物疫情应急预案及其实施方案应当根据疫情的发展变化和实施情况，及时修改、完善。

第十条　重大动物疫情应急预案主要包括下列内容：

（一）应急指挥部的职责、组成以及成员单位的分工；

（二）重大动物疫情的监测、信息收集、报告和通报；

（三）动物疫病的确认、重大动物疫情的分级和相应的应急处理工作方案；

（四）重大动物疫情疫源的追踪和流行病学调查分析；

（五）预防、控制、扑灭重大动物疫情所需资金的来源、物资和技术的储备与调度；

（六）重大动物疫情应急处理设施和专业队伍建设。

第十一条　国务院有关部门和县级以上地方人民政府及其有关部门，应当根据重大动物疫情应急预案的要求，确保应急处理所需的疫苗、药品、设施设备和防护用品等物资的储备。

第十二条　县级以上人民政府应当建立和完善重大动物疫情监测网络和预防控制体系，加强动物防疫基础设施和乡镇动物防疫组织建设，并保证其正常运行，提高对重大动物疫情的应急处理能力。

第十三条　县级以上地方人民政府根据重大动物疫情应急需要，可以成立应急预备队，在重大动物疫情应急指挥部的指挥下，具体承担疫情的控制和扑灭任务。

应急预备队由当地兽医行政管理人员、动物防疫工作人员、有关专家、执业兽医等组成；必要时，可以组织动员社会上有一定专业知识的人员参加。公安机关、中国人民武装警察部队应当依法协助其执行任务。

应急预备队应当定期进行技术培训和应急演练。

第十四条　县级以上人民政府及其兽医主管部门应当加强对重大动物疫情应急知识和重大动物疫病科普知识的宣传，增强全社会的重大动物疫情防范意识。

第三章　监测、报告和公布

第十五条　动物防疫监督机构负责重大动物疫情的监测，饲养、经营动物和生产、经营动物产品的单位和个人应当配合，不得拒绝和阻碍。

第十六条　从事动物隔离、疫情监测、疫病研究与诊疗、检验检疫以及动物饲养、屠宰加工、运输、经营等活动的有关单位和个人，发现动物出现群体发病或者死亡的，应当立即向所在地的县（市）动物防疫监督机构报告。

第十七条　县（市）动物防疫监督机构接到报告后，应当立即赶赴现场调查核实。初步认为属于重大动物疫情的，应当在2h内将情况逐级报省、自治区、直辖市动物防疫监督机构，并同时报所在地人民政府兽医主管部门；兽医主管部门应当及时通报同级卫生主管部门。

省、自治区、直辖市动物防疫监督机构应当在接到报告后1h内，向省、自治区、直辖市人民政府兽医主管部门和国务院兽医主管部门所属的动物防疫监督机构报告。

省、自治区、直辖市人民政府兽医主管部门应当在接到报告后1h内报本级人民政府和国务院兽医主管部门。

重大动物疫情发生后，省、自治区、直辖市人民政府和国务院兽医主管部门应当在4h内向国务院报告。

第十八条　重大动物疫情报告包括下列内容：

（一）疫情发生的时间、地点；

（二）染疫、疑似染疫动物种类和数量、同群动物数量、免疫情况、死亡数量、临床症状、病理变化、诊断情况；

（三）流行病学和疫源追踪情况；

（四）已采取的控制措施；

（五）疫情报告的单位、负责人、报告人及联系方式。

第十九条　重大动物疫情由省、自治区、直辖市人民政府兽医主管部门认定；必要时，由国务院兽医主管部门认定。

第二十条　重大动物疫情由国务院兽医主管部门按照国家规定的程序，及时准确公布；其他任何单位和个人不得公布重大动物疫情。

第二十一条　重大动物疫病应当由动物防疫监督机构采集病料，未经国务院兽医主管部门或者省、自治区、直辖市人民政府兽医主管部门批准，其他单位和个人不得擅自采集病料。

从事重大动物疫病病原分离的，应当遵守国家有关生物安全管理规定，防止病原扩散。

第二十二条　国务院兽医主管部门应当及时向国务院有关部门和军队有关部门以及各省、自治区、直辖市人民政府兽医主管部门通报重大动物疫情的发生和处理情况。

第二十三条　发生重大动物疫情可能感染人群时，卫生主管部门应当对疫区内易受感染的人群进行监测，并采取相应的预防、控制措施。卫生主管部门和兽医主管部门应当及时相互通报情况。

第二十四条　有关单位和个人对重大动物疫情不得瞒报、谎报、迟报，不得授意他人瞒报、谎报、迟报，不得阻碍他人报告。

第二十五条　在重大动物疫情报告期间，有关动物防疫监督机构应当立即采取临时隔离控制措施；必要时，当地县级以上地方人民政府可以作出封锁决定并采取扑杀、销毁等措施。有关单位和个人应当执行。

第四章　应急处理

第二十六条　重大动物疫情发生后，国务院和有关地方人民政府设立的重大动物疫情应急指挥部统一领导、指挥重大动物疫情应急工作。

第二十七条　重大动物疫情发生后，县级以上地方人民政府兽医主管部门应当立即划定疫点、疫区和受威胁区，调查疫源，向本级人民政府提出启动重大动物疫情应急指挥系统、应急预案和对疫区实行封锁的建议，有关人民政府应当立即作出决定。

疫点、疫区和受威胁区的范围应当按照不同动物疫病病种及其流行特点和危害程度划定，具体划定标准由国务院兽医主管部门制定。

第二十八条　国家对重大动物疫情应急处理实行分级管理，按照应急预案确定的疫情等级，由有关人民政府采取相应的应急控制措施。

第二十九条　对疫点应当采取下列措施：

（一）扑杀并销毁染疫动物和易感的动物及其产品；

（二）对病死的动物、动物排泄物、被污染饲料、垫料、污水进行无害化处理；

（三）对被污染的物品、用具、动物圈舍、场地进行严格消毒。

第三十条　对疫区应当采取下列措施：

（一）在疫区周围设置警示标志，在出入疫区的交通路口设置临时动物检疫消毒站，对出入的人员和车辆进行消毒；

（二）扑杀并销毁染疫和疑似染疫动物及其同群动物，销毁染疫和疑似染疫的动物产品，对其他易感染的动物实行圈养或者在指定地点放养，役用动物限制在疫区内使役；

（三）对易感染的动物进行监测，并按照国务院兽医主管部门的规定实施紧急免疫接种，必要时对易感染的动物进行扑杀；

（四）关闭动物及动物产品交易市场，禁止动物进出疫区和动物产品运出疫区；

（五）对动物圈舍、动物排泄物、垫料、污水和其他可能受污染的物品、场地，进行消毒或者无害化处理。

第三十一条　对受威胁区应当采取下列措施：

（一）对易感染的动物进行监测；

（二）对易感染的动物根据需要实施紧急免疫接种。

第三十二条　重大动物疫情应急处理中设置临时动物检疫消毒站以及采取隔离、扑杀、销毁、消毒、紧急免疫接种等控制、扑灭措施的，由有关重大动物疫情应急指挥部决定，有关单位和个人必须服从；拒不服从的，由公安机关协助执行。

第三十三条　国家对疫区、受威胁区内易感染的动物免费实施紧急免疫接种；对因采取扑杀、销毁等措施给当事人造成的已经证实的损失，给予合理补偿。紧急免疫接种和补偿所需费用，由中央财政和地方财政分担。

第三十四条　重大动物疫情应急指挥部根据应急处理需要，有权紧急调集人员、物资、运输工具以及相关设施、设备。

单位和个人的物资、运输工具以及相关设施、设备被征集使用的，有关人民政府应当及时归还并给予合理补偿。

第三十五条　重大动物疫情发生后，县级以上人民政府兽医主管部门应当及时提出疫点、疫区、受威胁区的处理方案，加强疫情监测、流行病学调查、疫源追踪工作，对染疫和疑似染疫动物及其同群动物和其他易感染动物的扑杀、销毁进行技术指导，并组织实施检验检疫、消毒、无害化处理和紧急免疫接种。

第三十六条　重大动物疫情应急处理中，县级以上人民政府有关部门应当在各自的职责范围内，做好重大动物疫情应急所需的物资紧急调度和运输、应急经费安排、疫区群众救济、人的疫病防治、肉食品供应、动物及其产品市场监管、出入境检验检疫和社会治安维护等工作。

中国人民解放军、中国人民武装警察部队应当支持配合驻地人民政府做好重大动物疫情的应急工作。

第三十七条 重大动物疫情应急处理中，乡镇人民政府、村民委员会、居民委员会应当组织力量，向村民、居民宣传动物疫病防治的相关知识，协助做好疫情信息的收集、报告和各项应急处理措施的落实工作。

第三十八条 重大动物疫情发生地的人民政府和毗邻地区的人民政府应当通力合作，相互配合，做好重大动物疫情的控制、扑灭工作。

第三十九条 有关人民政府及其有关部门对参加重大动物疫情应急处理的人员，应当采取必要的卫生防护和技术指导等措施。

第四十条 自疫区内最后一头（只）发病动物及其同群动物处理完毕起，经过一个潜伏期以上的监测，未出现新的病例的，彻底消毒后，经上一级动物防疫监督机构验收合格，由原发布封锁令的人民政府宣布解除封锁，撤销疫区；由原批准机关撤销在该疫区设立的临时动物检疫消毒站。

第四十一条 县级以上人民政府应当将重大动物疫情确认、疫区封锁、扑杀及其补偿、消毒、无害化处理、疫源追踪、疫情监测以及应急物资储备等应急经费列入本级财政预算。

第五章　法律责任

第四十二条 违反本条例规定，兽医主管部门及其所属的动物防疫监督机构有下列行为之一的，由本级人民政府或者上级人民政府有关部门责令立即改正、通报批评、给予警告；对主要负责人、负有责任的主管人员和其他责任人员，依法给予记大过、降级、撤职直至开除的行政处分；构成犯罪的，依法追究刑事责任：

（一）不履行疫情报告职责，瞒报、谎报、迟报或者授意他人瞒报、谎报、迟报，阻碍他人报告重大动物疫情的；

（二）在重大动物疫情报告期间，不采取临时隔离控制措施，导致动物疫情扩散的；

（三）不及时划定疫点、疫区和受威胁区，不及时向本级人民政府提出应急处理建议，或者不按照规定对疫点、疫区和受威胁区采取预防、控制、扑灭措施的；

（四）不向本级人民政府提出启动应急指挥系统、应急预案和对疫区的封锁建议的；

（五）对动物扑杀、销毁不进行技术指导或者指导不力，或者不组织实施检验检疫、消毒、无害化处理和紧急免疫接种的；

（六）其他不履行本条例规定的职责，导致动物疫病传播、流行，或者对养殖业生产安全和公众身体健康与生命安全造成严重危害的。

第四十三条　违反本条例规定，县级以上人民政府有关部门不履行应急处理职责，不执行对疫点、疫区和受威胁区采取的措施，或者对上级人民政府有关部门的疫情调查不予配合或者阻碍、拒绝的，由本级人民政府或者上级人民政府有关部门责令立即改正、通报批评、给予警告；对主要负责人、负有责任的主管人员和其他责任人员，依法给予记大过、降级、撤职直至开除的行政处分；构成犯罪的，依法追究刑事责任。

第四十四条　违反本条例规定，有关地方人民政府阻碍报告重大动物疫情，不履行应急处理职责，不按照规定对疫点、疫区和受威胁区采取预防、控制、扑灭措施，或者对上级人民政府有关部门的疫情调查不予配合或者阻碍、拒绝的，由上级人民政府责令立即改正、通报批评、给予警告；对政府主要领导人依法给予记大过、降级、撤职直至开除的行政处分；构成犯罪的，依法追究刑事责任。

第四十五条　截留、挪用重大动物疫情应急经费，或者侵占、挪用应急储备物资的，按照《财政违法行为处罚处分条例》的规定处理；构成犯罪的，依法追究刑事责任。

第四十六条　违反本条例规定，拒绝、阻碍动物防疫监督机构进行重大动物疫情监测，或者发现动物出现群体发病或者死亡，不向当地动物防疫监督机构报告的，由动物防疫监督机构给予警告，并处 2 000 元以上 5 000 元以下的罚款；构成犯罪的，依法追究刑事责任。

第四十七条　违反本条例规定，擅自采集重大动物疫病病料，或者在重大动物疫病病原分离时不遵守国家有关生物安全管理规定的，由动物防疫监督机构给予警告，并处 5 000 元以下的罚款；构成犯罪的，依法追究刑事责任。

第四十八条　在重大动物疫情发生期间，哄抬物价、欺骗消费者，散布谣言、扰乱社会秩序和市场秩序的，由价格主管部门、工商行政管理部门或者公安机关依法给予行政处罚；构成犯罪的，依法追究刑事责任。

第六章　附　　则

第四十九条　本条例自公布之日起施行。

第九章 动物疫病防治技术规范

第一节 口蹄疫防治技术规范

口蹄疫（Foot and Mouth Disease，FMD）是由口蹄疫病毒引起的以偶蹄动物为主的急性、热性、高度传染性疫病，世界动物卫生组织（OIE）将其列为必须报告的动物传染病，我国规定为一类动物疫病。

为预防、控制和扑灭口蹄疫，依据《中华人民共和国动物防疫法》《重大动物疫情应急条例》《国家突发重大动物疫情应急预案》等法律法规，制定本技术规范。

1. 适用范围

本规范规定了口蹄疫疫情确认、疫情处置、疫情监测、免疫、检疫监督的操作程序、技术标准及保障措施。

本规范适用于中华人民共和国境内一切与口蹄疫防治活动有关的单位和个人。

2. 诊断

2.1 诊断指标

2.1.1 流行病学特点

2.1.1.1 偶蹄动物，包括牛科动物（牛、瘤牛、水牛、牦牛）、绵羊、山羊、猪及所有野生反刍和猪科动物均易感，驼科动物（骆驼、单峰骆驼、美洲驼、美洲骆马）易感性较低。

2.1.1.2 传染源主要为潜伏期感染及临床发病动物。感染动物呼出物、唾液、粪便、尿液、乳、精液及肉和副产品均可带毒。康复期动物可带毒。

2.1.1.3 易感动物可通过呼吸道、消化道、生殖道和伤口感染病毒，通常以直接或间接接触（飞沫等）方式传播，或通过人或犬、蝇、蜱、鸟等动物媒介，或经车辆、器具等被污染物传播。如果环境气候适宜，病毒可随风远距离传播。

2.1.2 临床症状

2.1.2.1 牛呆立流涎，猪卧地不起，羊跛行；

2.1.2.2 唇部、舌面、齿龈、鼻镜、蹄踵、蹄叉、乳房等部位出现水泡；

2.1.2.3 发病后期，水泡破溃、结痂，严重者蹄壳脱落，恢复期可见瘢痕、新生蹄甲；

2.1.2.4 传播速度快，发病率高；成年动物死亡率低，幼畜常突然死亡且死亡率高，仔猪常成窝死亡。

2.1.3 病理变化

2.1.3.1 消化道可见水泡、溃疡；

2.1.3.2 幼畜可见骨骼肌、心肌表面出现灰白色条纹，形色酷似虎斑。

2.1.4 病原学检测

2.1.4.1 间接夹心酶联免疫吸附试验，检测阳性（ELISA OIE 标准方法附件一）；

2.1.4.2 RT–PCR 试验，检测阳性（采用国家确认的方法）；

2.1.4.3 反向间接血凝试验（RIHA），检测阳性（附件二）；

2.1.4.4 病毒分离，鉴定阳性。

2.1.5 血清学检测

2.1.5.1 中和试验，抗体阳性；

2.1.5.2 液相阻断酶联免疫吸附试验，抗体阳性；

2.1.5.3 非结构蛋白 ELISA 检测感染抗体阳性；

2.1.5.4 正向间接血凝试验（IHA），抗体阳性（附件三）。

2.2 结果判定

2.2.1 疑似口蹄疫病例

符合该病的流行病学特点和临床诊断或病理诊断指标之一，即可定为疑似口蹄疫病例。

2.2.2 确诊口蹄疫病例

疑似口蹄疫病例，病原学检测方法任何一项阳性，可判定为确诊口蹄疫病例；

疑似口蹄疫病例，在不能获得病原学检测样本的情况下，未免疫家畜血清抗体检测阳性或免疫家畜非结构蛋白抗体 ELISA 检测阳性，可判定为确诊口蹄疫病例。

2.3 疫情报告 任何单位和个人发现家畜上述临床异常情况的，应及时向当地动物防疫监督机构报告。动物防疫监督机构应立即按照有关规定赴现场进行核实。

2.3.1 疑似疫情的报告 县级动物防疫监督机构接到报告后，立即派出

2名以上具有相关资格的防疫人员到现场进行临床和病理诊断。确认为疑似口蹄疫疫情的，应在2h内报告同级兽医行政管理部门，并逐级上报至省级动物防疫监督机构。省级动物防疫监督机构在接到报告后，1h内向省级兽医行政管理部门和国家动物防疫监督机构报告。

诊断为疑似口蹄疫病例时，采集病料（附件四），并将病料送省级动物防疫监督机构，必要时送国家口蹄疫参考实验室。

2.3.2　确诊疫情的报告

省级动物防疫监督机构确诊为口蹄疫疫情时，应立即报告省级兽医行政管理部门和国家动物防疫监督机构；省级兽医管理部门在1h内报省级人民政府和国务院兽医行政管理部门。

国家参考实验室确诊为口蹄疫疫情时，应立即通知疫情发生地省级动物防疫监督机构和兽医行政管理部门，同时报国家动物防疫监督机构和国务院兽医行政管理部门。

省级动物防疫监督机构诊断新血清型口蹄疫疫情时，将样本送至国家口蹄疫参考实验室。

2.4　疫情确认

国务院兽医行政管理部门根据省级动物防疫监督机构或国家口蹄疫参考实验室确诊结果，确认口蹄疫疫情。

3. 疫情处置

3.1　疫点、疫区、受威胁区的划分

3.1.1　疫点 为发病畜所在的地点。相对独立的规模化养殖场/户，以病畜所在的养殖场/户为疫点；散养畜以病畜所在的自然村为疫点；放牧畜以病畜所在的牧场及其活动场地为疫点；病畜在运输过程中发生疫情，以运载病畜的车、船、飞机等为疫点；在市场发生疫情，以病畜所在市场为疫点；在屠宰加工过程中发生疫情，以屠宰加工厂（场）为疫点。

3.1.2　疫区 由疫点边缘向外延伸3km内的区域。

3.1.3　受威胁区 由疫区边缘向外延伸10km的区域。

在疫区、受威胁区划分时，应考虑所在地的饲养环境和天然屏障（河流、山脉等）。

3.2　疑似疫情的处置

对疫点实施隔离、监控，禁止家畜、畜产品及有关物品移动，并对其内、外环境实施严格的消毒措施。

必要时采取封锁、扑杀等措施。

3.3　确诊疫情处置

疫情确诊后，立即启动相应级别的应急预案。

3.3.1　封锁

疫情发生所在地县级以上兽医行政管理部门报请同级人民政府对疫区实行封锁，人民政府在接到报告后，应在24h内发布封锁令。

跨行政区域发生疫情的，由共同上级兽医行政管理部门报请同级人民政府对疫区发布封锁令。

3.3.2　对疫点采取的措施

3.3.2.1　扑杀疫点内所有病畜及同群易感畜，并对病死畜、被扑杀畜及其产品进行无害化处理（附件五）；

3.3.2.2　对排泄物、被污染饲料、垫料、污水等进行无害化处理（附件六）；

3.3.2.3　对被污染或可疑污染的物品、交通工具、用具、畜舍、场地进行严格彻底消毒（附件七）；

3.3.2.4　对发病前14d售出的家畜及其产品进行追踪，并做扑杀和无害化处理。

3.3.3　对疫区采取的措施

3.3.3.1　在疫区周围设置警示标志，在出入疫区的交通路口设置动物检疫消毒站，执行监督检查任务，对出入的车辆和有关物品进行消毒；

3.3.3.2　所有易感畜进行紧急强制免疫，建立完整的免疫档案；

3.3.3.3　关闭家畜产品交易市场，禁止活畜进出疫区及产品运出疫区；

3.3.3.4　对交通工具、畜舍及用具、场地进行彻底消毒；

3.3.3.5　对易感家畜进行疫情监测，及时掌握疫情动态；

3.3.3.6　必要时，可对疫区内所有易感动物进行扑杀和无害化处理。

3.3.4　对受威胁区采取的措施

3.3.4.1　最后一次免疫超过一个月的所有易感畜，进行一次紧急强化免疫；

3.3.4.2　加强疫情监测，掌握疫情动态。

3.3.5　疫源分析与追踪调查

按照口蹄疫流行病学调查规范，对疫情进行追踪溯源、扩散风险分析（附件八）。

3.3.6　解除封锁

3.3.6.1　封锁解除的条件

口蹄疫疫情解除的条件：疫点内最后1头病畜死亡或扑杀后连续观察至

少 14d，没有新发病例；疫区、受威胁区紧急免疫接种完成；疫点经终末消毒；疫情监测阴性。

新血清型口蹄疫疫情解除的条件：疫点内最后 1 头病畜死亡或扑杀后连续观察至少 14d 没有新发病例；疫区、受威胁区紧急免疫接种完成；疫点经终末消毒；对疫区和受威胁区的易感动物进行疫情监测，结果为阴性。

3.3.6.2 解除封锁的程序：动物防疫监督机构按照上述条件审验合格后，由兽医行政管理部门向原发布封锁令的人民政府申请解除封锁，由该人民政府发布解除封锁令。

必要时由上级动物防疫监督机构组织验收。

4. 疫情监测

4.1 监测主体：县级以上动物防疫监督机构。

4.2 监测方法：临床观察、实验室检测及流行病学调查。

4.3 监测对象：以牛、羊、猪为主，必要时对其他动物监测。

4.4 监测的范围

4.4.1 养殖场户、散养畜，交易市场、屠宰厂（场）、异地调入的活畜及产品。

4.4.2 对种畜场、边境、隔离场、近期发生疫情及疫情频发等高风险区域的家畜进行重点监测。

监测方案按照当年兽医行政管理部门工作安排执行。

4.5 疫区和受威胁区解除封锁后的监测 临床监测持续一年，反刍动物病原学检测连续 2 次，每次间隔 1 个月，必要时对重点区域加大监测的强度。

4.6 在监测过程中，对分离到的毒株进行生物学和分子生物学特性分析与评价，密切注意病毒的变异动态，及时向国务院兽医行政管理部门报告。

4.7 各级动物防疫监督机构对监测结果及相关信息进行风险分析，做好预警预报。

4.8 监测结果处理

监测结果逐级汇总上报至国家动物防疫监督机构，按照有关规定进行处理。

5. 免疫

5.1 国家对口蹄疫实行强制免疫，各级政府负责组织实施，当地动物防疫监督机构进行监督指导。免疫密度必须达到 100%。

5.2 预防免疫，按农业部制定的免疫方案规定的程序进行。

5.3 突发疫情时的紧急免疫按本规范有关条款进行。

5.4 所用疫苗必须采用农业部批准使用的产品，并由动物防疫监督机构统一组织、逐级供应。

5.5 所有养殖场/户必须按科学合理的免疫程序做好免疫接种，建立完整免疫档案（包括免疫登记表、免疫证、免疫标识等）。

5.6 各级动物防疫监督机构定期对免疫畜群进行免疫水平监测，根据群体抗体水平及时加强免疫。

6. 检疫监督

6.1 产地检疫

猪、牛、羊等偶蹄动物在离开饲养地之前，养殖场/户必须向当地动物防疫监督机构报检，接到报检后，动物防疫监督机构必须及时到场、到户实施检疫。检查合格后，收回动物免疫证，出具检疫合格证明；对运载工具进行消毒，出具消毒证明，对检疫不合格的按照有关规定处理。

6.2 屠宰检疫

动物防疫监督机构的检疫人员对猪、牛、羊等偶蹄动物进行验证查物，证物相符检疫合格后方可入厂（场）屠宰。宰后检疫合格，出具检疫合格证明。对检疫不合格的按照有关规定处理。

6.3 种畜、非屠宰畜异地调运检疫

国内跨省调运包括种畜、乳用畜、非屠宰畜时，应当先到调入地省级动物防疫监督机构办理检疫审批手续，经调出地按规定检疫合格，方可调运。起运前两周，进行一次口蹄疫强化免疫，到达后须隔离饲养14d以上，由动物防疫监督机构检疫检验合格后方可进场饲养。

6.4 监督管理

6.4.1 动物防疫监督机构应加强流通环节的监督检查，严防疫情扩散。猪、牛、羊等偶蹄动物及产品凭检疫合格证（章）和动物标识运输、销售。

6.4.2 生产、经营动物及动物产品的场所，必须符合动物防疫条件，取得动物防疫合格证，当地动物防疫监督机构应加强日常监督检查。

6.4.3 各地根据防控家畜口蹄疫的需要建立动物防疫监督检查站，对家畜及产品进行监督检查，对运输工具进行消毒。发现疫情，按照《动物防疫监督检查站口蹄疫疫情认定和处置办法》相关规定处置。

6.4.4 由新血清型引发疫情时，加大监管力度，严禁疫区所在县及疫区周围50km范围内的家畜及产品流动。在与新发疫情省份接壤的路口设置动物防疫监督检查站、卡实行24h值班检查；对来自疫区运输工具进行彻底消毒，对非法运输的家畜及产品进行无害化处理。

6.4.5 任何单位和个人不得随意处置及转运、屠宰、加工、经营、食用口蹄疫病（死）畜及产品；未经动物防疫监督机构允许，不得随意采样；不得在未经国家确认的实验室剖检分离、鉴定、保存病毒。

7. 保障措施

7.1 各级政府应加强机构、队伍建设，确保各项防治技术落实到位。

7.2 各级财政和发改部门应加强基础设施建设，确保免疫、监测、诊断、扑杀、无害化处理、消毒等防治技术工作经费落实。

7.3 各级兽医行政部门动物防疫监督机构应按本技术规范，加强应急物资储备，及时培训和演练应急队伍。

7.4 发生口蹄疫疫情时，在封锁、采样、诊断、流行病学调查、无害化处理等过程中，要采取有效措施做好个人防护和消毒工作，防止人为扩散。

附件一

间接夹心酶联免疫吸附试验（I–ELISA）

1. 试验程序和原理

1.1 利用包被于固相（I，96孔平底ELISA专用微量板）的FMDV型特异性抗体（AB，包被抗体，又称为捕获抗体），捕获待检样品中相应型的FMDV抗原（Ag）。再加入与捕获抗体同一血清型，但用另一种动物制备的抗血清（Ab，检测抗体）。如果有相应型的病毒抗原存在，则形成"夹心"式结合，并被随后加入的酶结合物/显色系统（∗E/S）检出。

1.2 由于FMDV的多型性，和可能并发临床上难以区分的水泡性疾病，在检测病料时必然包括几个血清型（如O、A、亚洲–1型）；及临床症状相同的某些疾病，如猪水泡病（SVD）。

2. 材料

2.1 样品的采集和处理

见附件四

2.2 主要试剂

2.2.1 抗体

2.2.1.1 包被抗体：兔抗FMDV–"O"、"A"、"亚洲–I"型146S血清；及兔抗SVDV–160S血清。

2.2.1.2 检测抗体：豚鼠抗FMDV–"O"、"A"、"亚洲–I"型146S血清；及豚鼠抗SVDV–160S血清。

2.2.2 酶结合物

兔抗豚鼠Ig抗体（Ig）–辣根过氧化物酶（HRP）结合物。

2.2.3 对照抗原

灭活的FMDV–"O""A""亚洲–I"各型及SVDV细胞病毒液。

2.2.4　底物溶液（底物/显色剂）

3%过氧化氢/3.3mmol/L 邻苯二胺（OPD）。

2.2.5　终止液

1.25mol/L 硫酸。

2.2.6　缓冲液

2.2.6.1　包被缓冲液 0.05mol/L Na_2CO_3 – $NaHCO_3$，pH9.6。

2.2.6.2　稀释液 A 0.01mol/L PBS – 0.05%（v/v）Tween – 20，pH 7.2~7.4。

2.2.6.3　稀释液 B 5%脱脂奶粉（w/v）– 稀释液 A 。

2.2.6.4　洗涤缓冲液 0.002mol/L PBS – 0.01%（v/v）Tween – 20。

2.3　主要器材设备

2.3.1　固相

96 孔平底聚苯乙烯 ELISA 专用板。

2.3.2　移液器、尖头及贮液槽

微量可调移液器一套，可调范围 0.5~5 000μl（5~6 支）；多（4、8、12）孔道微量可调移液器（25~250μl）；微量可调连续加样移液器（10~100μl）；与各移液器匹配的各种尖头，及配套使用的贮液槽。

2.3.3　振荡器

与 96 孔微量板配套的旋转振荡器。

2.3.4　酶标仪，492nm 波长滤光片。

2.3.5　洗板机或洗涤瓶，吸水纸巾。

2.3.6　37℃恒温温室或温箱。

3. 操作方法

3.1　预备试验

为了确保检测结果准确可靠，必须最优化组合该 ELISA，即试验所涉及的各种试剂，包括包被抗体、检测抗体、酶结合物、阳性对照抗原都要预先测定，计算出它们的最适稀释度，既保证试验结果在设定的最佳数据范围内，又不浪费试剂。使用诊断试剂盒时，可按说明书指定用量和用法。如试验结果不理想，重新滴定各种试剂后再检测。

3.2　包被固相

3.2.1　FMDV 各血清型及 SVDV 兔抗血清分别以包被缓冲液稀释至工作浓度，然后按附图 3–1＜Ⅰ＞所示布局加入微量板各行。每孔50μl。加盖后37℃振荡2h。或室温（20~25℃）振荡30min，然后置湿盒中4℃过夜（可以保存 1 周左右）。

3.2.2 一般情况下，牛病料鉴定"O"和"A"两个型，某些地区的病料要加上"亚洲 – I"型；猪病料要加上 SVDV。

附图 3 – 1 定型 ELISA 微量板包被血清布局 < I > 、对照和被检样品布局 < II >

		< I >	< II >1	2	3	4	5	6	7	8	9	10	11	12
A	FMDV "O"	C + +	C + +	C +	C +		C-	C-			S1	1	S3	3	S5	5
B	"A"	C + +	C + +	C +	C +		C-	C-			S1	1	S3	3	S5	5
C	"Asia-I"	C + +	C + +	C +	C +		C-	C-			S1	1	S3	3	S5	5
D	SVDV	C + +	C + +	C +	C +		C-	C-			S1	1	S3	3	S5	5
E	FMDV "O"	C + +	C + +	C +	C +		C-	C-			S2	2	S4	4	S6	6
F	"A"	C + +	C + +	C +	C +		C-	C-			S2	2	S4	4	S6	6
G	"Asia-I"	C + +	C + +	C +	C +		C-	C-			S2	2	S4	4	S6	6
H	SVDV	C + +	C + +	C +	C +		C-	C-			S2	2	S4	4	S6	6

试验开始，依据当天检测样品的数量包被，或取出包被好的板子；如用可拆卸微量板，则根据需要取出几条。在试验台上放置 20min，再洗涤 5 次，扣干。

3.3 加对照抗原和待检样品

3.3.1 布局

空白和各阳性对照、待检样品在 ELISA 板上的分布位置如附图 3 – 1 < II >所示。

3.3.2 加样

3.3.2.1 第 5 和第 6 列为空白对照（C –），每孔加 50μl 稀释液 A。

3.3.2.2 先将各型阳性对照抗原分别以稀释液 A 适当稀释，然后加入与包被抗体同型的各行孔中，C + + 为强阳性，C + 为阳性，可以用同一对照抗原的不同稀释度。每一对照 2 孔，每孔 50μl。

3.3.2.3 按待检样品的序号（S1、S2…）逐个加入，每份样品每个血清型加 2 孔，每孔 50μl。37℃ 振荡 1h，洗涤 5 次，扣干。

3.4 加检测抗体

各血清型豚鼠抗血清以稀释液 A 稀释至工作浓度，然后加入与包被抗体同型各行孔中，每孔 50μl。37℃ 振荡 1h。洗涤 5 次，扣干。

3.5 加酶结合物

酶结合物以稀释液 B 稀释至工作浓度，每孔 50μl。

37℃ 振荡 40min。洗涤 5 次，扣干。

3.6 加底物溶液

试验开始时，按当天需要量从冰箱暗盒中取出 OPD，放在温箱中融化并使之升温至37℃。临加样前，按每6ml OPD 加3%双氧水30μl（一块微量板用量），混匀后每孔加50μl。37℃振荡15min。

3.7　加终止液

显色反应15min，准时加终止液1.25mol/L H_2SO_4。50μl/孔。

3.8　观察和判读结果

终止反应后，先用肉眼观察全部反应孔。如空白对照和阳性对照孔的显色基本正常，再用酶标仪（492nm）判读 OD 值。

4. 结果判定

4.1　数据计算

为了便于说明，假设附表3-1所列数据为检测结果（OD 值）。

利用表3-1所列数据，计算平均 OD 值和平均修正 OD 值（附表3-2）

4.1.1　各行2孔空白对照（C-）平均 OD 值；

4.1.2　各行（各血清型）抗原对照（C++、C+）平均 OD 值；

4.1.3　各待检样品各血清型（2孔）平均 OD 值；

4.1.4　计算出各平均修正 OD 值（=［每个（2）或（3）值］-［同一行的（1）值］。

附表3-1　定型 ELISA 结果（OD 值）

	C++	C+	C-	S1	S2	S3
A FMDV "O"	1.84 1.74	0.56 0.46	0.06 0.04	1.62 1.54	0.68 0.72	0.10 0.08
B "A"	1.25 1.45	0.40 0.42	0.07 0.05	0.09 0.07	1.22 1.32	0.09 0.09
C "Asia-I"	1.32 1.12	0.52 0.50	0.04 0.08	0.05 0.09	0.12 0.06	0.07 0.09
D SVDV	1.08 1.10	0.22 0.24	0.08 0.08	0.09 0.10	0.08 0.12	0.28 0.34
	C++	C+	C-	S4	S5	S6
E FMDV "O"	0.94 0.84	0.24 0.22	0.06 0.06	1.22 1.12	0.09 0.10	0.13 0.17
F "A"	1.10 1.02	0.11 0.13	0.06 0.04	0.10 0.10	0.28 0.26	0.20 0.28
G "Asia-I"	0.39 0.41	0.29 0.21	0.09 0.09	0.10 0.09	0.10 0.10	0.35 0.33
H SVDV	0.88 0.78	0.15 0.11	0.05 0.05	0.11 0.07	0.09 0.09	0.10 0.12

附表3-2　平均 OD 值/平均修正 OD 值

	C++	C+	C-	S1	S2	S3
A FMDV "O"	1.79/1.75	0.51/0.46	0.05	1.58/1.53	0.70/0.65	0.09/0.04
B "A"	1.35/1.29	0.41/0.35	0.06	0.08/0.02	1.27/1.21	0.09/0.03
C "Asia-I"	1.22/1.16	0.51/0.45	0.06	0.07/0.03	0.09/0.03	0.08/0.02

（续表）

	C + +	C +	C-	S1	S2	S3
D SVDV	1.09/1.01	0.23/0.15	0.08	0.10/0.02	0.10/0.02	0.31/0.23

	C + +	C +	C-	S4	S5	S6
E FMDV "O"	0.89/0.83	0.23/0.17	0.06	1.17/1.11	0.10/0.04	0.15/0.09
F "A"	1.06/1.01	0.12/0.07	0.05	0.10/0.05	0.27/0.22	0.24/0.19
G "Asia-I"	0.40/0.31	0.25/0.16	0.09	0.10/0.01	0.10/0.01	0.34/0.25
H SVDV	0.83/0.78	0.13/0.08	0.05	0.09/0.05	0.09/0.04	0.11/0.06

4.2 结果判定

4.2.1 试验不成立

如果空白对照（C－）平均 OD 值 > 0.10，则试验不成立，本试验结果无效。

4.2.2 试验基本成立

如果空白对照（C－）平均 OD 值 ≤ 0.10，则试验基本成立。

4.2.3 试验绝对成立

如果空白对照（C－）平均 OD 值 ≤ 0.10，C＋平均修正 OD 值 > 0.10，C＋＋平均修正 OD 值 > 1.00，试验绝对成立。如表 2 中 A、B、C、D 行所列数据。

4.2.3.1 如果某一待检样品某一型的平均修正 OD 值 ≤ 0.10，则该血清型为阴性。

如 S1 的 "A"、"Asia－1" 型和 "SVDV"。

4.2.3.2 如果某一待检样品某一型的平均修正 OD 值 > 0.10，而且比其他型的平均修正 OD 值大 2 倍或 2 倍以上，则该样品为该最高平均修正 OD 值所在的血清型。如 S1 为 "O" 型；S3 为 "Asia－I" 型。

4.2.3.3 虽然某一待检样品某一型的平均修正 OD 值 > 0.10，但不大于其他型的平均修正 OD 值的 2 倍，则该样品只能判定为可疑。该样品应接种乳鼠或细胞，并盲传数代增毒后再作检测。如 S2 "A" 型。

4.2.4 试验部分成立

如果空白对照（C－）平均 OD 值 ≤ 0.10，C＋平均修正 OD 值 ≤ 0.10，C＋＋平均修正 OD 值 ≤ 1.00，试验部分成立。如表 2 中 E、F、G、H 行所列数据。

4.2.4.1 如果某一待检样品某一型的平均修正 OD 值 ≥ 0.10，而且比其他型的平均修正 OD 值大 2 倍或 2 倍以上，则该样品为该最高平均修正 OD 值所在的血清型。例如 S4 判定为"O"型。

4.2.4.2　如果某一待检样品某一型的平均修正 OD 值介于 0.10 ~ 1.00 之间，而且比其他型的平均修正 OD 值大 2 倍或 2 倍以上，该样品可以判定为该最高 OD 值所在血清型。例如 S5 判定为"A"型。

4.2.4.3　如果某一待检样品某一型的平均修正 OD 值介于 0.10 ~ 1.00 之间，但不比其他型的平均修正 OD 值大 2 倍，该样品应增毒后重检。如 S6"亚洲 – I"型。

注意：重复试验时，首先考虑调整对照抗原的工作浓度。如调整后再次试验结果仍不合格，应更换对照抗原或其他试剂。

附件二

反向间接血凝试验（RIHA）

1. 材料准备

1.1　96 孔微型聚乙烯血凝滴定板（110°），微量振荡器或微型混合器，0.025ml、0.05ml 稀释用滴管、乳胶吸头或 25μl、50μl 移液加样器。

1.2　pH7.6、0.05mol/l 磷酸缓冲液（pH7.6、0.05mol/L PB），pH7.6、50% 丙三醇磷酸缓冲液（GPB），pH7.2、0.11mol/l 磷酸缓冲液（pH7.2、0.11mol/L PB），配制方法见中华人民共和国国家标准（GB/T 19200—2003）《猪水泡病诊断技术》附录 A（规范性附录）。

1.3　稀释液 I、稀释液 II，配制方法见中华人民共和国国家标准（GB/T 19200—2003）《猪水泡病诊断技术》附录 B（规范性附录）。

1.4　标准抗原、阳性血清，由指定单位提供，按说明书使用和保存。

1.5　敏化红细胞诊断液：由指定单位提供，效价滴定见中华人民共和国国家标准（GB/T 19200—2003）《猪水泡病诊断技术》附录 C（规范性附录）。

1.6　被检材料处理方法见中华人民共和国国家标准（GB/T 19200—2003）《猪水泡病诊断技术》附录 E（规范性附录）。

2. 操作方法

2.1　使用标准抗原进行口蹄疫 A、O、C、Asia – I 型及与猪水泡病鉴别诊断。

2.1.1　被检样品的稀释：把 8 只试管排列于试管架上，自第 1 管开始由左至右用稀释液 I 作二倍连续稀释（即 1：6、1：12、1：24……1：768），每管容积 0.5 ml。

2.1.2　按下述滴加被检样品和对照：

2.1.2.1　在血凝滴定板上的第一至五排，每排的第 8 孔滴加第 8 管稀释被检样品 0.05ml，每排的第 7 孔滴加第 7 管稀释被检样品 0.05ml，以此类推至第 1 孔。

2.1.2.2 每排的第 9 孔滴加稀释液 I0.05ml，作为稀释液对照。

2.1.2.3 每排的第 10 孔按顺序分别滴加口蹄疫 A、O、C、Asia-I 型和猪水泡病标准抗原（1：30 稀释）各 0.05ml，作为阳性对照。

2.1.3 滴加敏化红细胞诊断液：先将敏化红细胞诊断液摇匀，于滴定板第一至五排的第 1~10 孔分别滴加口蹄疫 A、O、C、Asia-I 型和猪水泡病敏化红细胞诊断液，每孔 0.025ml，置微量振荡器上振荡 1~2min，20~35℃放置 1.5~2h 后判定结果。

2.2 使用标准阳性血清进行口蹄疫 O 型及与猪水泡病鉴别诊断。

2.2.1 每份被检样品作四排、每孔先各加入 25µl 稀释液 II。

2.2.2 每排第 1 孔各加被检样品 25µl，然后分别由左至右作二倍连续稀释至第 7 孔（竖板）或第 11 孔（横板）。每排最后孔留作稀释液对照。

2.2.3 滴加标准阳性血清：在第一、第三排每孔加入 25µl 稀释液 II；第二排每孔加入 25µl 稀释至 1：20 的口蹄疫 O 型标准阳性血清；第四排每孔加入 25µl 稀释至 1：100 的猪水泡病标准阳性血清；置微型混合器上振荡 1~2h，加盖置 37℃作用 30h。

2.2.4 滴加敏化红细胞诊断液：在第一和第二排每孔加入口蹄疫 O 型敏化红细胞诊断液 25µl；第三和第四排每孔加入猪水泡病敏化红细胞诊断液 25µl；置微型混合器上振荡 1~2h，加盖 20~35℃放置 2 小时后判定结果。

3. 结果判定

3.1 按以下标准判定红细胞凝集程度："++++"~100% 完全凝集，红细胞均匀地分布于孔底周围；"+++"~75% 凝集，红细胞均匀地分布于孔底周围，但孔底中心有红细胞形成的针尖大的小点；"++"~50% 凝集，孔底周围有不均匀的红细胞分布，孔底有一红细胞沉下的小点；"+"~25% 凝集，孔底周围有不均匀的红细胞分布，但大部分红细胞已沉积于孔底；"-"~不凝集，红细胞完全沉积于孔底成一圆点。

3.2 操作方法 2.1 的结果判定：稀释液 I 对照孔不凝集、标准抗原阳性孔凝集试验方成立。

3.2.1 若只第一排孔凝集，其余四排孔不凝集，则被检样品为口蹄疫 A 型；若只第二排孔凝集，其余四排孔不凝集，则被检样品为口蹄疫 O 型；以此类推。若只第五排孔凝集，其余四排孔不凝集，则被检样品为猪水泡病。

3.2.2 致红细胞 50% 凝集的被检样品最高稀释度为其凝集效价。

3.2.3 如出现 2 排以上孔的凝集，以某排孔的凝集效价高于其余排孔的凝集效价 2 个对数（以 2 为底）浓度以上者即可判为阳性，其余判为阴性。

3.3　操作方法 2.2 的结果判定：稀释液 Ⅱ 对照孔不凝集试验方可成立。

3.3.1　若第一排出现 2 孔以上的凝集（＋＋以上），且第二排相对应孔出现 2 个孔以上的凝集抑制，第三、四排不出现凝集判为口蹄疫 O 型阳性。若第三排出现 2 孔以上的凝集（＋＋以上），且第四排相对应孔出现 2 个孔以上的凝集抑制，第一、二排不出现凝集则判为猪水泡病阳性。

3.3.2　致红细胞 50% 凝集的被检样品最高稀释度为其凝集效价。

附件三
正向间接血凝试验（IHA）

1. 原理

用已知血凝抗原检测未知血清抗体的试验，称为正向间接血凝试验（IHA）。

抗原与其对应的抗体相遇，在一定条件下会形成抗原复合物，但这种复合物的分子团很小，肉眼看不见。若将抗原吸附（致敏）在经过特殊处理的红细胞表面，只需少量抗原就能大大提高抗原和抗体的反应灵敏性。这种经过口蹄疫纯化抗原致敏的红细胞与口蹄疫抗体相遇，红细胞便出现清晰可见的凝集现象。

2. 适用范围

主要用于检测 O 型口蹄疫免疫动物血清抗体效价。

3. 试验器材和试剂

3.1　96 孔 110°V 型医用血凝板，与血凝板大小相同的玻板

3.2　微量移液器（50μl、25μl）取液塑咀

3.3　微量振荡器

3.4　O 型口蹄疫血凝抗原

3.5　O 型口蹄疫阴性对照血清

3.6　O 型口蹄疫阳性对照血清

3.7　稀释液

3.8　待检血清（每头约 0.5ml 血清即可）56℃ 水浴灭活 30min

4. 试验方法

4.1　加稀释液

在血凝板上 1～6 排的 1～9 孔；第 7 排的 1～4 孔第 6～7 孔；第 8 排的 1～12 孔各加稀释液 50μl。

4.2　稀释待检血清

取 1 号待检血清 50μl 加入第 1 排第 1 孔，并将塑咀插入孔底，右手拇指

轻压弹簧 1~2 次混匀（避免产生过多的气泡），从该孔取出 50μl 移入第 2 孔，混匀后取出 50μl 移入第 3 孔……直至第 9 孔混匀后取出 50μl 丢弃。此时第 1 排 1~9 孔待检血清的稀释度（稀释倍数）依次为：1∶2（1）、1∶4（2）、1∶8（3）、1∶16（4）、1∶32（5）、1∶64（6）、1∶128（7）、1∶256（8）、1∶512（9）。

取 2 号待检血清加入第 2 排；取 3 号待检血清加入第 3 排……均按上法稀释，注意！每取一份血清时，必须更换塑咀一个。

4.3　稀释阴性对照血清

在血凝板的第 7 排第 1 孔加阴性血清 50μl，对倍稀释至第 4 孔，混匀后从该孔取出 50μl 丢弃。此时阴性血清的稀释倍数依次为 1∶2（1）、1∶4（2）、1∶8（3）、1∶16（4）。第 6~7 孔为稀释液对照。

4.4　稀释阳性对照血清

在血凝板的第 8 排第 1 孔加阳性血清 50μl，对倍数稀释至第 12 孔，混匀后从该孔取出 50μl 丢弃。此时阳性血清的稀释倍数依次为 1∶2－1∶4096。

4.5　加血凝抗原

被检血清各孔、阴性对照血清各孔、阳性对照血清各孔、稀释液对照孔均各加 O 型血凝抗原（充分摇匀，瓶底应无血球沉淀）25μl。

4.6　振荡混匀

将血凝板置于微量振荡器上 1~2min，如无振荡器，用手轻拍混匀亦可，然后将血凝板放在白纸上观察各孔红血球是否混匀，不出现血球沉淀为合格。盖上玻板，室温下或 37℃下静置 1.5~2h 判定结果，也可延至翌日判定。

4.7　判定标准

移去玻板，将血凝板放在白纸上，先观察阴性对照血清 1∶16 孔，稀释液对照孔，均应无凝集（血球全部沉入孔底形成边缘整齐的小圆点），或仅出现"＋"凝集（血球大部沉于孔底，边缘稍有少量血球悬浮）。

阳性血清对照 1∶2－1∶256 各孔应出现"＋＋"~"＋＋＋"凝集为合格（少量血球沉入孔底，大部血球悬浮于孔内）。

在对照孔合格的前提下，再观察待检血清各孔，以呈现"＋＋"凝集的最大稀释倍数为该份血清的抗体效价。例如 1 号待检血清 1~5 孔呈现"＋＋"~"＋＋＋"凝集，6~7 孔呈现"＋＋"凝集，第 8 孔呈现"＋"凝集，第 9 孔无凝集，那么就可判定该份血清的口蹄疫抗体效价为 1∶128。

接种口蹄疫疫苗的猪群免疫抗体效价达到 1∶128（即第 7 孔）牛群、羊群免疫抗体效价达到 1∶256（第 8 孔）呈现"＋＋"凝集为免疫合格。

5. 检测试剂的性状、规格

5.1　性状

5.1.1　液体血凝抗原：摇匀呈棕红色（或咖啡色），静置后，血球逐渐沉入瓶底。

5.1.2　阴性对照血清：淡黄色清亮稍带黏性的液体。

5.1.3　阳性对照血清：微红或淡色稍混浊带黏性的液体。

5.1.4　稀释液：淡黄或无色透明液体，低温下放置，瓶底易析出少量结晶，在水浴中加温后即可全溶，不影响使用。

5.2　包装

5.2.1　液体血凝抗原：摇匀后即可使用，5ml/瓶。

5.2.2　阴性血清：1ml/瓶，直接稀释使用。

5.2.3　阳性血清：1ml/瓶，直接稀释使用。

5.2.4　稀释液：100ml/瓶，直接使用，4~8℃保存。

5.2.5　保存条件及保存期

5.2.5.1　液体血凝抗原：4~8℃保存（切勿冻结），保存期3个月。

5.2.5.2　阴性对照血清：-20~-15℃保存，有效期1年。

5.2.5.3　阳性对照血清：-20~-15℃保存，有效期1年。

6. 注意事项

6.1　为使检测获得正确结果，请在检测前仔细阅读说明书。

6.2　严重溶血或严重污染的血清样品不宜检测，以免发生非特异性反应。

6.3　勿用90°和130°血凝板，严禁使用一次性血凝板，以免误判结果。

6.4　用过的血凝板应及时在水龙头冲净血球。再用蒸馏水或去离子水冲洗2次，甩干水分放37℃恒温箱内干燥备用。检测用具应煮沸消毒，37℃干燥备用。血凝板应浸泡在洗液中（浓硫酸与重铬酸钾按1∶1混合），48h捞出后清水冲净。

6.5　每次检测只做一份阴性、阳性和稀释液对照。

"-"表示完全不凝集或0%~10%血球凝集。

"+"表示10%~25%血球凝集 "+++"表示75%血球凝集。

"++"表示50%血球凝集 "++++"表示90%~100%血球凝集。

6.6　用不同批次的血凝抗原检测同一份血清时，应事先用阳性血清准确测定各批次血凝抗原的效价，取抗原效价相同或相近的血凝抗原检测待检血清抗体水平的结果是基本一致的，如果血凝抗原效价差别很大用来检测同一血清样品，肯定会出现检测结果不一致。

6.7　收到本试剂盒时，应立即打开包装，取出血凝抗原瓶，用力摇动，使粘附在瓶盖上的红细胞摇下，否则易出现沉渣，影响使用效果。

附件四

口蹄疫病料的采集、保存与运送

采集、保存和运输样品须符合下列要求，并填写样品采集登记表。

1. 样品的采集和保存

1.1　组织样品

1.1.1　样品的选择

用于病毒分离、鉴定的样品以发病动物（牛、羊或猪）未破裂的舌面或蹄部，鼻镜，乳头等部位的水泡皮和水泡液最好。对临床健康但怀疑带毒的动物可在扑杀后采集淋巴结、脊髓、肌肉等组织样品作为检测材料。

1.1.2　样品的采集和保存

水泡样品采集部位可用清水清洗，切忌使用酒精、碘酒等消毒剂消毒、擦拭。

1.1.2.1　未破裂水泡中的水泡液用灭菌注射器采集至少1ml，装入灭菌小瓶中（可加适量抗菌素），加盖密封；尽快冷冻保存。

1.1.2.2　剪取新鲜水泡皮3~5g放入灭菌小瓶中，加适量（2倍体积）50%甘油/磷酸盐缓冲液（pH7.4），加盖密封；尽快冷冻保存。

1.1.2.3　在无法采集水泡皮和水泡液时，可采集淋巴结、脊髓、肌肉等组织样品3~5g装入洁净的小瓶内，加盖密封；尽快冷冻保存。

每份样品的包装瓶上均要贴上标签，写明采样地点、动物种类、编号、时间等。

1.2　牛、羊食道—咽部分泌物（O-P液）样品

1.2.1　样品采集

被检动物在采样前禁食（可饮水）12h，以免反刍胃内容物严重污染O-P液。采样探杯在使用前经0.2%柠檬酸或2%氢氧化钠浸泡5min，再用自来水冲洗。每采完一头动物，探杯要重复进行消毒和清洗。采样时动物站立保定，将探杯随吞咽动作送入食道上部10~15cm处，轻轻来回移动2~3次，然后将探杯拉出。如采集的O-P液被反刍胃内容物严重污染，要用生理盐水或自来水冲洗口腔后重新采样。

1.2.2　样品保存

将探杯采集到的8~10mlO-P液倒入25ml以上的灭菌玻璃容器中，容器中应事先加有8~10ml细胞培养液或磷酸盐缓冲液（0.04mol/l、pH7.4），加

盖密封后充分摇匀，贴上防水标签，并写明样品编号、采集地点、动物种类、时间等，尽快放入装有冰块的冷藏箱内，然后转往 – 60℃冰箱冻存。通过病原检测，做出追溯性诊断。

1.3 血清

怀疑曾有疫情发生的畜群，错过组织样品采集时机时，可无菌操作采集动物血液，每头不少于10ml。自然凝固后无菌分离血清装入灭菌小瓶中，可加适量抗菌素，加盖密封后冷藏保存。每瓶贴标签并写明样品编号，采集地点，动物种类，时间等。通过抗体检测，做出追溯性诊断。

1.4 采集样品时要填写样品采集登记表

2. 样品运送

运送前将封装和贴上标签，已预冷或冰冻的样品玻璃容器装入金属套筒中，套筒应填充防震材料，加盖密封，与采样记录一同装入专用运输容器中。专用运输容器应隔热坚固，内装适当冷冻剂和防震材料。外包装上要加贴生物安全警示标志。以最快方式，运送到检测单位。为了能及时准确地告知检测结果，请写明送样单位名称和联系人姓名、联系地址、邮编、电话、传真等。

送检材料必须附有详细说明，包括采样时间、地点、动物种类、样品名称、数量、保存方式及有关疫病发生流行情况、临床症状等。

附件五

口蹄疫扑杀技术规范

1 扑杀范围：病畜及规定扑杀的易感动物。

2 使用无出血方法扑杀：电击、药物注射。

3 将动物尸体用密闭车运往处理场地予以销毁。

4 扑杀工作人员防护技术要求

4.1 穿戴合适的防护衣服

4.1.1 穿防护服或穿长袖手术衣加防水围裙。

4.1.2 戴可消毒的橡胶手套。

4.1.3 戴 N95 口罩或标准手术用口罩。

4.1.4 戴护目镜。

4.1.5 穿可消毒的胶靴，或者一次性的鞋套。

4.2 洗手和消毒

4.2.1 密切接触感染牲畜的人员，用无腐蚀性消毒液浸泡手后，在用肥皂清洗 2 次以上。

4.2.2 牲畜扑杀和运送人员在操作完毕后，要用消毒水洗手，有条件的地方要洗澡。

4.3 防护服、手套、口罩、护目镜、胶鞋、鞋套等使用后在指定地点消毒或销毁。

附件六

口蹄疫无害化处理技术规范

所有病死牲畜、被扑杀牲畜及其产品、排泄物以及被污染或可能被污染的垫料、饲料和其他物品应当进行无害化处理。无害化处理可以选择深埋、焚烧等方法，饲料、粪便也可以堆积发酵或焚烧处理。

1. 深埋

1.1 选址：掩埋地应选择远离学校、公共场所、居民住宅区、动物饲养和屠宰场所、村庄、饮用水源地、河流等。避免公共视线。

1.2 深度：坑的深度应保证动物尸体、产品、饲料、污染物等被掩埋物的上层距地表 1.5m 以上。坑的位置和类型应有利于防洪。

1.3 焚烧：掩埋前，要对需掩埋的动物尸体、产品、饲料、污染物等实施焚烧处理。

1.4 消毒：掩埋坑底铺 2cm 厚生石灰；焚烧后的动物尸体、产品、饲料、污染物等表面，以及掩埋后的地表环境应使用有效消毒药品喷洒消毒。

1.5 填土：用土掩埋后，应与周围持平。填土不要太实，以免尸腐产气造成气泡冒出和液体渗漏。

1.6 掩埋后应设立明显标记。

2. 焚化

疫区附近有大型焚尸炉的，可采用焚化的方式。

3. 发酵

饲料、粪便可在指定地点堆积，密封发酵，表面应进行消毒。

以上处理应符合环保要求，所涉及的运输、装卸等环节要避免洒漏，运输装卸工具要彻底消毒后清洗。

附件七

口蹄疫疫点、疫区清洗消毒技术规范

1. 成立清洗消毒队

清洗消毒队应至少配备一名专业技术人员负责技术指导。

2. 设备和必需品

2.1 清洗工具：扫帚、叉子、铲子、锹和冲洗用水管。

2.2　消毒工具：喷雾器、火焰喷射枪、消毒车辆、消毒容器等。

2.3　消毒剂：醛类、氧化剂类、氯制剂类等合适的消毒剂。

2.4　防护装备：防护服、口罩、胶靴、手套、护目镜等。

3. 疫点内饲养圈舍清理、清洗和消毒

3.1　对圈舍内外消毒后再行清理和清洗。

3.2　首先清理污物、粪便、饲料等。

3.3　对地面和各种用具等彻底冲洗，并用水洗刷圈舍、车辆等，对所产生的污水进行无害化处理。

3.4　对金属设施设备，可采取火焰、熏蒸等方式消毒。

3.5　对饲养圈舍、场地、车辆等采用消毒液喷洒的方式消毒。

3.6　饲养圈舍的饲料、垫料等作深埋、发酵或焚烧处理。

3.7　粪便等污物作深埋、堆积密封或焚烧处理。

4. 交通工具清洗消毒

4.1　出入疫点、疫区的交通要道设立临时性消毒点，对出入人员、运输工具及有关物品进行消毒。

4.2　疫区内所有可能被污染的运载工具应严格消毒，车辆内、外及所有角落和缝隙都要用消毒剂消毒后再用清水冲洗，不留死角。

4.3　车辆上的物品也要做好消毒。

4.4　从车辆上清理下来的垃圾和粪便要作无害化处理。

5. 牲畜市场消毒清洗

5.1　用消毒剂喷洒所有区域。

5.2　饲料和粪便等要深埋、发酵或焚烧。

6. 屠宰加工、储藏等场所的清洗消毒

6.1　所有牲畜及其产品都要深埋或焚烧。

6.2　圈舍、过道和舍外区域用消毒剂喷洒消毒后清洗。

6.3　所有设备、桌子、冰箱、地板、墙壁等用消毒剂喷洒消毒后冲洗干净。

6.4　所有衣服用消毒剂浸泡后清洗干净，其他物品都要用适当的方式进行消毒。

6.5　以上所产生的污水要经过处理，达到环保排放标准。

7　疫点每天消毒1次连续1周，1周后每两天消毒1次。疫区内疫点以外的区域每两天消毒1次。

附件八

口蹄疫流行病学调查规范

1. 范围

本规范规定了暴发疫情时和平时开展的口蹄疫流行病学调查工作。

本规范适用于口蹄疫暴发后的跟踪调查和平时现况调查的技术要求。

2. 引用文件

下列文件中的条款通过本规范的引用而成为本规范的条款。凡是注日期的引用文件，其随后所有的修改单位（不包括勘误的内容）或修订版均不适用于本规范，根据本规范达成协议的各方研究可以使用这些文件的最新版本。凡是不注日期的引用文件，其最新版本适用于本规范。

NY××××   \ \ 口蹄疫疫样品采集、保存和运输技术规范

NY××××   \ \ 口蹄疫人员防护技术规范

NY××××   \ \ 口蹄疫疫情判定与扑灭技术规范

3. 术语与定义

NY××××   的定义适用于本规范。

3.1 跟踪调查

当一个畜群单位暴发口蹄疫时，兽医技术人员或动物流行病学专家在接到怀疑发生口蹄疫的报告后通过亲自现场察看、现场采访，追溯最原始的发病患畜、查明疫点的疫病传播扩散情况以及采取扑灭措施后跟踪被消灭疫病的情况。

3.2 现况调查

现况调查是一项在全国范围内有组织的关于口蹄疫流行病学资料和数据的收集整理工作，调查的对象包括被选择的养殖场、屠宰场或实验室，这些选择的普查单位充当着疾病监视器的作用，对口蹄疫病毒易感的一些物种（如野猪）可以作为主要动物群感染的指示物种。现况调查同时是口蹄疫防制计划的组成部分。

4. 跟踪调查

4.1 目的 核实疫情并追溯最原始的发病地点和患畜、查明疫点的疫病传播扩散情况以及采取扑灭措施后跟踪被消灭疫病的情况。

4.2 组织与要求

4.2.1 动物防疫监督机构接到养殖单位怀疑发病的报告后，立即指派 2 名以上兽医技术人员，在 24h 以内尽快赶赴现场，采取现场亲自察看和现场采访相结合的方式对疾病暴发事件开展跟踪调查；

4.2.2 被派兽医技术人员至少 3d 内没有接触过口蹄疫病畜及其污染物，

按《口蹄疫人员防护技术规范》做好个人防护；

4.2.3　备有必要的器械、用品和采样用的容器。

4.3　内容与方法

4.3.1　核实诊断方法及定义"患畜"

调查的目的之一是诊断患畜，因此需要归纳出发病患畜的临床症状和用恰当的临床术语定义患畜，这样可以排除其他疾病的患畜而只保留所研究的患畜，做出是否发生疑似口蹄疫的判断。

4.3.2　采集病料样品、送检与确诊

对疑似患畜，按照《口蹄疫样品采集、保存和运输技术规范》的要求送指定实验室确诊。

4.3.3　实施对疫点的初步控制措施，严禁从疑似发病场/户运出家畜、家畜产品和可疑污染物品，并限制人员流动。

4.3.4　计算特定因素袭击率，确定畜间型

袭击率是衡量疾病暴发和疾病流行严重程度的指标，疾病暴发时的袭击率与日常发病率或预测发病率比较能够反映出疾病暴发的严重程度。另外，通过计算不同畜群的袭击率和不同动物种别、年龄和性别的特定因素袭击率有助于发现病因或与疾病有关的某些因素。

4.3.5　确定时间型

根据单位时间内患畜的发病频率，绘制一个或是多个流行曲线，以检验新患畜的时间分布。在制作流行曲线时，应选择有利于疾病研究的各种时间间隔（在 x 轴），如小时、天或周，和表示疾病发生的新患畜数或百分率（在 y 轴）。

4.3.6　确定空间型

为检验患畜的空间分布，调查者首先需要描绘出发病地区的地形图，和该地区内的和畜舍的位置及所出现的新患畜。然后仔细审察地形图与畜群和新患畜的分布特点，以发现患畜间的内在联系和地区特性，和动物本身因素与疾病的内在联系，如性别、品种和年龄。划图标出可疑发病畜周围 20km 以内分布的有关养畜场、道路、河流、山岭、树林、人工屏障等，连同最初调查表一同报告当地动物防疫监督机构。

4.3.7　计算归因袭击率，分析传染来源。

根据计算出的各种特定因素袭击率，如年龄、性别、品种、饲料、饮水等，建立起一个有关这些特定因素袭击率的分类排列表，根据最高袭击率、最低袭击率、归因袭击率（即两组动物分别接触和不接触同一因素的两个袭击率之差）以进一步分析比较各种因素与疾病的关系，追踪可能的传染来源。

4.3.8　追踪出入发病养殖场/户的有关工作人员和所有家畜、畜产品及有关物品的流动情况，并对其作适当的隔离观察和控制措施，严防疫情扩散。

4.3.9　对疫点、疫区的猪、牛、羊、野猪等重要疫源宿主进行发病情况调查，追踪病毒变异情况。

4.3.10　完成跟踪调查表（见附录A），并提交跟踪调查报告。

待全部工作完成以后，将调查结果总结归纳以调查报告的形式形成报告，并逐级上报到国家动物防疫监督机构和国家动物流行病学中心。

形成假设

根据以上资料和数据分析，调查者应该得出一个或两个以上的假设：①疾病流行类型，点流行和增殖流行；②传染源种类，同源传染和多源传染；③传播方式，接触传染，机械传染和生物性传染。调查者需要检查所形成的假设是否符合实际情况，并对假设进行修改。在假设形成的同时，调查者还应能够提出合理的建议方案以保护未感染动物和制止患畜继续出现，如改变饲料、动物隔离等；

检验假设

假设形成后要进行直观的分析和检验，必要时还要进行实验检验和统计分析。假设的形成和检验过程是循环往复的，应用这种连续的近似值方法而最终建立起确切的病因来源假设。

5. 现况调查

5.1　目的　广泛收集与口蹄疫发生有关的各种资料和数据，根据医学理论得出有关口蹄疫分布、发生频率及其影响因素的合乎逻辑的正确结论。

5.2　组织与要求

5.2.1　现况调查是一项由国家兽医行政主管部门统一组织的全国范围内有关口蹄疫流行病学资料和数据的收集整理工作，需要国家兽医行政主管部门、国家动物防疫监督机构、国家动物流行病学中心、地方动物防疫监督机构多方面合作。

5.2.2　所有参与实验的人员明确普查的内容和目的，数据收集的方法应尽可能的简单，并设法得到数据提供者的合作和保持他们的积极性；

5.2.3　被派兽医技术人员要遵照4.2.2和4.2.3的要求。

5.3　内容

5.3.1　估计疾病流行情况　调查动物群体存在或不存在疾病。患病和死亡情况分别用患病率和死亡率表示。

5.3.2　动物群体及其环境条件的调查 包括动物群体的品种、性别、年龄、营养、免疫等；环境条件、气候、地区、畜牧制度、饲养管理（饲料、饮水、畜舍）等。

5.3.3　传染源调查 包括带毒野生动物、带毒牛羊等的调查。

5.3.4　其他调查 包括其他动物或人类患病情况及媒介昆虫或中间宿主，如种类、分布、生活习性等的调查。

5.3.5　完成现况调查表（见附录B），并提交现况调查报告。

5.4　方法

5.4.1　现场观察、临床检查

5.4.2　访问调查或通信调查

5.4.3　查阅诊疗记录、疾病报告登记、诊断实验室记录、检疫记录及其他现成记录和统计资料。流行病学普查的数据都是与疾病和致病因素有关的数据以及与生产和畜群体积有关的数据。获得的已经记录的数据，可用于回顾性实验研究；收集未来的数据用于前瞻性实验研究。

一些数据属于观察资料；一些数据属于观察现象的解释；一些数据是数量性的，由各种测量方法而获得，如体重、产乳量、死亡率和发病率，这类数据通常比较准确。数据资料来源如下。

5.4.3.1　政府兽医机构

国家及各省、市、县动物防疫监督机构以及乡级的兽医站负责调查和防治全国范围内一些重要的疾病。许多政府机构还建立了诊断室开展一些常规的实验室诊断工作，保持完整的实验记录，经常报导诊断结果和疾病的流行情况。由各级政府机构编辑和出版的各种兽医刊物也是常规的资料来源。

5.4.3.2　屠宰场

大牲畜屠宰场都要进行宰前和宰后检验以发现和鉴定某些疾病。通常只有临床上健康的牲畜才供屠宰食用，因此屠宰中发现的病例一般都是亚临床症状的。

屠宰检验的第二个目的是记录所见异常现象，有助于流行性动物疾病的早期发现和人畜共患性疾病的预防和治疗。由于屠宰场的动物是来自于不同地区或不同的牧场，如果屠宰检验所发现的疾病关系到患畜的原始牧场或地区，则必须追查动物的来源。

5.4.3.3　血清库

血清样品能够提供免疫特性方面有价值的流行病学资料，如流行的周期性，传染的空间分布和新发生口蹄疫的起源。因此建立血清库有助于研究与传染病有关的许多问题：①鉴定主要的健康标准；②建立免疫接种程序；③确定疾病的分布；④调查新发生口蹄疫的传染来源；⑤确定流行的周期性；⑥增加病因学方面的知识；⑦评价免疫接种效果或程序；⑧评价疾病造成的损失。

5.4.3.4 动物注册

动物登记注册是流行病学数据的又一个来源。

根据某地区动物注册或免疫接种数量估测该地区的易感动物数，一般是趋于下线估测。

5.4.3.5 畜牧机构

许多畜牧机构记录和保存动物群体结构、分布和动物生产方面的资料，如增重、饲料转化率和产乳量等。这对某些实验研究也同样具有流行病学方面的意义。

5.4.3.6 畜牧场

大型的现代化饲养场都有自己独立的经营和管理体制；完善的资料和数据记录系统，许多数据资料具有较高的可靠性。这些资料对疾病普查是很有价值的。

5.4.3.7 畜主日记

饲养人员（如猪的饲养者）经常记录生产数据和一些疾病资料。但记录者的兴趣和背景不同，所记录的数据类别和精确程度也不同。

5.4.3.8 兽医院门诊

兽医院开设兽医门诊，并建立患畜病志以描述发病情况和记录诊断结果。门诊患畜中诊断兽医感兴趣的疾病比例通常高于其他疾病。这可能是由于该兽医为某种疾病的研究专家而吸引该种疾病的患畜的缘故。

5.4.3.9 其他资料来源

野生动物是家畜口蹄疫的重要传染源。野生动物保护组织和害虫防治中心记录和保存关于国家野生动物地区分布和种类数量方面的数据。这对调查实际存在的和即将发生的口蹄疫的感染和传播具有价值。

附A 口蹄疫暴发的跟踪调查表

1 可疑发病场/户基本状况与初步诊断结果

2 疫点易感畜与发病畜现场调查

2.1 最早出现发病时间： 年 月 日 时，

发病数： 头，死亡数： 头，圈舍（户）编号：

2.2 畜群发病情况

圈舍（户）编号	家畜品种	日龄	发病日期	发病数	开始死亡日期	死亡数

2.3 袭击率

计算公式：袭击率 =（疫情暴发以来发病畜数÷疫情暴发开始时易感畜数）×100%

3. 可能的传染来源调查

3.1 发病前 15 天内，发病畜舍是否新引进了畜？

（1）是　　　　　　　　（2）否

引进畜品种	引进数量	混群情况※	最初混群时间	健康状况	引进时间	来源

注：※混群情况（1）同舍（户）饲养（2）邻舍（户）饲养（3）饲养于本场（村）隔离场，隔离场（舍）人员单独隔离

3.2 发病前 15 天内发病畜场/户是否有野猪、啮齿动物等出没？

（1）否　　　　　　（2）是

野生动物种类	数量	来源处	与畜接触地点※	野生动物数量	与畜接触频率

注：※与畜接触地点包括进入场/户场内、畜栏舍四周、存料处及料槽等；#接触频率指野生动物与畜接触地点的接触情况，分为每天、数次、仅一次。

3.3 发病前 15 天内是否运入可疑的被污染物品（药品）？

（1）是　　　　　（2）否

物品名称	数量	经过或存放地	运入后使用情况

3.4 最近 30 天内的是否有场外有关业务人员来场？（1）无　　（2）有，

请写出访问者姓名、单位、访问日期和注明是否来自疫区。

来访人	来访日期	来访人职业/电话	是否来自疫区

3.5 发病场（户）是否靠近其他养畜场及动物集散地？

（1）是　　　　　（2）否

3.5.1 与发病场的相对地理位置_____。

3.5.2 与发病场的距离_____。

3.5.3 其大致情况_____。

3.6 发病场周围 20 公里以内是否有下列动物群？

3.6.1 猪_____。

3.6.2 野猪_____。

3.6.3 牛群_____。

3.6.4 羊群_____。

3.6.5 田鼠、家鼠_____。

3.6.6 其他易感动物_____。

3.7 在最近 25-30 天内本场周围 20 公里有无畜群发病？（1）无　　（2）有，请回答：

3.7.1 发病日期：

3.7.2 病畜数量和品种：

3.7.3 确诊/疑似诊断疾病：

3.7.4 场主姓名：

3.7.5 发病地点与本场相对位置、距离：

3.7.6 投药情况：

3.7.7 疫苗接种情况：

3.8 场内是否有职员住在其他养畜场/养畜村？（1）无　　（2）有，请回答：

3.8.1　该场所处的位置：

3.8.2　该场养畜的数量和品种：

3.8.3　该场畜的来源及去向：

3.8.4　职员拜访和接触他人地点：

4. 在发病前 15 天是否有更换饲料来源等饲养方式/管理的改变?

（1）无　　　（2）有，＿＿＿＿＿＿＿。

5. 发病场（户）周围环境情况

5.1　静止水源——沼泽、池塘或湖泊：（1）是　（2）否

5.2　流动水源——灌溉用水、运河水、河水：（1）是　（2）否

5.3　断续灌溉区——方圆 3 公里内无水面：（1）是　（2）否

5.4　最近发生过洪水：（1）是　（2）否

5.5　靠近公路干线：（1）是　（2）否

5.6　靠近山溪或森（树）林：（1）是　（2）否

6. 该养畜场/户地势类型属于：

（1）盆地（2）山谷（3）高原（4）丘陵（5）平原（6）山区

（7）其他（请注明）＿＿＿＿＿＿＿。

7. 饮用水及冲洗用水情况

7.1　饮水类型：

7.2　（1）自来水（2）浅井水（3）深井水（4）河塘水（5）其他

7.3　冲洗水类型：

（1）自来水（2）浅井水（3）深井水（4）河塘水（5）其他

8. 发病养畜场/户口蹄疫疫苗免疫情况：

（1）不免疫　　　　　（2）免疫

8.1　免疫生产厂家＿＿＿＿＿＿＿。

8.2　疫苗品种、批号＿＿＿＿＿＿＿。

8.3　被免疫畜数量＿＿＿＿＿＿＿。

9. 受威胁区免疫畜群情况

9.1　免疫接种一个月内畜群发病情况：

①未见发病　　　　　②发病，发病率＿＿＿＿＿＿＿。

9.2　血清学检测和病原学检测

标本类型	采样时间	检测项目	检测方法	病毒亚型

注：标本类型包括水疱、水疱皮、脾淋、心脏、血清及咽腭分泌物等。

10. 解除封锁 30 天后是否使用岗哨动物

（1）否　　　（2）是，简述岗哨动物名称、数量及结果。

11. 最后诊断情况

11.1　确诊口蹄疫，确诊单位_____，病毒亚型_____。

11.2　排除，其他疫病名称_____。

12. 疫情处理情况

12.1　发病畜及其同群畜全部扑杀：

①是　　　②否，扑杀范围：_____。

12.2　疫点周围受威胁区内的所有易感畜全部接种疫苗

①是　　　②否

所用疫苗的病毒亚型：_____，厂家：_____。

13. 在发病养畜场/户出现第 1 个病例前 15 天至该场被控制期间出场的（A）有关人员，（B）动物/产品/排泄废弃物，（C）运输工具/物品/饲料/原料，（D）其他（请标出）_____，养畜场被控制日期_____。

出场日期	出场人/物（A/B/C/D）	运输工具	人/承运人/电话	目的地/电话

14. 在发病养畜场/户出现第 1 个病例前 15 天至该场被控制期间，是否有家畜、车辆和人员进出家畜集散地？（1）无 （2）有，请填写下表，追踪可能污染物，做限制或消毒处理。

出入日期	出场人/物	运输工具	人/承运人/电话	相对方位/距离

注：家畜集散地包括展览场所、农贸市场、动物产品仓库、拍卖市场、动物园等。

15. 列举在发病养畜场/户出现第 1 个病例前 15 天至该场被控制期间出场的工作人员（如送料员、销售人员、兽医等）3 天内接触过的所有养畜场/户，通知被访场/户进行防范。

姓名	出场人员	出场日期	访问日期	目的地/电话

16. 疫点或疫区家畜

16.1 在发病后一个月发病情况

（1）未见发病 （2）发病，发病率_____。

16.2 血清学检测和病原学检测

标本类型	采样时间	检测项目	检测方法	结果

17. 疫点或疫区野生动物

17.1 在发病后一个月发病情况

（1）未见发病 （2）发病，发病率_____。

17.2 血清学检测和病原学检测

标本类型	采样时间	检测项目	检测方法	结果

18. 在该疫点疫病传染期内密切接触人员的发病情况_____。

18.1 未见发病

18.2 发病，简述情况

接触人员姓名	性别	年龄	接触方式※	住址或工作单位	电话号码	是否发病及死亡

注：※接触方式：（1）本舍（户）饲养员 （2）非本舍饲养员 （3）本场兽医 （4）收购与运输（5）屠宰加工 （6）处理疫情的场外兽医 （7）其他接触

附 B　口蹄疫暴发的现况调查表

动物类别	记录数	阳性数	阳性率

1. 某调查单位（省、地区、畜场、屠宰场或实验室等）家畜及野生动物口蹄疫的流行率。

2. 某调查单位（省、地区、畜场、屠宰场或实验室等）家畜及野生动物口蹄疫的抗体阳性率。

分区代号	病毒亚型	咽腭分泌物病毒分离率	平均抗体阳性率（%）
1			
2			
3			
4			
5			

第二节　高致病性禽流感防治技术规范

高致病性禽流感（Highly Pathogenic Avian Influenza，HPAI）是由正黏病毒科流感病毒属 A 型流感病毒引起的以禽类为主的烈性传染病。世界动物卫生组织（OIE）将其列为必须报告的动物传染病，我国将其列为一类动物疫病。

为预防、控制和扑灭高致病性禽流感，依据《中华人民共和国动物防疫法》《重大动物疫情应急条例》《国家突发重大动物疫情应急预案》及有关的法律法规制定本规范。

1. 适用范围

本规范规定了高致病性禽流感的疫情确认、疫情处置、疫情监测、免疫、检疫监督的操作程序、技术标准及保障措施。

本规范适用于中华人民共和国境内一切与高致病性禽流感防治活动有关的单位和个人。

2. 诊断

2.1　流行病学特点

2.1.1　鸡、火鸡、鸭、鹅、鹌鹑、雉鸡、鹧鸪、鸵鸟、孔雀等多种禽类易感，多种野鸟也可感染发病。

2.1.2　传染源主要为病禽（野鸟）和带毒禽（野鸟）。病毒可长期在污染的粪便、水等环境中存活。

2.1.3　病毒传播主要通过接触感染禽（野鸟）及其分泌物和排泄物、污染的饲料、水、蛋托（箱）、垫草、种蛋、鸡胚和精液等媒介，经呼吸道、消化道感染，也可通过气源性媒介传播。

2.2　临床症状

2.2.1　急性发病死亡或不明原因死亡，潜伏期从几小时到数天，最长可达 21d；

2.2.2 脚鳞出血；

2.2.3 鸡冠出血或发绀、头部和面部水肿；

2.2.4 鸭、鹅等水禽可见神经和腹泻症状，有时可见角膜炎症，甚至失明；

2.2.5 产蛋突然下降。

2.3 病理变化

2.3.1 消化道、呼吸道黏膜广泛充血、出血；腺胃黏液增多，可见腺胃乳头出血，腺胃和肌胃之间交界处黏膜可见带状出血；

2.3.2 心冠及腹部脂肪出血；

2.3.3 输卵管的中部可见乳白色分泌物或凝块；卵泡充血、出血、萎缩、破裂，有的可见"卵黄性腹膜炎"；

2.3.4 脑部出现坏死灶、血管周围淋巴细胞管套、神经胶质灶、血管增生等病变；胰腺和心肌组织局灶性坏死。

2.4 血清学指标

2.4.1 未免疫禽 H5 或 H7 的血凝抑制（HI）效价达到 24 及以上（附件 1）；

2.4.2 禽流感琼脂免疫扩散试验（AGID）阳性（附件 2）。

2.5 病原学指标

2.5.1 反转录－聚合酶链反应（RT－PCR）检测，结果 H5 或 H7 亚型禽流感阳性（附件 4）；

2.5.2 通用荧光反转录—聚合酶链反应（荧光 RT－PCR）检测阳性（附件 6）；

2.5.3 神经氨酸酶抑制（NI）试验阳性（附件 3）；

2.5.4 静脉内接种致病指数（IVPI）大于 1.2 或用 0.2ml 1∶10 稀释的无菌感染流感病毒的鸡胚尿囊液，经静脉注射接种 8 只 4～8 周龄的易感鸡，在接种后 10d 内，能致 6～7 只或 8 只鸡死亡，即死亡率≥75%；

2.5.5 对血凝素基因裂解位点的氨基酸序列测定结果与高致病性禽流感分离株基因序列相符（由国家参考实验室提供方法）。

2.6 结果判定

2.6.1 临床怀疑病例

符合流行病学特点和临床指标 2.2.1，且至少符合其他临床指标或病理指标之一的；

非免疫禽符合流行病学特点和临床指标 2.2.1 且符合血清学指标之一的。

2.6.2　疑似病例

临床怀疑病例且符合病原学指标 2.5.1、2.5.2、2.5.3 之一。

2.6.3　确诊病例

疑似病例且符合病原学指标 2.5.4 或 2.5.5。

3. 疫情报告

3.1　任何单位和个人发现禽类发病急、传播迅速、死亡率高等异常情况，应及时向当地动物防疫监督机构报告。

3.2　当地动物防疫监督机构在接到疫情报告或了解可疑疫情情况后，应立即派员到现场进行初步调查核实并采集样品，符合 2.6.1 规定的，确认为临床怀疑疫情。

3.3　确认为临床怀疑疫情的，应在 2h 内将情况逐级报到省级动物防疫监督机构和同级兽医行政管理部门，并立即将样品送省级动物防疫监督机构进行疑似诊断。

3.4　省级动物防疫监督机构确认为疑似疫情的，必须派专人将病料送国家禽流感参考实验室做病毒分离与鉴定，进行最终确诊；经确认后，应立即上报同级人民政府和国务院兽医行政管理部门，国务院兽医行政管理部门应当在 4h 内向国务院报告。

3.5　国务院兽医行政管理部门根据最终确诊结果，确认高致病性禽流感疫情。

4. 疫情处置

4.1　临床怀疑疫情的处置

对发病场（户）实施隔离、监控，禁止禽类、禽类产品及有关物品移动，并对其内、外环境实施严格的消毒措施（附件 8）。

4.2　疑似疫情的处置

当确认为疑似疫情时，扑杀疑似禽群，对扑杀禽、病死禽及其产品进行无害化处理，对其内、外环境实施严格的消毒措施，对污染物或可疑污染物进行无害化处理，对污染的场所和设施进行彻底消毒，限制发病场（户）周边 3 公里的家禽及其产品移动（附件 9、附件 10）。

4.3　确诊疫情的处置

疫情确诊后立即启动相应级别的应急预案。

4.3.1　划定疫点、疫区、受威胁区

由所在地县级以上兽医行政管理部门划定疫点、疫区、受威胁区。

疫点：指患病动物所在的地点。一般是指患病禽类所在的禽场（户）或其他有关屠宰、经营单位；如为农村散养，应将自然村划为疫点。

疫区：由疫点边缘向外延伸 3km 的区域划为疫区。疫区划分时，应注意考虑当地的饲养环境和天然屏障（如河流、山脉等）。

受威胁区：由疫区边缘向外延伸 5km 的区域划为受威胁区。

4.3.2　封锁

由县级以上兽医主管部门报请同级人民政府决定对疫区实行封锁；人民政府在接到封锁报告后，应在 24h 内发布封锁令，对疫区进行封锁：在疫区周围设置警示标志，在出入疫区的交通路口设置动物检疫消毒站，对出入的车辆和有关物品进行消毒。必要时，经省级人民政府批准，可设立临时监督检查站，执行对禽类的监督检查任务。

跨行政区域发生疫情的，由共同上一级兽医主管部门报请同级人民政府对疫区发布封锁令，对疫区进行封锁。

4.3.3　疫点内应采取的措施

4.3.3.1　扑杀所有的禽只，销毁所有病死禽、被扑杀禽及其禽类产品；

4.3.3.2　对禽类排泄物、被污染饲料、垫料、污水等进行无害化处理；

4.3.3.3　对被污染的物品、交通工具、用具、禽舍、场地进行彻底消毒。

4.3.4　疫区内应采取的措施

4.3.4.1　扑杀疫区内所有家禽，并进行无害化处理，同时销毁相应的禽类产品；

4.3.4.2　禁止禽类进出疫区及禽类产品运出疫区；

4.3.4.3　对禽类排泄物、被污染饲料、垫料、污水等按国家规定标准进行无害化处理；

4.3.4.4　对所有与禽类接触过的物品、交通工具、用具、禽舍、场地进行彻底消毒。

4.3.5　受威胁区内应采取的措施

4.3.5.1　对所有易感禽类进行紧急强制免疫，建立完整的免疫档案；

4.3.5.2　对所有禽类实行疫情监测，掌握疫情动态。

4.3.6　关闭疫点及周边 13km 内所有家禽及其产品交易市场。

4.3.7　流行病学调查、疫源分析与追踪调查

追踪疫点内在发病期间及发病前 21d 内售出的所有家禽及其产品，并销毁处理。按照高致病性禽流感流行病学调查规范，对疫情进行溯源和扩散风险分析（附件 11）。

4.3.8　解除封锁

4.3.8.1　解除封锁的条件

疫点、疫区内所有禽类及其产品按规定处理完毕 21d 以上，监测未出现新的传染源；在当地动物防疫监督机构的监督指导下，完成相关场所和物品终末消毒；受威胁区按规定完成免疫。

4.3.8.2　解除封锁的程序

经上一级动物防疫监督机构审验合格，由当地兽医主管部门向原发布封锁令的人民政府申请发布解除封锁令，取消所采取的疫情处置措施。

4.3.8.3　疫区解除封锁后，要继续对该区域进行疫情监测，6 个月后如未发现新病例，即可宣布该次疫情被扑灭。疫情宣布扑灭后方可重新养禽。

4.3.9　对处理疫情的全过程必须做好完整翔实的记录，并归档。

5. 疫情监测

5.1　监测方法包括临床观察、实验室检测及流行病学调查。

5.2　监测对象以易感禽类为主，必要时监测其他动物。

5.3　监测的范围

5.3.1　对养禽场户每年要进行两次病原学抽样检测，散养禽不定期抽检，对于未经免疫的禽类以血清学检测为主；

5.3.2　对交易市场、禽类屠宰厂（场）、异地调入的活禽和禽产品进行不定期的病原学和血清学监测。

5.3.3　对疫区和受威胁区的监测

5.3.3.1　对疫区、受威胁区的易感动物每天进行临床观察，连续 1 个月，病死禽送省级动物防疫监督机构实验室进行诊断，疑似样品送国家禽流感参考实验室进行病毒分离和鉴定。

解除封锁前采样检测 1 次，解除封锁后纳入正常监测范围。

5.3.3.2　对疫区养猪场采集鼻腔拭子，疫区和受威胁区所有禽群采集气管拭子和泄殖腔拭子，在野生禽类活动或栖息地采集新鲜粪便或水样，每个采样点采集 20 份样品，用 RT－PCR 方法进行病原检测，发现疑似感染样品，送国家禽流感参考实验室确诊。

5.4　在监测过程中，国家规定的实验室要对分离到的毒株进行生物学和分子生物学特性分析与评价，密切注意病毒的变异动态，及时向国务院兽医行政管理部门报告。

5.5　各级动物防疫监督机构对监测结果及相关信息进行风险分析，做好预警预报。

5.6　监测结果处理

监测结果逐级汇总上报至中国动物疫病预防控制中心。发现病原学和非免疫血清学阳性禽，要按照《国家动物疫情报告管理办法》的有关规定立即报告，并将样品送国家禽流感参考实验室进行确诊，确诊阳性的，按有关规定处理。

6. 免疫

6.1 国家对高致病性禽流感实行强制免疫制度，免疫密度必须达到100%，抗体合格率达到70%以上。

6.2 预防性免疫，按农业部制定的免疫方案中规定的程序进行。

6.3 突发疫情时的紧急免疫，按本规范有关条款进行。

6.4 所用疫苗必须采用农业部批准使用的产品，并由动物防疫监督机构统一组织、逐级供应。

6.5 所有易感禽类饲养者必须按国家制定的免疫程序做好免疫接种，当地动物防疫监督机构负责监督指导。

6.6 定期对免疫禽群进行免疫水平监测，根据群体抗体水平及时加强免疫。

7. 检疫监督

7.1 产地检疫

饲养者在禽群及禽类产品离开产地前，必须向当地动物防疫监督机构报检，接到报检后，必须及时到户、到场实施检疫。检疫合格的，出具检疫合格证明，并对运载工具进行消毒，出具消毒证明，对检疫不合格的按有关规定处理。

7.2 屠宰检疫

动物防疫监督机构的检疫人员对屠宰的禽只进行验证查物，合格后方可入厂（场）屠宰。宰后检疫合格的方可出厂，不合格的按有关规定处理。

7.3 引种检疫

国内异地引入种禽、种蛋时，应当先到当地动物防疫监督机构办理检疫审批手续且检疫合格。引入的种禽必须隔离饲养21d以上，并由动物防疫监督机构进行检测，合格后方可混群饲养。

7.4 监督管理

7.4.1 禽类和禽类产品凭检疫合格证运输、上市销售。动物防疫监督机构应加强流通环节的监督检查，严防疫情传播扩散。

7.4.2 生产、经营禽类及其产品的场所必须符合动物防疫条件，并取得动物防疫合格证。

7.4.3 各地根据防控高致病性禽流感的需要设立公路动物防疫监督检查站，对禽类及其产品进行监督检查，对运输工具进行消毒。

8. 保障措施

8.1　各级政府应加强机构队伍建设，确保各项防治技术落实到位。

8.2　各级财政和发改部门应加强基础设施建设，确保免疫、监测、诊断、扑杀、无害化处理、消毒等防治工作经费落实。

8.3　各级兽医行政部门动物防疫监督机构应按本技术规范，加强应急物资储备，及时演练和培训应急队伍。

8.4　在高致病禽流感防控中，人员的防护按《高致病性禽流感人员防护技术规范》执行（附件12）。

附件1

血凝抑制（HI）试验

流感病毒颗粒表面的血凝素（HA）蛋白，具有识别并吸附于红细胞表面受体的结构，HA 试验由此得名。HA 蛋白的抗体与受体的特异性结合能够干扰 HA 蛋白与红细胞受体的结合从而出现抑制现象。

该试验是目前 WHO 进行全球流感监测所普遍采用的试验方法。可用于流感病毒分离株 HA 亚型的鉴定，也可用来检测禽血清中是否有与抗原亚型一致的感染或免疫抗体。

HA – HI 试验的优点是目前 WHO 进行全球流感监测所普遍采用的试验方法，可用来鉴定所有的流感病毒分离株，可用来检测禽血清中的感染或免疫抗体。它的缺点是只有当抗原和抗体 HA 亚型一致时才能出现 HI 象，各亚型间无明显交叉反应；除鸡血清以外，用鸡红细胞检测哺乳动物和水禽的血清时需要除去存在于血清中的非特异凝集素，对于其他禽种，也可以考虑选用在调查研究中的禽种红细胞；需要在每次试验时进行抗原标准化；需要正确判读的技能。

1. 阿氏（Alsevers）液配制

称量葡萄糖 2.05g、柠檬酸钠 0.8g、柠檬酸 0.055g、氯化钠 0.42g，加蒸馏水至 100ml，散热溶解后调 pH 值至 6.1，69kPa 15min 高压灭菌，4℃保存备用。

2. 10% 和 1% 鸡红细胞液的制备

2.1　采血　用注射器吸取阿氏液约 1ml，取至少 2 只 SPF 鸡（如果没有 SPF 鸡，可用常规试验证明体内无禽流感和新城疫抗体的鸡），采血约 2 ~ 4ml，与阿氏液混合，放入装 10ml 阿氏液的离心管中混匀。

2.2　洗涤鸡红细胞　将离心管中的血液经 1 500 ~ 1 800 r/min 离心 8min，弃上清液，沉淀物加入阿氏液，轻轻混合，再经 1 500 ~ 1 800 r/min 离心 8min，用吸管移去上清液及沉淀红细胞上层的白细胞薄膜，再重复 2 次以上过程后，加入阿氏液 20ml，轻轻混合成红细胞悬液，4℃保存备用，不超过 5d。

2.3 10%鸡红细胞悬液 取阿氏液保存不超过 5d 的红细胞，在锥形刻度离心管中离心 8min 1 500～1 800r/min，弃去上清液，准确观察刻度离心管中红细胞体积（ml），加入 9 倍体积（ml）的生理盐水，用吸管反复吹吸使生理盐水与红细胞混合均匀。

2.4 1%鸡红细胞液 取混合均匀的 10%鸡红细胞悬液 1ml，加入 9ml 生理盐水，混合均匀即可。

3. 抗原血凝效价测定（HA 试验，微量法）

3.1 在微量反应板的 1～12 孔均加入 0.025mlPBS，换滴头。

3.2 吸取 0.025ml 病毒悬液（如感染性鸡胚尿囊液）加入第 1 孔，混匀。

3.3 从第 1 孔吸取 0.025ml 病毒液加入第 2 孔，混匀后吸取 0.025ml 加入第 3 孔，如此进行对倍稀释至第 11 孔，从第 11 孔吸取 0.025ml 弃之，换滴头。

3.4 每孔再加入 0.025mlPBS。

3.5 每孔均加入 0.025ml 体积分数为 1%鸡红细胞悬液（将鸡红细胞悬液充分摇匀后加入），见附录 B。

3.6 振荡混匀，在室温（20～25℃）下静置 40min 后观察结果（如果环境温度太高，可置 4℃环境下反应 1h）。对照孔红细胞将呈明显的钮扣状沉到孔底。

3.7 结果判定 将板倾斜，观察血凝板，判读结果见表 1。

表 1 血凝试验结果判读标准

类别	孔底所见	结果
1	红细胞全部凝集，均匀铺于孔底，即 100%红细胞凝集	＋＋＋＋
2	红细胞凝集基本同上，但孔底有大圈	＋＋＋
3	红细胞于孔底形成中等大的圈，四周有小凝块	＋＋
4	红细胞于孔底形成小圆点，四周有少许凝集块	＋
5	红细胞于孔底呈小圆点，边缘光滑整齐，即红细胞完全不凝集	－

能使红细胞完全凝集（100%凝集，＋＋＋＋）的抗原最高稀释度为该抗原的血凝效价，此效价为 1 个血凝单位（HAU）。注意对照孔应呈现完全不凝集（-），否则此次检验无效。

4. 血凝抑制（HI）试验（微量法）

4.1 根据 3 的试验结果配制 4HAU 的病毒抗原。以完全血凝的病毒最高稀释倍数作为终点，终点稀释倍数除以 4 即为含 4HAU 的抗原的稀释倍数。

例如，如果血凝的终点滴度为 1∶256，则 4HAU 抗原的稀释倍数应是 1∶64（256 除以4）。

4.2 在微量反应板的 1~11 孔加入 0.025mlPBS，第 12 孔加入0.05mlPBS。

4.3 吸取 0.025ml 血清加入第 1 孔内，充分混匀后吸 0.025ml 于第 2 孔，依次对倍稀释至第 10 孔，从第 10 孔吸取 0.025ml 弃去。

4.4 1~11 孔均加入含 4HAU 混匀的病毒抗原液 0.025ml，室温（约20℃）静置至少 30min。

4.5 每孔加入 0.025ml 体积分数为 1% 的鸡红细胞悬液混匀，轻轻混匀，静置约 40min（室温约 20℃，若环境温度太高可置 4℃ 条件下进行），对照红细胞将呈现钮扣状沉于孔底。

4.6 结果判定

以完全抑制 4 个 HAU 抗原的血清最高稀释倍数作为 HI 滴度。

只有阴性对照孔血清滴度不大于 2log2，阳性对照孔血清误差不超过 1 个滴度，试验结果才有效。HI 价小于或等于 2log2 判定 HI 试验阴性；HI 价等于 3log2 为可疑，需重复试验；HI 价大于或等于 4log2 为阳性。

附件 2
琼脂凝胶免疫扩散（AGID）试验

A 型流感病毒都有抗原性相似的核衣壳和基质抗原。用已知禽流感 AGID 标准血清可以检测是否有 A 型流感病毒的存在，一般在鉴定所分禽的病毒是否是 A 型禽流感病毒时常用，此时的抗原需要试验者自己用分离的病毒制备；利用 AGID 标准抗原，可以检测所有 A 型流感病毒产生的各个亚型的禽流感抗体，通常在禽流感监测时使用（水禽不适用），可作为非免疫鸡和火鸡感染的证据，其标准抗原和阳性血清均可由国家指定单位提供。流感病毒感染后不是所有的禽种都能产生沉淀抗体。

1. 抗原制备

1.1 用含丰富病毒核衣壳的尿囊膜制备。从尿囊液呈 HA 阳性的感染鸡胚中提取绒毛尿囊膜，将其匀浆或研碎，然后反复冻融三次，经 1 000r/min 离心 10min，弃沉淀，取上清液用 0.1% 福尔马林或 1%β-丙内酯灭活后可作为抗原。

1.2 用感染的尿囊液将病毒浓缩或者用已感染的绒毛尿囊膜的提取物，这些抗原用标准血清进行标定。将含毒尿囊液以超速离心或者在酸性条件下进行沉淀以浓缩病毒。

酸性沉淀法是将 1.0mol/L HCl 加入到含毒尿囊液中，调 pH 值到 4.0，将混合物置于冰浴中作用 1h，经 1000r/m，4℃离心 10min，弃去上清液。病毒沉淀物悬于甘氨—肌氨酸缓冲液中（含 1% 十二烷酰肌氨酸缓冲液，用 0.5 mol/l 甘氨酸调 pH 值至 9.0）。沉淀物中含有核衣壳和基质多肽。

2. 琼脂板制备

该试验常用 1g 优质琼脂粉或 0.8~1g 琼脂糖加入 100ml0.01mol/L、pH 值 7.2 的 8% 氯化钠—磷酸缓冲液中，水浴加热融化，稍凉（60~65℃），倒入琼脂板内（厚度为 3mm），待琼脂凝固后，4℃冰箱保存备用。用打孔器在琼脂板上按 7 孔梅花图案打孔，孔径约 3~4mm，孔距为 3mm。

3. 加样

用移液器滴加抗原于中间孔，周围 1、4 孔加阳性血清，其余孔加被检血清，每孔均以加满不溢出为度，每加一个样品应换一个滴头，并设阴性对照血清。

4. 感作

将琼脂板加盖保湿，置于 37℃温箱。24~48h 后，判定结果。

5. 结果判定

5.1 阳性。阳性血清与抗原孔之间有明显沉淀线时，被检血清与抗原孔之间也形成沉淀线，并与阳性血清的沉淀线末端吻合，则被检血清判为阳性。

5.2 弱阳性。被检血清与抗原孔之间没有沉淀线，但阳性血清的沉淀线末端向被检血清孔偏弯，此被检血清判为弱阳性（需重复试验）。

5.3 阴性。被检血清与抗原孔之间不形成沉淀线，且阳性血清沉淀线直向被检血清孔，则被检血清判为阴性。

附件 3

神经氨酸酶抑制（NI）试验

神经氨酸酶是流感病毒的两种表面糖蛋白之一，它具有酶的活性。NA 与底物（胎球蛋白）混合，37℃温浴过夜，可使胎球蛋白释放出唾液酸，唾液酸经碘酸盐氧化，经硫代巴比妥酸作用形成生色团，该生色团用有机溶剂提取后便可用分光光度计测定。反应中出现的粉红色深浅与释放的唾液酸的数量成比例，即与存在的流感病毒的数量成比例。

在进行病毒 NA 亚型鉴定时，当已知的标准 NA 分型抗血清与病毒 NA 亚型一致时，抗血清就会将 NA 中和，从而减少或避免了胎球蛋白释放唾液酸，最后不出现化学反应，即看不到粉红色出现，则表明血清对 NA 抑制阳性。

该试验可用于分离株 NA 亚型的鉴定，也可用于血清中 NI 抗体的定性测定。

1. 溶液配制

1.1　胎球蛋白：48～50mg/ml；

1.2　过碘酸盐：4.28 克过碘酸钠＋38ml 无离子水＋62ml 浓正磷酸，充分混合，棕色瓶存放；

1.3　砷试剂：10 克亚砷酸钠＋7.1 克无水硫酸钠＋100ml 无离子水＋0.3ml 浓硫酸；

1.4　硫代巴比妥酸：1.2g 硫代巴比妥酸＋14.2g 无水硫酸钠＋200ml 无离子水，煮沸溶解，使用期一周。

2. 操作方法

2.1　按下图所示标记试管

○	○	○	○
N1 原液	N1 10 倍	N1 100 倍	N1 1000 倍
○	○	○	○
N2 原液	N2 10 倍	N2 100 倍	N2 1000 倍
○	○	○	○
阴性血清原液	阴性血清10 倍	阴性血清100 倍	阴性血清1000 倍

2.2　将 N1、N2 标准阳性血清和阴性血清分别按原液、10 倍、100 倍稀释，并分别加入标记好的相应试管中。

2.3　将已经确定 HA 亚型的待检鸡胚尿囊液稀释至 HA 价为 16 倍，每管均加入 0.05ml，混匀 37℃水浴 1h。

2.4　每管加入的胎球蛋白溶液（50mg/ml）0.1ml，混匀，拧上盖后37℃水浴 16～18h。

2.5　室温冷却后，每管加入 0.1ml 过碘酸盐混匀，室温静置 20min。

2.6　每管加入 1ml 砷试剂，振荡至棕色消失乳白色出现。

2.7　每管加入 2.5ml 硫代巴比妥酸试剂，将试管置煮沸的水浴中15min，不出现粉红色的为神经氨酸酶抑制阳性，即待检病毒的神经氨酸酶亚型与加入管中的标准神经氨酸酶分型血清亚型一致。

附件 4
反转录－聚合酶链反应（RT－PCR）

反转录－聚合酶链反应（RT－PCR）适用于检测禽组织、分泌物、排泄物和鸡胚尿囊液中禽流感病毒核酸。鉴于 RT－PCR 方法的敏感性和特异性，引物的选择是最为重要的，通常引物是以已知序列为基础设计的，大量掌握国内分离株的序列是设计特异引物的前题和基础。利用 RT－PCR 的通用引物可以检测是否有 A 型流感病毒的存在，亚型特异性引物则可进行禽流感的分型诊断和禽流感病毒的亚型鉴定。

1. 试剂/引物

1.1　变性液：见附录 A.1

1.2　2M 醋酸钠溶液（pH4.0）：见附录 A.2

1.3　水饱和酚（pH 4.0）

1.4　氯仿/异戊醇混合液：见附录 A.3

1.5　M－MLV 反转录酶（200U/μl）

1.6　RNA 酶抑制剂（40U/μl）

1.7　Taq DNA 聚合酶（5U/μl）

1.8　1.0% 琼脂糖凝胶：见附录 A.4

1.9　50×TAE 缓冲液：见附录 A.5

1.10　溴化乙锭（10μg/μl）：见附录 A.6

1.11　加样缓冲液：见附录 A.7

1.12　焦碳酸二乙酯（DEPC）处理的灭菌双蒸水：见附录 A.8

1.13　5×反转录反应缓冲液（附录 A.9）

1.14　2.5mmol dNTPs（附录 A.10）

1.15　10×PCR Buffer（附录 A.11）

1.16　DNA 分子量标准

1.17　引物：见附录 B

2. 操作程序

2.1　样品的采集和处理：按照 GB/T 18936 中提供方法进行。

2.2　RNA 的提取

2.2.1　设立阳性、阴性样品对照。

2.2.2　异硫氰酸胍一步法

2.2.2.1　向组织或细胞中加入适量的变性液，匀浆。

2.2.2.2　将混合物移至一管中，按每毫升变性液中立即加入 0.1ml 乙酸钠，1ml 酚，0.2ml 氯仿—异戊醇。加入每种组分后，盖上管盖，倒置混匀。

2.2.2.3　将匀浆剧烈振荡 10s。冰浴 15min 使核蛋白质复合体彻底裂解。

2.2.2.4　12 000r/min，4℃离心 20min，将上层含 RNA 的水相移入一新管中。为了降低被处于水相和有机相分界处的 DNA 污染的可能性，不要吸取水相的最下层。

2.2.2.5　加入等体积的异丙醇，充分混匀液体，并在－20℃沉淀 RNA 1h 或更长时间。

2.2.2.6　4℃12 000r/min 离心 10 min，弃上清，用 75% 的乙醇洗涤沉

淀，离心，用吸头彻底吸弃上清，自然条件下干燥沉淀，溶于适量 DEPC 处理的水中。-20℃贮存，备用。

2.2.3　也可选择市售商品化 RNA 提取试剂盒，完成 RNA 的提取。

2.3　反转录

2.3.1　取 5μlRNA，加 1μl 反转录引物，70℃作用 5min。

2.3.2　冰浴 2min。

2.3.3　继续加入：

5×反转录反应缓冲液	4μl
0.1M DTT	2μl
2.5mmol dNTPs	2μl
M-MLV 反转录酶	0.5μl
RNA 酶抑制剂	0.5μl
DEPC 水	11μl

37℃水浴 1h，合成 cDNA 链。取出后可直接进行 PCR，或者放于 -20℃保存备用。试验中同时设立阳性和阴性对照。

2.4　PCR

根据扩增目的不同，选择不同的上/下游引物，M-229U/M-229L 是型特异性引物，用于扩增禽流感病毒的 M 基因片段；H5-380U/H5-380L、H7-501U/H7-501L、H9-732U/H9-732L 分别特异性扩增 H5、H7、H9 亚型血凝素基因片段；N1-358U/N1-358L、N2-377U/N2-377L 分别特异性扩增 N1、N2 亚型神经氨酸酶基因片段。

PCR 为 50μl 体系，包括：

双蒸灭菌水	37.5μl
反转录产物	4μl
上游引物	0.5μl
下游引物	0.5μl
10×PCR Buffer	5μl
2.5mmol dNTPs	2μl
Taq 酶	0.5μl

首先加入双蒸灭菌水，然后按顺序逐一加入上述成分，每次要加入到液面下。全部加完后，混悬，瞬时离心，使液体都沉降到 PCR 管底。在每个 PCR 管中加入 1 滴液体石蜡（约 20μl）。循环参数为 95℃ 5min，94℃ 45s，52℃ 45s，72℃ 45s，循环 30 次，72℃延伸 6min 结束。设立阳性对照和阴性对照。

2.5 电泳

2.5.1 制备 1.0% 琼脂糖凝胶板，见附录 A.4。

2.5.2 取 5μlPCR 产物与 0.5μl 加样缓冲液混合，加入琼脂糖凝胶板的加样孔中。

2.5.3 加入分子量标准。

2.5.4 盖好电泳仪，插好电极，5V/cm 电压电泳，30~40min。

2.5.5 用紫外凝胶成像仪观察、扫描图片存档，打印。

2.5.6 用分子量标准比较判断 PCR 片段大小。

3. 结果判定

3.1 在阳性对照出现相应扩增带、阴性对照无此扩增带时判定结果。

3.2 用 M-229U/M-229L 检测，出现大小为 229bp 扩增片段时，判定为禽流感病毒阳性，否则判定为阴性。

3.3 用 H5-380U/H5-380L 检测，出现大小为 380bp 扩增片段时，判定为 H5 血凝素亚型禽流感病毒阳性，否则判定为阴性。

3.4 用 H7-501U/H7-501L 检测，出现大小为 501bp 扩增片段时，判定为 H7 血凝素亚型禽流感病毒阳性，否则判定为阴性。

3.5 用 H9-732U/H9-732L 检测，出现大小为 732bp 扩增片段时，判定为 H9 血凝素亚型禽流感病毒阳性，否则判定为阴性。

3.6 用 N1-358U/N1-358L 检测，出现大小为 358bp 扩增片段时，判定为 N1 神经氨酸酶亚型禽流感病毒阳性，否则判定为阴性。

3.7 用 N2-377U/N2-377L 检测，出现大小为 377bp 扩增片段时，判定为 N2 神经氨酸酶亚型禽流感病毒阳性，否则判定为阴性。

附录 A

相关试剂的配制

A.1 变性液

4mol/L 异硫氰酸胍

25mol/L 柠檬酸钠·2H$_2$O

0.5%（m/V）十二烷基肌酸钠

0.1mol/Lβ-巯基乙醇

具体配制：将 250g 异硫氰酸胍、0.75mol/L（pH7.0）柠檬酸钠 17.6ml 和 26.4ml 10%（m/V）十二烷基肌酸钠溶于 293ml 水中。65℃条件下搅拌、混匀，直至完全溶解。室温条件下保存，每次临用前按每 50ml 变性液加 14.4 mol/L 的 β-巯基乙醇 0.36ml 的剂量加入。变性液可在室温下避光保存数月。

A.2　2mol/L 醋酸钠溶液（pH4.0）

乙酸钠	16.4g
冰乙酸	调 pH 至 4.0
灭菌双蒸水	加至 100 ml

A.3　氯仿/异戊醇混合液

氯仿	49ml
异戊醇	1ml

A.4　1.0% 琼脂糖凝胶的配制

琼脂糖	1.0g
0.5×TAE 电泳缓冲液	加至 100ml

微波炉中完全融化，待冷至 50~60℃时，加溴化乙锭（EB）溶液 5μl，摇匀，倒入电泳板上，凝固后取下梳子，备用。

A.5　50×TAE 电泳缓冲液

A.5.1　0.5mol/L 乙二铵四乙酸二钠（EDTA）溶液（pH8.0）

二水乙二铵四乙酸二钠	18.61 g
灭菌双蒸水	80 ml
氢氧化钠	调 pH 至 8.0
灭菌双蒸水	加至 100 ml

A.5.2　TAE 电泳缓冲液（50×）配制

羟基甲基氨基甲烷（Tris）	242 g
冰乙酸	57.1 ml
0.5mol/L 乙二铵四乙酸二钠溶液（pH8.0）	100 ml
灭菌双蒸水	加至 1 000 ml

用时用灭菌双蒸水稀释使用

A.6　溴化乙锭（EB）溶液

A.7　10×加样缓冲液

303

溴化乙锭	20 mg
灭菌双蒸水	加至 20 ml

聚蔗糖	25 g
灭菌双蒸水	100 ml
溴酚蓝	0.1 g
二甲苯青	0.1 g

A.8　DEPC 水室温过夜，121℃高压 15min，分装到 1.5 ml DEPC 处理过的微量管中。

A.9　M-MLV 反转录酶 5×反应缓冲液

超纯水	100 ml
焦碳酸二乙酯（DEPC）	50μl

1moL Tris-HCl（pH 8.3）	5 ml
KCl	0.559 g
$MgCl_2$	0.029 g
DTT	0.154 g
灭菌双蒸水	加至 100 ml

A.10　2.5mmol/LdNTP

dATP（10mmol/L）	20 μl
dTTP（10mmol/L）	20 μl
dGTP（10mmol/L）	20 μl
dCTP（10mmol/L）	20 μl

A.11　10×PCR 缓冲液

1M Tris-HCl（pH8.8）	10 ml
1M KCl	50 ml
Nonidet P40	0.8 ml
1.5moL $MgCl_2$	1 ml
灭菌双蒸水	加至 100 ml

附录 B

禽流感病毒 RT－PCR 试验用引物

B.1　反转录引物

Uni 12：5′-AGCAAAAGCAGG-3′，引物浓度为 20pmol。

B.2　PCR 引物

见下表，引物浓度均为 20pmol。

B.2　PCR 过程中选择的引物

引物名称	引物序列	长度（bp）	扩增目的
M-229U	5′-TTCTAACCGAGGTCGAAAC-3′	229	通用引物
M-229L	5′-AAGCGTCTACGCTGCAGTCC-3′		
H5-380U	5′-AGTGAATTGGAATATGGTAACTG-3′	380	H5
H5-380L	5′-AACTGAGTGTTCATTTTGTCAAT-3′		
H7-501U	5′-AATGCACARGGAGGAGGAACT-3′	501	H7
H7-501L	5′-TGAYGCCCCGAAGCTAAACCA-3′		
H9-732U	5′-TCAACAAACTCCACCGAAACTGT-3′	732	H9
H9-732L	5′-TCCCGTAAGAACATGTCCATACCA-3′		
N1-358U	5′-ATTRAAATACAAYGGYATAATAAC-3′	358	N1
N1-358L	5′-GTCWCCGAAAACYCCACTGCA-3′		
N2-377U	5′-GTGTGYATAGCATGGTCCAGCTCAAG-3′	377	N2
N2-377L	5′-GAGCCYTTCCARTTGTCTCTGCA-3′		

　　W＝（AT）；Y＝（CT）；R＝（AG）

附件 5

禽流感病毒致病性测定

高致病性禽流感是指由强毒引起的感染，感染禽有时可见典型的高致病性禽流感特征，有时则未见任何临床症状而突然死亡。所有分离到的高致病性病毒株均为 H5 或 H7 亚型，但大多数 H5 或 H7 亚型仍为弱毒株。评价分离株是否为高致病性或者是潜在的高致病性毒株具有重要意义。

1. 欧盟国家对高致病性禽流感病毒判定标准

接种 6 周龄的 SPF 鸡，其 IVPI 大于 1.2 的或者核苷酸序列在血凝素裂解位点处有一系列的连续碱性氨基酸存在的 H5 或 H7 亚型流感病毒均判定为高致病性病毒。

静脉接种指数（IVPI）测定方法：

收获接种病毒的 SPF 鸡胚的感染性尿囊液，测定其血凝价 > 1/16（2^4 或

lg2⁴）将含毒尿囊液用灭菌生理盐水稀释 10 倍（切忌使用抗生素），将此稀释病毒液以 0.1ml/羽静脉接种 10 只 6 周龄 SPF 鸡，2 只同样鸡只接种 0.1ml 稀释液作对照（对照鸡不应发病，也不计入试验鸡）。每隔 24h 检查鸡群一次，共观察 10d。根据每只鸡的症状用数字方法每天进行记录：正常鸡记为 0，病鸡记为 1，重病鸡记为 2，死鸡记为 3（病鸡和重病鸡的判断主要依据临床症状表现。一般而言，"病鸡"表现有下述一种症状，而"重病鸡"则表现下述多个症状，如呼吸症状、沉郁、腹泻、鸡冠和/或肉髯发绀、脸和/或头部肿胀、神经症状。死亡鸡在其死后的每次观察都记为 3）。

IVPI 值 = 每只鸡在 10 天内所有数字之和/（10 只鸡 × 10d），如指数为 3.00，说明所有鸡 24h 内死亡；指数为 0.00，说明 10d 观察期内没有鸡表现临床症状。

当 IVPI 值大于 1.2 时，判定分离株为高致病性禽流感病毒（HPAIV）。

IVPI 测定举例：

（数字表示在特定日期表现出临床症状的鸡只数量）

临床症状	1	D2	D3	D4	D5	D6	D7	D8	D9	D10	总计	数值
正常	10	10	0	0	0	0	0	0	0	0	20 ×0	= 0
发病	0	0	3	0	0	0	0	0	0	0	3 ×1	= 3
麻痹	0	0	4	5	1	0	0	0	0	0	10 ×2	= 20
死亡	0	0	3	5	9	10	10	10	10	10	67 ×3	= 201
											总计	= 224

上述例子中的 IVPI 为：224/100 = 2.24 > 1.2

2. OIE 对高致病性禽流感病毒的分类标准

2.1 取 HA 滴度 >1/16 的无菌感染流感病毒的鸡胚尿囊液用等渗生理盐水 1∶10 稀释，以 0.2ml/羽的剂量翅静脉接种 8 只 4~8 周龄 SPF 鸡，在接种 10 天内，能导致 6 只或 6 只以上鸡死亡，判定该毒株为高致病性禽流感病毒株。

2.2 如分离物能使 1~5 只鸡致死，但病毒不是 H5 或 H7 亚型，则应进行下列试验：将病毒接种于细胞培养物上，观察其在胰蛋白酶缺乏时是否引起细胞病变或形成蚀斑。如果病毒不能在细胞上生长，则分离物应被考虑为非高致病性禽流感病毒。

2.3 所有低致病性的 H5 和 H7 毒株和其他病毒，在缺乏胰蛋白酶的细胞上能够生长时，则应进行与血凝素有关的肽链的氨基酸序列分析，如果分析结果同其他高致病性流感病毒相似，这种被检验的分离物应被考虑为高致病性禽流感病毒。

附件6

禽流感病毒通用荧光 RT – PCR 检测

1. 材料与试剂

1.1　仪器与器材

荧光 RT – PCR 检测仪

高速台式冷冻离心机（离心速度 12 000r/min 以上）

台式离心机（离心速度 3 000r/min）

混匀器

冰箱（2 ~ 8℃ 和 – 20℃ 两种）

微量可调移液器（10μl、100μl、1 000μl）及配套带滤芯吸头

Eppendorf 管（1.5ml）

1.2　试剂

除特别说明以外，本标准所用试剂均为分析纯，所有试剂均用无 RNA 酶污染的容器（用 DEPC 水处理后高压灭菌）分装。

氯仿；

异丙醇：– 20℃ 预冷；

PBS：（121 ± 2）℃，15min 高压灭菌冷却后，无菌条件下加入青霉素、链霉素各 10 000U/ml；

75% 乙醇：用新开启的无水乙醇和 DEPC 水（符合 GB 6682 要求）配制，– 20℃ 预冷。

禽流感病毒通用型荧光 RT – PCR 检测试剂盒：组成、功能及使用注意事项见附录。

2. 抽样

2.1　采样工具

下列采样工具必须经（121 ± 2）℃、15min 高压灭菌并烘干：

棉拭子、剪刀、镊子、注射器、1.5ml Eppendorf 管、研钵。

2.2　样品采集

1）活禽

取咽喉拭子和泄殖腔拭子，采集方法如下：

取咽喉拭子时将拭子深入喉头口及上颚裂来回刮 3 ~ 5 次取咽喉分泌液；

取泄殖腔拭子时将拭子深入泄殖腔转一圈并沾取少量粪便；

将拭子一并放入盛有 1.0ml PBS 的 1.5ml Eppendorf 管中，加盖、编号。

2）肌肉或组织脏器

待检样品装入一次性塑料袋或其他灭菌容器，编号，送实验室。

3）血清、血浆

用无菌注射器直接吸取至无菌 Eppendorf 管中，编号备用。

2.3 样品贮运

样品采集后，放入密闭的塑料袋内（一个采样点的样品，放一个塑料袋），于保温箱中加冰、密封，送实验室。

2.4 样品制备

1）咽喉、泄殖腔拭子

样品在混合器上充分混合后，用高压灭菌镊子将拭子中的液体挤出，室温放置 30min，取上清液转入无菌的 1.5ml Eppendorf 管中，编号备用。

2）肌肉或组织脏器

取待检样品 2.0g 于洁净、灭菌并烘干的研钵中充分研磨，加 10ml PBS 混匀，4℃，3 000r/min 离心 15min，取上清液转入无菌的 1.5ml Eppendorf 管中，编号备用。

2.5 样本存放

制备的样本在 2～8℃条件下保存应不超过 24h，若需长期保存应置 -70℃以下，但应避免反复冻融（冻融不超过 3 次）。

3. 操作方法

3.1 实验室标准化设置与管理

禽流感病毒通用荧光 RT – PCR 检测的实验室规范。

3.2 样本的处理

在样本制备区进行。

（1）取 n 个灭菌的 1.5ml Eppendorf 管，其中 n 为被检样品、阳性对照与阴性对照的和（阳性对照、阴性对照在试剂盒中已标出），编号。

（2）每管加入 600μl 裂解液，分别加入被检样本、阴性对照、阳性对照各 200μl，一份样本换用一个吸头，再加入 200μl 氯仿，混匀器上振荡混匀 5s（不能过于强烈，以免产生乳化层，也可以用手颠倒混匀）。于 4℃、12 000r/min 离心 15min。

（3）取与(1)相同数量灭菌的 1.5ml Eppendorf 管，加入 500μl 异丙醇（-20℃预冷），做标记。吸取本标准(2)各管中的上清液转移至相应的管中，上清液应至少吸取 500μl，不能吸出中间层，颠倒混匀。

（4）于 4℃、12 000r/min 离心 15 min（Eppendorf 管开口保持朝离心机转轴方向放置），小心倒去上清，倒置于吸水纸上，沾干液体（不同样品须在吸水纸不同地方沾干）；加入 600 μl 75% 乙醇，颠倒洗涤。

（5）于 4 ℃、12 000r/min 离心 10min（Eppendorf 管开口保持朝离心机转轴方向放置），小心倒去上清，倒置于吸水纸上，尽量沾干液体（不同样品须在吸水纸不同地方沾干）。

（6）4 000r/min 离心 10s（Eppendorf 管开口保持朝离心机转轴方向放置），将管壁上的残余液体甩到管底部，小心倒去上清，用微量加样器将其吸干，一份样本换用一个吸头，吸头不要碰到有沉淀一面，室温干燥 3 min，不能过于干燥，以免 RNA 不溶。

（7）加入 11 μl DEPC 水，轻轻混匀，溶解管壁上的 RNA，2000r/min 离心 5s，冰上保存备用。提取的 RNA 须在 2h 内进行 PCR 扩增；若需长期保存须放置 –70℃冰箱。

3.3　检测

（1）扩增试剂准备

在反应混合物配制区进行。从试剂盒中取出相应的荧光 RT – PCR 反应液、Taq 酶，在室温下融化后，2 000r/min 离心 5s。设所需荧光 RT – PCR 检测总数为 n，其中 n 为被检样品、阳性对照与阴性对照的和，每个样品测试反应体系配制如下：RT – PCR 反应液 15μl，Taq 酶 0.25μl。根据测试样品的数量计算好各试剂的使用量，加入到适当体积中，向其中加入 0.25 × n 颗 RT – PCR 反转录酶颗粒，充分混合均匀，向每个荧光 RT – PCR 管中各分装 15μl，转移至样本处理区。

（2）加样

在样本处理区进行。在各设定的荧光 RT – PCR 管中分别加入上述样本处理中制备的 RNA 溶液各 10μl，盖紧管盖，500r/min 离心 30s。

（3）荧光 RT – PCR 检测

在检测区进行。将本标准中离心后的 PCR 管放入荧光 RT – PCR 检测仪内，记录样本摆放顺序。

循环条件设置：第一阶段，反转录 42℃/30 min；第二阶段，预变性92℃/3 min；第三阶段，92℃/10s，45℃/30s，72℃/1 min，5 个循环；第四阶段，92℃/10s，60℃/30s，40 个循环，在第四阶段每个循环的退火延伸时收集荧光。

试验检测结束后，根据收集的荧光曲线和 Ct 值判定结果。

4. 结果判定

4.1　结果分析条件设定

直接读取检测结果。阈值设定原则根据仪器噪声情况进行调整，以阈值线刚好超过正常阴性样品扩增曲线的最高点为准。

4.2　质控标准

(1) 阴性对照无 Ct 值并且无扩增曲线。

(2) 阳性对照的 Ct 值应 < 28.0，并出现典型的扩增曲线。否则，此次试验视为无效。

4.3　结果描述及判定

(1) 阴性

无 Ct 值并且无扩增曲线，表示样品中无禽流感病毒。

(2) 阳性

Ct 值 ≤ 30，且出现典型的扩增曲线，表示样品中存在禽流感病毒。

(3) 有效原则

Ct > 30 的样本建议重做。重做结果无 Ct 值者为阴性，否则为阳性。

附　录

试剂盒的组成

1. 试剂盒组成

每个试剂盒可做 48 个检测，包括以下成分：

裂解液 30ml × 1 盒

DEPC 水 1 ml × 1 管

RT – PCR 反应液（内含禽流感病毒的引物、探针）750 μl × 1 管

RT – PCR 酶 1 颗/管 × 12 管

Taq 酶 12 μl × 1 管

阴性对照 1 ml × 1 管

阳性对照（非感染性体外转录 RNA）1 ml × 1 管

2. 说明

2.1　裂解液的主要成分为异硫氰酸胍和酚，为 RNA 提取试剂，外观为红色液体，于 4℃ 保存。

2.2　DEPC 水，用 1% DEPC 处理后的去离子水，用于溶解 RNA。

2.3　RT – PCR 反应液中含有特异性引物、探针及各种离子。

3. 功能

试剂盒可用于禽类相关样品（包括肌肉组织、脏器、咽喉拭子、泄殖腔拭子、血清或血浆等）中禽流感病毒的检测。

4. 使用时的注意事项

4.1　在检测过程中，必须严防不同样品间的交叉污染。

4.2　反应液分装时应避免产生气泡，上机前检查各反应管是否盖紧，以免荧光物质泄露污染仪器。

RT-PCR 酶颗粒极易吸潮失活，必须在室温条件下置于干燥器内保存，使用时取出所需数量，剩余部分立即放回干燥器中。

附件 7

样品采集、保存和运输

活禽病料应包括气管和泄殖腔拭子，最好是采集气管拭子。小珍禽用拭子取样易造成损伤，可采集新鲜粪便。死禽采集气管、脾、肺、肝、肾和脑等组织样品。

将每群采集的 10 份棉拭子，放在同一容器内，混合为一个样品；容器中放有含有抗菌素的 pH 值为 7.0~7.4 的 PBS 液。抗生素的选择视当地情况而定，组织和气管拭子悬液中应含有青霉素（2000IU/ml）、链霉素（2mg/ml），庆大霉素（50μg/ml），制霉菌素（1000IU/ml）。但粪便和泄殖腔拭子所有的抗生素浓度应提高 5 倍。加入抗生素后 pH 值应调至 7.0~7.4。

样品应密封于塑料袋或瓶中，置于有制冷剂的容器中运输，容器必须密封，防止渗漏。

样品若能在 24h 内送到实验室，冷藏运输。否则，应冷冻运输。

若样品暂时不用，则应冷冻（最好 -70℃或以下）保存。

采 样 单

样品名称			
样品编号			
采样基数		采样数量	
采样日期		保存情况	冷冻（藏）
被采样单位			
通讯地址			
联系电话		邮　编	

被采样单位盖章或签名 　　　　　　　　　采样单位盖章　采样人签名

　　　　　年　　月　　日　　　　　　　　　　　　　年　　月　　日

备注：（如禽流感的免疫情况以及 20d 内是否进行过其他免疫注射或异常刺激）

此单一式三份，第一联存根，第二联随样品，第三联由被采样单位保存

附件8

消毒技术规范

1. 设备和必需品

1.1 清洗工具：扫帚、叉子、铲子、锹和冲洗用水管。

1.2 消毒工具：喷雾器、火焰喷射枪、消毒车辆、消毒容器等。

1.3 消毒剂：清洁剂、醛类、强碱、氯制剂类等合适的消毒剂。

1.4 防护装备：防护服、口罩、胶靴、手套、护目镜等。

2. 圈舍、场地和各种用具的消毒

2.1 对圈舍及场地内外采用喷洒消毒液的方式进行消毒，消毒后对污物、粪便、饲料等进行清理；清理完毕再用消毒液以喷洒方式进行彻底消毒，消毒完毕后再进行清洗；不易冲洗的圈舍清除废弃物和表土，进行堆积发酵处理。

2.2 对金属设施设备，可采取火焰、熏蒸等方式消毒；木质工具及塑料用具采取用消毒液浸泡消毒；工作服等采取浸泡或高温高压消毒。

3 疫区内可能被污染的场所应进行喷洒消毒。

4 污水沟、水塘可投放生石灰或漂白粉。

5 运载工具清洗消毒

5.1 在出入疫点、疫区的交通路口设立消毒站点，对所有可能被污染的运载工具应当严格消毒。

5.2 从车辆上清理下来的废弃物按无害化处理。

6 疫点每天消毒1次连续1周，1周以后每两天消毒1次。疫区内疫点以外的区域每两天消毒1次。

附件9

扑杀方法

1. 窒息

先将待扑杀禽装入袋中，置入密封车或其他密封容器，通入二氧化碳窒息致死；或将禽装入密封袋中，通入二氧化碳窒息致死。

2. 扭颈

扑杀量较小时采用。根据禽只大小，一手握住头部，另一手握住体部，朝相反方向扭转拉伸。

3. 其他

可根据本地情况，采用其他能避免病原扩散的致死方法。

扑杀人员的防护符合 NY/T 768《高致病性禽流感人员防护技术规范》的要求。

附件 10

无害化处理

所有病死禽、被扑杀禽及其产品、排泄物以及被污染或可能被污染的垫料、饲料和其他物品应当进行无害化处理。清洗所产生的污水、污物进行无害化处理。

无害化处理可以选择深埋、焚烧或高温高压等方法，饲料、粪便可以发酵处理。

1. 深埋

1.1　选址

应当避开公共视线，选择地表水位低、远离学校、公共场所、居民住宅区、动物饲养场、屠宰场及交易市场、村庄、饮用水源地、河流等的地域。位置和类型应当有利于防洪。

1.2　坑的覆盖土层厚度应大于 1.5m，坑底铺垫生石灰，覆盖土以前再撒一层生石灰。

1.3　禽类尸体置于坑中后，浇油焚烧，然后用土覆盖，与周围持平。填土不要太实，以免尸腐产气造成气泡冒出和液体渗漏。

1.4　饲料、污染物等置于坑中，喷洒消毒剂后掩埋。

2. 工厂化处理

将所有病死牲畜、扑杀牲畜及其产品密封运输至无害化处理厂，统一实施无害化处理。

3. 发酵

饲料、粪便可在指定地点堆积，密封彻底发酵，表面应进行消毒。

4. 无害化处理

应符合环保要求，所涉及的运输、装卸等环节应避免洒漏，运输装卸工具要彻底消毒。

附件 11

高致病性禽流感流行病学调查规范

1. 范围

本标准规定了发生高致病性禽流感疫情后开展的流行病学调查技术要求。本标准适用于高致病性禽流感暴发后的最初调查、现地调查和追踪调查。

2. 规范性引用文件

下列文件中的条款通过本标准的引用而成为本标准的条款。凡是注日期的引用文件，其随后所有的修改单位（不包括勘误的内容）或修订版均不适用于本标准。鼓励根据本标准达成协议的各方研究可以使用这些文件的最新版本。凡是不注日期的引用文件，其最新版本适用于本标准。

NY 764　　高致病性禽流感疫情判定及扑灭技术规范

NY/T 768　　高致病性禽流感人员防护技术规范

3. 术语和定义

3.1　最初调查

兽医技术人员在接到养禽场/户怀疑发生高致病性禽流感的报告后，对所报告的养禽场/户进行的实地考察以及对其发病情况的初步核实。

3.2　现地调查

兽医技术人员或省级、国家级动物流行病学专家对所报告的高致病性禽流感发病场/户的场区状况、传染来源、发病禽品种与日龄、发病时间与病程、发病率与病死率以及发病禽舍分布等所作的现场调查。

3.3　跟踪调查

在高致病性禽流感暴发及扑灭前后，对疫点的可疑带毒人员、病死禽及其产品和传播媒介的扩散趋势、自然宿主发病和带毒情况的调查。

4. 最初调查

4.1　目的

核实疫情、提出对疫点的初步控制措施，为后续疫情确诊和现地调查提供依据。

4.2　组织与要求

4.2.1　动物防疫监督机构接到养禽场/户怀疑发病的报告后，应立即指派2名以上兽医技术人员，携必要的器械、用品和采样用容器，在24 h以内尽快赶赴现场，核实发病情况。

4.2.2　被派兽医技术人员至少3 d内没有接触过高致病性禽流感病禽及其污染物，按NY/T 768要求做好个人防护。

4.3　内容

4.3.1　调查发病禽场的基本状况、病史、症状以及环境状况四个方面，完成最初调查表（附录A）。

4.3.2　认真检查发病禽群状况，根据NY 764做出是否发生高致病性禽流感的初步判断。

4.3.3　若不能排除高致病性禽流感，调查人员应立即报告当地动物防疫监督机构并建议提请省级/国家级动物流行病学专家作进一步诊断，并应配合做好后续采样、诊断和疫情扑灭工作。

4.3.4　实施对疫点的初步控制措施，禁止家禽、家禽产品和可疑污染物品从养禽场/户运出，并限制人员流动；

4.3.5　画图标出疑病禽场/户周围 10 km 以内分布的养禽场、道路、河流、山岭、树林、人工屏障等，连同最初调查表一同报告当地动物防疫监督机构。

5. 现地调查

5.1　目的

在最初调查无法排除高致病性禽流感的情况下，对报告养禽场/户作进一步的诊断和调查，分析可能的传染来源、传播方式、传播途径以及影响疫情控制和扑灭的环境和生态因素，为控制和扑灭疫情提供技术依据。

5.2　组织与要求

5.2.1　省级动物防疫监督机构接到怀疑发病报告后，应立即派遣流行病学专家配备必要的器械和用品于 24h 内赴现场，作进一步诊断和调查。

5.2.2　被派兽医技术人员应遵照 4.2.2 的要求。

5.3　内容

5.3.1　在地方动物防疫监督机构技术人员初步调查的基础上，对发病养禽场/户的发病情况、周边地理地貌、野生动物分布、近期家禽、产品、人员流动情况等开展进一步的调查，分析传染来源、传播途径以及影响疫情控制和消灭的环境和生态因素。

5.3.2　尽快完成流行病学现地调查表（附录 B）并提交省和地方动物防疫监督机构。

5.3.3　与地方动物防疫监督机构密切配合，完成病料样品的采集、包装及运输等诊断事宜。

5.3.4　对所发疫病作出高致病性禽流感诊断后，协助地方政府和地方动物防疫监督机构扑灭疫情。

6. 跟踪调查

6.1　目的

追踪疫点传染源和传播媒介的扩散趋势、自然宿主的发病和带毒情况，为可能出现的公共卫生危害提供预警预报。

6.2　组织

当地流行病学调查人员在省级或国家级动物流行病学专家指导下对有关人员、可疑感染家禽、可疑污染物品和带毒宿主进行追踪调查。

6.3　内容

6.3.1　追踪出入发病养禽场/户的有关工作人员和所有家禽、禽产品及有关物品的流动情况，并对其作适当的隔离观察和控制措施，严防疫情扩散。

　　6.3.2　对疫点、疫区的家禽、水禽、猪、留鸟、候鸟等重要疫源宿主进行发病情况调查，追踪病毒变异情况。

　　6.3.3　完成跟踪调查表（附录 C）并提交本次暴发疫情的流行病学调查报告。

附录 A

高致病性禽流感流行病学最初调查表

任务编号：		国标码：	
调查者姓名：	电　话：		
场/户主姓名：	电　话：		
场/户名称	邮　编：		
场/户地址			
饲养品种			
饲养数量			
场址地形环境描述			
发病时天气状况	温度		
	干旱/下雨		
	主风向		
场区条件	□进场要洗澡更衣　□进生产区要换胶靴　□场舍门口有消毒池　□供料道与出粪道分开		
污水排向	□附近河流　□农田沟渠　□附近村庄　□野外湖区　□野外水塘　□野外荒郊　□其他		
过去一年曾发生的疫病	□低致病性禽流感　□鸡新城疫　□马立克氏病　□禽白血病　□鸡传染性喉气管炎　□鸡传染性贫血　□鸡传染性支气管炎　□鸡传染性发氏囊病		
本次典型发病情况	□急性发病死亡　□脚鳞出血　□鸡冠出血或发绀、头部水肿　□肌肉和其他组织器官广泛性严重出血　□神经症状　□绿色稀便　□其他（请填写）：		
疫情核实结论	□不能排除高致病性禽流感　　□排除高致病性禽流感		
调查人员签字：	时间：		

附录 B

高致病性禽流感现地调查表

疫情类型　（1）确诊　（2）疑似　（3）可疑

B1 疫点易感禽与发病禽现场调查

B1.1　最早出现发病时间：　　　年　　月　　日　　时，
发病数：　只，死亡数：　只，圈舍（户）编号：　　　。

B1.2　禽群发病情况：

B1.3　袭击率：

计算公式：袭击率＝（疫情暴发以来发病禽数÷疫情暴发开始时易感禽数）×100%

B2　可能的传染来源调查

B2.1　发病前30d内，发病禽舍是否新引进了家禽？

（1）是　　　　　　　　（2）否

圈舍（户）编号	家禽品种	日龄	发病日期	发病数	开始死亡日期	死亡数

B2.2　发病前30d内发病禽场/户是否有野鸟栖息或捕获鸟？

（1）是　　　　　　　　（2）否

B2.3　发病前30d内是否运入可疑的被污染物品（药品）？

（1）是　　　　　　　　（2）否

引进禽品种	引进数量	混群情况*	最初混群时间	健康状况	引进时间	来源

* 混群情况为：（1）同舍（户）饲养（2）邻舍（户）饲养（3）饲养于本场（村）隔离场，隔离场（舍）人员应单独隔离

B2.4　最近30d内是否有场外有关业务人员来场？（1）无　　（2）有，请写出访问者姓名、单位、访问日期，并注明是否来自疫区。

鸟　名	数　量	来　源	鸟停留地点＊	鸟病死数量	与禽畜接触频率＊＊

＊ 停留地点：包括禽场（户）内建筑场上、树上、存料处及料槽等；
＊＊ 接触频率：指鸟与停留地点的接触情况，分为每天、数次、仅一次。

B2.5 发病场（户）是否靠近其他养禽场及动物集散地？

（1）是　　　　　　　　　　　（2）否

B2.5.1 与发病场的相对地理位置_____。

B2.5.2 与发病场的距离_____。

B2.5.3 其大致情况_____。

B2.6 发病场周围 10 公里以内是否有下列动物群？

B2.6.1 猪，_____。

B2.6.2 野禽，具体禽种：_____。

B2.6.3 野水禽，具体禽种：_____。

B2.6.4 田鼠、家鼠：_____。

B2.6.5 其他：_____。

B2.7　在最近 25～30d 内本场周围 10km 有无禽发病？（1）无　　（2）
有，请回答：

B2.7.1 发病日期：_____。

B2.7.2 病禽数量和品种：_____。

B2.7.3 确诊/疑似诊断疾病：_____。

B2.7.4 场主姓名：_____。

B2.7.5 发病地点与本场相对位置、距离：_____。

B2.7.6 投药情况：_____。

B2.7.7 疫苗接种情况：_____。

B2.8　场内是否有职员住在其他养殖场/养禽村？

（1）无　　　　　　（2）有

B2.8.1 该农场所处的位置：_____。

B2.8.2 该场养禽的数量和品种：_____。

B2.8.3 该场禽的来源及去向：_____。

B2.8.4 职员拜访和接触他人地点：_____。

B3　在发病前 30d 是否有饲养方式/管理的改变？

（1）无　　　（2）有，_____

B4 发病场（户）周围环境情况

B4.1 静止水源——沼泽、池塘或湖泊：（1）是　　（2）否

B4.2 流动水源——灌溉用水、运河水、河水：（1）是　　（2）否

B4.3 断续灌溉区——方圆3公里内无水面：（1）是　　（2）否

B4.4 最近发生过洪水：（1）是　　　（2）否

B4.5 靠近公路干线：（1）是　　　　（2）否

B4.6 靠近山溪或森（树）林：（1）是　　　（2）否

B5　该养禽场/户地势类型属于：

（1）盆地 （2）山谷 （3）高原 （4）丘陵 （5）平原 （6）山区

（7）其他（请注明）_____。

B6 饮用水及冲洗用水情况

B6.1 饮水类型：

（1）自来水 （2）浅井水 （3）深井水 （4）河塘水 （5）其他

B6.2 冲洗水类型：

（1）自来水 （2）浅井水 （3）深井水 （4）河塘水 （5）其他

B7 发病养禽场/户高致病性禽流感疫苗免疫情况：

（1）免疫　　　　　（2）不免疫

B7.1 疫苗生产厂家_____。

B7.2 疫苗品种、批号_____。

B7.3 被免疫鸡数量_____。

B8 受威胁区免疫禽群情况

B8.1 免疫接种一个月内禽只发病情况：

（1）未见发病 （2）发病，发病率_____。

B8.2 异源亚型血清学检测和病原学检测

物品名称	数　量	经过或存放地	运入后使用情况
来访人	来访日期	来访人职业/电话	是否来自疫区

B9 解除封锁后是否使用岗哨动物

（1）否 （2）是，简述结果_____。

B10 最后诊断情况：

B10.1 确诊 HPAI，确诊单位_____。

B10.2 排除，其他疫病名称_____。

B11 疫情处理情况

B11.1 发病禽群及其周围 3 公里以内所有家禽全部扑杀：

（1）是 （2）否，扑杀范围：_____。

B11.2 疫点周围 3～5 公里内所有家禽全部接种疫苗

（1）是 （2）否

所用疫苗的病毒亚型：_____厂家_____。

附录 C

高致病性禽流感跟踪调查表

C1 在发病养禽场/户出现第 1 个病例前 21d 至该场被控制期间出场的（A）有关人员，（B）动物/产品/排泄废弃物，（C）运输工具/物品/饲料/原料，（D）其他（请标出）_____，养禽场被隔离控制日期_____。

标本类型	采样时间	检测项目	检测方法	结　果

注：标本类型包括鼻咽、脾淋内脏、血清及粪便等

C2 在发病养禽场/户出现第 1 个病例前 21d 至该场被隔离控制期间，是否有家禽、车辆和人员进出家禽集散地？（家禽集散地包括展览场所、农贸市场、动物产品仓库、拍卖市场、动物园等。）（1）无 （2）有，请填写下表，追踪可能污染物，做限制或消毒处理。

出场日期	出场人/物（A/B/C/D）	运输工具	人/承运人姓名/电话	目的地/电话

C3　列举在发病养禽场/户出现第 1 个病例前 21d 至该场被隔离控制期间出场的工作人员（如送料员、雌雄鉴别人员、销售人员、兽医等）3d 内接触过的所有养禽场/户，通知被访场/户进行防范。

出入日期	出场人/物	运输工具	人/承运人姓名/电话	相对方位/距离

注：家禽集散地包括展览场所、农贸市场、动物产品仓库、拍卖市场、动物园等。

C4 疫点或疫区水禽

C4.1 在发病后一个月发病情况

（1）未见发病 （2）发病，发病率_____。

C4.2 异源亚型血清学检测和病原学检测

C5 疫点或疫区留鸟

C5.1 在发病后一个月发病情况

（1）未见发病 　（2）发病，发病率_____。

C5.2 血清学检测和病原学检测

姓名	出场人员	出场日期	访问日期	目的地/电话

C6 受威胁区猪密切接触的猪只

C6.1 在发病后一个月发病情况

（1）未见发病（2）发病，发病率_____。

C6.2 血清学和病原学检测、异源亚型血清学检测和病原学检测

标本类型	采样时间	检测项目	检测方法	结　果

C7 疫点或疫区候鸟

C7.1 在发病后一个月发病情况

（1）未见发病　（2）发病，发病率_____。

C7.2　血清学检测和病原学检测

标本类型	采样时间	检测项目	检测方法	结果

C8 在该疫点疫病传染期内密切接触人员的发病情况_____。

（1）未见发病

（2）发病，简述情况：

标本类型	采样时间	检测项目	检测方法	结果

附件 12

高致病性禽流感人员防护技术规范

1. 范围

本标准规定了对密切接触高致病性禽流感病毒感染或可能感染禽和场的人员的生物安全防护要求。

本标准适用于密切接触高致病性禽流感病毒感染或可能感染禽和场的人员进行生物安全防护。此类人员包括：诊断、采样、扑杀禽鸟、无害化处理禽鸟及其污染物和清洗消毒的工作人员，饲养人员，赴感染或可能感染场进行调查的人员。

2. 诊断、采样、扑杀禽鸟、无害化处理禽鸟及其污染物和清洗消毒的人员

2.1　进入感染或可能感染场和无害化处理地点

2.1.1　穿防护服。

2.1.2　戴可消毒的橡胶手套。

2.1.3　戴 N95 口罩或标准手术用口罩。

2.1.4　戴护目镜。

2.1.5　穿胶靴。

2.2　离开感染或可能感染场和无害化处理地点

2.2.1　工作完毕后，对场地及其设施进行彻底消毒。

2.2.2　在场内或处理地的出口处脱掉防护装备。

2.2.3　将脱掉的防护装备置于容器内进行消毒处理。

2.2.4　对换衣区域进行消毒，人员用消毒水洗手。

2.2.5　工作完毕要洗浴。

3. 饲养人员

3.1　饲养人员与感染或可能感染的禽鸟及其粪便等污染物品接触前，必须戴口罩、手套和护目镜，穿防护服和胶靴。

3.2　扑杀处理禽鸟和进行清洗消毒工作前，应穿戴好防护物品。

3.3　场地清洗消毒后，脱掉防护物品。

3.4　衣服须用 70℃ 以上的热水浸泡 5min 或用消毒剂浸泡，然后再用肥皂水洗涤，于太阳下晾晒。

3.5　胶靴和护目镜等要清洗消毒。

3.6　处理完上述物品后要洗浴。

4. 赴感染或可能感染场的人员

4.1　需备物品

口罩、手套、防护服、一次性帽子或头套、胶靴等。

4.2 进入感染或可能感染场

4.2.1 穿防护服。

4.2.2 戴口罩，用过的口罩不得随意丢弃。

4.2.3 穿胶靴，用后要清洗消毒。

4.2.4 戴一次性手套或可消毒橡胶手套。

4.2.5 戴好一次性帽子或头套。

4.3 离开感染或可能感染场

4.3.1 脱个人防护装备时，污染物要装入塑料袋内，置于指定地点。

4.3.2 最后脱掉手套后，手要洗涤消毒。

4.3.3 工作完毕要洗浴，尤其是出入过有禽粪灰尘的场所。

5. 健康监测

5.1 所有暴露于感染或可能感染禽和场的人员均应接受卫生部门监测。

5.2 出现呼吸道感染症状的人员应尽快接受卫生部门检查。

5.3 出现呼吸道感染症状人员的家人也应接受健康监测。

5.4 免疫功能低下、60 岁以上和有慢性心脏和肺脏疾病的人员要避免从事与禽接触的工作。

5.5 应密切关注采样、扑杀处理禽鸟和清洗消毒的工作人员和饲养人员的健康状况。

第三节 猪瘟防治技术规范

猪瘟（Classical swine fever，CSF）是由黄病毒科瘟病毒属猪瘟病毒引起的一种高度接触性、出血性和致死性传染病。世界动物卫生组织（OIE）将其列为必须报告的动物疫病，我国将其列为一类动物疫病。

为及时、有效地预防、控制和扑灭猪瘟，依据《中华人民共和国动物防疫法》、《重大动物疫情应急条例》和《国家突发重大动物疫情应急预案》及有关法律法规，制定本规范。

1. 适用范围

本规范规定了猪瘟的诊断、疫情报告、疫情处置、疫情监测、预防措施、控制和消灭标准等。

本规范适用于中华人民共和国境内一切从事猪（含驯养的野猪）的饲养、经营及其产品生产、经营，以及从事动物防疫活动的单位和个人。

2. 诊断

依据本病流行病学特点、临床症状、病理变化可作出初步诊断，确诊需做病原分离与鉴定。

2.1　流行特点

猪是本病唯一的自然宿主，发病猪和带毒猪是本病的传染源，不同年龄、性别、品种的猪均易感。一年四季均可发生。感染猪在发病前即能通过分泌物和排泄物排毒，并持续整个病程。与感染猪直接接触是本病传播的主要方式，病毒也可通过精液、胚胎、猪肉和泔水等传播，人、其他动物如鼠类和昆虫、器具等均可成为重要传播媒介。感染和带毒母猪在怀孕期可通过胎盘将病毒传播给胎儿，导致新生仔猪发病或产生免疫耐受。

2.2　临床症状

2.2.1　本规范规定本病潜伏期为3～10d，隐性感染可长期带毒。

根据临床症状可将本病分为急性、亚急性、慢性和隐性感染四种类型。

2.2.2　典型症状

2.2.2.1　发病急、死亡率高；

2.2.2.2　体温通常升至41℃以上、厌食、畏寒；

2.2.2.3　先便秘后腹泻，或便秘和腹泻交替出现；

2.2.2.4　腹部皮下、鼻镜、耳尖、四肢内侧均可出现紫色出血斑点，指压不褪色，眼结膜和口腔黏膜可见出血点。

2.3　病理变化

2.3.1　淋巴结水肿、出血，呈现大理石样变；

2.3.2　肾脏呈土黄色，表面可见针尖状出血点；

2.3.3　全身浆膜、黏膜和心脏、膀胱、胆囊、扁桃体均可见出血点和出血斑，脾脏边缘出现梗死灶；

2.3.4　脾不肿大，边缘有暗紫色突出表面的出血性梗死；

2.3.5　慢性猪瘟在回肠末端、盲肠和结肠常见"钮扣状"溃疡。

2.4　实验室诊断

实验室病原学诊断必须在相应级别的生物安全实验室进行。

2.4.1　病原分离与鉴定

2.4.1.1　病原分离、鉴定可用细胞培养法；

2.4.1.2　病原鉴定也可采用猪瘟荧光抗体染色法，细胞浆出现特异性的荧光；

2.4.1.3　兔体交互免疫试验；

2.4.1.4　猪瘟病毒反转录聚合酶链式反应（RT－PCR）：主要用于临床

诊断与病原监测。

2.4.1.5 猪瘟抗原双抗体夹心 ELISA 检测法：主要用于临床诊断与病原监测。

2.4.2 血清学检测

2.4.2.1 猪瘟病毒抗体阻断 ELISA 检测法；

2.4.2.2 猪瘟荧光抗体病毒中和试验；

2.4.2.3 猪瘟中和试验方法。

2.5 结果判定

2.5.1 疑似猪瘟

符合猪瘟流行病学特点、临床症状和病理变化。

2.5.2 确诊

非免疫猪符合结果判定 2.5.1，且符合血清学诊断 2.4.2.1、2.4.2.2、2.4.2.3 之一，或符合病原学诊断 2.4.1.1、2.4.1.2、2.4.1.3、2.4.1.4、2.4.1.5 之一的；

免疫猪符合结果 2.5.1，且符合病原学诊断 2.4.1.1、2.4.1.2、2.4.1.3、2.4.1.4、2.4.1.5 之一的。

3. 疫情报告

3.1 任何单位和个人发现患有本病或疑似本病的猪，都应当立即向当地动物防疫监督机构报告。

3.2 当地动物防疫监督机构接到报告后，按国家动物疫情报告管理的有关规定执行。

4. 疫情处理

根据流行病学、临床症状、剖检病变，结合血清学检测做出的临床诊断结果可作为疫情处理的依据。

4.1 当地县级以上动物防疫监督机构接到可疑猪瘟疫情报告后，应及时派员到现场诊断，根据流行病学调查、临床症状和病理变化等初步诊断为疑似猪瘟时，应立即对病猪及同群猪采取隔离、消毒、限制移动等临时性措施。同时采集病料送省级动物防疫监督机构实验室确诊，必要时将样品送国家猪瘟参考实验室确诊。

4.2 确诊为猪瘟后，当地县级以上人民政府兽医主管部门应当立即划定疫点、疫区、受威胁区，并采取相应措施；同时，及时报请同级人民政府对疫区实行封锁，逐级上报至国务院兽医主管部门，并通报毗邻地区。国务院兽医行政管理部门根据确诊结果，确认猪瘟疫情。

4.2.1 划定疫点、疫区和受威胁区

疫点：为病猪和带毒猪所在的地点。一般指病猪或带毒猪所在的猪场、屠宰厂或经营单位，如为农村散养，应将自然村划为疫点。

疫区：是指疫点边缘外延3km范围内区域。疫区划分时，应注意考虑当地的饲养环境和天然屏障（如河流、山脉等）等因素。

受威胁区：是指疫区外延5km范围内的区域。

4.2.2　封锁

由县级以上兽医行政管理部门向本级人民政府提出启动重大动物疫情应急指挥系统、应急预案和对疫区实行封锁的建议，有关人民政府应当立即做出决定。

4.2.3　对疫点、疫区、受威胁区采取的措施

疫点：扑杀所有的病猪和带毒猪，并对所有病死猪、被扑杀猪及其产品按照GB16548规定进行无害化处理；对排泄物、被污染或可能污染饲料和垫料、污水等均需进行无害化处理；对被污染的物品、交通工具、用具、猪舍、场地进行严格彻底消毒；限制人员出入，严禁车辆进出，严禁猪只及其产品及可能污染的物品运出。

疫区：对疫区进行封锁，在疫区周围设置警示标志，在出入疫区的交通路口设置动物检疫消毒站（临时动物防疫监督检查站），对出入的人员和车辆进行消毒；对易感猪只实施紧急强制免疫，确保达到免疫保护水平；停止疫区内猪及其产品的交易活动，禁止易感猪只及其产品运出；对猪只排泄物、被污染饲料、垫料、污水等按国家规定标准进行无害化处理；对被污染的物品、交通工具、用具、畜舍、场地进行严格彻底消毒。

受威胁区：对易感猪只（未免或免疫未达到免疫保护水平）实施紧急强制免疫，确保达到免疫保护水平；对猪只实行疫情监测和免疫效果监测。

4.2.4　紧急监测

对疫区、受威胁区内的猪群必须进行临床检查和病原学监测。

4.2.5　疫源分析与追踪调查

根据流行病学调查结果，分析疫源及其可能扩散、流行的情况。对可能存在的传染源，以及在疫情潜伏期和发病期间售（运）出的猪只及其产品、可疑污染物（包括粪便、垫料、饲料等）等应当立即开展追踪调查，一经查明立即按照GB16548规定进行无害化处理。

4.2.6　封锁令的解除

疫点内所有病死猪、被扑杀的猪按规定进行处理，疫区内没有新的病例发生，彻底消毒10d后，经当地动物防疫监督机构审验合格，当地兽医主管部门提出申请，由原封锁令发布机关解除封锁。

4.2.7 疫情处理记录

对处理疫情的全过程必须做好详细的记录（包括文字、图片和影像等），并归档。

5 预防与控制

以免疫为主，采取"扑杀和免疫相结合"的综合性防治措施。

5.1 饲养管理与环境控制

饲养、生产、经营等场所必须符合《动物防疫条件审核管理办法》（农业部〔2002〕15号令）规定的动物防疫条件，并加强种猪调运检疫管理。

5.2 消毒

各饲养场、屠宰厂（场）、动物防疫监督检查站等要建立严格的卫生（消毒）管理制度，做好杀虫、灭鼠工作。

5.3 免疫和净化

5.3.1 免疫

国家对猪瘟实行全面免疫政策。

预防免疫按农业部制定的免疫方案规定的免疫程序进行。

所用疫苗必须是经国务院兽医主管部门批准使用的猪瘟疫苗。

5.3.2 净化

对种猪场和规模养殖场的种猪定期采样进行病原学检测，对检测阳性猪及时进行扑杀和无害化处理，以逐步净化猪瘟。

5.4 监测和预警

5.4.1 监测方法

非免疫区域：以流行病学调查、血清学监测为主，结合病原鉴定。

免疫区域：以病原监测为主，结合流行病学调查、血清学监测。

5.4.2 监测范围、数量和时间

对于各类种猪场每年要逐头监测两次；商品猪场每年监测两次，抽查比例不低于0.1%，最低不少于20头；散养猪不定期抽查。或按照农业部年度监测计划执行。

5.4.3 监测报告

监测结果要及时汇总，由省级动物防疫监督机构定期上报中国动物疫病预防控制中心。

5.4.4 预警

各级动物防疫监督机构对监测结果及相关信息进行风险分析，做好预警预报。

5.5 消毒

饲养场、屠宰厂（场）、交易市场、运输工具等要建立并实施严格的消毒制度。

5.6 检疫

5.6.1 产地检疫

生猪在离开饲养地之前，养殖场/户必须向当地动物防疫监督机构报检。动物防疫监督机构接到报检后必须及时派员到场/户实施检疫。检疫合格后，出具检疫合格证明；对运载工具进行消毒，出具消毒证明，对检疫不合格的按照有关规定处理。

5.6.2 屠宰检疫

动物防疫监督机构的检疫人员对生猪进行验证查物，合格后方可入厂/场屠宰。检疫合格并加盖（封）检疫标志后方可出厂/场，不合格的按有关规定处理。

5.6.3 种猪异地调运检疫

跨省调运种猪时，应先到调入地省级动物防疫监督机构办理检疫审批手续，调出地进行检疫，检疫合格方可调运。到达后须隔离饲养 10d 以上，由当地动物防疫监督机构检疫合格后方可投入使用。

6. 控制和消灭标准

6.1 免疫无猪瘟区

6.1.1 该区域首先要达到国家无规定疫病区基本条件。

6.1.2 有定期、快速的动物疫情报告记录。

6.1.3 该区域在过去 3 年内未发生过猪瘟。

6.1.4 该区域和缓冲带实施强制免疫，免疫密度 100%，所用疫苗必须符合国家兽医主管部门规定。

6.1.5 该区域和缓冲带须具有运行有效的监测体系，过去 2 年内实施疫病和免疫效果监测，未检出病原，免疫效果确实。

6.1.6 所有的报告，免疫、监测记录等有关材料翔实、准确、齐全。

若免疫无猪瘟区内发生猪瘟时，最后一例病猪扑杀后 12 个月，经实施有效的疫情监测，确认后方可重新申请免疫无猪瘟区。

6.2 非免疫无猪瘟区

6.2.1 该区域首先要达到国家无规定疫病区基本条件。

6.2.2 有定期、快速的动物疫情报告记录。

6.2.3 在过去 2 年内没有发生过猪瘟，并且在过去 12 个月内，没有进行过免疫接种；另外，该地区在停止免疫接种后，没有引进免疫接种过的猪。

6.2.4 在该区具有有效的监测体系和监测区，过去 2 年内实施疫病监测，未检出病原。

6.2.5　所有的报告、监测记录等有关材料翔实、准确、齐全。

若非免疫无猪瘟区发生猪瘟后，在采取扑杀措施及血清学监测的情况下，最后一例病猪扑杀后 6 个月；或在采取扑杀措施、血清学监测及紧急免疫的情况下，最后一例免疫猪被屠宰后 6 个月，经实施有效的疫情监测和血清学检测确认后，方可重新申请非免疫无猪瘟区。

附件

消　毒

1. 药品种类

消毒药品必须选用对猪瘟病毒有效的，如烧碱、醛类、氧化剂类、氯制剂类、双季铵盐类等。

2. 消毒范围

猪舍地面及内外墙壁，舍外环境，饲养、饮水等用具，运输等设施设备以及其他一切可能被污染的场所和设施设备。

3. 消毒前的准备

3.1　消毒前必须清除有机物、污物、粪便、饲料、垫料等；

3.2　消毒药品必须选用对猪瘟病毒有效的；

3.3　备有喷雾器、火焰喷射枪、消毒车辆、消毒防护用具（如口罩、手套、防护靴等）、消毒容器等。

4. 消毒方法

4.1　金属设施设备的消毒，可采取火焰、熏蒸等方式消毒；

4.2　猪舍、场地、车辆等，可采用消毒液清洗、喷洒等方式消毒；

4.3　养猪场的饲料、垫料等，可采取堆积发酵或焚烧等方式处理；

4.4　粪便等可采取堆积密封发酵或焚烧等方式处理；

4.5　饲养、管理等人员可采取淋浴消毒；

4.6　衣、帽、鞋等可能被污染的物品，可采取消毒液浸泡、高压灭菌等方式消毒；

4.7　疫区范围内办公、饲养人员的宿舍、公共食堂等场所，可采用喷洒的方式消毒；

4.8　屠宰加工、贮藏等场所以及区域内池塘等水域的消毒可采取相应的方式进行，避免造成污染。

第四节　新城疫防治技术规范

新城疫（Newcastle Disease，ND），是由副黏病毒科副黏病毒亚科腮腺炎病毒属的禽副黏病毒Ⅰ型引起的高度接触性禽类烈性传染病。世界动物卫生组织（OIE）将其列为必须报告的动物疫病，我国将其列为一类动物疫病。

为预防、控制和扑灭新城疫，依据《中华人民共和国动物防疫法》、《重大动物疫情应急条例》、《国家突发重大动物疫情应急预案》及有关的法律法规，制定本规范。

1. 适用范围

本规范规定了新城疫的诊断、疫情报告、疫情处理、预防措施、控制和消灭标准。

本规范适用于中华人民共和国境内的一切从事禽类饲养、经营和禽类产品生产、经营，以及从事动物防疫活动的单位和个人。

2. 诊断

依据本病流行病学特点、临床症状、病理变化、实验室检验等可做出诊断，必要时由国家指定实验室进行毒力鉴定。

2.1　流行特点

鸡、火鸡、鹌鹑、鸽子、鸭、鹅等多种家禽及野禽均易感，各种日龄的禽类均可感染。非免疫易感禽群感染时，发病率、死亡率可高达90%以上；免疫效果不好的禽群感染时症状不典型，发病率、死亡率较低。

本病传播途径主要是消化道和呼吸道。传染源主要为感染禽及其粪便和口、鼻、眼的分泌物。被污染的水、饲料、器械、器具和带毒的野生飞禽、昆虫及有关人员等均可成为主要的传播媒介。

2.2　临床症状

2.2.1　本规范规定本病的潜伏期为21d。

临床症状差异较大，严重程度主要取决于感染毒株的毒力、免疫状态、感染途径、品种、日龄、其他病原混合感染情况及环境因素等。根据病毒感染禽所表现临床症状的不同，可将新城疫病毒分为5种致病型：

嗜内脏速发型（Viscerotropic velogenic）：以消化道出血性病变为主要特征，死亡率高；

嗜神经速发型（Neurogenic Velogenic）：以呼吸道和神经症状为主要特征，死亡率高；

中发型（Mesogenic）：以呼吸道和神经症状为主要特征，死亡率低；

缓发型（Lentogenic or respiratory）：以轻度或亚临床性呼吸道感染为主要特征；

无症状肠道型（Asymptomatic enteric）：以亚临床性肠道感染为主要特征。

2.2.2 典型症状

2.2.2.1 发病急、死亡率高；

2.2.2.2 体温升高、极度精神沉郁、呼吸困难、食欲下降；

2.2.2.3 粪便稀薄，呈黄绿色或黄白色；

2.2.2.4 发病后期可出现各种神经症状，多表现为扭颈、翅膀麻痹等。

2.2.2.5 在免疫禽群表现为产蛋下降。

2.3 病理学诊断

2.3.1 剖检病变

2.3.1.1 全身黏膜和浆膜出血，以呼吸道和消化道最为严重；

2.3.1.2 腺胃黏膜水肿，乳头和乳头间有出血点；

2.3.1.3 盲肠扁桃体肿大、出血、坏死；

2.3.1.4 十二指肠和直肠黏膜出血，有的可见纤维素性坏死病变；

2.3.1.5 脑膜充血和出血；鼻道、喉、气管黏膜充血，偶有出血，肺可见淤血和水肿。

2.3.2 组织学病变

2.3.2.1 多种脏器的血管充血、出血，消化道黏膜血管充血、出血，喉气管、支气管黏膜纤毛脱落，血管充血、出血，有大量淋巴细胞浸润；

2.3.2.2 中枢神经系统可见非化脓性脑炎，神经元变性，血管周围有淋巴细胞和胶质细胞浸润形成的血管套。

2.4 实验室诊断

实验室病原学诊断必须在相应级别的生物安全实验室进行。

2.4.1 病原学诊断

病毒分离与鉴定

2.4.1.1 鸡胚死亡时间（MDT）低于90h；

2.4.1.2 采用脑内接种致病指数测定（ICPI），ICPI达到0.7以上者；

2.4.1.3 F蛋白裂解位点序列测定试验，分离毒株F1蛋白N末端117位为苯丙酸氨酸（F），F2蛋白C末端有多个碱性氨基酸的；

2.4.1.4 静脉接种致病指数测定（IVPI）试验，IVPI值为2.0以上的。

2.4.2 血清学诊断

微量红细胞凝集抑制试验（HI）（参见GB16550）。

2.5 结果判定

2.5.1　疑似新城疫

符合 2.1 和临床症状 2.2.2.1，且至少有临床症状 2.2.2.2、2.2.2.3、2.2.2.4、2.2.2.5 或/和剖检病变 2.3.1.1、2.3.1.2、2.3.1.3、2.3.1.4、2.3.1.5 或/和组织学病变 2.3.2.1、2.3.2.2 之一的，且能排除高致病性禽流感和中毒性疾病的。

2.5.2　确诊

非免疫禽符合结果判定 2.5.1，且符合血清学诊断 2.4.2 的；或符合病原学诊断 2.4.1.1、2.4.1.2、2.4.1.3、2.4.1.4 之一的；

免疫禽符合结果 2.5.1，且符合病原学诊断 2.4.1.1、2.4.1.2、2.4.1.3、2.4.1.4 之一的。

3.　疫情报告

3.1　任何单位和个人发现患有本病或疑似本病的禽类，都应当立即向当地动物防疫监督机构报告。

3.2　当地动物防疫监督机构接到疫情报告后，按国家动物疫情报告管理的有关规定执行。

4.　疫情处理

根据流行病学、临床症状、剖检病变，结合血清学检测做出的临床诊断结果可作为疫情处理的依据。

4.1　发现可疑新城疫疫情时，畜主应立即将病禽（场）隔离，并限制其移动。动物防疫监督机构要及时派员到现场进行调查核实，诊断为疑似新城疫时，立即采取隔离、消毒、限制移动等临时性措施。同时要及时将病料送省级动物防疫监督机构实验室确诊。

4.2　当确诊新城疫疫情后，当地县级以上人民政府兽医主管部门应当立即划定疫点、疫区、受威胁区，并采取相应措施；同时，及时报请同级人民政府对疫区实行封锁，逐级上报至国务院兽医主管部门，并通报毗邻地区。国务院兽医行政管理部门根据确诊结果，确认新城疫疫情。

4.2.1　划定疫点、疫区、受威胁区

由所在地县级以上（含县级）兽医主管部门划定疫点、疫区、受威胁区。

疫点：指患病禽类所在的地点。一般是指患病禽类所在的禽场（户）或其他有关屠宰、经营单位；如为农村散养，应将自然村划为疫点。

疫区：指以疫点边缘外延3km范围内区域。疫区划分时，应注意考虑当地的饲养环境和天然屏障（如河流、山脉等）。

受威胁区：指疫区边缘外延5km范围内的区域。

4.2.2　封锁

由县级以上兽医主管部门报请同级人民政府决定对疫区实行封锁；人民政府在接到封锁报告后，应立即做出决定，发布封锁令。

4.2.3 疫点、疫区、受威胁区采取的措施

疫点：扑杀所有的病禽和同群禽只，并对所有病死禽、被扑杀禽及其禽类产品按照GB16548规定进行无害化处理；对禽类排泄物、被污染或可能污染饲料和垫料、污水等均需进行无害化处理；对被污染的物品、交通工具、用具、禽舍、场地进行严格彻底消毒；限制人员出入，严禁禽、车辆进出，严禁禽类产品及可能污染的物品运出。

疫区：对疫区进行封锁，在疫区周围设置警示标志，在出入疫区的交通路口设置动物检疫消毒站（临时动物防疫监督检查站），对出入的人员和车辆进行消毒；对易感禽只实施紧急强制免疫，确保达到免疫保护水平；关闭活禽及禽类产品交易市场，禁止易感活禽进出和易感禽类产品运出；对禽类排泄物、被污染饲料、垫料、污水等按国家规定标准进行无害化处理；对被污染的物品、交通工具、用具、禽舍、场地进行严格彻底消毒。

受威胁区：对易感禽只（未免禽只或免疫未达到免疫保护水平的禽只）实施紧急强制免疫，确保达到免疫保护水平；对禽类实行疫情监测和免疫效果监测。

4.2.4 紧急监测

对疫区、受威胁区内的禽群必须进行临床检查和血清学监测。

4.2.5 疫源分析与追踪调查

根据流行病学调查结果，分析疫源及其可能扩散、流行的情况。对可能存在的传染源，以及在疫情潜伏期和发病期间售（运）出的禽类及其产品、可疑污染物（包括粪便、垫料、饲料等）等应当立即开展追踪调查，一经查明立即按照GB 16548规定进行无害化处理。

4.2.6 封锁令的解除

疫区内没有新的病例发生，疫点内所有病死禽、被扑杀的同群禽及其禽类产品按规定处理21d后，对有关场所和物品进行彻底消毒，经动物防疫监督机构审验合格后，由当地兽医主管部门提出申请，由原发布封锁令的人民政府发布解除封锁令。

4.2.7 处理记录

对处理疫情的全过程必须做好详细的记录（包括文字、图片和影像等），并完整建档。

5. 预防

以免疫为主，采取"扑杀与免疫相结合"的综合性防治措施。

5.1 饲养管理与环境控制

饲养、生产、经营等场所必须符合《动物防疫条件审核管理办法》（农业部［2002］15号令）规定的动物防疫条件，并加强种禽调运检疫管理。饲养场实行全进全出饲养方式，控制人员、车辆和相关物品出入，严格执行清洁和消毒程序。

养禽场要设有防止外来禽鸟进入的设施，并有健全的灭鼠设施和措施。

5.2 消毒

各饲养场、屠宰厂（场）、动物防疫监督检查站等要建立严格的卫生（消毒）管理制度。禽舍、禽场环境、用具、饮水等应进行定期严格消毒；养禽场出入口处应设置消毒池，内置有效消毒剂。

5.3 免疫

国家对新城疫实施全面免疫政策。免疫按农业部制定的免疫方案规定的程序进行。

所用疫苗必须是经国务院兽医主管部门批准使用的新城疫疫苗。

5.4 监测

5.4.1 由县级以上动物防疫监督机构组织实施。

5.4.2 监测方法

未免疫区域：流行病学调查、血清学监测，结合病原学监测。

已免疫区域：以病原学监测为主，结合血清学监测。

5.4.3 监测对象：鸡、火鸡、鹅、鹌鹑、鸽、鸭等易感禽类。

5.4.4 监测范围和比例

5.4.4.1 对所有原种、曾祖代、祖代和父母代养禽场，及商品代养禽场每年要进行两次监测；散养禽不定期抽检。

5.4.4.2 血清学监测：原种、曾祖代、祖代和父母代种禽场的监测，每批次按照0.1%的比例采样；有出口任务的规模养殖场，每批次按照0.5%比例进行监测；商品代养禽场，每批次（群）按照0.05%的比例进行监测。每批次（群）监测数量不得少于20份。

饲养场（户）可参照上述比例进行检测。

5.4.4.3 病原学监测：每群采10只以上禽的气管和泄殖腔棉拭子，放在同一容器内，混合为一个样品进行检测。

5.4.4.4 监测预警

各级动物防疫监督机构对监测结果及相关信息进行风险分析，做好预警预报。

5.4.4.5 监测结果处理

监测结果要及时汇总，由省级动物防疫监督机构定期上报中国动物疫病预防控制中心。

5.5 检疫

5.5.1 按照 GB 16550 执行。

5.5.2 国内异地引入种禽及精液、种蛋时，应取得原产地动物防疫监督机构的检疫合格证明。到达引入地后，种禽必须隔离饲养 21d 以上，并由当地动物防疫监督机构进行检测，合格后方可混群饲养。

从国外引入种禽及精液、种蛋时，按国家有关规定执行。

6. 控制和消灭标准

6.1 免疫无新城疫区

6.1.1 该区域首先要达到国家无规定疫病区基本条件。

6.1.2 有定期和快速（翔实）的动物疫情报告记录。

6.1.3 该区域在过去 3 年内未发生过新城疫。

6.1.4 该区域和缓冲带实施强制免疫，免疫密度 100%，所用疫苗必须符合国家兽医主管部门规定的弱毒疫苗（ICPI 小于或等于 0.4）或灭活疫苗。

6.1.5 该区域和缓冲带须具有运行有效的监测体系，过去 3 年内实施疫病和免疫效果监测，未检出 ICPI 大于 0.4 的病原，免疫效果确实。

6.1.6 若免疫无疫区内发生新城疫时，在具备有效的疫情监测条件下，对最后一例病禽扑杀后 6 个月，方可重新申请免疫无新城疫区。

6.1.7 所有的报告、记录等材料翔实、准确和齐全。

6.2 非免疫无新城疫区

6.2.1 该区域首先要达到国家无规定疫病区基本条件。

6.2.2 有定期和快速（翔实）的动物疫情报告记录。

6.2.3 在过去 3 年内没有发生过新城疫，并且在过去 6 个月内，没有进行过免疫接种；另外，该地区在停止免疫接种后，没有引进免疫接种过的禽类。

6.2.4 在该区具有有效的监测体系和监测带，过去 3 年内实施疫病监测，未检出 ICPI 大于 0.4 的病原或新城疫 HI 试验滴度小于 23。

6.2.5 当发生疫情后，重新达到无疫区须做到：采取扑杀措施及血清学监测情况下最后一例病例被扑杀 3 个月后，或采取扑杀措施、血清学监测及紧急免疫情况下最后一只免疫禽被屠宰后 6 个月后重新执行（认定），并达到 6.2.3、6.2.4 的规定。

6.2.6 所有的报告、记录等材料翔实、准确和齐全。

附件 1

样品的采集、保存及运输

1.1 样品采集

1.1.1 采集原则。采集样品时，必须严格按照无菌程序操作。采自于不同发病禽或死亡禽的病料应分别保存和标记。每群至少采集 5 只发病禽或死亡禽的样品。

1.1.2 样品内容

发病禽：采集气管拭子和泄殖腔拭子（或粪便）；

死亡禽：以脑为主；也可采集脾、肺、气囊等组织。

1.2 样品保存

1.2.1 样品置于样品保存液（0.01mol/L PBS 溶液，含抗生素且 pH 为 7.0~7.4）中，抗生素视样品种类和情况而定。对组织和气管拭子保存液应含青霉素（1 000IU/ml）、链霉素（1mg/ml），或卡那霉素（50μg/ml）、制霉菌素（1 000IU/ml）；对泄殖腔拭子（或粪便）保存液的抗菌素浓度应提高 5 倍。

1.2.2 采集的样品应尽快处理，如果没有处理条件，样品可在 4℃ 保存 4d；若超过 4d，需置 –20℃ 保存。

1.3 样品运输

所有样品必须置于密闭容器，并贴有详细标签，以最快捷的方式送检（如：航空快递等）。如果在 24h 内无法送达，则应用干冰致冷送检。

1.4 样品采集、保存及运输按照《高致病性动物病原微生物菌（毒）种或者样本运输包装规范》（农业部公告第 503 号）执行。

附件 2

消 毒

1. 消毒前的准备

1.1 消毒前必须清除有机物、污物、粪便、饲料、垫料等；

1.2 消毒药品必须选用对新城疫病毒有效的，如烧碱、醛类、氧化剂类、氯制剂类、双季铵盐类等；

1.3 备有喷雾器、火焰喷射枪、消毒车辆、消毒防护用具（如口罩、手套、防护靴等）、消毒容器等；

1.4 注意消毒剂不可混用（配伍禁忌）。

2. 消毒范围

禽舍地面及内外墙壁，舍外环境；饲养、饮水等用具，运输等设施设备以及其他一切可能被污染的场所和设施设备。

3. 消毒方法

3.1 金属设施设备的消毒，可采取火焰、熏蒸等方法消毒；

3.2 棚舍、场地、车辆等，可采用消毒液清洗、喷洒等方法消毒；

3.3 养禽场的饲料、垫料等，可采取深埋发酵处理或焚烧等方法消毒；

3.4 粪便等可采取堆积密封发酵或焚烧等方法消毒；

3.5 饲养、管理人员可采取淋浴等方法消毒；

3.6 衣、帽、鞋等可能被污染的物品，可采取浸泡、高压灭菌等方法消毒；

3.7 疫区范围内办公室、饲养人员的宿舍、公共食堂等场所，可采用喷洒的方法消毒；

3.8 屠宰加工、贮藏等场所以及区域内池塘等水域的消毒可采取相应的方法进行，并避免造成有害物质的污染。

第五节　猪链球菌病防治技术规范

猪链球菌病（Swine streptococosis）是由溶血性链球菌引起的人畜共患疾病，该病是我国规定的二类动物疾病。

各地猪链球菌病防治工作，保护畜牧业发展和人的健康安全，根据《中华人民共和国动物防疫法》和《国家突发重大动物疫情应急预案》等有关规定，制定本规范

1. 适用范围

本规范规定了猪链球菌病的诊断、疫情报告、疫情处理、防治措施。

本规范适用于中华人民共和国境内的一切从事生猪饲养、屠宰、运输和生猪产品加工、储藏、销售、运输，以及从事动物防疫活动的单位和个人。

2. 诊断

根据流行特点、临床症状、病理变化、实验室检验等作出诊断。

2.1 流行特点

猪、马属动物、牛、绵羊、山羊、鸡、兔、水貂等以及一些水生动物均有易感染性。不同年龄、品种和性别猪均易感。猪链球菌也可感染人。

本菌除广泛存在于自然界外，也常存在于正常动物和人的呼吸道、消化道、生殖道等。感染发病动物的排泄物、分泌物、血液、内脏器官及关节内均有病原体存在。病猪和带菌猪是本病的主要传染源，对病死猪的处置不当和运输工具的污染是造成本病传播的重要因素。

本病主要经消化道、呼吸道和损伤的皮肤感染。

本病一年四季均可发生，夏秋季多发。呈地方性流行，新疫区可呈暴发流行，发病率和死亡率较高。老疫区多呈散发，发病率和死亡率较低。

2.2　临床症状

2.2.1　本规范规定本病的潜伏期为7d。

2.2.2　可表现为败血型、脑膜炎型和淋巴结脓肿型等类型。

2.2.2.1　败血型：分为最急性、急性和慢性三类。

最急性型发病急、病程短，常无任何症状即突然死亡。体温高达41～43℃，呼吸迫促，多在24h内死于败血症。

急性型多突然发生，体温升高40～43℃，呈稽留热。呼吸迫促，鼻镜干燥，从鼻腔中流出浆液性或脓性分泌物。结膜潮红，流泪。颈部、耳廓、腹下及四肢下端皮肤呈紫红色，并有出血点。多在1～3d死亡。

慢性型表现为多发性关节炎。关节肿胀，跛行或瘫痪，最后因衰弱、麻痹致死。

2.2.2.2　脑膜炎型：以脑膜炎为主，多见于仔猪。主要表现为神经症状，如磨牙、口吐白沫，转圈运动，抽搐、倒地四肢划动似游泳状，最后麻痹而死。病程短的几小时，长的1～5d，致死率极高。

2.2.2.3　淋巴结脓肿型：以颌下、咽部、颈部等处淋巴结化脓和形成脓肿为特征。

2.3　病理变化

2.3.1　败血型：剖检可见鼻黏膜紫红色、充血及出血，喉头、气管充血，常有大量泡沫。肺充血肿胀。全身淋巴结有不同程度的肿大、充血和出血。脾肿大1～3倍，呈暗红色，边缘有黑红色出血性梗死区。胃和小肠黏膜有不同程度的充血和出血，肾肿大、充血和出血，脑膜充血和出血，有的脑切面可见针尖大的出血点。

2.3.2　脑膜炎型：剖检可见脑膜充血、出血甚至溢血，个别脑膜下积液，脑组织切面有点状出血，其他病变与败血型相同。

2.3.3　淋巴结脓肿型：剖检可见关节腔内有黄色胶胨样或纤维素性、脓性渗出物，淋巴结脓肿。有些病例心瓣膜上有菜花样赘生物。

2.4　实验室检验

2.4.1　涂片镜检：组织触片或血液涂片，可见革兰氏阳性球形或卵圆形细菌，无芽孢，有的可形成荚膜，常呈单个、双连的细菌，偶见短链排列。

2.4.2　分离培养：该菌为需氧或兼性厌氧，在血液琼脂平板上接种，37℃培养24h，形成无色露珠状细小菌落，菌落周围有溶血现象。镜检可见长短不一链状排列的细菌。

2.4.3 必要时用 PCR 方法进行菌型鉴定。

2.5 结果判定

2.5.1 下列情况之一判定为疑似猪链球菌病。

2.5.1.1 符合临床症状 2.2.2.1、2.2.2.2、2.2.2.3 之一的。

2.5.1.2 符合剖检病变 2.3.1、2.3.2、2.3.3 之一的。

2.5.2 确诊 符合 2.5.1.1、2.5.1.2 之一，且符合 2.4.1、2.4.2、2.4.3 之一的。

3. 疫情报告

3.1 任何单位和个人发现患有本病或疑似本病的猪，都应当及时向当地动物防疫监督机构报告。

3.2 当地动物防疫监督机构接到疫情报告后，按国家动物疫情报告管理的有关规定上报。

3.3 疫情确诊后，动物防疫监督机构应及时上报同级兽医行政主管部门，由兽医行政主管部门通报同级卫生部门。

4. 疫情处理

根据流行病学、临床症状、剖检病变，结合实验室检验做出的诊断结果可作为疫情处理的依据。

4.1 发现疑似猪链球菌病疫情时，当地动物防疫监督机构要及时派员到现场进行流行病学调查、临床症状检查等，并采样送检。确认为疑似猪链球菌病疫情时，应立即采取隔离、限制移动等防控措施。

4.2 当确诊发生猪链球菌病疫情时，按下列要求处理。

4.2.1 划定疫点、疫区、受威胁区

由所在地县级以上兽医行政主管部门划定疫点、疫区、受威胁区。

疫点：指患病猪所在地点。一般是指患病猪及同群畜所在养殖场（户组）或其他有关屠宰、经营单位。

疫区：指以疫点为中心，半径 1km 范围内的区域。在实际划分疫区时，应考虑当地饲养环境和自然屏障（如河流、山脉等）以及气象因素，科学确定疫区范围。

受威胁区：指疫区外延伸 3km 范围内的区域。

4.2.2 本病呈零星散发时，应对病猪作无血扑杀处理，对同群猪立即进行强制免疫接种或用药物预防，并隔离观察 14d。必要时对同群猪进行扑杀处理。对被扑杀的猪、病死猪及排泄物、可能被污染饲料、污水等按有关规定进行无害化处理；对可能被污染的物品、交通工具进行严格彻底消毒。疫区、受威胁区所有易感动物进行紧急免疫接种。

4.2.3　本病呈暴发流行时（一个乡镇30d内发现50头以上病猪、或者2个以上乡镇发生），由省级动物防疫监督机构用 PCR 方法进行菌型鉴定，同时报请县级人民政府对疫区实行封锁；县级人民政府在接到封锁报告后，应在24h内发布封锁令，并对疫区实施封锁。疫点、疫区和受威胁区采取的处理措施如下：

4.2.3.1　疫点：出入口必须设立消毒设施。限制人、畜、车辆进出和动物产品及可能受污染的物品运出。对疫点内畜舍、场地以及所有运载工具、饮水用具等必须进行严格彻底地消毒。

4.2.3.2　疫区：交通要道建立动物防疫监督检查站，派专人监管动物及其产品的流动，对进出人员、车辆须进行消毒。停止疫区内生猪的交易、屠宰、运输、移动。对畜舍、道路等可能污染的场所进行消毒。对疫区内的所有易感动物进行紧急免疫接种。

4.2.3.3　受威胁区：对受威胁区内的所有易感动物进行紧急免疫接种。对猪舍、场地以及所有运载工具、饮水用具等进行严格彻底地消毒。

4.2.4　无害化处理

对所有病死猪、被扑杀猪及可能被污染的产品（包括猪肉、内脏、骨、血、皮、毛等）按照 GB 16548《畜禽病害肉尸及其产品无害化处理规程》执行；对于猪的排泄物和被污染或可能被污染的垫料、饲料等物品均需进行无害化处理。猪尸体需要运送时，应使用防漏容器，并在动物防疫监督机构的监督下实施。

4.2.5　紧急预防

4.2.5.1　对疫点内的同群健康猪和疫区内的猪，可使用高敏抗菌药物进行紧急预防性给药。

4.2.5.2　对疫区和受威胁区内的所有猪按使用说明进行紧急免疫接种，建立免疫档案。

4.2.6　进行疫源分析和流行病学调查。

4.2.7　封锁令的解除

疫点内所有猪及其产品按规定处理后，在动物防疫监督机构的监督指导下，对有关场所和物品进行彻底消毒。最后一头病猪扑杀14d后，经动物防疫监督机构审验合格，由当地兽医行政管理部门向原发布封锁令的同级人民政府申请解除封锁。

4.2.8　处理记录

对处理疫情的全过程必须做好完整的详细记录，以备检查。

5. 参与处理疫情的有关人员，应穿防护服、胶鞋、戴口罩和手套，做好自身防护。

第六节 高致病性猪蓝耳病防治技术规范

高致病性猪蓝耳病是由猪繁殖与呼吸综合征（俗称蓝耳病）病毒变异株引起的一种急性高致死性疫病。仔猪发病率可达100%、死亡率可达50%以上，母猪流产率可达30%以上，育肥猪也可发病死亡是其特征。

为及时、有效地预防、控制和扑灭高致病性猪蓝耳病疫情，依据《中华人民共和国动物防疫法》、《重大动物疫情应急条例》和《国家突发重大动物疫情应急预案》及有关的法律法规，制定本规范。

1 适用范围本规范规定了高致病性猪蓝耳病诊断、疫情报告、疫情处置、预防控制、检疫监督的操作程序与技术标准。

本规范适用于中华人民共和国境内一切与高致病性猪蓝耳病防治活动有关的单位和个人。

2 诊断

2.1 诊断指标

2.1.1 临床指标体温明显升高，可达41℃以上；眼结膜炎、眼睑水肿；咳嗽、气喘等呼吸道症状；部分猪后躯无力、不能站立或共济失调等神经症状；仔猪发病率可达100%、死亡率可达50%以上，母猪流产率可达30%以上，成年猪也可发病死亡。

2.1.2 病理指标可见脾脏边缘或表面出现梗死灶，显微镜下见出血性梗死；肾脏呈土黄色，表面可见针尖至小米粒大出血点斑，皮下、扁桃体、心脏、膀胱、肝脏和肠道均可见出血点和出血斑。显微镜下见肾间质性炎，心脏、肝脏和膀胱出血性、渗出性炎等病变；部分病例可见胃肠道出血、溃疡、坏死。

2.1.3 病原学指标

2.1.3.1 高致病性猪蓝耳病病毒分离鉴定阳性。

2.1.3.2 高致病性猪蓝耳病病毒反转录聚合酶链式反应（RT-PCR）检测阳性。

2.2 结果判定

2.2.1 疑似结果符合2.1.1和2.1.2，判定为疑似高致病性猪蓝耳病。

2.2.2 确诊符合2.2.1，且符合2.1.3.1和2.1.3.2之一的，判定为高致病性猪蓝耳病。

3. 疫情报告

3.1 任何单位和个人发现猪出现急性发病死亡情况，应及时向当地动物疫控机构报告。

3.2 当地动物疫控机构在接到报告或了解临床怀疑疫情后，应立即派员到现场进行初步调查核实，符合2.2.1 规定的，判定为疑似疫情。

3.3 判定为疑似疫情时，应采集样品进行实验室诊断，必要时送省级动物疫控机构或国家指定实验室。

3.4 确认为高致病性猪蓝耳病疫情时，应在2h内将情况逐级报至省级动物疫控机构和同级兽医行政管理部门。省级兽医行政管理部门和动物疫控机构按有关规定向农业部报告疫情。

3.5 国务院兽医行政管理部门根据确诊结果，按规定公布疫情。

4. 疫情处置

4.1 疑似疫情的处置对发病场/户实施隔离、监控，禁止生猪及其产品和有关物品移动，并对其内、外环境实施严格的消毒措施。对病死猪、污染物或可疑污染物进行无害化处理。必要时，对发病猪和同群猪进行扑杀并无害化处理。

4.2 确认疫情的处置

4.2.1 划定疫点、疫区、受威胁区

由所在地县级以上兽医行政管理部门划定疫点、疫区、受威胁区。

疫点：为发病猪所在的地点。规模化养殖场/户，以病猪所在的相对独立的养殖圈舍为疫点；散养猪以病猪所在的自然村为疫点；在运输过程中，以运载工具为疫点；在市场发现疫情，以市场为疫点；在屠宰加工过程中发现疫情，以屠宰加工厂/场为疫点。

疫区：指疫点边缘向外延3km范围内的区域。根据疫情的流行病学调查、免疫状况、疫点周边的饲养环境、天然屏障（如河流、山脉等）等因素综合评估后划定。

受威胁区：由疫区边缘向外延伸5km的区域划为受威胁区。

4.2.2 封锁疫区由当地兽医行政管理部门向当地县级以上人民政府申请发布封锁令，对疫区实施封锁：在疫区周围设置警示标志；在出入疫区的交通路口设置动物检疫消毒站，对出入的车辆和有关物品进行消毒；关闭生猪交易市场，禁止生猪及其产品运出疫区。必要时，经省级人民政府批准，可设立临时监督检查站，执行监督检查任务。

4.2.3 疫点应采取的措施扑杀所有病猪和同群猪；对病死猪、排泄物、被污染饲料、垫料、污水等进行无害化处理；对被污染的物品、交通工具、用具、猪舍、场地等进行彻底消毒。

4.2.4 疫区应采取的措施对被污染的物品、交通工具、用具、猪舍、场地等进行彻底消毒；对所有生猪用高致病性猪蓝耳病灭活疫苗进行紧急强化免疫，并加强疫情监测。

4.2.5 受威胁区应采取的措施对受威胁区所有生猪用高致病性猪蓝耳病灭活疫苗进行紧急强化免疫，并加强疫情监测。

4.2.6 疫源分析与追踪调查开展流行病学调查，对病原进行分子流行病学分析，对疫情进行溯源和扩散风险评估。

4.2.7 解除封锁疫区内最后一头病猪扑杀或死亡后14d以上，未出现新的疫情；在当地动物疫控机构的监督指导下，对相关场所和物品实施终末消毒。经当地动物疫控机构审验合格，由当地兽医行政管理部门提出申请，由原发布封锁令的人民政府宣布解除封锁。

4.3 疫情记录对处理疫情的全过程必须做好完整翔实的记录（包括文字、图片和影像等），并归档。

5. 预防控制

5.1 监测

5.1.1 监测主体县级以上动物疫控机构。

5.1.2 监测方法流行病学调查、临床观察、病原学检测。

5.1.3 监测范围5.1.3.1 养殖场/户，交易市场、屠宰厂/场、跨县调运的生猪。

5.1.3.2 对种猪场、隔离场、边境、近期发生疫情及疫情频发等高风险区域的生猪进行重点监测。

5.1.4 监测预警各级动物疫控机构对监测结果及相关信息进行风险分析，做好预警预报。

农业部指定的实验室对分离到的毒株进行生物学和分子生物学特性分析与评价，及时向国务院兽医行政管理部门报告。

5.1.5 监测结果处理按照《国家动物疫情报告管理办法》的有关规定将监测结果逐级汇总上报至国家动物疫控机构。

5.2 免疫

5.2.1 对所有生猪用高致病性猪蓝耳病灭活疫苗进行免疫，免疫方案见《猪病免疫推荐方案（试行）》。发生高致病性猪蓝耳病疫情时，用高致病性猪蓝耳病灭活疫苗进行紧急强化免疫。

5.2.2 养殖场/户必须按规定建立完整免疫档案，包括免疫登记表、免疫证、畜禽标识等。

5.2.3　各级动物疫控机构定期对免疫猪群进行免疫抗体水平监测，根据群体抗体水平消长情况及时加强免疫。

5.3　加强饲养管理，实行封闭饲养，建立健全各项防疫制度，做好消毒、杀虫灭鼠等工作。

6. 检疫监督

6.1　产地检疫生猪在离开饲养地之前，养殖场/户必须向当地动物卫生监督机构报检。动物卫生监督机构接到报检后必须及时派员到场/户实施检疫。检疫合格后，出具合格证明；对运载工具进行消毒，出具消毒证明，对检疫不合格的按照有关规定处理。

6.2　屠宰检疫动物卫生监督机构的检疫人员对生猪进行验证查物，合格后方可入厂/场屠宰。检疫合格并加盖（封）检疫标识后方可出厂/场，不合格的按有关规定处理。

6.3　种猪异地调运检疫跨省调运种猪时，应先到调入地省级动物卫生监督机构办理检疫审批手续，调出地按照规范进行检疫，检疫合格方可调运。到达后须隔离饲养14d以上，由当地动物卫生监督机构检疫合格后方可投入使用。

6.4　监督管理

6.4.1　动物卫生监督机构应加强流通环节的监督检查，严防疫情扩散。生猪及产品凭检疫合格证（章）和畜禽标识运输、销售。

6.4.2　生产、经营动物及动物产品的场所，必须符合动物防疫条件，取得动物防疫合格证。当地动物卫生监督机构应加强日常监督检查。

6.4.3　任何单位和个人不得随意处置及转运、屠宰、加工、经营、食用病（死）猪及其产品。

第七节　布鲁氏菌病防治技术规范

布鲁氏菌病（Brucellosis，也称布氏杆菌病，以下简称布病）是由布鲁氏菌属细菌引起的人兽共患的常见传染病。我国将其列为二类动物疫病。

为了预防、控制和净化布病，依据《中华人民共和国动物防疫法》及有关的法律法规，制定本规范。

1. 适用范围

本规范规定了动物布病的诊断、疫情报告、疫情处理、防治措施、控制和净化标准。

本规范适用于中华人民共和国境内一切从事饲养、经营动物和生产、经营动物产品，以及从事动物防疫活动的单位和个人。

2. 诊断

2.1 流行特点

多种动物和人对布鲁氏菌易感。

布鲁氏菌属的6个种和主要易感动物见下表：

布鲁氏菌属种类	主要易感动物
羊种布鲁氏菌（Brucella melitensis）	羊、牛
牛种布鲁氏菌（Brucella abortus）	牛、羊
猪种布鲁氏菌（Brucella suis）	猪
绵羊附睾种布鲁氏菌（Brucella ovis）	绵羊
犬种布鲁氏菌（Brucella canis）	犬
沙林鼠种布鲁氏菌（Brucella neotomae）	沙林鼠

布鲁氏菌是一种细胞内寄生的病原菌，主要侵害动物的淋巴系统和生殖系统。病畜主要通过流产物、精液和乳汁排菌，污染环境。

羊、牛、猪的易感性最强。母畜比公畜，成年畜比幼年畜发病多。在母畜中，第一次妊娠母畜发病较多。带菌动物，尤其是病畜的流产胎儿、胎衣是主要传染源。消化道、呼吸道、生殖道是主要的感染途径，也可通过损伤的皮肤、黏膜等感染。常呈地方性流行。

人主要通过皮肤、黏膜、消化道和呼吸道感染，尤其以感染羊种布鲁氏菌、牛种布鲁氏菌最为严重。猪种布鲁氏菌感染人较少见，犬种布鲁氏菌感染人罕见，绵羊附睾种布鲁氏菌、沙林鼠种布鲁氏菌基本不感染人。

2.2 临床症状

潜伏期一般为 14~180d。

最显著症状是怀孕母畜发生流产，流产后可能发生胎衣滞留和子宫内膜炎，从阴道流出污秽不洁、恶臭的分泌物。新发病的畜群流产较多；老疫区畜群发生流产的较少，但发生子宫内膜炎、乳房炎、关节炎、胎衣滞留、久配不孕的较多。公畜往往发生睾丸炎、附睾炎或关节炎。

2.3 病理变化

主要病变为生殖器官的炎性坏死，脾、淋巴结、肝、肾等器官形成特征性肉芽肿（布病结节）。有的可见关节炎。胎儿主要呈败血症病变，浆膜和黏膜有出血点和出血斑，皮下结缔组织发生浆液性、出血性炎症。

2.4 实验室诊断

2.4.1 病原学诊断

2.4.1.1 显微镜检查

采集流产胎衣、绒毛膜水肿液、肝、脾、淋巴结、胎儿胃内容物等组织，制成抹片，用柯兹罗夫斯基染色法染色，镜检，布鲁氏菌为红色球杆状小杆菌，而其他菌为蓝色。

2.4.1.2 分离培养

新鲜病料可用胰蛋白琼脂斜面或血液琼脂斜面、肝汤琼脂斜面、3%甘油0.5%葡萄糖肝汤琼脂斜面等培养基培养；若为陈旧病料或污染病料，可用选择性培养基培养。培养时，一份在普通条件下，另一份放于含有5%~10%二氧化碳的环境中，37℃培养7~10d。然后进行菌落特征检查和单价特异性抗血清凝集试验。为使防治措施有更好的针对性，还需做种型鉴定。

如病料被污染或含菌极少时，可将病料用生理盐水稀释5~10倍，健康豚鼠腹腔内注射0.1~0.3ml/只。如果病料腐败时，可接种于豚鼠的股内侧皮下。接种后4~8周，将豚鼠扑杀，从肝、脾分离培养布鲁氏菌。

2.4.2 血清学诊断

2.4.2.1 虎红平板凝集试验（RBPT）（见 GB/T 18646）

2.4.2.2 全乳环状试验（MRT）（见 GB/T 18646）

2.4.2.3 试管凝集试验（SAT）（见 GB/T 18646）

2.4.2.4 补体结合试验（CFT）（见 GB/T 18646）

2.5 结果判定

县级以上动物防疫监督机构负责布病诊断结果的判定。

2.5.1 具有2.1、2.2和2.3时，判定为疑似疫情。

2.5.2 符合2.5.1，且2.4.1.1或2.4.1.2阳性时，判定为患病动物。

2.5.3 未免疫动物的结果判定如下：

2.5.3.1 2.4.2.1或2.4.2.2阳性时，判定为疑似患病动物。

2.5.3.2 2.4.1.2或2.4.2.3或2.4.2.4阳性时，判定为患病动物。

2.5.3.3 符合2.5.3.1但2.4.2.3或2.4.2.4阴性时，30d后应重新采样检测，2.4.2.1或2.4.2.3或2.4.2.4阳性的判定为患病动物。

3. 疫情报告

3.1 任何单位和个人发现疑似疫情，应当及时向当地动物防疫监督机构报告。

3.2 动物防疫监督机构接到疫情报告并确认后，按《动物疫情报告管理办法》及有关规定及时上报。

4. 疫情处理

4.1　发现疑似疫情，畜主应限制动物移动；对疑似患病动物应立即隔离。

4.2　动物防疫监督机构要及时派员到现场进行调查核实，开展实验室诊断。确诊后，当地人民政府组织有关部门按下列要求处理：

4.2.1　扑杀

对患病动物全部扑杀。

4.2.2　隔离

对受威胁的畜群（病畜的同群畜）实施隔离，可采用圈养和固定草场放牧两种方式隔离。

隔离饲养用草场，不要靠近交通要道，居民点或人畜密集的地区。场地周围最好有自然屏障或人工栅栏。

4.2.3　无害化处理

患病动物及其流产胎儿、胎衣、排泄物、乳、乳制品等，按照 GB 16548—2006《病害动物与病害动物产品安全处理规程》进行无害化处理。

4.2.4　流行病学调查及检测

开展流行病学调查和疫源追踪；对同群动物进行检测。

4.2.5　消毒

对患病动物污染的场所、用具、物品严格进行消毒。

饲养场的金属设施、设备可采取火焰、熏蒸等方式消毒；养畜场的圈舍、场地、车辆等，可选用2%烧碱等有效消毒药消毒；饲养场的饲料、垫料等，可采取深埋发酵处理或焚烧处理；粪便消毒采取堆积密封发酵方式。皮毛消毒用环氧乙烷、福尔马林熏蒸等。

4.2.6　发生重大布病疫情时，当地县级以上人民政府应按照《重大动物疫情应急条例》有关规定，采取相应的扑灭措施。

5. 预防和控制

非疫区以监测为主；稳定控制区以监测净化为主；控制区和疫区实行监测、扑杀和免疫相结合的综合防治措施。

5.1　免疫接种

5.1.1　范围　疫情呈地方性流行的区域，应采取免疫接种的方法。

5.1.2　对象　免疫接种范围内的牛、羊、猪、鹿等易感动物。根据当地疫情，确定免疫对象。

5.1.3　疫苗选择　布病疫苗 S2 株（以下简称 S2 疫苗）、M5 株（以下简称 M5 疫苗）、S19 株（以下简称 S19 疫苗）以及经农业部批准生产的其他疫苗。

5.2　监测

5.2.1　监测对象和方法

监测对象：牛、羊、猪、鹿等动物。

监测方法：采用流行病学调查、血清学诊断方法，结合病原学诊断进行监测。

5.2.2　监测范围、数量

免疫地区：对新生动物、未免疫动物、免疫一年半或口服免疫一年以后的动物进行监测（猪可在口服免疫半年后进行）。监测至少每年进行一次，牧区县抽检300头（只）以上，农区和半农半牧区抽检200头（只）以上。

非免疫地区：监测至少每年进行一次。达到控制标准的牧区县抽检1 000头（只）以上，农区和半农半牧区抽检500头（只）以上；达到稳定控制标准的牧区县抽检500头（只）以上，农区和半农半牧区抽检200头（只）以上。

所有的奶牛、奶山羊和种畜每年应进行两次血清学监测。

5.2.3　监测时间

对成年动物监测时，猪、羊在5月龄以上，牛在8月龄以上，怀孕动物则在第1胎产后半个月至1个月间进行；对S2、M5、S19疫苗免疫接种过的动物，在接种后18个月（猪接种后6个月）进行。

5.2.4　监测结果的处理

按要求使用和填写监测结果报告，并及时上报。

判定为患病动物时，按第4项规定处理。

5.3　检疫

异地调运的动物，必须来自于非疫区，凭当地动物防疫监督机构出具的检疫合格证明调运。

动物防疫监督机构应对调运的种用、乳用、役用动物进行实验室检测。检测合格后，方可出具检疫合格证明。调入后应隔离饲养30d，经当地动物防疫监督机构检疫合格后，方可解除隔离。

5.4　人员防护

饲养人员每年要定期进行健康检查。发现患有布病的应调离岗位，及时治疗。

5.5　防疫监督

布病监测合格应为奶牛场、种畜场《动物防疫合格证》发放或审验的必备条件。动物防疫监督机构要对辖区内奶牛场、种畜场的检疫净化情况监督检查。

鲜奶收购点（站）必须凭奶牛健康证明收购鲜奶。

6. 控制和净化标准

6.1 控制标准

6.1.1 县级控制标准

连续 2 年以上具备以下 3 项条件：

6.1.1.1 对未免疫或免疫 18 个月后的动物，牧区抽检 3 000 份以上血清，农区和半农半牧区抽检 1 000 份以上血清，用试管凝集试验或补体结合试验进行检测。

试管凝集试验阳性率：羊、鹿 0.5% 以下，牛 1% 以下，猪 2% 以下。

补体结合试验阳性率：各种动物阳性率均在 0.5% 以下。

6.1.1.2 抽检羊、牛、猪流产物样品共 200 份以上（流产物数量不足时，补检正常产胎盘、乳汁、阴道分泌物或屠宰畜脾脏），检不出布鲁氏菌。

6.1.1.3 患病动物均已扑杀，并进行无害化处理。

6.1.2 市级控制标准

全市所有县均达到控制标准。

6.1.3 省级控制标准

全省所有市均达到控制标准。

6.2 稳定控制标准

6.2.1 县级稳定控制标准

按控制标准的要求的方法和数量进行，连续 3 年以上具备以下 3 项条件：

6.2.1.1 羊血清学检查阳性率在 0.1% 以下、猪在 0.3% 以下；牛、鹿在 0.2% 以下。

6.2.1.2 抽检羊、牛、猪等动物样品材料检不出布鲁氏菌。

6.2.1.3 患病动物全部扑杀，并进行了无害化处理。

6.2.2 市级稳定控制标准

全市所有县（区）均达到稳定控制标准。

6.2.3 省级稳定控制标准

全省所有市均达到稳定控制标准。

6.3 净化标准

6.3.1 县级净化标准

按控制标准要求的方法和数量进行，连续 2 年以上具备以下 2 项条件：

6.3.1.1 达到稳定控制标准后，全县范围内连续两年无布病疫情。

6.3.1.2 用试管凝集试验或补体结合试验进行检测，全部阴性。

6.3.2　市级净化标准

全市所有县均达到净化标准。

6.3.3　省级净化标准

全省所有市均达到净化标准。

6.3.4　全国净化标准

全国所有省（市、自治区）均达到净化标准。

第八节　牛结核病防治技术规范

牛结核病（Bovine Tuberculosis）是由牛型结核分枝杆菌（Mycobacterium bovis）引起的一种人兽共患的慢性传染病，我国将其列为二类动物疫病。

为了预防、控制和净化牛结核病，根据《中华人民共和国动物防疫法》及有关的法律法规，特制定本规范。

1. 适用范围

本规范规定了牛结核病的诊断、疫情报告、疫情处理、防治措施、控制和净化标准。

本规范适用于中华人民共和国境内从事饲养、生产、经营牛及其产品，以及从事相关动物防疫活动的单位和个人。

2. 诊断

2.1　流行特点

本病奶牛最易感，其次为水牛、黄牛、牦牛。人也可被感染。结核病病牛是本病的主要传染源。牛型结核分枝杆菌随鼻汁、痰液、粪便和乳汁等排出体外，健康牛可通过被污染的空气、饲料、饮水等经呼吸道、消化道等途径感染。

2.2　临床特征

潜伏期一般为3～6周，有的可长达数月或数年。

临床通常呈慢性经过，以肺结核、乳房结核和肠结核最为常见。

肺结核：以长期顽固性干咳为特征，且以清晨最为明显。患畜容易疲劳，逐渐消瘦，病情严重者可见呼吸困难。

乳房结核：一般先是乳房淋巴结肿大，继而后方乳腺区发生局限性或弥漫性硬结，硬结无热无痛，表面凹凸不平。泌乳量下降，乳汁变稀，严重时乳腺萎缩，泌乳停止。

肠结核：消瘦，持续下痢与便秘交替出现，粪便常带血或脓汁。

2.3 病理变化

在肺脏、乳房和胃肠黏膜等处形成特异性白色或黄白色结节。结节大小不一，切面干酪样坏死或钙化，有时坏死组织溶解和软化，排出后形成空洞。胸膜和肺膜可发生密集的结核结节，形如珍珠状。

2.4 实验室诊断

2.4.1 病原学诊断

采集病牛的病灶、痰、尿、粪便、乳及其他分泌物样品，作抹片或集菌处理（见附件）后抹片，用抗酸染色法染色镜检，并进行病原分离培养和动物接种等试验。

2.4.2 免疫学试验

牛型结核分枝杆菌 PPD（提纯蛋白衍生物）皮内变态反应试验（即牛提纯结核菌素皮内变态反应试验）（见 GB/T 18646）。

2.5 结果判定

本病依据流行病学特点、临床特征、病理变化可做出初步诊断。确诊需进一步做病原学诊断或免疫学诊断。

2.5.1 分离出结核分枝杆菌（包括牛结核分枝杆菌、结核分枝杆菌）判为结核病牛。

2.5.2 牛型结核分枝杆菌 PPD 皮内变态反应试验阳性的牛，判为结核病牛。

3. 疫情报告

3.1 任何单位和个人发现疑似病牛，应当及时向当地动物防疫监督机构报告。

3.2 动物防疫监督机构接到疫情报告并确认后，按《动物疫情报告管理办法》及有关规定及时上报。

4. 疫情处理

4.1 发现疑似疫情，畜主应限制动物移动；对疑似患病动物应立即隔离。

4.2 动物防疫监督机构要及时派员到现场进行调查核实，开展实验室诊断。确诊后，当地人民政府组织有关部门按下列要求处理：

4.2.1 扑杀

对患病动物全部扑杀。

4.2.2 隔离

对受威胁的畜群（病畜的同群畜）实施隔离，可采用圈养和固定草场放牧两种方式隔离。

隔离饲养用草场，不要靠近交通要道，居民点或人畜密集的地区。场地周围最好有自然屏障或人工栅栏。

对隔离畜群的结核病净化，按本规范 5.5 规定进行。

4.2.3　无害化处理

病死和扑杀的病畜，要按照 GB 16548—1996《畜禽病害肉尸及其产品无害化处理规程》进行无害化处理。

4.2.4　流行病学调查及检测

开展流行病学调查和疫源追踪；对同群动物进行检测。

4.2.5　消毒

对病畜和阳性畜污染的场所、用具、物品进行严格消毒。

饲养场的金属设施、设备可采取火焰、熏蒸等方式消毒；养畜场的圈舍、场地、车辆等，可选用 2%烧碱等有效消毒药消毒；饲养场的饲料、垫料可采取深埋发酵处理或焚烧处理；粪便采取堆积密封发酵方式，以及其他相应的有效消毒方式。

4.2.6

发生重大牛结核病疫情时，当地县级以上人民政府应按照《重大动物疫情应急条例》有关规定，采取相应的疫情扑灭措施。

5. 预防与控制

采取以"监测、检疫、扑杀和消毒"相结合的综合性防治措施。

5.1　监测

监测对象：牛

监测比例为：种牛、奶牛 100%，规模场肉牛 10%，其他牛 5%，疑似病牛 100%。如在牛结核病净化群中（包括犊牛群）检出阳性牛时，应及时扑杀阳性牛，其他牛按假定健康群处理。

成年牛净化群每年春秋两季用牛型结核分枝杆菌 PPD 皮内变态反应试验各进行一次监测。初生犊牛，应于 20 日龄时进行第一次监测。并按规定使用和填写监测结果报告，及时上报。

5.2　检疫

异地调运的动物，必须来自于非疫区，凭当地动物防疫监督机构出具的检疫合格证明调运。

动物防疫监督机构应对调运的种用、乳用、役用动物进行实验室检测。检测合格后，方可出具检疫合格证明。调入后应隔离饲养 30d，经当地动物防疫监督机构检疫合格后，方可解除隔离。

5.3　人员防护

饲养人员每年要定期进行健康检查。发现患有结核病的应调离岗位，及时治疗。

5.4 防疫监督

结核病监测合格应为奶牛场、种畜场《动物防疫合格证》发放或审验的必备条件。动物防疫监督机构要对辖区内奶牛场、种畜场的检疫净化情况监督检查。

鲜奶收购点（站）必须凭奶牛健康证明收购鲜奶。

5.5 净化措施

被确诊为结核病牛的牛群（场）为牛结核病污染群（场），应全部实施牛结核病净化。

5.5.1 牛结核病净化群（场）的建立

5.5.1.1 污染牛群的处理：应用牛型结核分枝杆菌PPD皮内变态反应试验对该牛群进行反复监测，每次间隔3个月，发现阳性牛及时扑杀，并按照本规范4规定处理。

5.5.1.2 犊牛应于20日龄时进行第一次监测，100～120日龄时，进行第二次监测。凡连续两次以上监测结果均为阴性者，可认为是牛结核病净化群。

5.5.1.3 凡牛型结核分枝杆菌PPD皮内变态反应试验疑似反应者，于42d后进行复检，复检结果为阳性，则按阳性牛处理；若仍呈疑似反应则间隔42d再复检一次，结果仍为可疑反应者，视同阳性牛处理。

5.5.2 隔离

疑似结核病牛或牛型结核分枝杆菌PPD皮内变态反应试验可疑畜须隔离复检。

5.5.3 消毒

5.5.3.1 临时消毒：奶牛群中检出并剔出结核病牛后，牛舍、用具及运动场所等按照4.2.5规定进行紧急处理。

5.5.3.2 经常性消毒：饲养场及牛舍出入口处，应设置消毒池，内置有效消毒剂，如3%～5%来苏尔溶液或20%石灰乳等。消毒药要定期更换，以保证一定的药效。牛舍内的一切用具应定期消毒；产房每周进行一次大消毒，分娩室在临产牛生产前及分娩后各进行一次消毒。

附件

样品集菌方法

痰液或乳汁等样品，由于含菌量较少，如直接涂片镜检往往是阴性结果。此外，在培养或作动物试验时，常因污染杂菌生长较快，使病原结核分枝杆菌被抑制。下列几种消化浓缩方法可使检验标本中蛋白质溶解、杀灭污染杂菌，而结核分枝杆菌因有蜡质外膜而不死亡，并得到浓缩。

1. 硫酸消化法

用4%～6%硫酸溶液将痰、尿、粪或病灶组织等按1∶5之比例加入混合，然后置37℃作用1～2h，经3 000～4 000r/min离心30min，弃上清，取沉淀物涂片镜检、培养和接种动物。也可用硫酸消化浓缩后，在沉淀物中加入3%氢氧化钠中和，然后抹片镜检、培养和接种动物。

2. 氢氧化钠消化法

取氢氧化钠35～40g，钾明矾2g，溴麝香草酚兰20mg（预先用60%酒精配制成0.4%浓度，应用时按比例加入），蒸馏水1 000ml混合，即为氢氧化钠消化液。

将被检的痰、尿、粪便或病灶组织按1∶5的比例加入氢氧化钠消化液中，混匀后，37℃作用2～3h，然后无菌滴加5～10%盐酸溶液进行中和，使标本的pH调到6.8左右（此时显淡黄绿色），以3 000～4 000r/min离心15～20min，弃上清，取沉淀物涂片镜检、培养和接种动物。

在病料中加入等量的4%氢氧化钠溶液，充分振摇5～10min，然后用3 000r/min离心15～20min，弃上清，加1滴酚红指示剂于沉淀物中，用盐酸中和至淡红色，然后取沉淀物涂片镜检、培养和接种动物。

在痰液或小脓块中加入等量的1%氢氧化钠溶液，充分振摇15min，然后用3 000r/min离心30min，取沉淀物涂片镜检、培养和接种动物。

对痰液的消化浓缩也可采用以下较温和的处理方法：取1N（或4%）氢氧化钠水溶液50ml，0.1mol/l柠檬酸钠50ml，N－乙酰－L－半胱氨酸0.5g，混合。取痰一份，加上述溶液2份，作用24～48h，以3 000r/min离心15min，取沉淀物涂片镜检、培养和接种动物。

3. 安替福民（Antiformin）沉淀浓缩法

溶液A：碳酸钠12g、漂白粉8g、蒸馏水80ml。

溶液B：氢氧化钠15g、蒸馏水85ml。

应用时A、B两液等量混合，再用蒸馏水稀释成15%～20%后使用，该溶液须存放于棕色瓶内。

将被检样品置于试管中，加入3～4倍量的15%～20%安替福民溶液，充分摇匀后37℃作用1h，加1～2倍量的灭菌蒸馏水，摇匀，3 000～4 000r/min离心20～30min，弃上清沉淀物加蒸馏水恢复原量后再离心一次，取沉淀物涂片镜检、培养和接种动物。

第九节 猪伪狂犬病防治技术规范

猪伪狂犬病，是由疱疹病毒科猪疱疹病毒I型伪狂犬病毒引起的传染病。我国将其列为二类动物疫病。

为了预防、控制猪伪狂犬病，依据《中华人民共和国动物防疫法》和其他有关法律法规，制定本规范。

1. 适用范围

本规范规定了猪伪狂犬病的诊断、监测、疫情报告、疫情处理、预防与控制。

本规范适用于中华人民共和国境内从事饲养、加工、经营猪及其产品，以及从事相关动物防疫活动的单位和个人。

2. 诊断

2.1 流行特点

本病各种家畜和野生动物（除无尾猿外）均可感染，猪、牛、羊、犬、猫等易感。本病寒冷季节多发。病猪是主要传染源，隐性感染猪和康复猪可以长期带毒。病毒在猪群中主要通过空气传播，经呼吸道和消化道感染，也可经胎盘感染胎儿。

2.2 临床特征

潜伏期一般为3~6d。

母猪感染伪狂犬病病毒后常发生流产、产死胎、弱仔、木乃伊胎等症状。青年母猪和空怀母猪常出现返情而屡配不孕或不发情；公猪常出现睾丸肿胀、萎缩、性功能下降、失去种用能力；新生仔猪大量死亡，15日龄内死亡率可达100%；断奶仔猪发病20%~30%，死亡率为10%~20%。育肥猪表现为呼吸道症状和增重滞缓。

2.3 病理变化

尸体剖检特征不明显，剖检脑膜淤血、出血。病理组织学呈现非化脓性脑炎变化。

2.4 实验室诊断

2.4.1 病原学诊断

2.4.1.1 病毒分离鉴定（见GB/T 18641—2002）

2.4.1.2 聚合酶链式反应诊断（见GB/T 18641—2002）

2.4.1.3 动物接种：采取病猪扁桃体、嗅球、脑桥和肺脏，用生理盐水或PBS液（磷酸盐缓冲液）制成10%悬液，反复冻融3次后离心取上清液接种于家兔皮下或者小鼠脑内，（用于接种的家兔和小白鼠必须事先用 ELISA 检测伪狂犬病病毒抗体阴性者才能使用）家兔经 2～5d 或者小鼠经 2～10d 发病死亡，死亡前注射部位出现奇痒和四肢麻痹。家兔发病时先用舌舔接种部位，以后用力撕咬接种部位，使接种部位被撕咬伤、鲜红、出血，持续 4～6h，病兔衰竭，痉挛，呼吸困难而死亡。小鼠不如家兔敏感，但明显表现兴奋不安、神经症状、奇痒和四肢麻痹而死亡。

2.4.2　血清学诊断

2.4.2.1　微量病毒中和试验（见 GB/T 18641—2002）

2.4.2.2　鉴别 ELISA（见 GB/T 18641—2002）

2.5　结果判定

根据本病的流行特点、临床特征和病理变化可作出初步诊断，确诊需进一步做病原分离鉴定及血清学试验。

2.5.1　符合 2.4.1.1 或 2.4.1.2 或 2.4.2.1 或 2.4.2.2 阳性的，判定为病猪。

2.5.2　2.4.2.2 可疑结果的，按 2.4.1 之一或 2.4.2.1 所规定的方法进行确诊，阳性的判定为病猪。

3. 疫情报告

3.1　任何单位和个人发现患有本病或者怀疑本病的动物，都应当及时向当地动物防疫监督机构报告。

3.2　当地动物防疫监督机构接到疫情报告并确认后，按《动物疫情报告管理办法》及有关规定及时上报。

4. 疫情处理

4.1　发现疑似疫情，畜主应立即限制动物移动，并对疑似患病动物进行隔离。

4.2　当地动物防疫监督机构要及时派员到现场进行调查核实，开展实验室诊断。确诊后，当地人民政府组织有关部门按下列要求处理：

4.2.1　扑杀

对病猪全部扑杀。

4.2.2　隔离

对受威胁的猪群（病猪的同群猪）实施隔离。

4.2.3　无害化处理

患病猪及其产品按照 GB 16548—2006《畜禽病害肉尸及其产品无害化处理规程》进行无害化处理。

4.2.4　流行病学调查及检测

开展流行病学调查和疫源追踪；对同群猪进行检测。

4.2.5 紧急免疫接种

对同群猪进行紧急免疫接种。

4.2.6 消毒

对病猪污染的场所、用具、物品严格进行消毒。

4.2.7 发生重大猪伪狂犬病疫情时，当地县级以上人民政府应按照《重大动物疫情应急条例》有关规定，采取相应的疫情扑灭措施。

5. 预防与控制

5.1 免疫接种

对猪用猪伪狂犬病疫苗，按农业部推荐的免疫程序进行免疫。

5.2 监测

对猪场定期进行监测。监测方法采用鉴别 ELISA 诊断技术，种猪场每年监测 2 次，监测时种公猪（含后备种公猪）应 100%、种母猪（含后备种母猪）按 20% 的比例抽检；商品猪不定期进行抽检；对有流产、产死胎、产木乃伊胎等症状的种母猪 100% 进行检测。

5.3 引种检疫

对出场（厂、户）种猪由当地动物防疫监督机构进行检疫，伪狂犬病病毒感染抗体监测为阴性的猪，方出具检疫合格证明，准予出场（厂、户）。

种猪进场后，须隔离饲养 30d 后，经实验室检查确认为猪伪狂犬病病毒感染阴性的，方可混群。

5.4 净化

5.4.1 对种猪场实施猪伪狂犬病净化，净化方案见附件。

5.4.2 种猪场净化标准

必须符合以下两个条件：

5.4.2.1 种猪场停止注苗后（或没有注苗）连续 2 年无临床病例。

5.4.2.2 种猪场连续两年随机抽血样检测伪狂犬病毒抗体或野毒感染抗体监测，全部阴性。

附件

种猪场猪伪狂犬病净化方案

一、轻度污染场的净化

猪场不使用疫苗免疫接种，采取血清学普查，如果发现血清学阳性，进行确诊，扑杀患病猪。

二、中度污染场的净化

（一）采取免疫净化措施。免疫程序按每 4 个月注射一次。对猪只每年进行两次病原学抽样监测，结果为阳性者按病畜淘汰。

（二）经免疫的种猪所生仔猪，留作种用的在 100 日龄时作一次血清学检查，免疫前抗体阴性者留作种用，阳性者淘汰。

（三）后备种猪在配种前后 1 个月各免疫接种一次，以后按种猪的免疫程序进行免疫。同时每 6 个月抽血样作一次血清学鉴别检查，如发现野毒感染猪只及时淘汰处理。

（四）引进的猪只隔离饲养 7d 以上，经检疫合格（血清学检测为阴性）后方可与本场猪混群饲养。每半年做一次血清学检查。对于检测出的野毒感染阳性猪实施淘汰。

三、重度污染场的净化

（一）暂停向外供应种猪。

（二）免疫程序按每 4 个月免疫接种一次。每次免疫接种后对猪只抽样进行免疫抗体监测，对免疫抗体水平不达标者，立即补免。持续两年。

（三）在上述措施的基础上，按轻度感染场净化方案操作处理。

四、综合措施

（一）猪场要对猪舍及周边环境定期消毒。

（二）禁止在猪场内饲养其他动物。

（三）在猪场内实施灭鼠措施。

第十节　狂犬病防治技术规范

狂犬病（Rabies）是由弹状病毒科狂犬病毒属的狂犬病病毒引起的人兽共患急性传染病。世界动物卫生组织（OIE）将其列为 B 类动物疫病，我国将其列为二类动物疫病。

为了预防、控制和消灭狂犬病，依据《中华人民共和国动物防疫法》及有关法律法规，特制定本规范。

1. 适用范围

本规范规定了狂犬病的诊断、疫情报告、疫情处理、防治措施、控制和消灭标准。

本规范适用于中华人民共和国境内一切从事饲养、经营动物和生产、经营动物产品，以及从事动物防疫活动的单位和个人。

2. 诊断

根据本病的流行特点和临床特征可作出初步诊断，确诊需做实验室诊断。

2.1 流行特点

人和多种动物对本病都有易感性。在自然界中，犬科和猫科中的很多动物常成为狂犬病的传染源和带毒者的贮存宿主，无症状和顿挫型感染动物可长期通过唾液排毒，并成为主要的传染源。本病主要通过患病动物咬伤而感染，健康动物皮肤黏膜损伤处接触病畜的唾液亦可感染。

2.2 临床特征

潜伏期一般为 6 个月，有的长达一年以上。

特征为狂躁不安、意识紊乱，死亡率可达100%。一般分为两种类型，即狂暴型和麻痹型。

2.2.1 犬：

狂暴型可分为前驱期、兴奋期和麻痹期。

2.2.1.1 前驱期或沉郁期：此期约为半天到两天。病犬精神沉郁，常躲在暗处，不愿和人接近或不听呼唤，强迫牵引则咬畜主；食欲反常，喜吃异物，喉头轻度麻痹，吞咽时颈部伸展；瞳孔散大，反射机能亢进，轻度刺激即易兴奋，有时望空捕咬；性欲亢进，嗅舔自己或其他犬的性器官，唾液分泌逐渐增多，后躯软弱。

2.2.1.2 兴奋期或狂暴期：此期约 2～4d。病犬高度兴奋，表现狂暴并常攻击人畜，狂暴发作往往和沉郁交替出现。病犬疲劳卧地不动，但不久又立起，表现一种特殊的斜视惶恐表情，当再次受到外界刺激时，又出现一次新的发作。狂乱攻击，自咬四肢、尾及阴部等。随病势发展，陷于意识障碍，反射紊乱，狂咬；显着消瘦，吠声嘶哑，眼球凹陷，散瞳或缩瞳，下颌麻痹，流涎和夹尾等。

2.2.1.3 麻痹期：约 1～2d。麻痹急剧发展，下颌下垂，舌脱出口外，流涎显着，不久后躯及四肢麻痹，卧地不起，最后因呼吸中枢麻痹或衰竭而死。整个病程为 6～8d，少数病例可延长到10d。

犬的沉郁期、兴奋期很短或轻微表现即转入麻痹期。表现喉头、下颌、后躯麻痹、流涎、张口、吞咽困难和恐水等，经 2～4d 死亡。

2.2.2 牛：随病程发展表现为起卧不安，前肢刨地，有阵发性兴奋和冲击动作，如试图挣脱绳索、冲撞墙壁，跃踏饲槽、磨牙、性欲亢进、流涎等，一般少有攻击人畜现象。当兴奋发作后，常有短暂停歇后再次发作，并逐渐出现麻痹症状，如吞咽麻痹、伸颈、流涎、臌气、里急后重等，最后倒地不起，衰竭而死。

2.2.3 马：病初往往可见被咬伤局部奇痒，以致摩擦出血，性欲亢进。兴奋时亦冲击其他动物或人，有时将自体咬伤，异食木片和粪便等。最后发生麻痹，口角流出唾液，不能饮食，衰竭而死。

2.2.4　羊：病例少见。症状与牛相似，多无兴奋症状或兴奋期较短。表现起卧不安，性欲亢进，并有攻击其他动物的现象。常舔咬伤口，使之经久不愈，末期发生麻痹。

2.2.5　猪：兴奋不安，横冲直撞，叫声嘶哑，流涎，反复用鼻掘地面，攻击人畜。在发作间歇期间，常钻入垫草中，稍有音响即一跃而起，无目的地乱跑，最后发生麻痹症状，2～4d后死亡。

2.2.6　猫：一般呈狂暴型，症状与犬相似，但病程较短，出现症状后2～4d死亡。在疾病发作时攻击其他动物和人。

2.3　实验室诊断

2.3.1　内基氏小体（包涵体）检查（见 GB/T 18639）

2.3.2　免疫荧光试验（见 GB/T 18639）

2.3.3　小鼠和细胞培养物感染试验（见 GB/T 18639）

3.　疫情报告

3.1　任何单位和个人发现患有本病或者疑似本病的动物，都应当立即向当地动物防疫监督机构报告。

3.2　动物防疫监督机构接到疫情报告后，按《动物疫情报告管理办法》及有关规定上报。

4.　疫情处理

4.1　发现疑似狂犬病动物后，畜主应立即隔离疑似患畜，限制其移动。动物防疫监督机构要及时派员到现场进行调查核实、诊断，并根据诊断结果采取相应措施。

4.2　确诊后，县级以上人民政府畜牧兽医行政管理部门应当按照以下规定划定疫点、疫区和受威胁区，按有关规定向同级人民政府申请发布封锁令。同时向当地卫生行政管理部门通报。

4.2.1　疫点　感染及患病动物所在的养殖场（户）、有关屠宰经营单位或者其他暂时饲养或存放场所。

4.2.2　疫区　感染及患病动物所在的自然村（屯）、饲养场以及发病前三个月经常活动的地区。疫区划分时注意考虑当地的饲养环境和天然屏障（如河流、山脉等）。

4.2.3　受威胁区疫区邻近的自然村（屯）、住宅小区和单位。

4.3　扑杀　立即采取不放血方式扑杀所有感染、患病动物和被患病动物咬（抓）伤的动物。在临床症状典型，严重危害人畜健康时，由动物防疫监督机构的不少于两名具有兽医师以上职称的人员作出的临床诊断结论，即可扑杀销毁。

4.4 隔离 对感染、患病动物的同群畜应分个体单独圈（拴）养、观察。在30d内出现临床症状，予以扑杀；30天时采集隔离动物的唾液，用小鼠和细胞培养物感染试验或酶联免疫吸附试验（ELISA）进行病毒检测，阳性的予以扑杀、销毁；间隔30天，再对其他观察动物进行检测，直至全部阴性为止。

4.5 紧急免疫接种 被咬（抓）伤的动物，12h以内用ERA弱毒疫苗或其他疫苗进行免疫接种；对疫区内所有易感动物进行紧急免疫接种。

4.6 无害化处理 对扑杀的动物尸体、排泄物按照GB16548《畜禽病害肉尸及其产品无害化处理规程》进行无害化处理。对粪便、垫料污染物等进行焚毁；栏舍、用具、污染场所必须进行彻底消毒。

4.7 封锁的解除

封锁的疫区内最后一头染疫动物被扑杀，并经彻底消毒等处理后，对疫区内监测60d以上，没有发现新病例；对疫区内所有易感动物进行了免疫接种，并对所污染场所、设施设备和受污染的其他物品彻底消毒后，经动物防疫监督机构检验合格，由原发布封锁令机关解除封锁。

5. 预防与控制

5.1 免疫接种

对所有犬实行强制性免疫，每年一次。经免疫接种过的动物发放统一的动物免疫证明，佩带免疫标记。

5.2 监测

每年进行1~2次监测，犬只抽检比例不得少于0.1%，采集新鲜唾液用小鼠和细胞培养物感染试验或酶联免疫吸附试验（ELISA）进行监测。

5.3 引种检疫

国内异地引进动物时，应从非疫区引进。经当地动物防疫监督机构检疫，装运之日无临床症状；自出生或装运前12个月一直在至少12个月没有报告发生过狂犬病的养殖场饲养；引进犬和猫时，在装运前一年内还应接种过狂犬病疫苗。

从国外引进动物时，按国家有关规定实施检疫。

6. 控制和消灭标准

6.1 控制标准

6.1.1 县级稳定控制标准必须满足以下三个条件：

A、全县（市、区、旗）范围内，犬、猫、牛、羊、猪年发病总数不超过10头（只）。

B、全县（市、区、旗）范围内，连续两年按照 0.1% 比例抽检犬只，监测的阳性率在 0.5% 以下。

C、检出的阳性动物全部扑杀，并做无害化处理。

6.1.2　地级控制标准

全地（市、盟、州）所有县（市、区、旗）均达到控制标准。

6.1.3　省级控制标准

全省所有市（地、盟、州）均达到控制标准。

6.1.4　全国控制标准

全国所有省（市、自治区）均达到控制标准。

6.2　稳定控制标准

连续 3 年达到控制标准的区域，视为相应区域已达到稳定控制标准。

6.3　消灭标准

A、达到稳定控制标准后，连续 5 年无临床发病动物。

B、在一定区域范围内，连续两年按 0.1% 比例抽检，进行血清学试验检查，均为阴性者。

具备上述二项标准的区域，视为相应区域已达到消灭标准。

第十一节　小反刍兽疫防治技术规范

小反刍兽疫（PestedesPetitsRuminants，PPR，也称羊瘟）是由副黏病毒科麻疹病毒属小反刍兽疫病毒（PPRV）引起的，以发热、口炎、腹泻、肺炎为特征的急性接触性传染病，山羊和绵羊易感，山羊发病率和病死率均较高。世界动物卫生组织（OIE）将其列为法定报告动物疫病，我国将其列为一类动物疫病。

2007 年 7 月，小反刍兽疫首次传入我国。为及时、有效地预防、控制和扑灭小反刍兽疫，依据《中华人民共和国动物防疫法》、《重大动物疫情应急条例》、《国家突发重大动物疫情应急预案》和《国家小反刍兽疫应急预案》及有关规定，制定本规范。

1. 适用范围

本规范规定了小反刍兽疫的诊断报告、疫情监测、预防控制和应急处置等技术要求。

本规范适用于中华人民共和国境内的小反刍兽疫防治活动。

2. 诊断

依据本病流行病学特点、临床症状、病理变化可作出疑似诊断，确诊需做病原学和血清学检测。

2.1 流行病学特点

2.1.1 山羊和绵羊是本病唯一的自然宿主，山羊比绵羊更易感，且临床症状比绵羊更为严重。山羊不同品种的易感性有差异。

2.1.2 牛多呈亚临床感染，并能产生抗体。猪表现为亚临床感染，无症状，不排毒。

2.1.3 鹿、野山羊、长角大羚羊、东方盘羊、瞪羚羊、驼可感染发病。

该病主要通过直接或间接接触传播，感染途径以呼吸道为主。本病一年四季均可发生，但多雨季节和干燥寒冷季节多发。本病潜伏期一般为 4~6d，也可达到10d，《国际动物卫生法典》规定潜伏期为21d。

2.2 临床症状

山羊临床症状比较典型，绵羊症状一般较轻微。

2.2.1 突然发热，第 2~3d 体温达 40~42℃高峰。发热持续 3d 左右，病羊死亡多集中在发热后期。

2.2.2 病初有水样鼻液，此后变成大量的黏脓性卡他样鼻液，阻塞鼻孔造成呼吸困难。鼻内膜发生坏死。眼流分泌物，遮住眼睑，出现眼结膜炎。

2.2.3 发热症状出现后，病羊口腔内膜轻度充血，继而出现糜烂。初期多在下齿龈周围出现小面积坏死，严重病例迅速扩展到齿垫、硬腭、颊和颊乳头以及舌，坏死组织脱落形成不规则的浅糜烂斑。部分病羊口腔病变温和，并可在48h内愈合，这类病羊可很快康复。

2.2.4 多数病羊发生严重腹泻或下痢，造成迅速脱水和体重下降。怀孕母羊可发生流产。

2.2.5 易感羊群发病率通常达60%以上，病死率可达50%以上。

2.2.6 特急性病例发热后突然死亡，无其他症状，在剖检时可见支气管肺炎和回盲肠瓣充血。

2.3 病理变化

2.3.1 口腔和鼻腔黏膜糜烂坏死。

2.3.2 支气管肺炎，肺尖肺炎。

2.3.3 有时可见坏死性或出血性肠炎，盲肠、结肠近端和直肠出现特征性条状充血、出血，呈斑马状条纹。

2.3.4 有时可见淋巴结特别是肠系膜淋巴结水肿，脾脏肿大并可出现坏死病变。

2.3.5 组织学上可见肺部组织出现多核巨细胞以及细胞内嗜酸性包含体。

2.4　实验室检测

检测活动必须在生物安全 3 级以上实验室进行。

2.4.1　病原学检测

2.4.1.1　病料可采用病羊口鼻棉拭子、淋巴结或血沉棕黄层。

2.4.1.2　可采用细胞培养法分离病毒，也可直接对病料进行检测。

2.4.1.3　病毒检测可采用反转录聚合酶链式反应（RT – PCR）结合核酸序列测定，亦可采用抗体夹心 ELISA。

2.4.2　血清学检测

2.4.2.1　采用小反刍兽疫单抗竞争 ELISA 检测法。

2.4.2.2　间接 ELISA 抗体检测法。

2.5　结果判定

2.5.1　疑似小反刍兽疫

山羊或绵羊出现急性发热、腹泻、口炎等症状，羊群发病率、病死率较高，传播迅速，且出现肺尖肺炎病理变化时，可判定为疑似小反刍兽疫。

2.5.2　确诊小反刍兽疫

符合结果判定 2.5.1，且血清学或病原学检测阳性，可判定为确诊小反刍兽疫。

3.　疫情报告

3.1　任何单位和个人发现以发热、口炎、腹泻为特征，发病率、病死率较高的山羊或绵羊疫情时，应立即向当地动物疫病预防控制机构报告。

3.2　县级动物疫病预防控制机构接到报告后，应立即赶赴现场诊断，认定为疑似小反刍兽疫疫情的，应在 2h 内将疫情逐级报省级动物疫病预防控制机构，并同时报所在地人民政府兽医行政管理部门。

3.3　省级动物疫病预防控制机构接到报告后 1h 内，向省级兽医行政管理部门和中国动物疫病预防控制中心报告。

3.4　省级兽医行政管理部门应当在接到报告后 1h 内报省级人民政府和国务院兽医行政管理部门。

3.5　国务院兽医行政管理部门根据最终确诊结果，确认小反刍兽疫疫情。

3.6　疫情确认后，当地兽医行政管理部门应建立疫情日报告制度，直至解除封锁。

3.7　疫情报告内容包括：疫情发生时间、地点，易感动物、发病动物、死亡动物和扑杀、销毁动物的种类和数量，病死动物临床症状、病理变化、诊断情况，流行病学调查和疫源追踪情况，已采取的控制措施等内容。

3.8 已经确认的疫情，当地兽医行政行政管理部门要认真组织填写《动物疫病流行病学调查表》，并报中国动物卫生与流行病学中心调查分析室。

4. 疫情处置

4.1 疑似疫情的应急处置

4.1.1 对发病场（户）实施隔离、监控，禁止家畜、畜产品、饲料及有关物品移动，并对其内、外环境进行严格消毒。

必要时，采取封锁、扑杀等措施。

4.1.2 疫情溯源。对疫情发生前30d内，所有引入疫点的易感动物、相关产品来源及运输工具进行追溯性调查，分析疫情来源。必要时，对原产地羊群或接触羊群（风险羊群）进行隔离观察，对羊乳和乳制品进行消毒处理。

4.1.3 疫情跟踪。对疫情发生前21d内以及采取隔离措施前，从疫点输出的易感动物、相关产品、运输车辆及密切接触人员的去向进行跟踪调查，分析疫情扩散风险。必要时，对风险羊群进行隔离观察，对羊乳和乳制品进行消毒处理。

4.2 确诊疫情的应急处置

按照"早、快、严"的原则，坚决扑杀、彻底消毒，严格封锁、防止扩散。

4.2.1 划定疫点、疫区和受威胁区

4.2.1.1 疫点。相对独立的规模化养殖场（户），以病死畜所在的场（户）为疫点；散养畜以病死畜所在的自然村为疫点；放牧畜以病死畜所在牧场及其活动场地为疫点；家畜在运输过程中发生疫情的，以运载病畜的车、船、飞机等为疫点；在市场发生疫情的，以病死畜所在市场为疫点；在屠宰加工过程中发生疫情的，以屠宰加工厂（场）为疫点。

4.2.1.2 疫区。由疫点边缘向外延伸3km范围的区域划定为疫区。

4.2.1.3 受威胁区。由疫区边缘向外延伸10km的区域划定为受威胁区。

划定疫区、受威胁区时，应根据当地天然屏障（如河流、山脉等）、人工屏障（道路、围栏等）、野生动物栖息地存在情况，以及疫情溯源及跟踪调查结果，适当调整范围。

4.2.2 封锁

疫情发生地所在地县级以上兽医行政管理部门报请同级人民政府对疫区实行封锁，跨行政区域发生疫情的，由共同上级兽医行政管理部门报请同级人民政府对疫区发布封锁令。

4.2.3 疫点内应采取的措施

4.2.3.1 扑杀疫点内的所有山羊和绵羊，并对所有病死羊、被扑杀羊及

羊鲜乳、羊肉等产品按国家规定标准进行无害化处理，具体可参照《口蹄疫扑杀技术规范》和《口蹄疫无害化处理技术规范》执行。

4.2.3.2 对排泄物、被污染或可能污染饲料和垫料、污水等按规定进行无害化处理，具体可参照《口蹄疫无害化处理技术规范》执行。

4.2.3.3 羊毛、羊皮按（附件）规定方式进行处理，经检疫合格，封锁解除后方可运出。

4.2.3.4 被污染的物品、交通工具、用具、禽舍、场地进行严格彻底消毒（附件）。

4.2.3.5 出入人员、车辆和相关设施要按规定进行消毒（附件）。

4.2.3.6 禁止羊、牛等反刍动物出入。

4.2.4 疫区内应采取的措施

4.2.4.1 在疫区周围设立警示标志，在出入疫区的交通路口设置动物检疫消毒站，对出入的人员和车辆进行消毒；必要时，经省级人民政府批准，可设立临时动物卫生监督检查站，执行监督检查任务。

4.2.4.2 禁止羊、牛等反刍动物出入。

4.2.4.3 关闭羊、牛交易市场和屠宰场，停止活羊、牛展销活动。

4.2.4.4 羊毛、羊皮、羊乳等产品按（附件）规定方式进行处理，经检疫合格后方可运出。

4.2.4.5 对易感动物进行疫情监测，对羊舍、用具及场地消毒。

4.2.4.6 必要时，对羊进行免疫。

4.2.5 受威胁区应采取的措施

4.2.5.1 加强检疫监管，禁止活羊调入、调出，反刍动物产品调运必须进行严格检疫。

4.2.5.2 加强对羊饲养场、屠宰场、交易市场的监测，及时掌握疫情动态。

4.2.5.3 必要时，对羊群进行免疫，建立免疫隔离带。

4.2.6 野生动物控制

加强疫区、受威胁区及周边地区野生易感动物分布状况调查和发病情况监测，并采取措施，避免野生羊、鹿等与人工饲养的羊群接触。当地兽医行政管理部门与林业部门应定期进行通报有关信息。

4.2.7 解除封锁

疫点内最后一只羊死亡或扑杀，并按规定进行消毒和无害化处理后至少21d，疫区、受威胁区经监测没有新发病例时，经当地动物疫病预防控制机构审验合格，由兽医行政管理部门向原发布封锁令的人民政府申请解除封锁，由该人民政府发布解除封锁令。

4.2.8 处理记录

各级人民政府兽医行政管理部门必须完整详细地记录疫情应急处理过程。

4.2.9 非疫区应采取的措施

4.2.9.1 加强检疫监管，禁止从疫区调入活羊及其产品。

4.2.9.2 做好疫情防控知识宣传，提高养殖户防控意识。

4.2.9.3 加强疫情监测，及时掌握疫情发生风险，做好防疫的各项工作，防止疫情发生。

5 预防措施

5.1 饲养管理

5.1.1 易感动物饲养、生产、经营等场所必须符合《动物防疫条件审核管理办法》规定的动物防疫条件，并加强种羊调运检疫管理。

5.1.2 羊群应避免与野羊群接触。

5.1.3 各饲养场、屠宰厂（场）、交易市场、动物防疫监督检查站等要建立并实施严格的卫生消毒制度（见附件）。

5.2 监测报告

县级以上动物疫病预防控制机构应当加强小反刍兽疫监测工作。发现以发热、口炎、腹泻为特征，发病率、病死率较高的山羊和绵羊疫情时，应立即向当地动物疫病预防控制机构报告。

5.3 免疫

必要时，经国家兽医行政管理部门批准，可以采取免疫措施：

5.3.1 与有疫情国家相邻的边境县，定期对羊群进行强制免疫，建立免疫带。

5.3.2 发生过疫情的地区及受威胁地区，定期对风险羊群进行免疫接种。

5.4 检疫

5.4.1 产地检疫

羊在离开饲养地之前，养殖场（户）必须向当地动物卫生监督机构报检。动物卫生监督机构接到报检后必须及时派员到场（户）实施检疫。检疫合格后，出具合格证明；对运载工具进行消毒，出具消毒证明，对检疫不合格的按照有关规定处理。

5.4.2 屠宰检疫

动物卫生监督机构的检疫人员对羊进行验证查物，合格后方可入厂（场）屠宰。检疫合格并加盖（封）检疫标志后方可出厂（场），不合格的按有关规定处理。

5.4.3 运输检疫

国内跨省调运山羊、绵羊时，应当先到调入地动物卫生监督机构办理检疫审批手续，经调出地按规定检疫合格，方可调运。

种羊调运时还需在到达后隔离饲养10d以上，由当地动物卫生监督机构检疫合格后方可投入使用。

5.5 边境防控

与疫情国相邻的边境区域，应当加强对羊只的管理，防止疫情传入。

5.5.1 禁止过境放牧、过境寄养，以及活羊及其产品的互市交易。

5.5.2 必要时，经国务院兽医行政管理部门批准，建立免疫隔离带。

5.5.3 加强对边境地区的疫情监视和监测，及时分析疫情动态。

附件

小反刍兽疫消毒技术规范

1. 药品种类

碱类（碳酸钠、氢氧化钠）、氯化物和酚化合物适用于建筑物、木质结构、水泥表面、车辆和相关设施设备消毒。柠檬酸、酒精和碘化物（碘消灵）适用于人员消毒。

2. 场地及设施消毒

2.1 消毒前的准备

2.1.1 消毒前必须清除有机物、污物、粪便、饲料、垫料等。

2.1.2 选择合适的消毒药品。

2.1.3 备有喷雾器、火焰喷射枪、消毒车辆、消毒防护用具（如口罩、手套、防护靴等）、消毒容器等。

2.2 消毒方法

2.2.1 金属设施设备的消毒，可采取火焰、熏蒸和冲洗等方式消毒。

2.2.2 羊舍、车辆、屠宰加工、贮藏等场所，可采用消毒液清洗、喷洒等方式消毒。

2.2.3 养羊场的饲料、垫料、粪便等，可采取堆积发酵或焚烧等方式处理。

2.2.4 疫区范围内办公、饲养人员的宿舍、公共食堂等场所，可采用喷洒的方式消毒。

3. 人员及物品消毒

3.1 饲养、管理等人员可采取淋浴消毒。

3.2 衣、帽、鞋等可能被污染的物品，可采取消毒液浸泡、高压灭菌等方式消毒。

4. 山羊绒及羊毛消毒

可以采用下列程序之一灭活病毒：

4.1 在18℃储存4周，4℃储存4个月，或37℃储存8天。

4.2 在一密封容器中用甲醛熏蒸消毒至少24h。具体方法：将高锰酸钾放入容器（不可为塑料或乙烯材料）中，再加入商品福尔马林进行消毒，比例为每立方米加53ml福尔马林和35g高锰酸钾。

4.3 工业洗涤，包括浸入水、肥皂水、苏打水或碳酸钾等一系列溶液中水浴。

4.4 用熟石灰或硫酸钠进行化学脱毛。

4.5 浸泡在60~70℃水溶性去污剂中，进行工业性去污。

5. 羊皮消毒

5.1 在含有2%碳酸钠的海盐中腌制至少28d。

5.2 在一密闭空间内用甲醛熏蒸消毒至少24h，具体方法参考4.2。

6. 羊乳消毒

采用下列程序之一灭活病毒：

6.1 两次HTST巴氏消毒（72℃至少15s）

6.2 HTST巴氏消毒与其它无力处理方法结合使用，如在pH6的环境中维持至少1h。

6.3 UHT结合物理方法。

附录 动物防疫名词解释

1. 基础性名词解释

1.1 动物 animal 泛指以有机物为食料、能运动的生物类。本标准特指与动物防疫有关的动物，主要是哺乳类和禽类动物，包括农业经济动物、观赏动物、伴侣动物和野生的哺乳类及鸟类动物，在有特别规定时也包括蚕、蜂、水产和两栖类等动物。

1.1.1 家畜 livestock 经人工驯养的哺乳类动物，如牛、马、绵羊、山羊、猪、兔、骆驼、狗、猫等。

1.1.1.1 种畜 breeding livestock，breeding animal 供繁殖用的成年公、母畜。

1.1.1.2 畜群 herd 家畜群体。一般是同一饲养场或同一放牧地，或同一运输工具中的同种动物群体；或者虽不在同一个场饲养，但可以在不采取卫生措施的条件下相互流动的动物群体。

1.1.2 家禽 poultry 经人工驯养的禽类，如鸡、鸭、鹅、火鸡等。

1.1.2.1 种禽 breeding bird 供繁殖用的公、母禽。

1.1.2.2 初孵雏 day – old bird 孵出后不超过 72h 的幼雏。

1.1.2.3 产蛋禽 laying bird 生产食用蛋的禽。

1.1.2.4 禽群 flock of bird 饲养在同一建筑物或由固体隔物分隔并具有单独通风系统的一组禽类。对于自由放养的禽类，则指共同出入一个或多个禽舍的一个群体，即同一建筑物中所有的禽只。

1.1.3 实验动物 experimental animal 用于科学实验的动物。这些动物应是经人工培育、其携带微生物状况受到控制、遗传背景明确、来源清楚、符合科学实验、药品及生物制品的鉴定及其他科学研究的要求。

1.1.4 野生动物 wildlife 生存在天然自由状态下，或虽来源于天然自由状态，并已经过人工饲养但尚未发生进化变异、仍保存其固有习惯和生产能力的各种动物。

1.1.5 存养动物 animal for keeping 不准备马上屠宰的动物（如拟作种用或继续饲养的动物）。

1.2 养殖业 animal farming 饲养、繁殖、培育动物而获得动物性产品的产业, 如畜牧业、养蜂业、养蚕业、渔业等, 其基本特点是通过动物自身的生产再生产实现经济上的生产再生产。

1.2.1　胚胎 embryo　哺乳动物和鸟类活的受精卵正在母体或卵壳内发育的新生命体。

1.2.2　种蛋 hatching egg　用以繁殖后代的禽卵。

1.2.3　精液 semen　雄性动物生殖器官分泌出来含有生殖细胞的液体, 常特指人工授精的精液。

1.3　动物产品 animal product　供食用、饲料用、药用、农用或工业用的动物源性产品。

1.3.1　人食用动物源性产品 product of animal origin destined for human consumption　供人食用的肉类和肉制品、蛋类和蛋制品、奶和奶制品、水生动物产品、蜂蜜以及一切以动物性原料制作的可供人食用的产品。

1.3.1.1　屠宰 slaughter　以肉用或制取其他原料为目的、按规定程序杀死动物的过程, 一般还需要根据需要作进一步处理。

1.3.1.2　屠宰场 abattoir　屠宰食用动物的场所。

1.3.1.3　胴体 carcass　动物屠宰后, 去除头、尾、四肢、内脏的肉体 (一般包括肾脏和板油)。

1.3.1.4　肉品 meat　屠宰后动物体的可食部分 (包括内脏、可食皮等)。

1.3.1.5　鲜肉 fresh meat　没有经过可改变感官性状和理化特性处理的肉品。按照 OIE 规定还包括冷冻肉和冷藏肉。

1.3.1.6　肉制品 meat product　经过蒸、煮、干燥、腌制或熏制等程序加工而成的肉类制品。

1.3.2　工业用动物源性产品 product of animal origin destined for industrial use　原料来源于动物、经加工后供工业上利用的产品, 包括工业用原皮、毛皮、毛发、鬃、毛、蹄、角、骨、骨粉、血、肠衣、脂、动物源性肥料、鸟粪以及工业用的乳制品。

1.3.2.1　动物饲料用动物源性产品 product of animal origin destined for use in animal feeding　作饲料用的肉粉、骨粉、血粉、羽粉、肉及奶制品等来源于动物的制品。

1.3.2.2　药用动物源性产品 product of animal origin destined for pharmaceutical use　用以制备药品的器官、腺体、动物组织和体液。

1.3.2.3　肉骨粉 meat – and – bone meal　将废弃或作为下脚料的动物组织经无害化处理制取的含蛋白制品, 包括蛋白质性中间制品。

1.4　生物制品 biological product, biologicals　特指以生物学方法和生物

材料制备的、用于诊断、预防、治疗保健和相关实验的产品。

1.4.1　血浆 plasma　血液去除有形成分后的体液部分。

1.4.2　血清 serum　血浆去除纤维蛋白后的（胶体性）液体。

1.4.3　疫苗 vaccine　用病原微生物、寄生虫或其组分或代谢产物经加工制成或者用合成肽或基因工程方法制成、用于人工主动免疫的生物制品。

1.5　动物卫生 animal health　防治动物疾病、保障动物健康和动物环境卫生以及保证动物及其产品对人体健康无害的一切措施。

1.5.1　动物防疫 animal epidemic prevention　动物疫病的预防、控制、扑灭和对动物、动物产品检疫的总称。

1.5.1.1　兽医食品卫生 veterinary food hygiene　为确保人或动物消费的动物产品安全和卫生，在生产、加工、贮存、运输和销售动物产品时必须要求的条件和措施。

1.5.1.2　动物防疫监督 supervision of animal epidemic prevention and control　对各项有关动物防疫的法律、法规、标准、措施执行情况进行检查，并依据检查情况按规定进行监督、批评以至处罚。

1.5.2　官方兽医 official veterinarian OIE　规定的一种职务，系由国家兽医行政管理部门授权的或专门指派的兽医人员。

2. 流行病学名词解释

2.1　动物疾病 animal epidemic　主要是指生物性病原引起的动物群发性疾病，包括动物传染病、寄生虫病。主要疫病病名见附录 A（标准的附录）。

2.1.1　动物传染病 infectious disease of animals　由致病微生物引起的具有传播性的动物疾病。

2.1.2　寄生虫病 parasitosis　由动物性寄生物（统称寄生虫）引起的疾病。

2.1.3　人畜共患病 zoonosis　在脊椎动物和人之间自然传播和相互感染的疾病。

2.2　传染源 source of infection　体内有病原体寄存、生长、繁殖，并能将其排出体外的动物（包括昆虫）或人，以及一切可能被病原体污染使之传播的物体。

2.2.1　动物病因 animal etiology　引起动物发生疾病的内外因素。

2.2.2　病原体 pathogenic agent　能引起疾病的生物体，包括寄生虫和致病性微生物。

2.2.3　致病性微生物 pathogenic micro – organism　能引起疾病的微生物，包括细菌、真菌、放线菌、螺旋体、支原体、衣原体、立克次体、病毒、类病毒等。

2.2.4 患病动物 sick animal 表现某疾病临床症状的动物。

2.2.5 被感染动物 infected animal 被病原体侵害并发生可见或隐性反应的动物。

2.2.6 疑似感染动物 suspicious infected animal 与疫病患病动物处于同一传染环境中有感染该疫病可能的易感动物，如与患病动物同舍饲养、同车运输或位于患病动物临近下风的易感动物。

2.2.7 假定健康动物 supposed healthy animal 发病动物的大群体中除患病或可疑感染动物以外的动物，对这些动物要采取隔离、紧急预防、观察和诊断等措施，直至确为健康动物并经必要安全处理后，方能与健康动物混群。

2.2.8 显性感染 apparent，infection 动物或人被某种病原体感染并表现出相应的特有症状。

2.2.9 隐性感染 inapparent，infection 不呈现明显症状的感染，亦称亚临床感染（subclinical infection）。

2.2.10 持续性感染 persistent infection 病原体长期存留在生物体内的一种感染。

2.2.11 慢性感染 chronic infection 病程缓慢的一种感染。

2.2.12 慢病毒感染 lentivirus infection 由慢病毒引起的潜伏期长、病程缓慢并呈送行性的一种感染。

2.2.13 潜伏感染 latent infection 是持续性感染的一种形式，一般无明显症状，甚至有时检测不到病原体，但在某种条件下可被激发发病而表现症状。

2.2.14 染疫 infection of animal and contamination of product and other objects by pathogenic agents 病原体感染动物或污染了动物产品或其他物品，使它们带有这些病原体。

2.2.15 疑似染疫 suspicious infection or contamination by pathogenic agent 有染疫危险的动物或其他物品。

2.2.16 染疫动物的同群动物 animals in the same group（with infected animal 与染疫动物生活在同一感染环境条件的群体中的动物。

2.2.17 感染期 infective period 被感染动物作为传染源的最长期限。

2.2.18 潜伏期 incubation period 从病原体侵入机体开始至最早症状出现为止的期间。

2.2.19 疫源地 nidus of infection 有传染源存在或被传染源排出的病原体污染的地区。

2.2.20　自然疫源性疾病 disease of natural nidus　其病原体能在天然条件下野生动物体内繁殖，在它们中间传播并在一定条件下可传染给人或家畜家禽的疫病。

2.2.21　自然疫源地 natural nidus　存在自然疫源性疾病的地区。

2.2.22　感染蜂群 infected colonies of bees　存在疫病的蜂群。

2.2.23　病原携带者 pathogen carrier　体内有病原体寄居、生长和繁殖并有可能排出体外而无症状的动物或人。

2.3　流行过程 epidemic process, epizootic process　病原体由传染源排出，通过各种传播途径，侵入另外易感动物体内，形成新的传染，并继续传播形成群体感染发病的过程。

2.3.1　传染 infection　又称感染，病原体侵入机体并在机体内繁殖，一般可引起机体发生一定反应。

2.3.2　传染过程 process of infection　又称感染过程。病原体侵入易感动物体内，并引起不同程度的病理学反应的过程，即传染发生、发展、结束的过程。

2.3.3　（疫病）传播 transmission（of epidemic）　由传染源向外界或胎血循环散布病原体，通过各种途径再感染另外的动物或人。

2.3.3.1　传播途径 route of transmission　病原体传播的路途。

2.3.3.2　传播媒介 transmission vector　将病原体传播给易感动物或人的中间载体。

2.3.3.3　传播方式 mode of transmission　疫病传播的方法与形式。

2.3.3.4　水平传播 horizontal transmission　传染病在群体之间或个体之间横向传播。

2.3.3.5　纵向（垂直）传播 vertical transmission　母体所患的疫病或所带的病原体，经卵、胎盘传播给子代的传播方式。

2.3.3.6　机械传播 mechanical transmission　病原体通过动物或物体直接或间接携带而使易感动物或人被感染的传播方式。

2.3.3.7　直接接触传播 direct contact transmission　传染源与易感动物或人相触及而引起感染的传播方式。

2.3.3.8　间接接触传播 indirect contact transmission　易感动物或人接触传播媒介而发生感染的传播方式。

2.3.3.9　空气传播 air - borne transmission　病原体通过污染的空气（气溶胶、飞沫、尘埃等）而使易感动物或人感染的一种传播方式。

2.3.3.10　饲料传播 feed - borne transmission　易感动物采食被病原体污

染的饲料而受到感染的传播方式。

2.3.3.11　经水传播 water – borne transmission　病原体以水为媒介而感染易感动物或人的传播方式。

2.3.3.12　土壤传播 soil – borne transmission　病原体以土壤为媒介而感染易感动物或人的传播方式。

2.3.3.13　虫媒传播 arthropod – borne transmission　病原体以节肢动物为媒介而使动物或人受感染的一种传播方式，有的是机械性携带，有的是生物性传播。

2.3.3.14　生物性传播 biological transmission　病原体在节肢动物体内发育并感染动物或人的一种传播方式。

2.3.3.15　排泄物 excreta　动物体排出的废物，如粪尿、呕吐物等，有时也包括排到体外的分泌物（如鼻涕等），是病原体污染环境的重要媒介。

2.4　易感动物 susceptible animals　对某种病原体或致病因子缺乏足够的抵抗力而易受其感染的动物。

2.5　疫情 epidemic situation, epizootic situation　动物疫病发生、发展及相关情况。

2.5.1　疫情报告 report on epidemic situation　按照政府规定，兽医和有关人员及时向上级领导机关所作的关于疫病发生、流行情况的报告。

2.5.2　流行病学调查 epidemiological survey　对疫病或其他群发性疾病的发生、频率、分布、发展过程、原因及自然和社会条件等相关影响因素进行的系统调查，以查明疫病发展趋向和规律，评估防治效果。

2.5.3　（流行病学）监测（epidemiological）surveillance　对某种疫病的发生、流行、分布及相关因素进行系统的长时间的观察与检测，以把握该疫病的发生发展趋势。

2.5.4　流行性 epidemicity　某病在一定时间内发病数量比较多，传播范围比较广，形成群体性发病或感染。

2.5.5　地方流行性 endemic, enzootic　某种疾病发病数量较大，但其传播范围限于一定地区。

2.5.6　爆发 outbreak　在一定地区或某一单位动物短时期内突然发生某种疫病很多病例。

2.5.7　大流行性 pandemic；panzootic　某病在一定时间内迅速传播，发病数量很大，蔓延地区很广甚至全国及国外。

2.5.8　散发（性）sporadic　病例以散在形式发生且各病例之间在时间和地点上无明显联系。

2.5.9 周期性 periodicity 某病规律性地间隔一定时间发生一次流行性现象。

2.5.10 季节性 seasonal 某疫病在每年一定的季节内发病率明显升高的现象。

2.5.11 感染率 infection rate 特定时间内，某疫病感染动物的总数在被调查（检查）动物群样本中所占的比例。

$$感染率（某疫病）=\frac{感染动物数（调查当时）}{被调（检）查动物总数}\times100\%$$

2.5.12 发病率 incidence rate, morbidity 在一定时间内新发生的某种动物疫病病例数与同期该种动物总头数之比，常以百分率表示

$$发病率=\frac{新发病例数}{同期平均动物总头数}\times100\%$$

注："动物总头数"系对该种疫病具有易感性的动物种的头数，特指者例外。"平均"系指特定期内 （如1月或1周）存养均数。此注亦适用于3.5.13—3.5.16。

2.5.13 病死率 case；fatality 一定时间内某病病死的动物头数与同期确诊该病病例动物总数之比，以百分率表示。

$$病死率=\frac{某病病死动物头数}{同期期确诊的该病例动物总数}\times100\%$$

2.5.14 死亡率 mortality 某动物群体在一定时间死亡总数与该群同期动物平均总数之比值，常以百分率表示。

$$死亡率=\frac{（一定时间内）动物死亡总数}{该群体动物的平均总数}\times100\%$$

2.5.15 患病率 prevalence rate 又称现患率。表示特定时间内，某地动物群体中存在某病新老病例的频率。

$$（某病）患病率=\frac{（特定时间某病）（新老）患病例数}{（同期）暴露（受查）动物头数}\times100\%$$

2.5.16 流行率 prevalence infectious rate 调查时，特定地区某病（新老）感染头数占调查头数的百分率。

$$流行率=\frac{某病（新老）感染头数}{被调查动物数}\times100\%$$

3. 疫病预防名词解释

3.1 预防 prophylaxis 采取措施防止疫病发生和流行。

3.2 免疫 immunity 机体识别和排除抗原性异物，以维护自身的生理平衡和稳定的一种保护反应，主要通过体液免疫和细胞免疫两种机制实现。

3.2.1 抗原 antigen 能刺激机体产生抗体和致敏淋巴细胞，并能与该相应抗体发生反应或与致敏淋巴细胞结合的物质。

3.2.1.1　免疫原 immunogen　刺激机体产生免疫应答的物质。

3.2.2　抗体 antibody　机体在抗原刺激下所形成的一类能与抗原发生特异性结合的球蛋白，抗体主要存在体液中。

3.2.3　细胞免疫 cellular immunity　由免疫活性细胞介导的免疫应答反应。

3.2.4　体液免疫 humoral immunity　由体液（血浆、淋巴、组织液等）中所含的抗体介导的特异性免疫。

3.2.5　获得免疫 acquired immunity　在自然条件下机体经感染某病原体而获得的免疫。

3.2.6　自动免疫 active immunity　又称主动免疫，由机体本身接受抗原性刺激产生的特异性免疫应答而建立的免疫。

3.2.7　人工自动免疫 artificial active immunity　人为地向机体输入免疫原而获得的免疫。

3.2.7.1　注射免疫 immunization brinjection　将疫苗（菌苗）通过肌肉、皮下、皮内或静脉等途径注入机体，使之获得免疫力。

3.2.7.2　口服免疫 oral immunization　将疫苗或拌入疫苗的饲料喂给动物使之获得免疫的方法。

3.2.7.3　饮水免疫 immunization by drinking　将疫苗或稀释的疫苗，通过饮水输入动物体内使之获得免疫力的方法。

3.2.7.4　点眼免疫 immunization via conjunctiva sac　将疫苗或稀释的疫苗滴入动物结膜囊内，使动物获得免疫力的方法。

3.2.7.5　滴鼻免疫 immunization by nostril – driping　将疫苗或其稀释物滴入动物鼻腔，使之获得免疫力的方法。

3.2.7.6　气雾免疫 aerosol immunization　将稀释的疫苗或疫苗用气雾发生装置喷散成气溶胶或气雾，使动物吸入而获得免疫力的方法。

3.2.8　被动免疫 passive immunity　机体接受另一免疫机体的抗体或致敏 T 淋巴细胞而获得的免疫力。

3.2.9　计划免疫 planned vaccination　依据国家或地方消灭、控制疫病的要求，有计划进行的免疫接种。

3.2.10　强制免疫 compulsory vaccination　以行政乃至法律手段执行的免疫接种。

3.2.11　紧急免疫接种 emergency vaccination　为扑灭、控制某种疫病，在疫区或疫点对易感动物尽快进行的突击性免疫接种。

3.2.12　免疫监测 immune surveillance　普检或抽检动物群体的抗体水平，

以监控群体的免疫状态，为实施计划免疫和增强免疫提供依据。

3.3　防治 prevention and treatment　对疫病的预防、治疗和其他必要处理。

3.4　无菌 sterility　特定物体的内部和表面无活微生物存在的状态。

3.5　防腐 antisepsis　采用物理、化学措施抑制微生物生长繁殖以防止有机物腐败的方法。

3.6　驱虫 repelling – parasite　应用药物驱除、杀灭宿主动物体内和外界相通脏器中的寄生虫。

3.7　化学（药物）预防 chemoprophylaxis　通过使用药物，防止感染或发生某种疾病的措施。

3.8　（某病）无疫区（certain epidemic）free zone　国内明确界定的某（些）区域，在该区域内于规定的期限没发生规定的某疫病，并在该区内及其边界对动物及动物产品实施有效的官方兽医控制。

4. 疫病的扑灭和控制名词解释

4.1　扑灭 elimination　在一定区域内，采取紧急措施以迅速消灭某一疫病。

4.1.1　隔离 isolation　将疫病感染动物、疑似感染动物和病原携带动物，与健康动物在空间上间隔开，并采取必要措施切断传染途径，以杜绝疫病继续扩散。

4.1.2　封锁 block　某一疫病暴发后，为切断传染途径，禁止人、动物、车辆或其他可能携带病原体动物在疫区与其周围区之间出入。

4.1.3　扑杀 stamp out　将被某疫病感染的动物（有时包括可疑感染动物）全部杀死并进行无害化处理，以彻底消灭传染源和切断传染途径。

4.1.3.1　扑杀政策 stamping – out policy　某些国家对扑灭某种疫病所采取的严厉措施，即宰杀所有感染动物和同群的可疑感染动物，必要时宰杀直接接触或连同可能造成病原传播的间接接触动物，并采取隔离、消毒、无害化处理等扑灭疫病的相应措施。

4.1.4　无害化处理 bio – safety disposal　用物理、化学或生物学等方法处理带有或疑似带有病原体的动物尸体、动物产品或其他物品，达到消灭传染源，切断传染途径，破坏毒素，保障人畜健康安全。

4.1.5　销毁 destroy　将动物尸体及其产品或附属物进行焚烧、化制等无害化处理，以彻底消灭它们所携带的病原体。

4.1.6　消毒 disinfection　采用物理、化学或生物学措施杀灭病原微生物。

4.1.7　灭菌 sterilization　杀灭物体上所有病原性和非病原性微生物（包

括细菌繁殖体和芽胞）的方法。

4.1.8　封存 sealing up　将染疫物或可疑染疫物放在指定地点并采取阻断性措施（如隔离、密封等）以杜绝病原体传播的一切可能。经有关当局同意后方可移动和解封。

4.1.9　杀虫 disinsection，insects limination　采用物理、化学、生物学等方法消灭或减少疫病媒介昆虫或动物体外寄生虫。

4.1.10　灭鼠 deratization　采取措施使鼠类数量减少以至消灭，以防止其危害。

4.2　控制 control　采取措施使疫病不再继续蔓延和发展。

4.3　净化 cleaning　对某病发病地区采取一系列措施，达到消灭和清除传染源的目标。.

4.4　疫区 epidemic area　疫病爆发或流行所波及的区域。

4.4.1　疫点 epidemic spot　发生疫病的自然单位（圈、舍、场、村），在一定时期内成为疫源地。

4.4.2　受威胁区 risk area　与疫区相邻并存在该疫区疫病传入危险的地区。

5. 检疫和诊断名词解释

5.1　动物检疫 animal quarantine　动物防疫监督机构的检疫人员按照国家标准、农业部行业标准和有关规定对动物及动物产品进行的是否感染特定疫病或是否有传播这些疫病危险的检查以及检查定性后的处理。

5.1.1　口岸检疫 port quarantine inspection　在口岸对出入国境的动物、动物产品、可疑染疫的运输工具等进行的检疫和检疫处理。

5.1.1.1　进境检疫 entry quarantine　对从国外输入境内的动物、动物产品和可疑染疫的运输工具等进行的检疫和检疫后处理。

5.1.1.2　出境检疫 exit quarantine　对从我国口岸向国外输出的动物、动物产品及其他检疫物进行的检疫及检疫监督过程。

5.1.1.3　过境检疫 transit quarantine　对经过我国口岸运输的动物、动物产品及其他非本国物品进行的检疫。

5.1.2　产地检疫 quarantine in origin area　在动物及动物产品生产地区（例如县境内）进行的检疫。

5.1.3　检疫场所 quarantine establishment　对动物实施检疫（特别是进出口检疫）的建筑物或专用场地，在这里要求被检动物处于与其他动物无直接或间接接触的完全隔离状态，接受不同期限的观察和各种检验，以使检疫当局、官方兽医能够确保放行的动物无特定疾病。

5.2　诊断 diagnosis　通过观察和检查对病例的病性和病情作出判断。

5.2.1　临床诊断 clinical diagnosis　通过现场观察和检查对病例的病性和病情做出判断。

5.2.1.1　症状 symptom　动物体因发生疾病而表现出来的异常状态。

5.2.2　病理学诊断 pathological diagnosis　用病理学方法对疾病或病变做出诊断。

5.2.2.1　病理检查 pathologic examination　对动物（尸）体进行解剖检查和组织学检查，以发现其病理学变化，作为疾病诊断的依据之一。

5.2.3　流行病学诊断 epidemiological diagnosis　通过疫病的流行病学调查和流行病学分析，作为对疫病诊断的一种依据。

5.2.4　实验室诊断 laboratory diagnosis　通过物理、化学、生物学试验，对取自病例的样品进行检查，获取具有诊断价值的数据。

5.2.5　微生物学诊断 microbiological diagnosis　用微生物学方法检查和鉴定病源体，对疾病做出诊断。

5.3　检查 examination　通过观察和试验，查明对象的有关情况。

5.4　检验 inspection　对有关特性的测量、测试、观察或校准，做出评价。

5.5　试验 test　根据特定程序，测出对象有关特性的技术操作。

5.5.1　样品 sample　取自动物或环境、拟通过检验反映动物个体、群体或环境有关状况的材料或物品。

5.5.2　病料 specimen　来自患病或可疑患病动物的被（待）检材料。

5.6　病原分离 isolation of pathogen　通过相应试验操作程序，从样品中取得致病性生物的纯培养物。

5.6.1　组织培养 tissue cultivation　将组织或细胞用适宜的培养基进行体外培养。

5.6.2　细胞培养 cell cultivation　在体外进行人工活细胞培养的方法。

5.6.3　病原鉴定 pathogen identification　通过种种试验对病原分离物定性。

5.6.4　空斑 plaque　细胞层中由于规律性病变死亡而形成的空白清亮区。对病毒来说，一个单独而完整的蚀斑一般是由一个活病毒颗粒增殖的结果。

5.7　血清学 serology　研究体液中的抗体与抗原在体外的各种免疫学反应的科学。

5.8　血清学试验 serological test　借助抗体在体外（与抗原）的种种血清

学反应进行的各种检查。

5.8.1　中和试验 neutralization test　抗体与抗原结合后可使病原体失去感染性或使外毒素失去毒性，并表现为对细胞或动物的免疫保护作用。中和试验是利用这一反应来检测抗原或抗体的方法。

5.8.1.1　试管中和试验 neutralization test in tube　在试管中进行的中和试验。

5.8.1.2　微量中和试验 micro－neutralization test　在微量反应板上进行的中和试验。

5.8.1.3　空斑抑制试验 plaque inhibition test　用蚀斑方法进行的一种中和试验，由于抗体对病毒的中和作用使蚀斑的形成受到抑制。

5.8.1.4　空斑减数试验 plaque reduction assay　中和试验的一种形式。血清和病毒分别做适当的稀释，混合并作用一定时间后，做蚀斑计数试验，比较正常样品与被检样品产生蚀斑数的差异，用以检测被检血清的中和能力。

5.8.2　凝集试验 agglutination test　颗粒性抗原（细菌、红细胞等）与对应抗体（或其他外源性凝集素）在电解质参与下，结成可见的凝块，以此进行血清学检测。

5.8.2.1　直接凝集试验 direct agglutination test　颗粒性抗原与相应的完全抗体直接结合形成可见团块的试验。

5.8.2.1.1　平板凝集试验 plate agglutination test　在玻板或玻片上进行的凝集试验。

5.8.2.1.2　试管凝集试验 tube agglutination test　在试管中进行的凝集试验

5.8.2.2　间接凝集试验 indirect agglutination test　将可溶性抗原（或抗体）先吸附于某种颗粒状载体上，再与相应的抗体（或抗原）结合，通过观察其凝集反应进行血清学检测。

5.8.2.2.1　（间接）胶乳凝集试验（indirect）latex agglutination test　以胶乳微粒为载体吸附某种抗原或抗体，通过凝集反应试验，进行血清学检测。

5.8.2.2.2　协同凝集试验 co－agglutination test　某些动物血清中免疫球蛋白 G（1gG）分子的报告 Fc 段可与金黄色葡萄球菌的 A 蛋白结合，而 1gG 的 Fab 段仍具有抗体活性，抗体以此机制结合于该种菌体后再与相应抗原反应时可形成肉眼可见的凝集块。以此可进行免疫检测。

5.8.2.2.3　抗球蛋白凝集试验 antiglobulin agglutination test　不完全抗体与抗原反应（不呈现可见反应），加入抗球蛋白（血清）抗体，能出现可见的凝集反应，以此进行免疫检测。

5.8.2.3　血凝试验 haemagglutination test［HA］　某些抗原或特殊物质有凝集某些动物红细胞的特性，通过这种反应检测抗原的生物活性。

5.8.2.3.1　血凝抑制试验 haemagglutination inhibition test［HI］　具有血凝活性的抗原与相应特异性抗体结合后，其血凝活性就被抑制，这一试验可用作血清学检测。

5.8.2.4　间接血凝试验 indirect haemagglutination test［IH］　将抗原结合在特殊处理的红细胞上，可与相应特异性抗体反应而呈现凝集现象，利用这一反应进行血清学检测。

5.8.2.4.1　反向间接血凝试验 reverse indirect haemagglutination test　将抗体结合在特殊处理的红细胞上，通过凝集试验检测相应抗原。

5.8.3　沉淀试验 precipitation test　在有适当电解质存在的条件下，可溶性抗原与相应的抗体相结合，形成可见的沉淀物。

5.8.3.1　环状沉淀试验 ring precipitation test　向小口径试管先加入含已知抗体的血清，再沿管壁加进待检抗原，使之形成分界清晰的两层，如两者具有对应的特异性，经一定时间反应后，在两液面交界处出现白色环状沉淀。

5.8.3.2　絮状沉淀试验 flocculation test　将抗原与相应抗体在试管或凹玻上混合均匀，经一定时间出现絮状或颗粒状不溶性沉淀物。

5.8.3.3　琼脂凝胶免疫扩散 agar gel immunodiffusion［AGID］　让可溶性抗原抗体在琼脂凝胶内扩散，如两者相对应且有足够含量，会在比例适当的位置发生反应而形成沉淀（线），应用中有"单向扩散"、"双向扩散"等形式。

5.8.3.4　对流免疫电泳 counter immunoelectrophoresis　以琼脂凝胶等作为支持物，将免疫血清和抗原分别置于正极测与负极侧孔内，通电后分别向负极和正极泳动，在比例适宜位置形成抗原抗体复合物沉淀线，用以进行血清学检测。

5.8.4　补体结合试验 complement fixation test［CF］　应用抗原—抗体系统和溶血系统反应时均需补体参与的原理，以溶血系统作为指示剂，在补体限量条件下测定某种抗原或抗体。

5.8.4.1　直接补体结合试验 direct complement fixation test　在抗原—抗体反应后，直接用溶血系统测定补体的消耗情况从而揭示抗原或抗体滴度。

5.8.4.2　间接补体结合试验 indirect complement fixation test　禽类的血清抗体不能结合补体，故需在被检抗原—抗体反应后再加入一定量抗同一抗原免疫血清（可与补体结合），再加进溶血系统，以间接检测相应抗原或抗体。

5.8.5　标记抗体 labeled antibody　用物理、化学方法使抗体与某一显示系统的组分（酶、同位素、发光物质等）相结合形成复合物，在血清学试验中这种复合物与抗原反应后再通过相应的显示系统揭示其存在。

5.8.5.1　荧光抗体 fluorescent antibody［FA］　　荧光素标记的抗体与抗原进行血清学反应（试验），以荧光的有无及强弱揭示其反应结果。

5.8.5.1.1　间接荧光抗体 indirect fluorescent antibody［IFA］　　在血清与特定抗原反应后，再用抗相应抗体的荧光标记抗体（"抗抗体"或"第二抗体"）处理，以荧光检测法间接测定相应抗体的存在。

5.8.5.2　免疫酶（检测）技术 immunoenzyme（detection）technique　　利用某些酶催化显色的作用揭示免疫学（血清学）反应结果，用以检测其中某一反应组分。

5.8.5.2.1　酶标记抗体 enzyme – conjugated antibody　　某种酶分子与抗体分子共价结合并保持各自的生物特异活性，用于血清学检测。

5.8.5.2.2　免疫酶染色 immuno – enzyme stain　　应用免疫酶技术检测固相化反应原（如病理切片、细胞单层、病料涂片等）。

5.8.5.2.3　酶联免疫吸附试验 enzyme linked immunosorbent assay［ELISA］　　将某一反应组分包被（吸附）在固相（如微量板）上，进行血清学反应后，用结合物的酶系统进行检测。在实际应用中，有直接法、间接法、夹心法、竞争法、阻断法、抗原捕捉法等。

5.8.5.3　放射免疫试验 radio immunoassay（RIA）　　以放射性同位素标记抗原或抗体分子所进行的定量或定性的免疫试验。

5.8.6　（血）红细胞吸附试验 hemadsorption test［HAD］　　被某些病毒感染的培养细胞能够吸附某种动物的红细胞，以此可指示某病毒是否已感染某些细胞并在其中增殖。

5.8.6.1　（血）红细胞吸附抑制试验 hemadsorption inhibition test　　红细胞吸附现象可被相应的特异性抗体所抑制，以此可揭示病毒或血清的特异性。

5.8.7　分子生物学检验技术 molecular biological test technique　　以分子生物学方法进行检验的技术。

5.8.7.1　DNA 分子杂交试验 DNA molecular hybridization test　　根据 DNA 互补的原理，使两条来源不同的变性单股 DNA 链结合（杂交），形成相应结合比例的双链，用以比较不同待检 DNA 链之间的同源性。

5.8.7.2　核酸探针 nucleic acid probe　　一种具有特征性序列和信号性标记的 DNA 片段。应用时，根据核酸碱基配对原理，使之与待检的 DNA 或RNA 链反应，检测其是否具有对应的互补序列而予以定性。

5.8.7.3　聚合酶链（式）反应 polymerase chain reaction［PCR］　（生物）体外扩增 DNA 的技术，基本过程是在耐热聚合酶的作用下，引物沿两条单链模板延伸，并在温度的规律性变换中再解链（变性）再延伸（扩增），直至达到检验要求的数量。

5.8.7.4　限制性片段长度多态性分析 restriction fragment length polymorphism analysis，RFLP analysis　对同一物种生物个体的基因组 DNA 分子，用同一种限制性内切酶完全酶切后，出现分子质量（长度）不同的同源等位片段（或称限制性等位片段），分析它们的长度差异以揭示不同品种、株乃至个体之间的相应差异。

5.9　诊断试剂盒 kit for diagnosis　为诊断某特定疾病而制造的一种便于现场操作的试剂、器材组合，一般为一种便携式包装。

参考文献

［1］费恩阁．动物传染病学．吉林：吉林科学技术出版社，1995.

［2］安健等．中华人民共和国动物防疫法释义．北京：中国农业出版社，2007.

［3］吴清民．兽医传染病学．北京：中国农业大学出版社，2002.

［4］吴志明，等．动物疫病防控知识宝典．北京：中国农业出版社，2006.

［5］闫若潜，等．动物防控工作指南．北京：中国农业出版社，2008.

［6］徐百万．动物免疫采样与监测技术手册．北京：中国农业出版社，2007.

［7］刘冰宏，等．动物防疫条件许可实务．北京：中国农业科学技术出版社，2006.

［8］乐汉桥，等．动物疫病诊断与防控实用技术．北京：中国农业科学技术出版社，2011.

［9］黄保续．兽医流行病学．北京：中国农业出版社，2009.

［10］李玉冰，等．动物卫生防疫技术．北京：中国农业大学出版社，2006.

［11］张穹，等．重大动物疫情应急条例释义．北京：中国农业大学出版社，2006.